权威·前沿·原创

皮书系列为
"十二五""十三五"国家重点图书出版规划项目

U0206866

应对气候变化报告
（2019）

ANNUAL REPORT ON ACTIONS TO ADDRESS
CLIMATE CHANGE (2019)

防范气候风险

Climate Risk Prevention

主　编／谢伏瞻　刘雅鸣
副主编／巢清尘　庄贵阳　胡国权　潘家华

社会科学文献出版社
SOCIAL SCIENCES ACADEMIC PRESS (CHINA)

图书在版编目（CIP）数据

应对气候变化报告：防范气候风险. 2019 / 谢伏瞻，
刘雅鸣主编. -- 北京：社会科学文献出版社，2019.11
（气候变化绿皮书）
ISBN 978 - 7 - 5201 - 5770 - 4

Ⅰ.①应…　Ⅱ.①谢…②刘…　Ⅲ.①气候变化 - 研
究报告 - 世界 - 2019　Ⅳ.①P467

中国版本图书馆 CIP 数据核字（2019）第 238594 号

气候变化绿皮书

应对气候变化报告（2019）
——防范气候风险

主　　编／谢伏瞻　刘雅鸣
副 主 编／巢清尘　庄贵阳　胡国权　潘家华

出 版 人／谢寿光
组稿编辑／周　丽　王玉山
责任编辑／王玉山
文稿编辑／杨鑫磊

出　　版／社会科学文献出版社·经济与管理分社（010）59367226
　　　　　地址：北京市北三环中路甲 29 号院华龙大厦　邮编：100029
　　　　　网址：www.ssap.com.cn
发　　行／市场营销中心（010）59367081　59367083
印　　装／天津千鹤文化传播有限公司

规　　格／开　本：787mm × 1092mm　1/16
　　　　　印　张：28.75　字　数：431 千字
版　　次／2019 年 11 月第 1 版　2019 年 11 月第 1 次印刷
书　　号／ISBN 978 - 7 - 5201 - 5770 - 4
定　　价／198.00 元

本书由"中国社会科学院－中国气象局气候变化经济学模拟联合实验室"组织编写。

本书的编写和出版得到了中国社会科学院城市发展与环境研究所创新工程项目、中国气象局气候变化专项项目"气候变化经济学联合实验室建设（绿皮书2019）"（编号：CCSF201903）、中国社会科学院"登峰计划"气候变化经济学优势学科建设项目、中国社会科学院生态文明研究智库的资助出版。

感谢中国气象学会气候变化与低碳发展委员会的支持。

感谢国家重点研发计划"服务于气候变化综合评估的地球系统模式"课题（编号：2016YFA0602602）、"气候变化风险的全球治理与国内应对关键问题研究"项目（编号：2018YFC1509000）、科技部"第四次气候变化国家评估报告"项目、国家社会科学基金重点项目"我国参与国际气候谈判角色定位的动态分析与谈判策略研究"（编号：16AGJ011）、国家社会科学基金青年项目"中国西部农村电气化及分布式可再生能源发展的政策分析"（编号：13CJL055）以及哈尔滨工业大学（深圳）委托项目"中国城市绿色低碳评价研究"的联合资助。

气候变化绿皮书
编纂委员会

主　　编　谢伏瞻　刘雅鸣

副 主 编　巢清尘　庄贵阳　胡国权　潘家华

编 委 会　（按姓氏音序排列）

柴麒敏　陈　迎　段茂盛　高　翔　何　丽

黄　磊　李国庆　刘洪滨　宋连春　王　谋

闫宇平　余建锐　于玉斌　禹　湘　袁佳双

张　莹　郑　艳　周　兵　朱守先　朱松丽

主要编撰者简介

谢伏瞻 中国社会科学院院长、党组书记，学部委员，学部主席团主席，研究员，博士生导师。主要研究方向为宏观经济政策、公共政策、区域发展政策等。历任国务院发展中心副主任、国家统计局局长、国务院研究室主任、河南省政府省长、河南省委书记；曾任中国人民银行货币政策委员会委员。1991 年、2001 年两次获孙冶方经济科学奖；1996 年获国家科技进步二等奖。1991～1992 年美国普林斯顿大学访问学者。先后主持完成"东亚金融危机跟踪研究""国有企业改革与发展政策研究""经济全球化与政府作用的研究""金融风险与金融安全研究""完善社会主义市场经济体制研究""中国中长期发展的重要问题研究""不动产税制改革研究"等重大课题。

刘雅鸣 中国气象局党组书记、局长，教授级高级工程师。中国共产党第十九次全国代表大会代表，十三届全国政协委员，全国政协人口资源环境委员会副主任。世界气象组织（WMO）执行理事会成员、中国常任代表，联合国政府间气候变化专门委员会（IPCC）中国代表。曾任水利部政策法规司司长、水文局局长、人事司司长，长江水利委员会党组书记、主任，长江流域防汛抗旱总指挥部常务副总指挥，水利部党组成员、副部长。

巢清尘 国家气候中心副主任，研究员，理学博士。研究领域为气候系统分析及相互作用、气候风险管理以及气候变化政策研究。现任全球气候观测系统指导委员会委员、中国气象学会气候变化与低碳经济委员会主任委员、中国气象学会气象经济委员会副主任委员、国家生态红线专家委员会委员等。第三次国家气候变化评估报告编写专家组副组长，第四次国家气候变化评估报告领衔作者。2021～2035年国家中长期科技发展规划社会发展领域环境专题气候变化子领域副组长。曾任中国气象局科技与气候变化司副司长。长期作为中国代表团成员参加《联合国气候变化框架公约》（UNFCCC）和联合国政府间气候变化专门委员会（IPCC）工作。《中国城市与环境研究》《气候变化研究进展》编委。主持科技部、国家发展和改革委员会、中国气象局项目及国际合作项目十余项，发表合著、论文60余篇（部）。

庄贵阳　经济学博士，现为中国社会科学院城市发展与环境研究所研究员、气候变化经济学研究室主任，中国社会科学院创新工程项目首席研究员、中国社会科学院研究生院博士生导师。目前是中国社会科学院"登峰计划"气候变化经济学优势学科建设的学术带头人之一，兼任中国社会科学院生态文明研究智库秘书长。长期从事气候变化经济学研究，在低碳经济与气候变化政策、生态文明建设理论与实践等方面开展大量前沿性研究工作，为国家和地方绿色低碳发展战略规划制定提供学术支撑。主持"十二五"国家科技支撑计划课题1项、国家社会科学基金重大项目1项、国家重点研发计划课题1项、中国社会科学院重大创新专项1项、中国社会科学院国情调研重大项目1项、世界银行项目1项等，出版专著（合著）10部，发表重要论文80余篇，曾获中国社会科学院科研成果二等奖1项、三等奖1项，中国社会科学院优秀信息对策一等奖2项、二等奖2项、三等奖1项，胡绳青年学术奖提名奖1项。2019年获得"中国生态文明奖先进个人"荣誉称号。

胡国权　国家气候中心副研究员，理学博士。研究领域为气候变化数值模拟、气候变化应对战略。先后从事天气预报、能量与水分循环研究、气候系统模式研发和数值模拟，以及气候变化数值模拟和应对对策等工作。参加了第一、第二、第三次气候变化国家评估报告的编写工作。作为中国代表团成员参加了《联合国气候变化框架公约》（UNFCCC）和联合国政府间气候变化专门委员会（IPCC）工作。主持了国家自然科学基金、科技部、中国气象局、国家发改委等资助项目 10 余项，参与编写专著 10 余部，发表论文 20 余篇。

潘家华 中国社会科学院经济学部委员，城市发展与环境研究所所长，研究员，博士研究生导师。研究领域为世界经济、气候变化经济学、城市发展、能源与环境政策等。担任国家气候变化专家委员会委员，国家外交政策咨询委员会委员，中国城市经济学会副会长，中国生态经济学会副会长，联合国政府间气候变化专门委员会（IPCC）第三、第四、第五、第六次评估报告主要作者。先后发表学术（会议）论文 200 余篇，撰写专著 4 部、译著 1 部，主编大型国际综合评估报告和论文集 8 部；多项研究成果获奖，如中国社会科学院优秀科研成果一等奖、二等奖 3 项，中国社会科学院优秀对策信息一等奖、二等奖和三等奖 12 项，孙冶方经济科学奖（2011），浦山世界经济学优秀论文奖（2010），诺贝尔和平奖（集体）（2007），绿色中国年度人物(2010~2011 年)，中华（宝钢）环境奖（2016）等。

摘　要

全球气候变化是世界各国共同面临的危机和挑战。随着全球变暖，与气候变化相关的风险与日俱增。从 1990 年联合国大会启动关于政府间气候变化的谈判，至 2019 年《联合国气候变化框架公约》第 25 次缔约方会议召开，应对气候变化走过了近 30 年艰辛曲折的历程。《应对气候变化报告（2019）：防范气候风险》将国内外应对气候变化的最新科学进展、政策和应用实践汇编付梓，以飨读者。

本书共分为 6 个部分。第一部分是总报告。回顾全球气候系统变化的最新事实，阐述全球气候风险的概念认知、发生机制及影响范围。在此基础上，聚焦国内气候变化的可能风险，重点关注中国如何理解和管理气候变化风险以及应对未来不确定的挑战。

第二部分是专题评价报告。基于中国社会科学院城市发展与环境研究所构建的中国绿色低碳城市建设评价体系，以第三方的视角对 2017 年中国 169 个地级以上城市进行了多维度的评估，旨在推进《巴黎协定》下国家自主贡献目标在城市层面的落实和城市低碳高质量的发展。

第三部分聚焦国际应对气候变化进程，选取 9 篇文章，从不同侧面深入分析国际气候治理的发展和影响。例如，全球气候治理已经转向了全面执行法律制度的行动时期，对《巴黎协定》实施细则的主要内容进行深度剖析尤为重要。又如，为实现减排目标，需要加大减排力度；国际碳市场在机制建设和实施过程中面临巨大风险和挑战，需要完善顶层设计。再如，为按时于 2020 年前提交我国长期温室气体低排放发展战略，我国可以从主要国家长期低排放战略得到什么启示。此外，气候灾害风险和气候安全问题、南南合作、欧盟和巴西参与国际气候治理等方面的发展动态，同样值得我们关注

和思考。

第四部分聚焦国内应对气候变化行动,选取7篇文章,从多个维度反映我国应对气候风险的相关政策和行动。其中包括,中国碳交易市场的进展及碳市场制度在建设中面临重重挑战,以电动汽车替代传统燃油车有效促进节能减排,治理空气污染和增加能源安全,青海、粤港澳以及滨海城市等应对气候变化、规避气候风险的积极探索,这些都值得总结经验和推广应用。此外,气候保险作为管理气候灾害风险的创新手段也在本部分有专篇论述。

第五部分"研究专论"选取了7篇与应对气候变化相关的研究报告,内容丰富,题材广泛。例如,在2019年联合国气候首脑峰会中,中国与新西兰牵头"基于自然的解决方案"领域工作的中国贡献。本部分还包括了3篇针对本年度IPCC发布的特别报告和方法学指南解读的文章,信息丰富。气候变化提高了极端天气气候事件的发生频率。北京作为国际特大城市之一,其适应气候变化、提升城市韧性的经验值得借鉴。2022年北京冬奥会如何进行低碳管理,需要未雨绸缪。此外,本部分还收录了气候变化对人群健康影响的讨论。

本书附录依惯例收录2018年世界主要国家和地区的社会、经济、能源及碳排放数据,以及全球和中国气候灾害的相关统计数据,2019年增加了"一带一路"区域气候灾害数据,以供读者参考。

关键词:国际气候治理 气候风险 可持续发展

前　言

最新的气候监测表明，全球气候系统的变暖趋势进一步持续。2018 年全球平均温度较工业化前的水平高出约 1.0℃，位于现代观测记录第四位。在此背景下，全球气候变化对自然生态系统和经济社会的影响正在加深，全球气候风险持续上升，并可能引发系统性风险，对全球社会经济发展造成深远影响。因此，认识和理解气候变化造成的影响和风险，加强防范和应对显得日益重要。

尽管受到美国在气候变化问题上的立场和政策变化的影响，国际社会应对气候变化的决心和行动仍在继续。2019 年 9 月在纽约召开了联合国气候行动峰会，峰会报告显示，各国在减少排放和保护人民减少受到气候变化日益加剧的影响方面的参与度大幅增加，峰会为 2020 年关键气候行动期限前实现国家目标和推动私营部门行动做出了重要努力。65 个国家和包括加利福尼亚在内的主要次国家经济体承诺在 2050 年前实现温室气体净零排放，70 个国家宣布在 2020 年前推行国家行动计划，部分国家已启动计划进程，100 多位商业领袖采取了具体行动，旨在推动实现《巴黎协定》目标，加快从灰色经济向绿色经济转型，其中包括共持有资产超过 2 万亿美元的资产所有者和总市值超过 2 万亿美元的龙头企业。许多国家和 100 多个城市，包括多个世界超大城市，宣布了应对气候危机的重要而具体的新举措。政府领导人和私营部门领袖在联合国气候行动峰会上发布重要公告，增强了气候行动势头，也表明越来越多的人已认识到必须迅速加快气候行动的步伐。

2019 年，联合国政府间气候变化专门委员会（IPCC）相继发布了 1 个方法学指南和 2 个特别报告，这与执行《联合国气候变化框架公约》和落

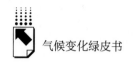

实《巴黎协定》的谈判进程密切相关，将对全球气候治理和各国应对气候变化行动产生重要影响。2019 年 5 月，联合国政府间气候变化专门委员会（IPCC）通过了《IPCC 2006 年国家温室气体清单指南 2019 年修订版》方法学指南，标志着 IPCC 国家清单指南方法学得到了进一步统一和细化，为《巴黎协定》及其实施细则中透明度规则的"并轨"提供了基础。同年 8 月，发布了《气候变化与土地》特别报告，就气候变化减缓与适应、荒漠化、土地退化、土地利用和可持续土地管理、粮食安全及陆地生态系统温室气体通量等内容进行了科学评估。同年 9 月，IPCC 发布了《气候变化中的海洋和冰冻圈》特别报告，该报告全面评估了气候变化中的海洋和与冰冻圈相关的现有科学认知。两份报告进一步强调了气候变化的严峻形势，将为国际社会合作应对气候变化和全球生态文明建设提供重要科学信息。

党的十八大以来，生态文明建设提升到了前所未有的新高度。在全球绿色低碳转型的大趋势下，坚定走绿色、低碳和可持续发展的道路，是中国的战略选择。中国言必信、行必果，将应对气候变化作为实现可持续发展的内在要求，以及履行负责任发展中国家应尽的国际义务。通过改变能源结构、提高能源效率、大力发展可再生能源，加强农业、林业、水资源的保护和利用，以及改善海洋和湿地生态系统等基于自然的解决方案实现碳中和，加强相关领域和区域的适应气候变化，中国已经提前两年基本实现了所确定的 2020 年应对气候变化目标。未来，中国还将继续践行创新、协调、绿色、开放、共享的发展理念，着力促进经济实现高质量发展，坚定走绿色、低碳、可持续发展之路。积极加强国际合作，坚持共建绿色"一带一路"，为应对气候变化国际合作汇聚更多力量，成为全球生态文明建设的重要参与者、贡献者和引领者。

气候变化绿皮书是中国社会科学院和中国气象局的专家联手国内气候变化研究一线学者联合编撰、汇集国内外气候变化最新科学进展、政策、应用实践等的权威性年度出版物，自 2009 年推出《应对气候变化报告（2009）：通向哥本哈根》以来，十一年坚持不懈，在国内外产生了积极而广泛的影响。《应对气候变化报告（2019）：防范气候风险》总结讨论了国内外应对气候变化领域的新动态、新进展和新问题，希望继续得到广大读者的关注和支持。也借此机会，向为绿皮书出版做出努力的各位作者和出版社表示诚挚的感谢！

中国社科院院长　谢伏瞻

中国气象局局长　刘雅鸣

2019 年 10 月

目 录

Ⅰ 总报告

Ⅱ 专题评价报告

Ⅲ 国际应对气候变化进程

Ⅳ　国内应对气候变化行动

Ⅴ　研究专论

Ⅵ 附录

皮书数据库阅读**使用指南**

总 报 告

General Report

G.1

全球气候风险与中国防范策略[*]

巢清尘　胡国权　冯爱青**

摘　要： 本文介绍了全球气候系统变化的最新事实、全球风险的区域
特性、气候变化对主要领域/行业、区域的影响，以及全球气
候变化的风险，分析了中国气候系统变化的特征、气候变化
对中国重点领域和区域的影响、中国气候变化可能存在的风
险，在进一步阐述气候变化风险管理的基础上，提出了中国
加强气候风险管理的策略建议：一是重视并提高我国适应气
候变化特别是应对极端天气和气候事件能力，二是加强气候

---

* 国家重点研发计划课题"我国极端气候事件及灾害风险评估"（2018YFC1509002）和科技部"第
四次气候变化国家评估报告"课题1资助。

** 巢清尘，中国气象局国家气候中心副主任，研究员，研究领域为气候系统分析及相互作用、
气候风险管理以及气候变化政策；胡国权，中国气象局国家气候中心副研究员，研究领域为
气候变化数值模拟、气候变化应对战略；冯爱青，中国气象局国家气候中心工程师，研究领
域为气象灾害风险评估与适应。

变化与自然灾害基础研究，三是开展灾害风险高发区、连片
贫困区、国家重大战略区等防灾减灾应用示范、技术推广，
四是注重气候变化风险管理制度建设和保障措施。

关键词： 全球 中国 气候风险 风险管理

一 引言

最新的气候状况监测表明，全球气候系统的变暖趋势进一步持续。2018
年全球平均温度较工业化前水平高出约 1.0℃，全球平均海平面再创历史新
高。[①] 全球气候变化对自然生态系统和经济社会的影响正在日益凸显，全球
气候风险持续上升。世界经济论坛自 2006 年以来每年从经济、环境、地缘
政治、社会、技术五大领域评估全球存在的主要风险，探讨全球性应对措
施。《全球风险报告 2019》指出，气候变化，相关的热带气旋、高温热浪、
干旱等极端天气与气候事件的频发，以及气候政策无法达到预期等环境风险
日益突出并将继续发展，未来气候将持续变暖并可能造成全球风险加剧，引
发系统性风险的改变，对全球发展造成深远影响。[②] 因此，认识和理解气候
变化造成的影响和风险，加强防范和应对显得日益重要。

二 全球气候风险的特点

（一）全球气候系统的变化

全球气候系统的观测事实表明，近年来，受人类活动和自然因素的共同

---

① WMO Statement on the State of the Global Climate in 2018 （WMO – No. 1233），WMO, Geneva.
② The Global Risks Report 2019, World Economic Forum, Geneva.

影响，全球变暖仍在加速，温室气体浓度创纪录，气候变化的社会经济影响正在加剧。2018年的全球平均温度比工业化前水平高1.0℃左右，位于有现代观测记录以来第四位；2018年是有记录以来全球海洋热含量最高的一年，海平面持续上升，南极和北极海冰范围远低于平均值；全球天气、气候灾害带来的损失在自然灾害造成经济损失的90%以上，发生次数为1980年以来最多。

1. 全球变暖进一步持续，大气温室气体浓度升高是关键因素

长时间序列观测资料分析表明，全球持续变暖。[①] 2018年全球平均温度比1981~2010年平均值高出0.38℃，与工业化前比上升了约1.0℃，为在2015年、2016年和2017年之后的第四暖年。过去5年（2014~2018年），是有完整气象观测记录以来最暖的5年。

1870~2018年，全球平均海表温度表现为显著上升趋势，2018年全球平均海表温度比常年偏高0.18℃，为1870年以来的第四高值。海水由于比热容较大，储存了全球变暖的主要信号，90%以上的全球变暖热量储存在海洋中。1958~2018年，全球海洋热含量呈显著增加趋势，增加速率为每10年5.5×10²²焦耳，海洋变暖在20世纪90年代后显著加速，增加速率为每10年9.4×10²²焦耳，2018年为有海洋观测记录以来海洋最暖的年份，较常年偏高19.67×10²²焦耳。海平面在持续加速上升，2018年全球平均海平面比2017年高约3.7毫米，为有记录以来最高值。

1960~2018年全球冰川年均物质平衡量约为-394毫米，累积物质平衡量约为-23239毫米，2018年全球冰川物质平衡量平均值为-720毫米，全球冰川总体仍处于物质高亏损状态。2018年北极海冰范围远低于平均值，且前两个月处于创纪录的低水平，南极海冰范围也远低于平均值。

大气温室气体浓度升高是气候变化的关键驱动因子，2017年温室气体浓度创下新高，二氧化碳浓度为（405.5±0.1）ppm，甲烷为（1859±2）

---

① WMO Statement on the State of the Global Climate in 2018（WMO – No. 1233），WMO，2019，Geneva. 下文如无特殊说明，数据均来源于此。

ppb，氧化亚氮为（329.9 ± 0.1）ppb[①]，这些数值分别为工业化前水平的 146%、257% 和 122%。

2. 热带气旋、洪水和极端降水、热浪和干旱、寒潮与暴雪等极端事件频发，气候风险严重

2018 年，北半球的热带气旋异常活跃，出现了 74 个热带气旋，远高于长期平均值 63 个。其中，出现在西北太平洋的台风"山竹"给菲律宾、中国南部沿海地区造成极大损失。美国发生两次重大的飓风登陆，造成的损失约为 490 亿美元。

2018 年 8 月，印度西南部遭受自 1924 年以来最严重洪水，死亡人数达 223 人，估计总经济损失为 43 亿美元。2018 年 6 月底到 7 月初日本西部的大部分地区经受了破坏性洪水，共计 245 人死亡，6767 所房屋被破坏。

2018 年春末夏初，欧洲大部分地区经历了异常高温和干旱，其中德国等地的严重干旱给农业带来巨大损失，瑞典野火达到了前所未有的程度，有 25000 公顷的土地被烧毁。2018 年，澳大利亚东部经历了严重干旱，特别是新南威尔士州和昆士兰州南部，其 1~9 月的降雨量不到平均水平的一半。7 月底 8 月初，日本受热浪严重影响，熊谷市创下了 41.1℃ 的全国纪录，全日本共有 153 人死于酷暑，这是日本东部有史以来最热的夏天。

2018 年 2 月底和 3 月初，欧洲爆发了近年来最严重的一次寒潮，爱沙尼亚迎来了有史以来第二个最寒冷的时期，爱尔兰和法国南部经历了异常降雪，在尼姆和蒙彼利埃以及意大利那不勒斯附近积雪深度达到 15~30 厘米，在爱尔兰东部的一些地方雪深超过了 50 厘米。葡萄牙甚至发生了罕见的冻雨事件。

2018 年，极端天气和气候事件带来的自然灾害使得全球近 6200 万人受到影响，超 3500 万人受洪水影响，逾 900 万人受干旱影响。气候变化与极端天气和气候事件是造成严重粮食危机的主要原因之一，如台风"山竹"横渡菲律宾，造成农作物和渔业损失，使得人们面临粮食安全风险。截至

---

① ppm、ppb 系业内习惯用法，1ppm 相当于 1mg/L，1ppb 相当于 1ug/L。

2018年9月，由于与天气和气候事件有关的灾害，全球200多万人流离失所。此外，气候变化还造成了珊瑚褪色和海洋中氧气含量降低等生态环境负面影响。

（二）主要国家和区域气候风险特点

1. 自然灾害的全球变化特点和区域差异

1980～2018年，全球自然灾害事件（包括地质灾害、天气灾害、水文灾害和气候灾害四类）发生次数从1980年的249次增加到2018年的848次，其中2018年灾害发生次数达到历年之最；与气象因素相关的天气灾害、水文灾害和气候灾害发生次数分别由1980年的135次、59次和28次增加到2018年的359次、382次和57次，而地质灾害则由1980年的27次增加到2018年的50次。可见，自然灾害增加次数主要来源于水文、天气和气候灾害的增加，说明全球气象灾害事件发生次数增加趋势明显。以2018年可比价格计算，全球灾害经济损失由20世纪80年代的年均528亿美元增加到20世纪最初10年的1779亿美元。

从七大洲灾害发生特征来看，亚洲已经成为灾害发生次数、经济损失和死亡人口最多的大洲。以2018年为例，在848次自然灾害事件中，有43%的灾害事件发生在亚洲，居各大洲之首；亚洲灾害经济损失占全球的38%，死亡人口更是占到79%。

2. 全球气候风险指数表征的主要国家和区域风险特点

气象灾害造成的经济损失和人员伤亡在一定程度上可以用来反映各国气象灾害的风险特征。由德国联邦经济合作与发展部资助，环保机构德国观察（Germanwatch）发布的《全球气候风险指数》（Global Climate Risk Index，简称CRI）通过各国历史灾情数据建立气候风险指数，用于分析与气象相关的损失事件（如风暴、洪水、热浪等）对世界各国的影响。全球气候风险指数一定程度上反映了世界各国极端气候事件的暴露度和脆弱性水平，但应注意到它没有考虑诸如海平面上升、冰川融化、海洋酸化和变暖等方面因素。虽然单一极端事件的发生不能轻易归因于人为气候变化，然而，气候变化是改变这些极端事件发生的可能性和强度的重要因素，各国可以通过 CRI 认识和了解到今后更频繁或更严重的事件。该指数主要考虑死亡人数、10 万人死亡率、经济损失和单位 GDP 损失比例这四个关键要素，分别赋予其不同权重，可计算得出各国某年的气候风险指数，并对该指数进行全球排名。该排名一定程度上反映了该国气象灾害风险的大小，排名越靠前，说明该国气象灾害风险越大。该报告通常每年发布一版，每版滚动分析前一年和最近 10 年（如 2019 年报告分析 2017 年及 1998～2017 年全球气候风险情况）各国气候风险。[①]

全球气候风险指数的分析表明，发展中国家气象灾害风险通常较发达国家高。2017 年，波多黎各、斯里兰卡和多米尼克为受影响最严重的国家，其次是尼泊尔、秘鲁、越南、马达加斯加、塞拉利昂、孟加拉国和泰国。1998～2017 年，波多黎各、洪都拉斯和缅甸是受极端天气事件影响最严重的国家，其次是海地、菲律宾、尼加拉瓜、孟加拉国、巴基斯坦、越南、多米尼克。1998～2017 年 10 个受影响最严重的国家中，8 个是低收入或中低收入国家集团中的发展中国家，1 个被列为中上收入国家（多米尼克），1 个是高收入的发达经济体（波多黎各）。相对而言，较贫穷的发展中国家受到的打击更大，在低收入国家，生命财产损失、个人贫困和紧急威胁也更为普遍。

在区域上气候风险高的国家多位于亚洲，少数国家位于欧洲和中美洲。全球气候风险指数排名前 10 位的国家主要分布在亚洲和中美洲，排名第 11～20 位的国家主要在亚洲、中美洲、欧洲和非洲。从世界主要国家（19 个国家，二十国集团不计欧盟）来看（见表 1），按风险由高到低的排名是：印度（14，此为全球排名，以下同此）、法国（18）、德国（25）、美国（27）、意大利（28）、俄罗斯（33）、澳大利亚（36）、中国（37）、墨西哥（53）、英国（60）、印度尼西亚（69）、南非（78）、韩国（80）、阿根廷（83）、巴西（90）、日本（93）、加拿大（100）、沙特阿拉伯（115）、土耳

---

① Global Climate Risk Index 2019, Germanwatch, 2019, Berlin.

表 1　世界主要国家 1998～2017 年全球气候风险指数（CRI）

国家	CRI		死亡人口（人，年平均）		10 万人死亡率（人，年平均）		经济损失（美元，年平均购买力）		单位 GDP 损失（%，年平均）	
	得分	排名	平均值	排名	平均值	排名	平均值	排名	平均值	排名
阿根廷	81	83	27.9	64	0.07	114	983.883	26	0.133	84
澳大利亚	52.83	36	47.9	49	0.224	68	2394.19	12	0.252	60
巴西	86	90	145.65	24	0.077	111	1710.841	18	0.06	126
加拿大	94.17	100	11.3	80	0.034	148	1742.019	17	0.13	86
中国	53.33	37	1240.8	4	0.094	101	36601.07	2	0.288	56
法国	38.67	18	1120.55	5	1.815	11	2205.338	13	0.098	96
德国	42.83	25	474.75	11	0.584	31	3945.817	6	0.124	89
印度	36.5	14	3660.6	2	0.316	48	12822.71	3	0.263	59
印度尼西亚	74.17	69	252	17	0.109	97	1798.562	16	0.083	109
意大利	46	28	1005.1	6	1.709	12	1458.029	20	0.072	113
日本	88.17	93	79.4	35	0.062	118	2737.646	10	0.064	124
韩国	79	80	55.55	44	0.113	95	1120.642	21	0.084	108
墨西哥	61.33	53	126.05	26	0.114	94	2954.754	8	0.17	73
俄罗斯	49	33	2944.1	3	2.041	9	2057.649	15	0.054	129
沙特阿拉伯	104.83	115	25.9	65	0.101	99	238.373	56	0.018	155
南非	78.5	78	46.7	50	0.094	100	610.795	31	0.107	95
土耳其	110	121	29.35	63	0.041	140	461.532	37	0.036	140
英国	68	60	152.2	21	0.246	64	1480.998	19	0.068	120
美国	45.17	27	450.5	12	0.149	80	48658.91	1	0.345	49

其（121）。印度排名居前，主要是因为人员死亡总数、每 10 万人死亡人数、经济损失和单位 GDP 损失等 4 项指标均排名靠前；欧洲法国、德国、意大利排名靠前，主要是人员死亡损失造成的，如 2003 年的热浪造成了全欧洲 7 万人死亡；美国面临的风险主要是由经济损失和单位 GDP 损失（在二十国集团排第一）造成的；中国的风险主要来源于经济损失和单位 GDP 的损失（在二十国集团里排第二），另外人员死亡总数也不容忽视。

1998～2017 年，发生了 11500 多起极端天气事件，导致总共有 52.6 万人死亡，经济损失约为 3.47 万亿美元（按购买力平价计算）。风暴及其直接影响——降水、洪水和滑坡——也是 2017 年灾害损失的主要原因，在

2017 年受影响最严重的 10 个国家中，有 4 个国家遭受热带气旋袭击。科学研究发现，气候变化与 2017 年创纪录的飓风降水量之间有着明显的联系，同时研究也表明，全球平均气温每升高 10%，强热带气旋的数量就会增加。在许多情况下，单一的特殊灾害的影响非常大，受灾国家在长期指数中排名很高。在过去几年中，像海地、菲律宾和巴基斯坦这样的国家，经常受到灾害的影响，无论是长期指数还是各自年份的指数都连续位于受影响最严重的国家之列。

风险高的国家通常又分为两种类型，一类是经常受到极端天气和气候事件影响，如菲律宾和巴基斯坦；另一类是单次巨大灾难造成其风险高，如缅甸、洪都拉斯和波多黎各，2008 年的"纳尔吉斯"飓风造成了缅甸过去 20年 95% 以上的损失和死亡，1998 年的"米奇"飓风造成的损失占洪都拉斯过去 20 年总损失的 80% 以上，2017 年的"玛利亚"飓风造成的损失占波多黎各过去 20 年总损失的 90% 以上。欧洲和中美洲气象灾害风险高的国家多遭受巨大灾难，而亚洲国家则多数长期受到极端天气和气候事件的威胁，仅有少数国家（如缅甸）是单次巨大灾难造成风险较高。

（三）全球气候变化风险

气候变化风险一般包括极端气候事件与未来不利气候事件发生的可能性、气候变化的可能损失、可能损失的概率等，具有存在不确定性、是未来事件、具有损害性以及相对性等特征。一般而言，气候变化风险可以分为两类，一类是极端天气和气候事件风险，这类风险的发生往往由极端天气和气候事件所导致，与系统的致灾阈值密切相关。另一类是长期平均气候变化导致的风险，属于渐变事件。由于变化的缓慢性，其不利后果需要很长时间才能显现。气候变化风险会随着时间和空间的推移不断累积和加重，经历一个由量变到质变的过程。

联合国政府间气候变化专门委员会（IPCC）第五次评估报告评估了气候变化对水资源等 11 个领域的影响，以及对亚洲等九大区域的人类活动与自然生态系统的影响，分析了不同区域和不同领域的适应潜力，预估了采取多种适应措施后将面对的风险。对于水资源，相关部门间的竞争将激化，许多亚热带干旱地区的可再生地下和地表水资源将明显减少，风险将明显上升。气温每上升1℃，受水资源影响的人口将增加7%。在粮食安全与生产上，气温升高2℃以上，不考虑适应的话，估计个别区域可能受益，热带和温带地区大部分区域的小麦、水稻和玉米等主要作物的产量将受不利影响，每10年将减少0～2%，而同期的粮食需求则每10年增加14%。生态系统，将面临不可逆的变化和区域尺度突变的高风险，大部分淡水和陆地物种面临绝种风险。海岸系统和低洼地区，将受到更多因为海平面上升而导致的海岸侵蚀、淹没和海岸洪水等不利影响，由于经济发展、人口增长和城镇化，沿岸生态系统将受到明显压力。而人体健康，尤其低收入国家人口的健康不佳状况进一步恶化。对于经济部门来讲，升温2℃可使得年经济损失0.2%～2.0%。城市地区风险集中，农村地区则面临更多食物安全、水资源短缺和收入减少的风险。总体上，当温升在1℃到2℃时，全球风险处于中等高水平，当温升在4℃以上时，全球风险将处于高水平。亚洲所面临的主要风险包括海洋、河流和城市的洪水增多，对生计、居住区和基础设施造成巨大威胁；干旱造成的粮食和水短缺及高温带来的死亡风险将更加严重。

2018年联合国政府间气候变化专门委员会发布的《全球1.5℃增暖》特别报告进一步提出1.5℃温升造成的风险低于2℃温升造成的风险。[1] 报告认为，全球升温1.5℃将对陆地和海洋生态系统、人类健康、食品和水安全、经济社会发展等造成诸多风险和影响，但与全球升温2℃相比，1.5℃温升对自然和人类系统的负面影响更小。如相比2℃温升，1.5℃温升时北极出现夏季无海冰状况的概率将由每10年一次降低为每百年一次。21世纪

---

[1] IPCC, "Summary for Policymakers," In: *Global Warming of 1.5°C, an IPCC special report on the impacts of global warming of 1.5°C above pre-industrial levels and related global greenhouse gas emission pathways, in the context of strengthening the global response to the threat of climate change, sustainable development, and efforts to eradicate poverty*, Masson-Delmotte, V., Zhai, P., Pörtner, H. - O., Roberts, D., Skea, J., Shukla, P. R., Pirani, A., Moufouma-Okia, W., Péan, C., Pidcock, R., Connors, S., Matthews, J. B. R., Chen, Y., Zhou, X., Gomis, M. I., Lonnoy, E., Maycock, T., Tignor, M., and Waterfield, T. (eds.). In Press.

末全球海平面升幅将降低0.1米，使近1000万人口免受海平面上升的威胁，海洋酸化和珊瑚礁所受威胁在一定程度上得到缓解。

基于中英气候变化风险研究成果①，项目组重点考虑了两种排放情景，一种是未来将产生高排放，即采用浓度路径RCP 8.5，另一种是未来排放量要低很多的情景，即浓度路径RCP 2.6，这一情景基本与《巴黎协定》确定的2℃温升目标一致。以这两种情景表示"可能的最坏"结果和"可持续发展"的结果。项目组利用气候模型、多种影响模型，分极端热天气、水资源、河流洪水、沿海洪水、农业几个领域进行了风险研究，分析了极端热天气对健康和劳动生产率的影响，对持续性水资源、周期性水资源短缺的影响，河流洪水对人口的影响，沿海洪水对人口的影响，农业生产损失，如受干旱影响的农田面积、受洪水影响的农田面积、暴露于持续高温天气的玉米田面积等。研究表明，在高排放情景下，2100年全球平均气温和海平面升幅中位数估值分别约为5℃和80厘米。有可能上升幅度还要远高于此，气温和海平面"最坏情况"的升幅可能是7℃和100厘米。可以看到，在全球尺度下，合理估计的"最坏情况"影响将极具挑战性。每年将至少发生一次高温热浪。全球平均水文干旱的频率将翻一番，出现农业干旱的可能性增加近10倍。河流洪水的频率将增加10倍，出现100年一遇洪水的沿海地区的范围扩大50%。大约80%的年份将出现威胁玉米生产的高温（相比之下目前约为4%），在90%以上的年份中玉米成熟所需的时间将大为缩短，从而显著降低了产量。对人类的影响（暴露在高温热浪、干旱和洪水中的人口）将取决于社会－经济情景，与当前相比，在高人口情景下影响可能非常巨大。当然，各地区之间的气候变化影响存在相当大的差异。

气候灾害发生后，经由人类系统的社会、经济和环境等领域进行跨越式扩散和传播，最终会形成影响更大、破坏性更大的系统性风险。2007~2008年的全球粮食危机是气候事件引发粮食系统失灵的范例。澳大利亚的连续干旱导致了

① 中国国家气候变化专家委员会、英国气候变化委员会：《中－英合作气候变化风险评估》，中国环境出版集团，2019，第56~64页。

全球粮食系统的短缺现象，政府和个体在管理层面的行动又加剧了粮食短缺，最终导致一些国家发生骚乱甚至政权更迭。气候变化还可能触发粮食系统失灵的极端事件，如主要粮食生产区的旱灾变得更加频繁。而经济增长与可持续发展原则相结合，在多种情况下有可能使各国避免出现更严重危机。例如，贫困无疑会加剧价格上涨对粮食不足、人们营养不良和随之而来的社会动荡的影响；如果人们营养状况良好，食物支出占人口收入的比例较小，而且政府拥有更多的财政储备，能更好地提供社会保障，就能更灵活地应对粮食价格冲击。反之，如果经济增长对高度关联且具有气候脆弱性的基础设施具有更大的依赖性，那么系统性风险的蔓延与影响及系统失灵的概率可能会提高而非降低。这种情况下，经济增长可能会改变系统性冲击的风险性质，而不是消除风险。[1]

三 中国气候风险的特点

（一）中国气候系统的变化

中国是全球气候变化的敏感区和影响显著区之一，20世纪中叶以来，中国升温速率明显高于全球同期水平。气候变化对中国粮食生产安全、水资源、生态、能源、经济发展等构成严峻挑战，气候风险水平趋高。[2]

1901~2018年，中国地表年平均气温呈显著上升趋势，2018年中国属于异常偏暖年份。1961~2018年，中国各区域年平均气温呈上升趋势，但区域差异明显，北方地区升温速率明显快于南方，西部快于东部。

1961~2018年，中国年平均降水量略显增加，且年代际变化特征明显，20世纪80~90年代总体偏多，21世纪最初10年以偏少为主，2012年以来持续偏多。有明显区域差异，大部分地区变化不明显，但西南地区稍有减少，青藏地区明显增加，都有年代际变化。2018年中国平均降水量为673.8

---

[1] 中国国家气候变化专家委员会、英国气候变化委员会：《中－英合作气候变化风险评估》，中国环境出版集团，2019，第85页。

[2] 中国气象局气候变化中心：《中国气候变化蓝皮书（2019）》，2019，第1~4页。

毫米,较常年值偏多7%,2018年青藏地区降水量为1961年以来最多。

1961~2018年,中国极端高温事件增加显著,极端低温事件减少明显,极端强降水事件增多。20世纪90年代后期以来登陆中国台风平均强度明显增强,西北太平洋和南海台风生成个数趋于减少,2018年生成个数为29个,其中10个登陆中国。1961~2018年,中国气候风险指数呈波动上升趋势,1991~2018年中国平均气候风险指数较1961~1990年平均值高了54%。

1980~2017年,中国沿海海平面波动上升速率为3.3毫米/年,2017年是1980年以来的第四高位,比1993~2011年平均值高58毫米。

1961~2018年,中国长江、松花江、珠江、西北内陆河和东南诸河流域流量增加,黄河、辽河、淮河、海河和西南诸河流域流量减少。2018年中国地表水资源量较常年值偏多3.1%,其中松花江、西北内陆河、黄河和淮河流域分别较常年值偏多20.9%、16.5%和12.9%。

1960~2018年,中国天山乌鲁木齐河源1号冰川呈加速消融趋势,2018年河源1号冰川处于明显消融状态,东支退缩了8.3米,为有观测记录以来的最大值,西支退缩了5.9米。1981~2018年,青藏公路沿线多年冻土退化显著,活动层厚度每10年增加19.5厘米,2018年活动层厚度为1981年以来的最大值,达到245厘米,活动层底部温度为2004年有观测记录以来的最高值,达到-0.9℃。2002~2018年,中国平均积雪覆盖率呈弱的震荡下降趋势。

2018年中国平均植被指数接近2011~2017年平均值,春季、夏季和冬季植被指数略有上升。

1990~2017年,中国瓦里关站大气二氧化碳浓度逐年稳定上升。2017年瓦里关站大气二氧化碳、甲烷和氧化亚氮的年平均浓度分别为(407.0±0.2)ppm、(1912±2)ppb和(330.3±0.1)ppb,与北半球中纬度地区平均浓度大体相当,均略高于2017年全球平均值。

(二)气候变化对中国重点领域和区域的影响

气候变化对敏感部门和区域既有有利的影响,也有不利的影响,从中国区域来看，总体评估看到气候变化影响弊大于利。[①]

气候变暖使热量增加有利于种植制度的调整，如增加中晚熟作物播种面积，但不利影响更为显著，如耕地质量下降、部分作物单产和品质降低、农业灾害加重、肥料和用水成本增加等，中国粮食生产面临挑战。在人类活动和气候变化的共同影响下，中国主要江河的实测径流量主要呈减少态势。气候变化导致中国大范围干旱、强风暴潮、暴雨等极端事件发生的频次和强度增加，洪涝灾害日益频繁。气候变化导致中国沿海海平面上升、海洋环境发生变化，加剧海岸带灾害以及环境与生态问题，主要表现为海洋风暴潮等灾害加剧、海洋酸化加重、海岸侵蚀的强度和范围增大，海岸带滨海湿地减少、红树林和珊瑚礁等生态退化等，渔业和近海养殖业也深受影响。经观测，生态系统总体受益于气候变化，但也存在诸多不利影响，如中国冰川萎缩，厚度变薄，冰川径流增加，冰湖溃决突发洪水风险加大；多年冻土面积萎缩，融区范围不断扩大。气候变化已对城市产生显著影响进而制约城市发展，特别是引发城市内涝，给基础设施、交通和居民生活等带来巨大影响和危害。气候变化对青藏铁路、三峡工程、南水北调中线工程和"三北"防护林工程等重大工程产生影响。

中国幅员辽阔，气候类型多样，不同区域自然、社会和经济条件差异很大，对气候变化的敏感程度、响应和适应能力均有所不同。按照中国行政区域，将中国划分为东北、华北、华东、华中、华南、西南、西北七大区域。（1）气候变化影响华北、西北、华东、华中和西南地区水资源的再分配。西北地区冰川融化导致径流增加，华北、华东、华中和西南地区径流量总体下降，旱涝灾害加重。（2）气候变化通过改变水热等条件，从而影响中国大部分农牧业地区的生产方式和发展状况。东北、西北、华北、华中地区热量资源增加，农牧业种植制度可能需要调整，华东、华南、西南地区用水供需矛盾增加、病虫害加剧等影响农牧业产量。（3）气候变化影响东北、西北、西南、华南的森林和草地等生态系统。东北、西北、西南地区北方落叶林减

[①] 《第三次气候变化国家评估报告》编写委员会编著《第三次气候变化国家评估报告》，科学出版社，2015，第21~32页。

少，西部荒漠化，生产力下降，东部湿地萎缩，局部物种可能面临消失的风险。(4)气候变化对华北、华东和华中地区人类健康和生计的影响主要表现为水质变差及大气污染加剧，极端气候事件导致人体疾病或死亡、传染病和自然疫源性疾病流行区域增加。(5)华东和华南沿海地区的海洋灾害加重，海岸侵蚀强度增大，海岸生态系统受到影响。气候变化影响较为严重的区域主要为长江三角洲和珠江三角洲。(6)气候变化对冰川、冻土的影响区域主要是东北、西北和西南部分地区。西北地区冰川融水增加、冰封期缩短，东北、西北和西南部分地区冰川萎缩、多年冻土面积萎缩、冰湖溃决风险加大。

（三）中国气候变化风险

有研究基于 RCP 8.5 的排放情景，依据《联合国气候变化框架公约》（UNFCCC）的最终目标，选择人口、经济、生态及粮食四个承险体进行综合气候变化风险评估。[1] 结果表明，2021～2050 年 RCP 8.5 情景下中国的气候变化高风险区主要包括：（1）人口风险等级高的区域，包括华东、华北、华中、华南和四川盆地；（2）经济风险等级高的区域，包括东北南部、东北中部、华东北部、华北、华中、华南、西南中部和四川盆地；（3）生态风险等级高的区域，主要分布在黄土高原、内蒙古高原东部、华南、江淮东部、天山高山盆地和西南东部；（4）粮食风险等级高的区域，主要分布在东南沿海丘陵、淮海平原、西南南部、南岭山地、青海省东部和新疆南部。

同样基于中英气候变化风险研究[2]，我们选择了和全球可以相互对照的极端热天气、水资源、河流洪水以及农业四个领域，研究了健康风险、周期性和持续性水资源短缺、河流洪水导致的损失，以及水稻生产损失和冬小麦生产损失。可以看到，在"最坏情况"下，21 世纪末高温热浪的数量可能会增加 3 倍，冰川质量可能将下降近 70%，并影响中国西部水资源紧张地

---

① 吴绍洪、潘韬、刘燕华等：《中国综合气候变化风险区划》，《地理学报》2017 年第 1 期，第 3～17 页。

② 中国国家气候变化专家委员会、英国气候变化委员会：《中－英合作气候变化风险评估》，中国环境出版集团，2019，第 65～79 页。

区的水资源可用性。整个中国的降水量增加表明全国的径流总量有可能增加，但是中国各地的降水量差异很大。受干旱影响的农田面积很可能会增加2.5倍以上。80%的年份（目前为20%）发生热损害的可能性会大幅增加，水稻生产可能受到显著影响，小麦产量的影响因素也将更为复杂。系统性风险发生的可能性也将增加。如冰川融化导致的洪水和水资源短缺有可能加剧西部地区的贫困和移民风险，而媒介性疾病的传播可能触发连锁风险进而影响教育系统和旅游部门，并催生跨区域的紧张局势。

四　气候变化风险的管理

气候变化风险研究中，致险因子为自然气候与人为气候的变化，其决定着风险发生的可能性。承险体为遭受负面影响的资源和社会经济环境，包括生计、人员、基础设施、各种资源和环境服务，以及社会、经济或文化资产等。暴露度和脆弱性是承险体的两个属性，前者指处在有可能受到不利影响位置的承险体数量，后者指受到不利影响的倾向或趋势，常以敏感性和易损性为表征指标。一般而言，单独气候变化与极端天气和气候事件并不一定导致灾害，在一定的脆弱性和暴露度条件下才可能产生风险。承险体的发展规模和模式不仅决定着暴露度和脆弱性，还对人为气候的变化幅度与速率有直接影响。

气候变化带来的风险会对自然生态系统和人类社会发展产生影响，而社会经济路径、适应和减缓行动以及相关治理又将影响气候变化带来的风险。气候变化风险管理是依据风险评估的结果，结合各种经济、社会及其他因素对风险进行管理决策并采取相应控制措施的过程，最大限度地降低气候变化可能导致的损失，这就是适应气候变化的关键任务。[①] 因此，气候变化适应和灾害风险管理的重点应是从调整承险体的发展规模和模式入手，通过对各种自然灾害风险进行识别、分析和评价，从而有效地控制和处置灾害风险，

---

① James, H., Jon, H., Todd, R., et al., "Climate Risk Management and Rural Poverty Reduction," *Agricultural Systems*, 2019 (172): 28 - 46.

降低其脆弱性和暴露度，如通过减缓人为气候变化来降低极端天气和气候事件发生的频率和强度，同时增强承险体的气候变化适应能力和恢复能力，以最少的防灾减灾资源和成本投入，提供最大的社会、经济和生态等安全保障，从而促进社会和经济的可持续发展。

加强气候风险管理，要特别防范"黑天鹅"和"灰犀牛"两种风险事件的发生。所谓"黑天鹅"，是指小概率高风险事件，主要指预料之外的突发事件或问题。所谓"灰犀牛"，指大概率高风险事件，该类事件一般是问题很大、早有预兆，但是没有得到足够重视，从而导致严重后果的问题或事件。气候变化导致极端天气和气候事件趋强趋多，对自然系统、社会经济系统产生显著不利影响已经是大概率要发生的，这些属于"灰犀牛"事件，如果不对社会经济发展路径做较大变革，一定是向高风险发展的。另外，气候系统一旦突破某个阈值或临界点，则会发生快速变化。例如，大西洋经向翻转环流（AMOC）显著减缓、冰盖崩塌、北极多年冻土融化以及相关的碳释放、海底甲烷水合物释放、季风和厄尔尼诺－南方涛动的天气形势变化以及热带森林枯死，这些属于"黑天鹅"事件，但随着气温的上升，出现"黑天鹅"事件的概率也在增加。降低全球气候风险，就是要减少"灰犀牛"和"黑天鹅"事件发生的可能性。

人类社会可以采取适应行动缓解风险，同时减缓选择社会经济发展路径又会改变人类对气候系统的影响程度，进而减少气候变化带来的风险。为了有效降低脆弱性和暴露度，并提高承险体遭受各种潜在极端气候事件不利影响的恢复能力，主要可通过减灾与适应的协同、减缓与适应的协同两条主要途径。尽管在不同时间和空间尺度上，减灾与适应的目标和行动很可能相互影响甚至抵触，例如，堤坝具有防洪抗灾能力，但修建堤坝也会导致温室气体排放，但各项评估表明，最有效的减灾和适应行动不仅能够在近期提供发展利益，还能够在未来长期降低体系的脆弱性。① 这就需

---

① IPCC, "Summary for Policymakers," In: *Managing the Risks of Extreme Events and Disasters to Advance Climate Change Adaptation*, a special report of working groups I and Ⅱ of the Intergovernmental Panel on Climate Change, Cambridge: Cambridge University Press, 2012.

要在当前和未来的气候变化情景下，客观评价和预估灾害风险，使减灾与适应尽可能达到有效协同。另外，减缓与适应行动对于减少气候变化给人类社会带来的风险也是必要的，对于长期的可持续发展而言两者具有同等重要的作用。[①]

可持续发展模式是人类面临来自各方面的环境压力与灾害危险而提出的一种旨在协调发展与环境安全的发展模式，这一模式自 20 世纪 70 年代提出就引起大家的关注。2015 年联合国可持续发展峰会提出了 2030 年可持续发展目标，明确了 17 项可持续发展目标。减少灾害和降低气候变化风险已被明确列入有关的目标中。可持续发展就是接受一定风险水平的发展。从这个意义上讲，由气候变化引起的安全管控，即风险研究进一步阐述的可持续发展，就是在某一安全水平条件下发展。因此，从学术研究的角度，我们把全球变化科学与灾害科学相联系，把可持续发展科学与风险科学相联系，进而形成了对地球系统发展规律的新认识。从生态建设与健康保障建设的角度，把区域安全建设与风险管理体系紧密结合，以区域安全建设为基础，完善未来可持续发展的风险管理体系是一个极其重要的方面。总体而言，气候变化、影响、适应、经济社会过程等不再是一个简单的单向线性关系，需要在一个复合统一的系统框架下予以认识和理解。要关注气候变化、影响、适应和社会经济活动的相互作用，并从多层面强调发展路径、适应和减缓行动以及治理措施的正确选择，减少气候变化带来的风险。

五　中国加强气候风险管理的策略和建议

党的十九大报告指出，气候变化等非传统安全威胁持续蔓延，人类面临许多共同挑战。习近平总书记指出，应对气候变化，这不是别人要我们做，

[①]　王文军、郑艳：《低碳发展与适应气候变化的协同效应及其政策含义》，载王伟光、郑国光主编《应对气候变化报告（2011）》，社会科学文献出版社，2011。

而是我们自己要做，是中国国内可持续发展的客观需要和内在要求，事关国家安全。还指出要努力实现从注重灾后救助向注重灾前预防转变，从应对单一灾种向综合减灾转变，从减少灾害损失向减轻灾害风险转变，全面提升全社会抵御自然灾害的综合防范能力。而应对气候变化既要减缓，又要适应，实质上就是要减少气候风险，保障气候安全，实现经济社会可持续发展。因此，我们提出如下建议。

（一）重视并提高我国适应气候变化特别是应对极端天气和气候事件能力

加强监测、预警和预防，重点关注与极端天气和气候事件及灾害相关的农业、水资源风险加剧，生态安全风险升级，健康安全风险加大等问题的应对，保障我国粮食安全、水资源安全、人民健康安全。加强气候变化适应型城市、海绵城市与节水型社会建设，提高社会经济系统韧性；建立多灾种致灾因子实时监测、短期预报相结合的预警预报体系，进一步完善高风险地区、高脆弱地区的防灾减灾工程体系，提升气候变化背景下自然灾害应对能力；加大自然灾害防灾减灾投入，在当前以政府财政性投入为主体的基础上，探索在防灾减灾领域大型基本建设项目和公共设施项目中的社会资本投入体制机制，拓展防灾减灾与气候变化应对的资金来源。

（二）加强气候变化与自然灾害基础研究

加强未来减排情景设定、全球气候模式研究，提升我国在未来气候演变预估方面的科技能力，支撑我国在国际气候变化谈判中话语权的提升；提高长期气候、水文等综合系统模拟预估能力，逐步实现从定性分析向定量预估的转变；强化气候变化对暴雨、洪水、干旱、地质灾害等主要灾害及其组合特征的影响评估，灾害对社会经济影响评估研究，开展气候变化背景下自然灾害综合风险评估与分区研究；针对历史上发生的巨型灾害及其在气候变化背景下的演变、可能影响开展分析研究。要积极开展上述研究，为气候变化背景下长期防灾减灾规划和措施制定提供科学依据。

（三）开展灾害风险高发区、连片贫困区、国家重大战略区等防灾减灾应用示范、技术推广

统筹国家及地方相关部门、科研院所和高校系统的资源优势，多部门联动，根据防灾、减灾、救灾日常业务需求，开展多灾种灾害识别与风险动态评估、全尺度巨灾致灾与灾害链综合风险动态评估、流域性特大洪水与灾害链风险评估等方面的关键技术研究，建立相关模型及标准体系，持续推动最新技术成果应用于日常自然灾害应对业务系统。在自然灾害风险高发区、连片贫困地区、国家重大战略区等开展自然灾害风险评估并做好风险区划，推动自然灾害风险评估及区划标准化、制度化，并进行应用示范、技术推广。

（四）注重气候变化风险管理制度建设和保障措施

中国注重开展气候变化风险管理的制度建设，将气候变化风险管理纳入法制化轨道。其中，国家应急管理部推动国家、省、地市、区县、乡镇五级自然灾害应急救助预案体系建设，对自然灾害救助启动条件、组织指挥体系及职责任务、应急准备、预警预报与信息管理、应急响应、灾后救助与恢复重建等内容作出了明确规定；气象部门制定了各级气象灾害应急预案，对气象灾害监测预警、应急处置、恢复与重建、应急保障等内容作出了详细规定。我国针对气候变化背景下灾害风险管理过程中的预警预报、应急响应、恢复重建、减灾救灾等关键环节存在的问题，加强顶层设计、统筹布局，强化薄弱环节，逐步建立和完善国家灾害风险管理科技支撑体系。加强科技应急机制建设，建立国家突发公共事件科技应急机制；加强灾害风险管理人才培养体系建设，国民教育体系和培训平台逐步建立，对各类群体有针对性地开展应急救援能力培训；加强灾害风险管理宣传教育体系建设，增强全民防灾减灾意识。

专题评价报告

Thematic Evaluation Report

G.2

中国城市绿色低碳发展评价研究

中国城市绿色低碳评价研究项目组*

摘　要： 本文利用中国社会科学院城市发展与环境研究所开发的城市绿色低碳发展评价指标体系对2017年的169个城市进行了评估。经研究得出大部分城市绿色低碳水平有所提升，90分及以上的城市达到7个；经过多年低碳试点工作，试点城市低碳综合得分高于非试点城市，四类城市排名靠前的基本是低碳试点城市；工业型城市内部低碳发展差异较大；东部城市低碳优势高于西部城市、高于中部城市等结论。提出深化试点改革、强化分类指导，发挥以评促建、评建结合优势，促进低碳与高质量发展协同，建立健全城

* "中国城市绿色低碳评价研究"项目由中国社会科学院城市发展与环境研究所庄贵阳研究员牵头、哈尔滨工业大学（深圳）气候变化与低碳经济研究中心参与。本报告由陈楠博士执笔。

市能源和碳排放统计核算体系等建议。

关键词： 绿色低碳　成效评估　城市发展

低碳城市建设是高质量发展的重要内容，自 2010 年国家设定低碳试点城市以来，城市落实《巴黎协定》自主贡献目标如何、低碳建设成效如何，需要一套可量化的指标体系进行动态评估。中国社会科学院城市发展与环境研究所构建了一套城市绿色低碳发展评价指标体系，并对 2010 年、2015 年和 2016 年低碳试点城市进行过评估。为了持续考量低碳试点城市的发展成效及非试点城市是否有自己的绿色低碳措施，课题组进一步扩大评价范围，评价了 2017 年 169 个城市的低碳发展现状，以期为城市中长期的绿色低碳发展战略提供一定的科学指导。

一　低碳发展指标体系概况

中国社会科学院城市发展与环境研究所构建的城市绿色低碳发展评价指标体系包括宏观指标、产业低碳、能源低碳、绿色生活、资源环境和政策创新 6 个维度共 15 个评价指标，以定量指标为主。构建指标的主要目的是对国家低碳城市试点进展情况进行评估，推进《巴黎协定》下国家自主贡献目标在城市层面落实。该评价体系的最大特点是通过设置标杆，对城市的每个指标进行定量评分并指数化处理。这一标杆既可能是国家规划目标、承诺目标，也可能是行业领跑者标杆。评价结果分以 90 分及以上（三星）、80~89 分（二星）、70~79 分（一星）、60~69 分（合格）以及 60 分以下（不合格）表示。与指标体系配套，课题组以产业结构为主，配合城镇化水平和生态环境质量，划分了四种不同类型的城市。①

---

① 具体指标体系和城市划分依据参阅《应对气候变化报告 2018：聚首卡托维兹》，社会科学文献出版社，2018，第 29 页。

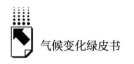
二 评估结果分析

本文对 2017 年的 169 个城市进行了多维度评估，并从 2010 年建立低碳城市试点开始到 2017 年三批低碳试点城市的低碳成效情况、试点与非试点城市、直辖市之间、一线城市之间等方面进行了对比分析。

（一）宏观评估

1. 2017年主要城市宏观维度评估

通过评价指标体系评估得到 2017 年 169 个城市低碳发展的整体排名情况（见表1），评分结果集中于 60～94 分，其中 90 分及以上的有 7 个，80～89 分的有 72 个，70～79 分的有 79 个，合格的有 11 个，无不合格城市。

表1　2017 年全国 169 个城市低碳发展水平总体评估结果

排名	城市	总分	排名	城市	总分	排名	城市	总分
1	北京	93.50	18	珠海	86.75	35	苏州	84.14
2	深圳	92.65	19	韶关	86.64	36	宣城	84.09
3	厦门	91.80	20	宁德	86.01	37	西安	83.96
4	成都	91.79	21	大连	85.83	38	秦皇岛	83.93
5	桂林	91.47	22	丽水	85.52	39	南通	83.70
6	南宁	90.77	23	武汉	85.51	40	眉山	81.61
7	昆明	90.55	24	贵阳	85.31	41	南京	81.59
8	广州	89.99	25	南平	85.00	42	三明	81.52
9	重庆	89.88	26	扬州	84.93	43	泸州	81.48
10	三亚	89.73	27	咸阳	84.81	44	梅州	81.34
11	黄山	89.54	28	景德镇	84.79	45	盐城	81.27
12	杭州	89.30	29	嘉兴	84.75	46	济南	81.18
13	广元	88.78	30	宜春	84.70	47	商洛	81.16
14	泉州	87.86	31	大兴安岭地区	84.53	48	九江	81.13
15	上海	87.75	32	天津	84.46	49	长沙	81.08
16	南昌	87.66	33	连云港	84.44	50	滁州	81.03
17	福州	87.26	34	温州	84.38			

注：因篇幅限制，仅列出排名前 50 的城市。

资料来源：笔者综合整理，下文图表同。

评估中发现，北京、上海以及部分省级和副省级城市的低碳政策创新对低碳总分的贡献率较高，而辽源、鹰潭、滁州、大庆、新余等工业城市，宁德等生态城市的低碳政策创新较少。出现此种结果的原因主要是小型工业城市仍然是以发展为主，出台与低碳相关政策和创新举措还并不是当前的首要目的；而生态优先型城市自身的资源环境本底值较好，对于绿色低碳的关注较少。

2. 2016年、2017年主要城市低碳成效对比评估

选取2017年和2016年的直辖市、全国主要省会城市、副省级城市、低碳试点城市的综合总分进行对比发现，嘉兴、成都、吉安、大连、淮北、哈尔滨、杭州、广州、三明等城市的总分提高较多，保持增长在5~8.5分；南平、沈阳的综合总分基本维持不变；金昌、合肥、抚州、池州、济源、乌海、烟台等城市的综合总分出现不同程度下降，下降幅度在0.46~2.14分（见图1）。城市分数变化较大的原因主要是：分数的提高大部分是宏观领域、产业和能源低碳的分数贡献最多；而分数的下降主要体现在产业和能源低碳方面，部分城市如金昌的资源环境分数也有下降，但是政府在低碳政策和创新方面都有了提升或维持不变。

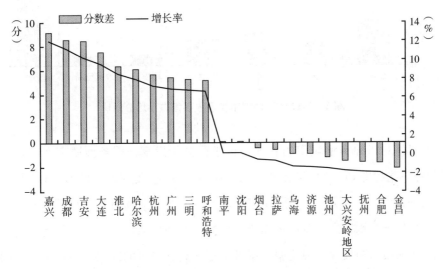

图1 2017年和2016年综合总分变化较大的城市和分数稳定的城市

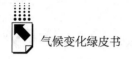

（二）按城市分类评估

1. 2017年不同类型城市评估

按照城市类型划分的评估结果显示，四类城市的低碳综合得分呈现服务型＞综合型＞生态优先型＞工业型的态势。服务型城市除了宏观领域得分稍弱于生态优先型城市0.21分以外，在其他领域都具有优势；综合型城市各领域得分呈现中上位次；工业型城市除了能源领域得分处于居中位次，其他领域得分相对排于末尾；生态优先型城市宏观领域得分最高，但在产业、能源、政策创新等方面得分都处于中后位，也侧面反映了生态优先型城市的低碳效果是由于其自身的资源禀赋等特征，人为减少碳排放的努力程度弱于其他类型城市（见图2）。

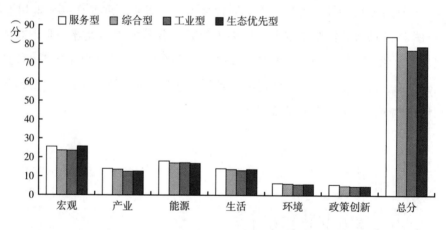

图2　2017年不同城市类型主要领域平均分对比

具体对四种类型城市的各项指标进行分析发现，服务型城市在碳排放"双控"指标即 CO_2 排放量和单位GDP碳排放方面分数最高，但人均 CO_2 排放量得分较低，平均为6.95分；产业、能源、交通、资源环境、低碳创新中体现的指标得分均较高，而代表消费类指标的人均生活垃圾日产生量得分与其他三类城市差距最大，说明服务型城市存在高碳消费的现象。综合型城市的单位GDP碳排放最低，平均为6.09分，其余指标得分处于中上水平。工业型

城市的 CO_2 排放量和单位 GDP 碳排放指标排名第二，说明在国家强调双控指标的前提下，工业型城市的节能降碳取得一定效果，但人均 CO_2 排放量得分最低为 6.67 分；其余规模以上工业增加值能耗下降率、煤炭占一次能源消费比重、PM2.5、森林覆盖率、低碳管理和低碳创新都排在末尾，说明工业型城市的降碳之路既有困难又有潜力。生态优先型城市的人均 CO_2 排放量得分排名最高，消费、生态环境得分最高，但战略性新兴产业增加值占 GDP 比重、应对气候变化和节能减排资金占财政支出比重得分排名最低，也间接说明了生态优先型城市仍以农业为主，产业类型较为单一，需要创新产业模式，也要警惕因资源环境的比较优势而忽视节能降碳的现象（见图 3）。

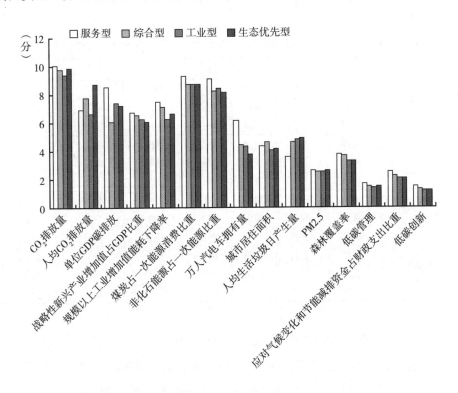

图 3　2017 年不同城市类型各指标平均分对比

从各类城市内部来看，服务型城市综合得分及分领域排名靠前的分别是北京、深圳、厦门、南宁、昆明，其综合得分都在 90 分以上；贵阳、温州、西安、南京等排在中位水平；太原、乌鲁木齐、呼和浩特排名较后，其原因是宏观领域、产业和能源方面分数偏低。综合型城市综合得分及分领域排名靠前的分别是成都、重庆、福州、珠海；绍兴、漳州、郑州等城市排名中位；安阳、本溪、包头等城市排名较后，原因是宏观领域、产业、低碳生活、资源环境等方面分数偏低。工业型城市综合得分及分领域排名靠前的分别是南昌、泉州、景德镇；排名居中的是漯河、许昌、宜昌、湘潭等城市；排名后位的是大庆、平顶山、济源、金昌、乌海等城市，这些城市在宏观领域、能源等方面得分较低。生态优先型城市排名靠前的分别是桂林、黄山、南平，排名靠后的是呼伦贝尔、和田、昌吉等地区（见表2）。

表2　2017年不同类型城市低碳综合得分、分领域排名前三位城市

类型	综合得分	宏观	产业	能源	低碳生活	资源环境	政策创新
服务型城市	北京 深圳 厦门	北京 南宁 杭州	深圳 贵阳 广州	厦门 上海 深圳	南京 贵阳 上海	贵阳 昆明 厦门	深圳 北京 厦门
综合型城市	成都 重庆 福州	成都 金华 绍兴	南通 成都 重庆	韶关 宣城 吉安	重庆 福州 镇江	舟山 珠海 大连	镇江 石家庄 福州
工业型城市	南昌 泉州 景德镇	三明 泉州 南昌	银川 揭阳 宜昌	南昌 新余 淮北	宁波 新余 湘潭	泉州 三明 揭阳	南昌 宁波 晋城
生态优先型城市	桂林 黄山 南平	桂林 黄山 南平	桂林 黄山 宿州	桂林 宁德 铜仁	黄山 南平 宁德	南平 张家口 黄山	黄山 桂林 秦皇岛

2. 2016年、2017年不同类型城市对比评估

按城市类型对比分析2016年和2017年数据，四种类型城市的低碳综合得分都有了不同程度的提高。服务型城市的平均综合得分提高最多，为2.53分，其次是生态优先型城市（2.06分）、综合型城市（1.62分）和工业型城市（0.5分）。从标准差来看，生态优先型城市的标准差最小，为1.58，集聚性较好，呈现整体低碳发展水平稳步提高的态势；其次是服务型

城市和综合型城市；工业型城市的标准差最大，为4.12，离散程度最大，说明工业型城市内部低碳发展水平差异大，出现低碳综合得分负增长的城市较多（见图4）。

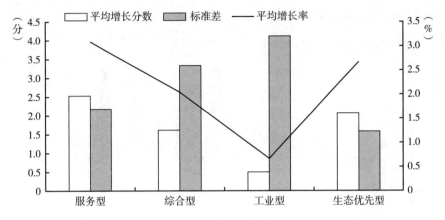

图4　2016年、2017年不同类型城市综合得分增长情况对比

从2016年、2017年服务型城市综合得分增长对比情况来看，杭州、广州、哈尔滨和呼和浩特增长较快，分数增长5分以上；厦门、深圳、贵阳、太原等城市平均增长2~3分；北京、上海、南京增长1分以内；沈阳、西安基本稳定不变；拉萨出现负增长（见图5）。

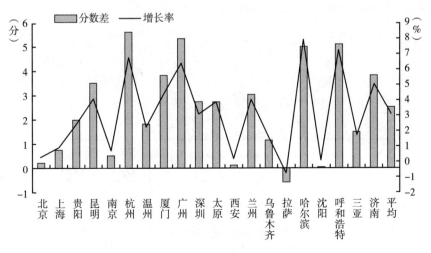

图5　2016年、2017年服务型城市综合得分增长情况对比

从 2016 年、2017 年综合型城市综合得分增长对比情况来看，成都、吉安、大连增长较快，增长分数在 7 分以上；长沙、常州、镇江、福州、吉林等城市增长在 3 分以上；但是重庆、天津、石家庄、郑州、保定等城市出现了不同程度的分数下降（见图 6）。

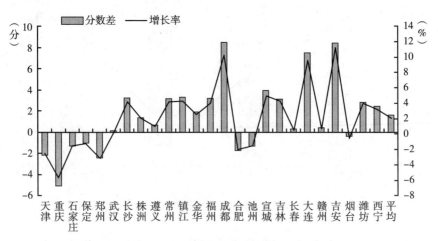

图 6　2016 年、2017 年综合型城市综合得分增长情况对比

从 2016 年、2017 年工业型城市综合得分增长对比情况来看，嘉兴、淮北、三明增长较快，分数增长在 5.25 分以上；但是景德镇、吴忠、乌海、银川、金昌等城市出现了不同程度的下降（见图 7）。

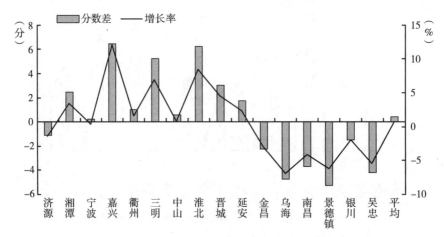

图 7　2016 年、2017 年工业型城市综合得分增长情况对比

从 2016 年、2017 年生态优先型城市综合得分增长对比情况来看，昌吉、黄山、桂林、呼伦贝尔增长较快，分数增长在 2 分以上；秦皇岛和南平分数增长较小，基本与 2016 年持平（见图 8）。

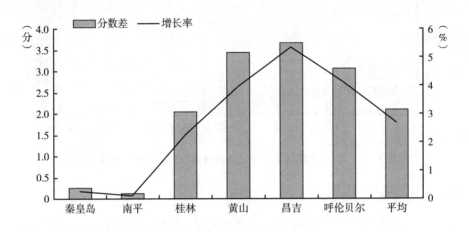

图8　2016 年、2017 年生态优先型城市综合得分增长情况对比

（三）按地理位置评估

按照东部、中部、西部地区分类，发现低碳平均综合得分为东部 > 西部 > 中部。从重要领域看，东部城市的宏观综合领域分别高出中部和西部 11.33% 和 3.47%、产业综合领域分别高出 5.59% 和 2.85%、政策创新领域分别高出 9.42% 和 3.63%；中部城市在能源综合领域高于东部和西部，但优势不明显，而在资源环境领域分别低于东部和西部 8.48% 和 6.25%，政策创新领域更是低于东部；西部地区在各领域平均得分均处于中间位置（见图 9）。

为进一步探究低碳战略取得成效的原因，课题组选取低碳贡献度最大的能源、产业和政策创新部分的指标进行分析，发现东部地区在战略性新兴产业增加值占 GDP 比重和低碳政策创新方面的贡献率最大，分别为 8.2% 和 1.65%，但是东部地区各省份之间在应对气候变化和节能减排资金占财政支出比重、低碳政策创新方面差异较大，比如福建、江苏和浙江的投入远高于

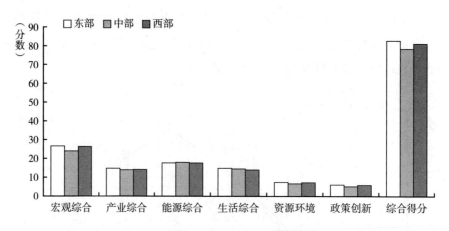

图9 东、中、西部城市低碳综合得分及各重要领域低碳平均分

辽宁、山东等省份。中部地区的煤炭占一次能源消费比重的贡献率为
11.66%，且各省份在该指标上的收敛性更好，说明中部地区在化石能源的
减少使用上有了切实进步。西部地区的规模以上工业增加值能耗下降率的贡
献率为9.0%，但是该指标与战略性新兴产业增加值占GDP比重和能源领域
相关指标在各省份城市之间的差异较大，比如西安和成都的低碳贡献率远高
于甘肃、宁夏、新疆等省份的城市，因此需要进一步加大能源和产业结构的
调整（见图10）。

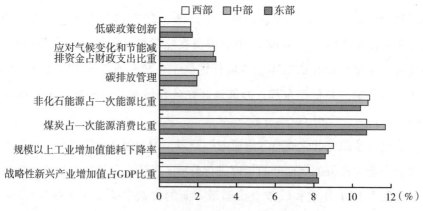

图10 东、中、西部城市重要指标的低碳贡献率

（四）低碳试点与非试点对比

1. 三批低碳试点城市之间对比

从 2010 年到 2017 年，三批低碳试点城市绿色低碳发展水平整体提高，绿色低碳发展效果表现为第一批 > 第二批 > 第三批的特征。2017 年第一批低碳试点城市平均绿色低碳总分达到 87.74 分，相对 2010 年增加了 8.59 分；第二批低碳试点城市和第三批试点城市分别提高 5.28 分和 5.20 分（见图 11）。

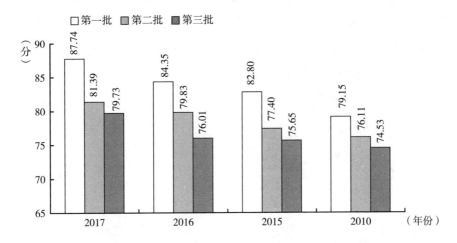

图 11　三批低碳试点城市平均绿色低碳综合得分对比

从试点城市绿色低碳综合得分占各分数段比例分布情况来看，2010 年所有低碳试点城市在 70 ~ 79 分数段的最多，所占比例为 71.43%，60 ~ 69 分数段的占 12.86%，没有 90 分及以上的城市；2017 年，90 分及以上的城市所占比例达到 7.14%，70 ~ 79 分数段的一半城市跃升到 80 ~ 89 分数段，80 ~ 89 分数段的城市数量占所有城市数量的 51.43%（见表 3）。

从分领域分数增长率来看，首先，三批试点城市在低碳政策创新方面分数增长最快，特别是第二批试点城市在该领域分数提高了 45.43%，政府对低碳试点的重视程度大幅提升。其次，宏观综合领域的分数增长明显，特别是第一批试点城市的分数增长最快，说明经过多年试点，低碳成效最为

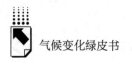

表3 2010年、2017年低碳试点城市各分数段占比分布

单位：%

	2010 年				2017 年			
	90分及以上	80~89分	70~79分	60~69分	90分及以上	80~89分	70~79分	60~69分
第一批	—	4.29	4.29	—	2.86	4.29	1.43	—
第二批	—	8.57	22.86	5.71	2.86	21.43	10	2.86
第三批	—	2.86	44.29	7.14	1.43	25.71	24.29	2.86
总体	—	15.71	71.43	12.86	7.14	51.43	35.71	5.71

显著。最后，第三批试点城市中，产业综合领域平均分出现略微负增长，能源综合领域平均分增长率基本维持不变，出现此种现象的原因之一是第三批试点城市建立的时间最晚、数量最多，虽然第三批低碳试点城市的综合得分比2010年增加6.93%，但城市间低碳水平差异大，尤其需要注意产业和能源的结构调整（见图12）。

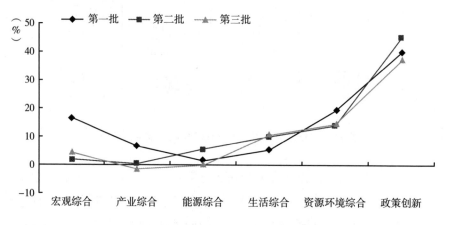

图12 三批低碳试点城市分领域平均分数增长率

2. 低碳试点城市与非试点城市对比

从2017年低碳试点城市与非试点城市平均得分看，低碳试点城市治理成效明显优于非试点城市，其平均综合得分高于非试点城市5.15分；宏观综合领域、能源综合领域和低碳政策创新领域分数分别高出非试点城市1.65分、1.13分和0.82分，是区别非试点城市最明显的领域（见图13）。

进一步细分到指标层面，万人公共汽电车拥有量、煤炭占一次能源消费比重、非化石能源占一次能源消费比重、单位 GDP 碳排放以及低碳管理、应对气候变化和节能减排资金占财政支出比重、低碳政策创新这几个指标上低碳试点城市的得分高于非试点城市较多；但是代表资源环境的指标，例如 PM2.5 指标上低碳试点城市仅提高 0.087 分，而人均生活垃圾日产生量也反映了非试点城市优于试点城市的现象（见图 14）。

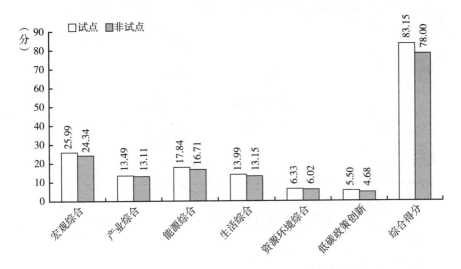

图 13　低碳试点城市与非试点城市平均绿色低碳综合得分及重要领域平均分情况

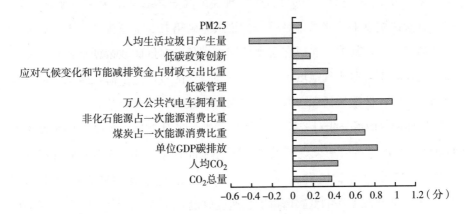

图 14　低碳试点城市与非试点城市重要指标差值一览

2017 年评估城市分数主要集聚在一星（70 ~ 79 分）和二星（80 ~ 89 分）区间，分别占到所有城市的 49.70% 和 39.64%。从低碳试点城市与非试点城市各星级占比分布情况来看，三星（90 分及以上）和二星（80 ~ 89 分）以低碳试点城市居多，分别占到 3.55% 和 20.71%，而一星（70 ~ 79 分）和合格（60 ~ 69 分）以非试点城市居多，分别占到 34.91% 和 4.14%（见图 15）。

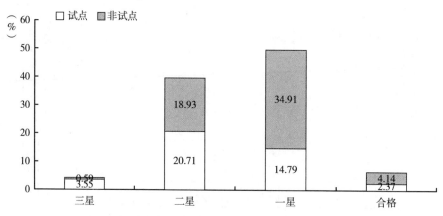

图 15 低碳试点城市与非试点城市各星级占比分布情况

（五）直辖市评估

2017 年，四个直辖市的综合得分排名情况为北京 > 重庆 > 上海 > 天津，在所有参评城市中，北京排名第一、重庆排名第九、上海排名第十五、天津排名第三十二。其中，北京在宏观领域为满分，在低碳政策创新方面得分也高于其他城市，但比其他城市更具有高碳消费的特征。上海在能源领域得分最高，重庆在低碳生活和资源环境方面得分最高。天津在宏观、产业、能源和资源环境方面得分相对较低（见表 4）。进一步对 2016 ~ 2017 年四个城市的低碳进步情况进行分析发现，虽然天津的排名最后，但综合得分的升高速度最快，2017 年相对 2016 年增加了 2.97%，特别是宏观领域的得分贡献了26.16%；北京和上海的低碳增量增长速度放慢，环境综合领域得分需要提升；重庆在产业综合、能源综合和低碳政策创新等方面仍具潜力（见图 16）。

表4 2017年四个直辖市低碳综合得分和分领域排名情况

排名	综合得分	宏观	产业	能源	低碳生活	资源环境	低碳政策创新
1	北京	北京	北京	上海	重庆	重庆	北京
2	重庆	上海	上海	北京	天津	北京	上海
3	上海	重庆	重庆	重庆	上海	上海	天津
4	天津	天津	天津	天津	北京	天津	重庆

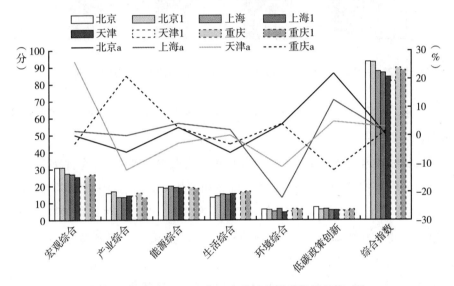

图16 2016年、2017年四个直辖市低碳发展总体对比

注：以北京为例，"北京"为2017年数据、"北京1"为2016年数据、"北京a"为2017年相对2016年分数增长率。

（六）一线城市评估

基于经济、社会及对周边城市的辐射带动能力，本文选取北京、上海、广州、深圳四个一线城市进行低碳水平的直接对比。静态来看，每一年排名前两位的都分别是北京和深圳；动态来看，2010年、2015年、2016年和2017年四个城市的绿色低碳综合得分均有不同程度的提高。其中相对于2010年，2017年广州提高9.27分、上海提高8.63分、深圳提高6.66分、北京提高5.37分（见图17）。

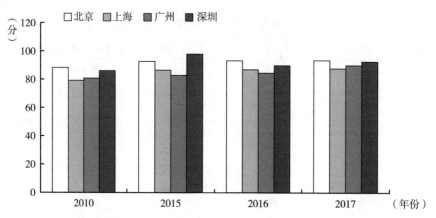

图17　一线城市2010年、2015年、2016年、2017年低碳综合得分对比

北京、上海、广州、深圳均为低碳试点城市，其政府对低碳相关的政策制定、资金投入、结构调整以及业界创新都优于其余地级市，因此直接选择碳排放实际数据进行对比，更能体现城市真实低碳发展水平。评估发现，四个城市的碳排放总量、单位GDP碳排放和人均CO_2的实际排放水平都有所下降，特别是单位GDP碳排放保持逐年下降趋势。北京整体表现最好，特别是单位GDP碳排放和人均CO_2排放最低；上海的碳排放总量和单位GDP碳排放最高；深圳的碳排放总量最低；广州与深圳同属广东省，地域紧邻、人口数量接近，最具可比性，广州的相关碳排放实际数据在总量上都高于深圳，但2017年广州的各项指标相比2016年下降非常明显，这种减少趋势需要持续评估（见表5）。

表5　2010年、2015年、2016年、2017年一线城市碳排放相关指标实际数据

指标	城市	2010年	2015年	2016年	2017年
碳排放总量 （万吨）	北京	11883.00	13910.78	13849.19	10403.96
	上海	24978.52	24369.12	24512.80	18949.30
	广州	12410.77	14966.84	15391.36	10298.90
	深圳	9365.65	11811.79	12186.48	10010.88
单位GDP碳排放 （吨/万元）	北京	0.84	0.60	0.54	0.40
	上海	1.46	0.97	0.87	0.66
	广州	1.15	0.83	0.78	0.49
	深圳	0.98	0.68	0.63	0.48

续表

指标	城市	2010 年	2015 年	2016 年	2017 年
人均 CO_2 排放（吨/人）	北京	9.45	6.41	6.38	4.79
	上海	17.69	10.09	10.14	7.84
	广州	15.40	11.09	11.18	7.10
	深圳	9.04	10.38	10.47	7.99

三　结论与建议

经宏观层面、城市类型、地理位置、试点与非试点城市、直辖市及一线城市等多维度绿色低碳评估，得出主要结论及建议如下。

（一）主要结论

第一，2017 年 169 个城市的绿色低碳发展评分结果集中于 60~94 分，其中 90 分及以上的有 7 个，80~89 分的有 72 个，70~79 分的有 79 个，60~69 分的有 11 个，无不合格城市。按照不同年份选取相同城市评估发现，大部分城市的分数有了提升，宏观领域、产业领域和能源领域的低碳分数贡献最多，而分数下降主要体现在产业和能源低碳方面，部分城市的资源环境分数也有下降，但是政府在低碳政策和创新方面都有了提升或维持不变。

第二，按照不同城市类型评估发现，2017 年四类城市的绿色低碳综合得分呈现服务型＞综合型＞生态优先型＞工业型的态势，每类城市中排名靠前的城市大多为低碳试点城市。每类城市内部，生态优先型城市整体绿色低碳发展水平较为均衡，工业型城市绿色低碳发展水平内部差异最大，部分城市出现分数下降情况。

第三，按照东部、中部、西部地区分类评估发现，绿色低碳平均综合得分为东部＞西部＞中部。东部城市在宏观、产业、低碳政策创新方面具有优势；中部城市在能源领域取得一定进步，但优势有待加强；西部城市各领域得分处于中间位次。

第四，对 2010 年、2015 年、2016 年和 2017 年的低碳试点城市分批次评估发现，低碳试点城市分数稳步提高，绿色低碳发展效果整体表现为第一批＞第二批＞第三批的特征。2010 年所有低碳试点城市以一星（70～79分）居多，占到 71.43%，未出现三星（90 分及以上）城市；2017 年所有低碳试点城市以二星（80～89 分）居多，占到 51.43%，三星（90 分及以上）城市数量占总体比例达到 7.14%。评估发现，三批低碳试点城市的低碳政策创新领域分数增加最快，尤以第二批试点城市最为明显；第一批试点城市在宏观领域的分数提升明显，说明经过多年试点，第一批试点城市的"双控"指标和人均 CO_2 排放指标得到切实改善；第三批试点城市的综合得分比 2010 年增加 6.93%，但城市间低碳水平差异大，需要注意产业和能源的结构调整。

第五，从 2017 年低碳试点城市与非试点城市评估来看，试点城市的绿色低碳成效明显优于非试点城市。在每一类星级排名城市中，90 分及以上（三星）和 80～89 分（二星）的以低碳试点城市居多，而 70～79 分（一星）和 60～69 分（合格）的以非试点城市居多。低碳试点城市在宏观、能源、交通和低碳政策创新方面的低碳治理效果优于非试点城市，但是在资源环境方面没有明显优势，也在一定程度上具有高碳消费现象。

第六，对四个直辖市评估发现，2017 年综合得分整体呈现北京＞重庆＞上海＞天津，北京在宏观领域和低碳政策创新方面优于其他城市，但比其他城市更具有高碳消费特征；北京和上海的低碳增量增长放慢，资源环境领域需要提升；天津虽然整体排名靠后，但综合得分提高速度最快；重庆在低碳产业、低碳能源和低碳政策创新等方面仍具潜力。对四个一线城市进行评估发现，每一年排名前两名的城市都是北京和深圳，2010～2017 年四个一线城市的综合得分都有不同程度的提高，分数提高幅度表现为广州＞上海＞深圳＞北京。

（二）主要建议

第一，深化低碳试点改革，强化分类指导原则。在"十三五"规划中后期不断总结低碳试点、能力建设、能源产业结构转型、体制机制等方面的优势与挑战，按照不同阶段，对标国家长期绿色低碳发展战略、《巴黎协定》自主贡献目标改进低碳试点内容，并进一步细化绿色低碳发展目标。不同类型的地区和城市应在"十四五"规划中明确以碳排放达峰为导向的绿色低碳发展战略。经济、社会发展水平较高地区和提前碳排放达峰地区可根据实际情况设定碳排放总量控制目标和碳排放减量总量控制目标，并配以相应的制度体系，起到先行先试作用。

第二，构建"以评促建""评建结合"的指标体系。改进评价考核方法，以约束与激励相结合，释放低碳试点城市的动力。发挥自评估、自上而下以考核评估和第三方评估的作用，分析不同类型城市的绿色低碳发展症结，缩小城市间低碳发展差距。

第三，发挥低碳建设与区域发展的协同效应，构筑区域绿色发展新体系。从供给端和需求端入手，推动形成低碳能源体系、低碳产业体系、低碳交通体系、低碳建筑体系的格局。建立更加有效的区域协同发展机制，将低碳发展纳入城市综合发展规划，促进低碳政策与环境政策、气候政策的协同，促进跨区域、跨部门低碳实施方案的协同，促进区域的功能互补、共享绿色低碳发展的成果。

第四，完善数据统计，坚持持续评估。完善数据统计是低碳发展的基础任务，但碳排放相关数据涉及能源、产业、交通、建筑以及环境等不同领域，因此建议一方面由国家相关部门建立健全城市能源和碳排放的统计核算体系，为城市绿色低碳发展提供支持；另一方面，通过大数据、信息化和智能管理等方式加快低碳数据的开放。只有在数据质量有保障的基础上，才能结合空间分布、经济、社会、资源能源等方面更新指标或评分依据，持续动态评估，更加客观真实地反映城市绿色低碳发展程度。

国际应对气候变化进程

International Process to Address Climate Change

G.3
全球气候治理制度变迁与挑战*

李慧明**

摘 要： 本文在分析全球气候治理的"法制化"历史演进历程的基础上着重剖析了《巴黎协定》实施细则的主要内容，并归纳了实施细则的主要特点：发达国家与发展中国家之间的相互区别进一步弱化，对缔约方的约束性增强，自上而下的"硬法"较强回归。实施细则有望使《巴黎协定》的有关政策举措落到实处，但后巴黎时代仍然面临着巨大的排放压力，全球气候治理制度建设现状与实现《巴黎协定》目标的要求相比，仍然面临着严峻的挑战。面对新形势和新挑战，中国要

* 本文是国家社科基金一般项目"构建人类命运共同体背景下中国推动全球气候治理体系改革和建设的战略研究"（项目编号:18BGJ081）的阶段性成果。特别感谢中国社科院城环所庄贵阳研究员和国家气候中心胡国权博士对本文提出的宝贵修改意见,特此致谢。

** 李慧明，博士，济南大学政法学院副教授，研究领域为全球气候治理。

持续推进《巴黎协定》实施细则的落实并带头践行之，加大国内生态文明建设的力度，引领全球低碳转型潮流，加强与发达国家，尤其是与欧盟及其成员国的气候治理合作，强化气候领域的南南合作，共谋全球生态文明建设。

关键词： 全球气候治理　卡托维兹气候会议　《巴黎协定》实施细则后巴黎时代

一　引言

2018 年在波兰卡托维兹举行的《联合国气候变化框架公约》（以下简称《公约》）缔约方第 24 次会议（COP24），基本完成了《巴黎协定》实施细则的谈判，通过了"卡托维兹气候一揽子协议"（Katowice Climate Package）。这标志着全球气候治理的新制度大厦由此更加牢固，全球气候治理进程中大规模的制度建设基本告一段落。2019 年全球气候治理除完成《巴黎协定》实施细则遗留下来的关于合作履约问题的谈判外，最为紧要的问题就是商定如何提高缔约方的行动力度。目前缔约方提出的国家自主贡献（NDCs）距离《巴黎协定》所确立的把全球平均气温较工业化前水平升高控制在 2℃甚至 1.5℃的目标还有很大的差距。排放缺口如何弥补，如何进一步提高缔约方，尤其是全球排放大国的减排力度？这是后巴黎时代全球气候治理面临的最大挑战。那么，我们应该如何看待和评价自 2015 年《巴黎协定》达成以来全球气候治理制度的变迁？尤其是随着《巴黎协定》实施细则的达成，我们应该如何看待和评价《巴黎协定》实施细则的特点及其对于全球气候治理制度的影响？它对于全球气候治理意味着什么？我们如何从全球气候治理制度建设及其变迁的历史进程来评价这种治理模式的成效及其面临的新挑战？面对这种制度变迁，中国应该做出何种回应和行动？这是当前全球气候治理面临的亟待回答的核心问题。

二 从京都到巴黎：全球气候治理制度
建设的历史演进历程

根据全球气候治理制度建设的历史演进，本文把全球气候治理的"法制化"演进历程分为以下五个阶段。

1. 全球气候变化问题的政治化阶段（1988~1990年）

1988年是全球气候治理从科学议程转入政治议程的分水岭，这一年在全球气候治理领域发生了三件具有重要意义的事件，这些事件推动全球气候变化问题由一个科学议题逐步转入国际政治议程。第一，1988年6月，加拿大政府在多伦多组织召开了气候变化会议。许多研究者指出，多伦多会议是全球气候变化问题正式进入国际政治（国家政策层面）议程的标志。[①] 多伦多会议提出了"多伦多目标"，即到2005年在1988年水平的基础上 CO_2 排放减少20%。第二，1988年11月在联合国环境规划署（UNEP）和世界气象组织（WMO）联合推动下，成立了联合国政府间气候变化专门委员会（IPCC），旨在定期为全球气候变化提供科学评估，并为决策者提供气候变化的科学基础、气候变化的影响以及有关适应与减缓方案的评估报告。第三，1988年联合国大会通过了一份关于气候变化的决议（联合国大会43/53号决议），认为气候问题是"人类共同的关切"。在这些事件的推动下，1990年IPCC发布了第一个气候变化评估报告，明确指出人类的活动正在增加大气中温室气体的浓度。1990年12月，第45届联合国大会通过了45/212号决议，正式建立了关于《公约》的政府间谈判委员会（Intergovernmental Negotiating Committee for Framework Convention on Climate

---

① Steinar Andrensen and Shardul Agrawala, "Leaders, Pushers and Laggards in the Making of the Climate Regime," *Global Environmental Change*, Vol. 12, No. 1, 2002, pp. 41 – 51; Daniel Bodansky, "The History of the Global Climate Change Regime," in Urs Luterbacher, Detlef F. Sprinz, eds., *International Relations and Global Climate Change*, Cambridge: The MIT Press, 2001, p. 27.

Change – INC），拉开了全球气候治理"立宪"进程的序幕。

2. 全球气候治理的"立宪"阶段（1991～1994年）

根据联大 45/212 号决议，从 1991 年 2 月到 1992 年 5 月，政府间谈判委员会举行了五轮谈判六次会议（最后一轮谈判举行了两次会议），最终在 1992 年 5 月达成了关于全球气候变化科学与政治完整结合的《公约》，[①] 为全球气候治理奠定了法律和制度建设的坚实基础。《公约》成为全球气候治理的根本大法，也就是全球气候治理的"母法"或"宪法"。1994 年 3 月 21 日，《公约》正式生效。

3. 全球气候治理法律制度具体化和运行机制构建阶段（1995～2006年）

1995 年 3 月，在《公约》正式生效一年之后缔约方第 1 次会议（COP1）通过了"柏林授权"（Berlin Mandate），认为《公约》所提出的行动承诺对于解决气候变化问题而言并不充分，要求在 1997 年第 3 次缔约方会议上为附件一国家规定具有法律约束力的减排目标和完成时限的温室气体减排责任。1997 年经过艰苦谈判，最后达成了全球气候治理史上具有里程碑意义的《京都议定书》，第一次给发达国家和经济转型国家规定了量化减排任务和时间表，规定 2008～2012 年作为议定书的第一承诺期，附件一国家总体在 1990 年的基础上减排 5.2%，免除了发展中国家的量化减排义务。2001 年美国退出了《京都议定书》，致使议定书直到 2005 年才正式生效。

4. 后京都法律和制度的创制（修补或完善）阶段（2007～2014年）

2007 年印度尼西亚巴厘岛气候大会（COP13）开启了后京都时代气候治理制度和机制建构的序幕。COP13 最终达成了"巴厘路线图"（Bali Roadmap），确立了《公约》和《京都议定书》下的"双轨"谈判，并决定于 2009 年在哥本哈根气候会议上最终完成后京都气候谈判。[②] 然而，哥本

---

① 关于 INC 的谈判历程可参见 Daniel Bodansky, "Prologue of the Climate Change Convention," in Irving M. Mintzer and J. Amber Leonard eds., *Negotiating Climate Change: the Inside Story of the Rio Convention*, Cambridge: Cambridge University Press, 1994, pp. 60 – 70.

② 苏伟、吕学都、孙国顺：《未来联合国气候变化谈判的核心内容及前景展望——"巴厘路线图"解读》，《气候变化研究进展》2008 年第 1 期。

哈根气候会议最后达成了一个没有被缔约方会议正式通过的《哥本哈根协议》，并没有完成双轨制下的法定谈判，没有达成2012年之后要实施的"后京都"气候治理新机制。"哥本哈根的'失败'导致国家政府内外的许多人开始重新思考动员应对气候变化有效国际回应的最好方式。"① 由此，一种以国家"自愿"行动为核心的治理理念和模式开始逐渐占据主导地位，逐渐"回归"到以国家"自下而上"驱动为核心的治理体系中，"全球气候治理自上而下的普遍路径，以《京都议定书》的法律约束力的目标加时间的减排方式为标志，被一种更加'去中心化'的气候政策体系所取代"。② 这是全球气候治理法律和制度建构进程中的重要转折和过渡时期。在2011年南非德班气候会议上，构建新的气候治理法律和制度的行动取得突破性进展，会议决定在《公约》之下设立一个"德班加强行动平台问题特设工作组"（AWG - DP），指导拟订一项《公约》之下对所有缔约方适用的议定书、另一法律文书或某种有法律约束力的议定结果，最晚在2015年完成该项谈判。

5.《巴黎协定》的达成与后巴黎时代气候法律和制度的操作化阶段（2015～2018年）

"德班平台"确立后，经过4年的谈判，于2015年最终达成了在全球气候治理进程中具有里程碑意义的《巴黎协定》，构建了新气候治理法律和制度的重要框架和原则，形成了以"国家自主贡献"为核心的"自下而上"的新治理模式，构建起了"以自主承诺促进全面参与、以进展透明促进互信互鉴、以定期盘点促进渐进加强的全球气候治理新体系"。③ 2018年12月在卡托维兹会议上，最终通过了关于减缓、透明度、适应、资金、阶段性盘

---

① Daniel Bodansky and Elliot Diringer, "The Evolution of Multilateral Regimes: Implication for Climate Change," Pew Center on Global Climate Change, December 2010.

② Karin Bäckstrand, Jonathan W. Kuyper, Björn-Ola Linnér & Eva Lövbrand, "Non-State Actors in Global Climate Governance: From Copenhagen to Paris and Beyond," *Environmental Politics*, Vol. 26, No. 4, 2017, pp. 561 - 579.

③ 腾飞：《"去全球化"背景下中国引领全球气候治理的机遇与挑战》，谢伏瞻、刘雅鸣主编《应对气候变化报告（2018）》，社会科学文献出版社，2018，第46页。

点以及《巴黎协定》其他条款的实施细则与程序，基本完成了谈判，基本
实现了预期目标，把《巴黎协定》的原则与理念转化成了具有可操作性和
可运行的具体行动机制。《巴黎协定》实施细则的达成标志着把《巴黎协
定》成功转向了一个功能性的操作化多边体系，① 开启了真正落实《巴黎协
定》的全球气候行动新时代。②

三 《巴黎协定》实施细则的主要内容及特点

（一）《巴黎协定》实施细则的主要内容

卡托维兹会议最后达成的《巴黎协定》实施细则对《巴黎协定》第4
条（减缓和国家自主贡献问题）、第7条（适应问题）、第9条（资金问
题）、第10条（技术开发与转让问题）、第12条（公众教育与公众参与问
题）、第13条（行动与支助的透明度框架问题）、第14条（全球盘点问题）
和第15条（履约与遵约问题）都制定了详细的实施和操作规则（模式、程
序和指南），只有第6条（合作履约问题）没有达成共识，留待2019年缔
约方会议解决。实施细则使《巴黎协定》确立的行动原则和理念转化成了
行动指南。

1. 关于国家自主贡献（NDCs）的操作化

卡托维兹会议最后做出的决定要求所有缔约方应从它们第二次及随后的
NDCs通报开始提供相关信息，同时也强烈鼓励缔约方在它们的第一次
NDCs通报中贯彻执行。发达国家和发展中国家之间不做区分，但允许缔约
方自行决定哪一种信息更适用于它们的NDCs而自我区分。这些相关信息主

---

① C2ES, "Outcomes of the U. N. Climate Change Conference in Katowice," Center for Climate and
Energy Solutions, December 2018.

② UNFCCC, "New Era of Global Climate Action To Begin Under Paris Climate Change Agreement,"
15 December, 2018, https://unfccc.int/news/new-era-of-global-climate-action-to-
begin-under-paris-climate-change-agreement-0, accessed on 5 February 2019.

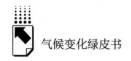
要包括目标的参考点、时间框架和实施期限、范围（哪些气体和覆盖哪些部门）、计划进程、假定和方法、NDCs 怎样才是公平和有力度的以及其 NDCs 怎样贡献于《巴黎协定》的长期目标。对于 NDCs 的核算，缔约方需要提供关于其核算方法的详细信息，并确保其连续性。① 对于缔约方 NDCs 共同的时间框架问题，决定从 2031 年开始所有缔约方应使用共同的时间框架，并要求附属执行机构（SBI）在其 2019 年第 50 次会议上继续考虑缔约方 NDCs 共同的时间框架问题，以期就此提出建议，为 CMA 审议和通过。②

2. 关于资金问题

对发展中国家的气候行动提供资金支助历来都是国际气候谈判的焦点问题。最后达成的实施细则重申了《巴黎协定》第 9 条第 5 款的规定，发达国家缔约方应适当根据情况，每两年就相关信息进行通报，包括提供给发展中国家缔约方的公共财政资源预计水平。鼓励提供金融资源的其他缔约方在自愿的基础上每两年通报这样的信息。从 2021 年起，要求《公约》秘书处编制一份上述两年期通报所含信息的汇编和综合，以期向全球盘点提供信息。在发展中国家的推动下，启动了新的气候资金目标进程，决定在 2020 年 CMA 第三届会议上，在有意义的减缓行动和执行透明度的背景下，考虑到发展中国家的需要和优先事项，审议从每年 1000 亿美元的最低限额中设立一个新的集体量化目标。③ 实施细则还专门就适应基金（The Adaptation Fund）做出了一个重要决定，把最初在《京都议定书》下设立的适应基金改为在 CMA 的指导下为《巴黎协定》服务，并对该会议负责，自 2019 年 1 月 1 日起生效，并决定适应基金从《巴黎协定》所建立机制的收益份额和各种自愿的公共和私人资源中筹措资金。④ 这意味着这一重要基金的持续存在将在未来得到保障。

---

① Decision 4/CMA. 1, Further Guidance in Relation to the Mitigation Section of Decision 1/CP. 21.

② Decision 6/CMA. 1, Common Time Frames for Nationally Determined Contributions Referred to in Article 4, Paragraph 10, of the Paris Agreement.

③ Decision 14/CMA. 1, Setting A New Collective Quantified Goal on Finance in Accordance with Decision 1/CP. 21, Paragraph 53.

④ Decision 13/CMA. 1, Matters Relating to the Adaptation Fund.

3. 关于行动和支助的透明度框架问题

行动和支助的透明度是《巴黎协定》的基石。虽然一些发展中国家努力建立一种与发达国家相区别的二分法透明度报告体系，但最后达成的实施细则则是建立了共同的模式、程序和指南（MPGs），要求所有缔约方（欠发达和小岛屿发展中国家除外）不晚于 2024 年开始应用这些制度，现存《公约》下的透明度体系届时将被《巴黎协定》下强化了的透明度体系所取代，2028 年以前将对 MPGs 进行更新。缔约方应最晚于 2024 年提交它们第一个两年期透明度报告和国家温室气体清单。提供这些信息时，根据其能力，发展中国家（如果需要这样做的话）在具体领域可以偏离共同规则，由其自行灵活决定。但这些国家应明确指出适用灵活性的具体条款，简要阐明这些限制可能与哪些条款有关，并提供其确定的改进这些能力限制的时间框架。①

4. 关于五年盘点的问题

全球盘点（Global Stocktake）的执行与遵约问题是确保《公约》和《巴黎协定》目标实现的关键环节。卡托维兹实施细则对此做出了非常详细明确的规定：全球盘点将以一种缔约方驱动的、跨问题领域的方式开展，平等和最佳科学将被贯穿始终。同时，全球盘点在《公约》两个常设附属机构（附属执行机构，即 SBI；附属科技咨询机构，即 SBSTA）的辅助下将由 CMA 引导，并由三个阶段构成：信息收集、技术评估和结果审议。全球盘点将开展一个技术性对话，评估在减缓、适应、执行与支助的方式等主题领域的集体进展，并酌情考虑与损失损害问题有关的努力。全球盘点另一个重要问题是，是否以及在何种程度上对非缔约利害相关方开放。实施细则最后规定，全球盘点将是一个以透明的方式进行的、由非缔约利害相关方参与的、由缔约方推动的过程，为支持有效和平等的参与，缔约方完全能够进入所有的信息输入过程。②

---

① Decision 18/CMA. 1, Modalities, Procedures and Guidelines for The Transparency Framework for Action and Support Referred to in Article 13 of the Paris Agreement.

② Decision 19/CMA. 1, Matters Relating to Article 14 of the Paris Agreement and Paragraphs 99 – 101 of Decision 1/CP. 21.

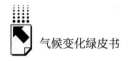

（二）《巴黎协定》实施细则的特点

根据上述分析，我们看到，《巴黎协定》实施细则至少具有以下几个特点。

第一，仍然遵循了尊重国家主权的原则，以促进性和支持性目的为核心理念。综观 130 多页的实施细则，绝大多数条款都是为缔约方如何落实《巴黎协定》的有关条款而提供的详尽的行动模式、程序和指南，很少有惩罚性和对抗性的规定。这体现了自全球气候治理以来一贯坚守的多边主义和协商一致的精神和理念。

第二，在许多问题给予发展中国家灵活性的基础上，坚持了共同标准和规则，发达国家与发展中国家之间的相互区别进一步弱化，最核心的是对 NDCs 的内容和所要求的信息通报、行动和支助的透明度框架方面，都给予发展中国家一定的灵活性，但同时对这些灵活性的运用和界定进行了较为严格的要求，并致力于最终的一致性。在此基础上，无论是 NDCs 的通报信息还是核算，无论是透明度框架的通报方式还是通报内容，实质上都采取了共同的方式，贯彻了《巴黎协定》适用于所有缔约方的基本原则和理念。

第三，在严格贯彻《巴黎协定》自下而上精神的基础上，自上而下的强制性和指令性规定有所加强，对缔约方的约束性增强，自上而下的"硬法"较强回归。无论是对 NDCs 的通报信息还是全球盘点的要求，实施细则都没有涉及国家内部行动的层面，绝大多数都是形式审查和程序要求。但与此同时，这些形式审查和程序要求却体现了前所未有的严格和强制。从法律用语来看，要求缔约方按期提交的绝大多数信息通报及其性质与形式都使用了具有强制约束力的"应（shall）"一词，而且还赋予执行与遵约委员会可以采取力度较大的强制性行动的权力。在耗尽达成共识所有努力的情况下，可以由委员会采取多数决策的方式做出决定，给予执行与遵约委员会较强的强制执行力。

四 后巴黎时代全球气候治理制度建设面临的新挑战及中国的回应

纵观全球气候治理制度建设 30 多年的发展演进，制度设计实质上越来越适应于现实国际政治的需要而变得越来越务实和理性。以 2015 年《巴黎协定》的达成为标志，新一轮全球气候治理法律和制度框架的构建任务已经基本完成，国际社会试图创建一个具有较强稳定性和连续性的治理制度框架的目标基本实现。正如有学者所指出的："巴黎协定的最大亮点在于全球气候架构不会被推倒重来，出现大的折腾，不会倒退。"[1] 可以说，全球气候治理的制度建设取得了前所未有的成就，确保了治理制度的坚韧性和稳定性。2017年美国宣布退出《巴黎协定》之后，国际社会仍然持续推进治理行动并在2018 年基本完成了《巴黎协定》实施细则的谈判，充分证明了这种制度的稳定性。然而，制度建设的最终目的是为了确保治理效果，再完善的制度设计如果不能保证治理目标的实现，那么这样的制度就会面临着新的问题与挑战。

（一）后巴黎时代全球气候治理制度建设的新形势

后巴黎时代全球气候治理的制度建设面临的最重要的问题之一就是《巴黎协定》所要求的"国家自主贡献"与目标之间还存在着巨大的差距，迫切要求缔约方提高其自主贡献力度。根据气候行动追踪（Climate Action Tracker）最新发布的全球排放状况评估，即使所有缔约方都能实现它们在《巴黎协定》中的承诺，到 21 世纪末世界平均气温仍然可能上升 3℃，是《巴黎协定》提出的 1.5℃目标的 2 倍。[2] 联合国环境规划署（UNEP）最新

---

[1] 潘家华：《应对气候变化的后巴黎进程：仍需转型性突破》，《环境保护》2015 年第 24 期，第 28 页。

[2] The Climate Action Tracker, "Warming Projections Global Update," December 2018, https://climateactiontracker.org/documents/507/CAT_ 2018 - 12 - 11_ Briefing_ WarmingProjectionsGlobalUpdate_ Dec2018.pdf, Accessed on 5 June 2019.

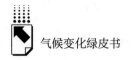

发布的《排放差距报告2018》（*Emissions Gap Report 2018*）也得出了同样的结论。① 纵观全球气候治理制度近30年的演进，制度设计者们绞尽脑汁地一直在理想与现实中寻求折中，在以下几对矛盾中寻求平衡：全球利益与国家利益、公平与效率、强制性与自主性、动员力与执行力。在一个缺乏世界政府的无政府体系中，面对全球性（减排）责任的分配，国家的主权保护意识很强，这是造成全球气候治理效率低下的最主要结构性因素。此外，国家经济增长（在传统化石能源仍占据主导地位的情况下，经济增长仍然是以碳排放为条件）与温室气体减排之间的巨大张力，国际合作协调的必要性与全球气候治理公共产品性质下国家"搭便车"的巨大诱惑之间的矛盾，都是造成治理制度与实际成效之间巨大鸿沟的根源。而且，巨大的排放差距还因为美国等国家的气候不合作行动而有所加剧。弥补这巨大的双重差距已经成为后巴黎时代全球气候治理制度建设的最重大挑战，也是检验后巴黎时代全球气候治理制度潜力的核心要素。

随着2018年《巴黎协定》实施细则的基本确立，可以说后巴黎时代全球气候治理的制度框架以及执行规则已经完成，全球气候治理制度建设接下来最为核心的任务已经不是创设一个更加符合气候治理现实需要的宏观或中观制度，而是如何把这些已经确立起来的实施细则付诸气候治理的实践，使这些行动细则真正发挥其应有的作用，把制度设计者们的理念转化为现实结果。就此而言，后巴黎时代全球气候治理的制度建设似乎已经"完成"，接下来最核心的任务是如何落实这些制度。但在现实当中，《巴黎协定》实施细则的诸多条款都是动态的，是要根据现实效果和现实需求进行调整和完善的。也就是说，《巴黎协定》实施细则也并非就是一个已经完成了的"一劳永逸"的治理制度，而仍然是一个"未完成"的任务。而无论是全球气候治理几十年的实践经验所表明的，还是一如其他全球治理领域的治理经验所展示的，艰难的制度建设"基本完成"之后，到了实施与执行阶段将变得更加困难，因为这才是到了最终利益分配和权利划分的"最后关头"。因

---

① UNEP, *Emissions Gap Report 2018*, November 2018.

而，在接下来的全球气候治理行动中，如何严格把《巴黎协定》的实施细则执行下去，并在实施过程中根据现实变化而适时进行调整和完善这些实施细则，这大概是接下来全球气候治理制度建设将面临的更加严峻的新挑战。

（二）后巴黎时代全球气候治理制度建设面临的新挑战

《巴黎协定》及其实施细则所奠定的整个后巴黎时代全球气候治理的制度架构和具体行动规则无疑具有了较强的稳定性和灵活性，足以容纳和承受后巴黎时代全球气候治理实践的重大挑战与变化。但与此同时，"自上而下"带有较强约束力的强制性和指令性"硬法"似乎又在回归。制度建设需要在强制性与自主性之间逐渐找到最佳平衡点，以确保《巴黎协定》治理目标的最终实现。在这种大的趋势下，全球气候治理制度建设仍将面临新的挑战。

第一，《巴黎协定》实施细则的落实可能仍然无法促使缔约方提升其"国家自主贡献"的力度，《巴黎协定》确立的控制温升在2℃（或1.5℃）的目标的实现仍然面临重大挑战。如何通过《巴黎协定》实施细则的严格执行，提升各缔约方NDCs的减排力度，弥补所需要的减排量与现有NDCs预期排放量之间的巨大排放差距，这应该是《巴黎协定》实施细则基本完成之后全球气候治理行动面临的最核心任务。但目前来看，《巴黎协定》实施细则的执行还不足以确保这一任务的完成，国际社会必须采取更加严格和有力的其他相应措施，以动员更大的力量参与到全球气候治理中，只有这样才能对《巴黎协定》温升目标的达成提供更大的保障和可能。如果《巴黎协定》的目标无法实现，那么全球气候系统将进一步紊乱，进而导致全球生态系统、经济社会甚至一些国家的安全受到严重影响，从而出现无法预见的风险。

第二，如何保障非国家行为体在后巴黎时代全球气候治理中的地位和行动实效。为动员更多的力量参与到全球气候治理中，《巴黎协定》给予了非国家行为体非常重要的地位和作用，寄希望于非国家行为体在后巴黎时代的全球气候治理中发挥更加积极的作用，以弥补国家的行动不力。但是2018

年达成的《巴黎协定》实施细则除了在全球盘点机制中明确规定"非缔约利害相关方参与"之外，对非国家行为体如何参与实施细则的落实没有更进一步的法律和制度保障。这实质上把非国家行为体（非缔约利害相关方）置于了一种非常不利的风险境地，不利于动员和发挥非国家行为体的积极力量。当前后巴黎时代全球气候治理的制度设计中，对非国家行为体给予了非常高的期望，把非国家行为体称为"非缔约利害相关方"，但这种期望的实现更多是寄希望于非国家行为体自身的自愿行动和主观意愿，而没有具体的制度和机制来规范和约束这些非国家行为体的气候行动。比如，因为《巴黎协定》下的核心减排机制是"国家自主贡献"，那么，某个国家内部非国家行为体的自愿气候行动（如减排）与国家的"自主贡献"是什么关系？非国家行为体作为"非缔约方"但又是"利害相关方"，如何理解和建构它与国家（缔约方）的法律关系？诸如此类的问题可能是影响后巴黎时代全球气候治理成效的重要因素，需要在后巴黎时代全球气候治理制度设计和运行过程中谋求更好地解决。

第三，如何动态界定发达国家和发展中国家在后巴黎时代全球气候治理中责任与义务上的"差别"并构建与之相适应的治理制度。全球气候治理制度设计和运行始终有一个核心问题，就是处理发达国家与发展中国家之间的"差别"。1992年的《公约》就确立了"共同但有区别的责任"原则，以此作为全球气候治理区别对待发达国家和发展中国家的基石。在2015年的《巴黎协定》的制度建构中，虽然仍然强调坚持"共同但有区别的责任"原则，但不再严格区分发达国家和发展中国家，而是要求所有缔约方提供形式上同样的"国家自主贡献"。然而，发达国家与发展中国家之间的责任区别仍然是必要和必需的，否则会挫伤一些国家的积极性，但这种区别要在《巴黎协定》实施细则执行过程的动态变化中进行，这显然仍然是后巴黎时代全球气候治理需要解决的巨大挑战之一。

第四，如何在当前"逆全球化"、"民粹主义"和传统国际权力政治思潮抬头的形势下弥补全球气候治理"赤字"。传统全球化给世界带来巨大财富的同时，也带来了许多问题，亟待用新的全球化替代存在很多问题的传统全球化。一方面，要抵制"逆全球化"和"民粹主义"潮流，确保全球化朝着一个更加公平合理的方向前进；另一方面，持续推动全球气候治理继续被纳入联合国大会、G20 峰会等重要国际制度框架，以确保全球议事日程中仍然保持对气候变化议题的较高关注度。全球气候治理仍将是一场持久的挑战，从理念到实践、从说辞到行动、从制度（机制）到执行的转化仍将是一个缓慢的渐进过程。在这样一个传统安全议题强势回归和某些国家"逆全球化"行动不断搅动国际事务的不确定时代，如何不为日益纷繁复杂的其他全球性事务所冲击和掩盖，保持国际社会对全球气候变化议题的持续关注，并持续付诸行动，久久为功，这的确是当前全球气候治理面临的重大考验和风险，需要世界各国和各种非国家行为体保持耐力和信心，采取渐进的步伐逐步弥补巨大的排放差距和"治理赤字"。

（三）后巴黎时代全球气候治理制度建设新形势下中国的回应

随着经济实力的增强和温室气体排放的增加，中国在全球气候治理中的影响力持续增强，中国也被寄予了在全球气候治理中做出更大贡献的期望。在卡托维兹会议期间，中国代表团本着积极建设性态度，深入参与各项谈判议题磋商，并与各方积极沟通，为弥合各方分歧、推动会议取得成功做出了关键贡献。[①] 面对全球气候治理由法律制度建设转向采取行动的重大转变，执行和行动成了接下来全球气候治理的（核心；同时，全球气候行动仍然面临着力度不足的问题，亟待各方提高 NDC_S 的力度，弥补排放差距。为此，中国应该更好地发挥自己的影响力，一方面加强自身的低碳转型和绿色发展，建设美丽中国，另一方面为全球气候治理贡献更多的中国智慧与中国方案，为建设美丽世界做出更大贡献。

《巴黎协定》实施细则的达成来之不易，中国也为之做出了很大的让步和妥协，付出了很大的外交成本和进行了艰难的外交斡旋。无论是出于对日

---

① 《2018 年 12 月 17 日外交部发言人华春莹主持例行记者会》，中华人民共和国外交部网站，2018 年 12 月 17 日，https://www.fmprc.gov.cn/web/fyrbt_673021/jzhsl_673025/t1622643.shtml，最后访问日期：2018 年 12 月 25 日。

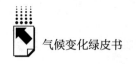
益紧迫的全球气候变化做出应对贡献，维护全球气候系统安全的全球公益目标，还是出于维护国家形象，促进国内低碳转型和绿色发展的国家利益目标，中国都应该带头贯彻实施细则，同时继续积极推进没有完成的谈判，为最终执行实施细则扫除一切障碍，使全球气候治理真正步入行动阶段。中国至少要做好以下四个方面的工作。

第一，持续推进《巴黎协定》实施细则的落实并带头践行之。包括按照实施细则的要求如期保质保量地提交通报信息和有关报告，负责任地履行自己的气候承诺，如期（甚至提前）完成自己的 NDCs 和其他义务，积极支持《公约》秘书处和相关缔约方会议的工作，认真履行自己担负的职责和义务，配合秘书处和有关委员会（或机构）按照有关规定完成对自己履约责任的审核和评估。

第二，要加大国内生态文明建设的力度，引领全球低碳转型潮流。中国落实《巴黎协定》实施细则的重要行动除了积极的国际行动之外，本质而言就是加快中国自身的低碳转型，深入贯彻绿色发展理念，加大国内生态文明建设的力度。鉴于中国本身的经济规模、人口体量、生态状况和国际影响，立足国内，首先把自身面临的生态环境问题成功解决，实现自身的低碳转型，这本身就是对全球气候治理的最大行动和最大贡献。

第三，继续加强与发达国家，尤其是与欧盟及其成员国的气候治理合作，吸收和借鉴它们的成功经验，推动全球气候治理实践的深入发展。无论是解决自身内部的低碳转型难题，还是参与国际和全球层面的气候合作，中国都需要加强与欧盟等发达国家和组织的合作，尤其是在清洁能源开发和气候治理的市场机制等方面。一方面，这可以包容互鉴，互相学习在低碳发展和全球气候治理方面的良好实践；另一方面，通过加强合作，互相促进气候行动，实现良性对比，互相影响，推动全球气候治理向纵深发展。

第四，强化气候领域的南南合作，加大对欠发达国家和小岛屿发展中国家的支助力度，共谋全球生态文明建设。欠发达国家和小岛屿发展中国家在全球气候治理中有着非常特殊的地位和作用，它们也有着更加脆弱的生态系统和更加严峻的生存环境。作为发展中国家的一员，中国与这些国家有着天然的共同命运，气候领域的南南合作更容易增进与这些国家的关系。基于此，作为落实《巴黎协定》实施细则的国际和全球层面的重要行动，中国要持续加强气候领域的南南合作，与这些国家一道共谋全球生态文明建设，才能推动全球气候治理行动更加深入发展。

G.4
主要国家长期低排放战略要点及启示[*]

刘哲　杨雅茹[**]

摘　要： 《巴黎协定》及巴黎会议决定要求各国提交长期低排放发展战略。本文分析了12个国家长期低排放战略在法律效力、目标力度、各温室气体排放领域减排路径等方面的内容。总体来看，欧洲各国的立法基础最好，法律效力最高，执行力也相对有保障；美国和加拿大国家层面的立法相对滞后，但是次国家层面的政策和行动相对积极；小岛屿国家高调参与全球气候治理，向国际社会释放了提高行动力度的信号。从减排力度来看，发达国家普遍提出了到2050年的量化减排目标，并能够达到减排80%左右的力度，部门分解目标做得比较细致，提出的时间也比较早；发展中国家力度较弱，符合发展中国家的地位。结论认为，长期低排放战略应与各国国情和发展优先序很好地结合。较早提交长期低排放战略，能够向国际社会展现本国应对气候变化的积极姿态。中国应在坚守发展中国家定位的基础之上，展示负责任的大国形象，于2020年之前提交我国长期温室气体低排放发展战略。

关键词： 低排放发展战略　长期温室气体低排放发展战略　长期减排目标　减缓与适应

---

* 国家气候战略中心刘强研究员、陈怡博士撰写的相关材料和文章对本文的写作有很大帮助，特此致谢。

** 刘哲，博士，副研究员，生态环境部环境与经济政策研究中心副研究员，研究领域为气候变化与环境政策；杨雅茹，硕士，国家应对气候变化国际合作和战略研究中心研究人员，研究领域为低碳经济。

一　引言

《巴黎协定》及其实施细则的达成和生效开创了全新的应对气候变化的承诺和履约范式。国家自主贡献（NDC）秉持国家自愿、自下而上的原则，坚持了《联合国气候变化框架公约》（以下简称《公约》）中"共同但有区别的责任"原则和各自能力原则，维护了多边主义的有效性。然而，联合国环境署分析报告称，各国提交的国家自主贡献目标加总起来也无法实现全球温升控制在2℃甚至1.5℃以内的减排目标。[①] 因此，国际社会亟须提升应对气候变化目标的雄心，加大应对气候变化行动的力度，建立长期低碳发展的市场信心和政策愿景。

在可持续发展背景下，气候变化仅是多项重大全球挑战之一。将应对气候变化的政策和行动融入可持续发展的各项目标之中，形成协同效应和工作合力，这是广大发展中国家的普遍共识。单纯实现气候变化目标，不足以将社会风险最小化，特别是在保障生活质量、人体健康、可持续经济发展方面，需要气候变化政策和行动与其他社会经济发展目标相统筹，[②] 因此需要制定长期战略来释放这种长期信号，建立长期的信心。《巴黎协定》要求所有缔约方都要（should）努力制定并通报长期温室气体低排放发展战略，秉持《巴黎协定》第2条所述"共同但有区别的责任"原则、各自能力原则，考虑不同国家的国情。[③] 巴黎会议决定邀请（invite）各缔约方于2020年前，按照《巴黎协定》要求，向《公约》秘书处通报21世纪中叶温室气体低排放发展战略，并要求秘书处在《公约》网站上公布缔约方所通报的温室气

[①] UNEP（2018）. The Emissions Gap Report 2018. United Nations Environment Programme, Nairobi.

[②] Porfiriev, B. N.（2019）. The Low-Carbon Development Paradigm and Climate Change Risk Reduction Strategy for the Economy. Studies on Russian Economic Development, 30（2）, pp. 111 –118.

[③] 《巴黎协定》第4条第19款。

体低排放发展战略。①

2016 年至 2019 年 7 月，美国、墨西哥、加拿大、德国、法国、英国、捷克、乌克兰、贝宁、马绍尔群岛、斐济、日本等 12 个缔约方向公约秘书处正式提交了本国的长期战略文本。这其中，有 5 个欧洲国家、3 个北美洲国家、2 个大洋洲国家、1 个亚洲国家、1 个非洲国家；有 5 个发展中国家和 7 个发达国家；4 个欧盟成员国（英国、法国、德国、捷克）、3 个伞形集团国家（美国、加拿大、日本）；2 个小岛国（马绍尔群岛、斐济）；1 个最不发达国家（贝宁）。已经提交的长期战略在法律效力、目标力度、保障措施、宣传效果等方面的经验值得分析学习。

二　各国长期低排放战略的法律地位

从已经提交的长期战略文本形式来看，各国普遍采取了图文并茂的表现形式，通过图表直观地说明温室气体排放现状和基于不同情景的未来排放轨迹。12 个国家在长期战略文本中添加了图片，11 个国家采用了数据图表，8 个国家添加了文本框，9 个国家列示了参考文献，文本规模平均达到 106 页。加拿大、马绍尔群岛、贝宁、斐济、日本、乌克兰等国在战略文本中穿插了有明显国家标志的图片；法国在长期战略文本基础之外，还将长期战略的关键信息点排版成招贴海报的形式，重点宣传了重要的目标数据和计划实现路径，令人印象深刻。

法国、德国、英国、捷克的长期战略由于有欧盟统一碳市场立法和与其挂钩的国内立法而具有扎实的法律基础。英国的长期战略是对 2008 年气候变化法案的修订，英国将这份长期战略提交给《公约》秘书处时，已经准备将其提交英国议会批准。2019 年 6 月，英国议会批准通过了更新的气候变化立法，将此前的 2050 年目标提高到 100%。英国是世界上最早通过气候变化立法的国家，此次又成为全球首个完成长期低排放战略立法的国家。

---

① 巴黎会议决定文本（FCCC/CP/2015/10/Add.1）第 35 段。

表1　长期战略的立法基础和签发级别

国家	美国	加拿大	墨西哥
法律基础	总统行政命令	次国家行动方案 a	气候变化一般法、能源转型法 b
签发级别	白宫	女王 + 环境部	总统

国家	法国	德国	英国
法律基础	绿色增长能源转型法案 c	欧盟立法、2050 气候行动计划	《2008 年气候变化法案（2050 年目标修正案）》d
签发级别	环境部长	内阁	首相 + 国会

国家	捷克	乌克兰	日本
法律基础	捷克共和国气候保护政策	以国内立法和欧盟立法为基础，长期战略本身未立法	《巴黎协定》
签发级别	捷克政府	环境部	日本政府

国家	斐济	马绍尔群岛	贝宁
法律基础	国内立法体系	国家自主贡献	2025 年后国家发展战略
签发级别	经济部	总统	总统署名

注：

a. A Pan-Canadian Framework for Clean Growth and Climate Change。

b. The General Law on Climate Change，Energy Transition Law。

c. Energy Transition for Green Growth Act No. 2015 – 992 of 17 August 2015。

The Climate Protection Policy of the Czech Republic was Adopted by the Government Resolution No. 207 of 22 nd March 2017。

d. 英国的长期战略在提交给《公约》秘书处之后通过了国内立法《2008 年气候变化法案（2050 年目标修正案）》2019 年法令［Climate Change Act 2008 （2050 Target Amendment） Order 2019］，并于 2019 年 6 月 27 日生效。

日本的国内立法较完善，立法基础较好，但其提交的长期战略明确了法律基础是《巴黎协定》，而且用一章的篇幅说明了长期战略的实施和修订的条件，明确了 6 年后可根据实际情况的变化修订长期战略。可见日本现阶段并未打算按照国内法的标准将长期低排放战略直接与国内应对气候变化的政策和行动挂钩。

美国、加拿大、乌克兰等国认为，长期战略是一个互动（interactive）

进程，不应是终稿、一成不变的文本，而是持续不断努力的开始。[①] 这意味着在一定条件下，各国还有可能重新提交或更新其长期战略。三国在长期战略文本中坦陈未来存在多种不确定性，将根据实际情况的变化更新长期战略目标，提高目标力度。对发展中国家而言，更新长期战略可能面临着资金、技术、能力建设等方面的制约，且提高长期目标本身就是对其国情能力的巨大考验。墨西哥就在其文本中强调，其长期战略有着强大的立法基础，体现了国内各阶层、各利益群体的整体意见，不接受任何形式的评审制约。[②]

贝宁、马绍尔群岛、斐济都表示其长期战略将与国内可持续发展和气候能源相关立法相一致，但对长期目标存在的不确定性和能力的不足做出了说明，同时各自都强调了适应气候变化的重要性，马绍尔群岛、斐济提出要每五年对其长期低排放战略进行核查与更新。

整体来看，战略的实施几乎完全依赖于各国的自身情况及自主意愿，《巴黎协定》并未就中长期战略的实施提出任何要求或制度性安排，而从其指导、配合的作用方面加以理解，只要国家自主贡献在既定的轨道上予以实施并实现，那么中长期发展战略就应该被认为是有效执行和实施了。各国如果有较强的国内立法，长期战略的法律效力就相对有力；如果国内立法松散，特别是国家层面缺乏统筹协调，则长期战略就会变成空中楼阁。此外，还有法律执行力的问题，一些国家虽然有较强的国内立法，长期战略的法律效力也较强，但是由于其能力存在不足，如没有国际支持，其长期发展将走

---

① "Long-term planning is an iterative process; this report should not be viewed as a final, fixed product, but rather the beginning of an ongoing effort," 见于 The White Housnited, 2016, United States Mid-Century Strategy for Deep eDecarbonization. Washington, November, 2016. "Long term strategic planning is an iterative process; hence, this document should not be treated as final," 见于 2017, Ukraine 2050 Low Emission Development Strategy。"Canada's position is that the Mid-Century Strategies should be submitted in an iterative or cyclical process," 见于 Her Majesty the Queen in Right of Canada, Represented by the Minister of Environment and Climate Change, 2016, Canada's Mid-Century Long-term Low-greenhouse Gas Development Strategies。

② "Our Strategy states that under no circumstances will the reviews lessen our goals and objectives," 见于 SEMARNAT-INECC, 2016, Mexico's Climate Change Mid-Century Strategy, Ministry of Environment and Natural Resources (SEMARNAT) and National Institute of Ecology and Climate Change (INECC), Mexico City, Mexico。

向高排放情景，或恐无法实现长期低排放目标，这类问题在发展中国家将比较突出。

三 各国长期低排放目标的结构

（一）长期减排目标

1. 与《巴黎协定》长期目标挂钩问题

《巴黎协定》开创的"自下而上"承诺和减排范式在最大程度上维护了多边主义，但是在各国减排承诺和全球温升控制在2℃目标实现所需减排量之间留下了很大的空间。各国国家自主贡献的力度不足以满足全球温升控制在2℃目标的实现，更不用说1.5℃目标。根据联合国环境署的有关测算，即使164个提交了国家自主贡献的国家完全实现其在《巴黎协定》框架下所做出的减排承诺目标，也仅满足了2100年全球温升控制在2℃目标所需减排量的1/3，如不能进一步提高减排力度全球温升将达到2.9℃~3.4℃。[①]长期战略中重申和援引1.5℃目标和2℃目标，表示该国起码在名义上将全球目标作为未来出台政策和行动的背景和前提。

美国在引言和国际合作部分重申了《巴黎协定》2℃、1.5℃和净零排放目标，但是并未澄清其长期战略与全球目标之间的关系。

加拿大长期战略报告中声称其以2005年为基础、到2050年减排80%的目标与全球2℃和1.5℃温升目标保持一致，并指出如要实现1.5℃~2℃温升目标，有必要尽早考虑短寿命气候污染物的减排问题，且主要经济部门要实现深度脱碳。在林业部门政策和行动部分，加拿大强调了林业碳汇对全球净零碳排放目标实现的重要意义。

墨西哥在前言中援引了全球温升1.5℃和2℃目标，并在分析其长期目

[①] UNEP，2017. The Emissions Gap Report 2017（A UN Environment Synthesis Report）. UNEP, Nairobi，2017.

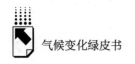
标力度时认为其制定的长期目标与全球目标一致。墨西哥讨论了1.5℃目标和2℃目标的政策含义，认为1.5℃目标要求全球2050年实现二氧化碳零排放，2℃目标要求全球在2050~2070年实现二氧化碳零排放。

法国和贝宁在其全文中未提及1.5℃、2℃和净零碳排放目标；德国在加强行动和国际合作部分援引了1.5℃、2℃和净零排放目标；英国在全球目标部分和技术发展目标部分援引了2℃、1.5℃和净零排放目标；捷克在前言中援引了2℃和1.5℃目标，没有提净零碳排放目标；乌克兰在国际合作部分提到了2℃目标和净零排放目标，没有提及1.5℃目标。

日本在执行摘要部分单独引述了1.5℃目标的重要性，在前言部分援引了1.5℃、2℃目标，并在引述IPCC1.5度特别报告有关结论中强调了1.5℃目标、2℃目标和净零碳排放目标的意义和重要性，还在长期愿景中强调了日本的应对气候变化行动与全球长期目标挂钩的决心和意愿，还在部门减排方案中重申了1.5℃目标的重要性。

马绍尔群岛在《巴黎协定》承诺处引用了2℃、1.5℃、净零碳排放目标，并表达了其承诺与全球长期目标挂钩的意愿。马绍尔群岛在适应的章节强调即使1.5℃目标能够实现，马绍尔群岛这样的小岛国在未来将面临的气候风险和损失也是相当大的，阐释了1.5℃目标的重要性。

斐济认为其实现净零排放目标是其助力完成《巴黎协定》全球目标，特别是全球净零碳排放目标和1.5℃目标的关键，斐济期望向着到2050年全经济部门实现净零排放的目标努力，但是仅在其最高雄心情景下重申了净零碳排放目标。斐济仅在重复《巴黎协定》目标时援引了2℃目标，在长期战略文本中反复强调了1.5℃目标和IPCC1.5℃报告的重要性，认为全球应在2040~2060年实现近（nearly）零碳排放。

此外，从各国长期战略文本内容来看，多数未提及"共同但有区别的责任"原则、公平原则和各自能力原则。分析原因，一方面，《巴黎协定》长期战略相关条款本身对《公约》原则就没有完全引述，仅重申了"共同但有区别的责任"原则和各自能力原则，对公平原则未进行对等引述;[①] 另一方面,已经提交长期战略的国家主要是发达国家、小岛国和最不发达国家,在"德班平台"谈判以来的各次会议中,这些国家要求弱化甚至取消发达国家和发展中国家区分,其长期战略中不引述"共同但有区别的责任"等原则与其立场相符。

2. 时间框架

《巴黎协定》中并未规定长期低排放发展战略的时间框架,但是巴黎会议决定中明确要求了长期低排放发展战略的时间应该是"21 世纪中叶",且提交时间应在 2020 年之前。

表 2　各国长期战略时间框架示意

年份	美国	加拿大	墨西哥	法国	德国	英国	捷克	乌克兰	日本	斐济	马绍尔群岛	贝宁
2020	■			■						■		
2025	■									■		
2030	■	■	■	■	■	■	■	■	■	■		■
2035										■		
2040										■		
2045										■		
2050		■	■	■	■	■	■	■	■	■	■	

资料来源:各国提交的长期战略文本。

大部分提交了长期战略文本的国家都包含 2030 年和 2050 年两个关键时间节点,只有贝宁没有提出 2050 年目标任务安排,而美国既未提出 2030 年的目标任务安排,也没有提出 2050 年的目标任务安排。美国、法国、捷克等国还强调了 2020 年目标。有些国家没有确定的未来减排目标,而是将不同的发展情景可能实现的目标同时放在长期战略中加以描述,如斐济。考虑到可比性,未来提交长期战略文本应该以 2030 年和 2050 年目标为基本时间

---

① 《巴黎协定》第四条第十九款:"All Parties should strive to formulate and communicate long-term low greenhouse gas emission development strategies, mindful of Article 2 taking into account their common but differentiated responsibilities and respective capabilities, in the light of different national circumstances。"

框架，超出这两个时间点的时序目标应算作强化目标。

3. 2050年减排目标

已经提交长期战略文本的国家中除了贝宁以外都提出了2050年的减排目标。法国、德国、英国、捷克、乌克兰的基年是1990年，墨西哥的目标基准是2000年基础上减排50%且要求全球到2050年减排40%～70%，美国、加拿大提出的目标基年是2005年，日本、马绍尔群岛的基年是2010年，斐济的基准是基准情景。德国和马绍尔群岛提出了到2050年实现碳中性的目标。如表3所示，从减排目标的力度上来看，欧洲国家的减排力度相对较大，但基年没有对标工业革命以来的所有历史排放。欧洲国家减排力度的分化也是显而易见的，欧洲东部国家的减排力度弱于多数西欧国家，英国的减排力度最大，德国次之，捷克和法国稍差，乌克兰最弱。美国、加拿大、日本同为发达国家，也都提出了2050年减排80%的目标，但是基年较欧洲国家推迟了15～20年。

表3　12国2050年减排目标

目标	美国	加拿大	墨西哥	法国	德国	英国	捷克	乌克兰	日本	斐济	马绍尔群岛	贝宁
基准	2005年	2005年	2000年	1990年	1990年	1990年	1990年	1990年	2010年	BAU	2010年	2016年
2050年	-80%	-80%	-50%	-75%	-80%～-95%	-80%	39Mt；(-80%)	31%～34%	-80%	4.5Mt 2.4Mt 1.4Mt -0.8Mt	净零排放	NA

注：BAU表示基准情景（Business As Usual）。英国的2050年目标在提交给《公约》秘书处的文本中还是80%，在2019年7月国会通过的版本中已经提高到100%。

资料来源：各国提交的长期战略文本。

（二）分部门分领域减排目标

1. 部门目标

美国的主要减排部门是能源系统二氧化碳、土地利用部门碳汇和非二氧化碳领域。具体来看，能源系统部分，首先表明了要鼓励可再生能源的发展和低碳技术的创新，并分别描述了电力、交通、建筑和工业能源系统减排的路径。到 2050 年一次能源使用在 2005 年基础上减少 20%；到 2050 年低碳发电替代所有化石燃料发电，其中 55% 靠可再生能源、17% 靠核电、20% 靠 CCS；到 2050 年建筑、工业和交通领域化石能源直接使用量分别下降 58%、55%、63%；到 2050 年土地部门和碳移除技术共同抵消 30%~50% 的全经济范围内碳排放。

加拿大的重点减排部门包括电力、能源、森林、农业等，重点强调非二氧化碳减排的重要性。加拿大提出了能源、工业、农业和废弃物排放部门到 2050 年的减排目标分别是 89%、50%、36%、56%。墨西哥重点强调了电力系统和非二氧化碳减排的重要性，描述了多种情景下部门减排目标的可能性，但是没有明确提出各部门到 2050 年的长期定量目标。

法国提出了 7 大领域的长期行动方案，其中 5 个提出了到 2050 年的量化减排目标，能源、工业、建筑、交通和农业分别减排 96%、75%、67%、87%、50%。英国的重点减排部门是工业、建筑、交通和电力，提出了到 2050 年建筑、交通、废弃物领域实现零排放等目标。德国对能源、工业、建筑、交通、农业、林业 6 个部门的 2050 年发展路径做了定性描述，没有给出量化目标。捷克对能源、工业、交通、农业、林业、废弃物的减排路径进行了阐述，其中能源和工业提出了到 2050 年的量化减排目标，能源到 2050 年要实现近零排放，工业排放要减少 80%。乌克兰重点描述了能源、林业和非二氧化碳的减排，没有提出到 2050 年的量化减排目标。日本描绘了未来能源、工业、建筑、交通、农业、林业的减排路径，提出了 2030 年新建住房和建筑物净零碳排放目标，并鼓励有雄心的社区到 2050 年实现碳中和。

马绍尔群岛重点阐述了交通、废弃物和非二氧化碳的减排路径，并给出了不同发展路径下的减排量，但是没有选定发展路径和减排目标，提出了到 2050 年实现 100% 可再生能源消费的目标。斐济强调了交通、林业和废弃物的长期低排放发展路径，给出了不同情景，同样没有选定发展路径。贝宁没有提出到 2050 年的长期目标，但提出未来的重点减排领域是能源，并重点

强调了农业、林业、基础设施受气候变化影响的严重性，提出了适应气候变化的工作需求和政策考虑。

2. 适应目标

长期战略主要介绍和宣传各国长期温室气体减排的立场和观点、目标和行动，适应气候变化是否要在长期战略中提及，在多大程度上体现并没有在《巴黎协定》相关文件中说明。各国提交的长期战略均以减缓为主，同时在正文中都或多或少地提及了适应目标，只有法国全文未涉及适应目标。发展中国家针对适应气候变化相关问题普遍进行了专门的阐述，墨西哥、斐济、马绍尔群岛、贝宁将适应目标单独成章加以阐述，体现了发展中国家的需求。墨西哥和贝宁花了较重笔墨介绍气候变化的影响、气候灾害带来的损失和适应气候变化及提高气候韧性的政策和行动。马绍尔群岛和斐济还评估了气候变化所影响的经济规模。

3. 气体覆盖

化石燃料燃烧排放的温室气体是各国减排的首要考虑，能源的效率和可再生能源等新能源的结构性替代是能源系统改革和转型的主要途径。大部分国家在减排的同时都重点描述了林业碳汇和温室气体储存等相关内容。

大部分国家都提出了农业、林业、废弃物领域非二氧化碳减排的长期战略，部分国家还强调了能源系统甲烷减排的目标。美国、加拿大、墨西哥、乌克兰和马绍尔群岛用单独章节专门讨论了非二氧化碳的排放和减排问题。美国将非二氧化碳减排的行业细分做得很细致，并认为，到2050年非二氧化碳领域将是重要的温室气体排放源，目前仍缺乏相关排放监控和经济性替代物。加拿大是极地国家，对非二氧化碳特别是短寿命气候污染物的减排特别重视，使用很大篇幅描述了尽早采取行动减少短寿命气候污染物排放的必要性。墨西哥也认为短寿命气候污染物的减排非常重要，特别是黑碳的减排对发展中国家尤为重要，能够产生环境、气候和健康的协同收益，在其国家自主贡献中提出了到2030年减少51%黑碳排放的约束性目标。乌克兰重点介绍了油气行业、废弃物、废水和农业的非二氧化碳减排路径。马绍尔群岛主要介绍了废弃物甲烷减排的情况。

四　结论与启示

各国研究、讨论、交流长期战略，有利于向公众传递长期低排放的政策信号，建立信心，凝聚政治意愿。长期战略应与各国国情能力和发展优先序很好地结合。虽然美国宣布退出《巴黎协定》是重大的倒退，但是其上届政府研究制定的长期战略为其国内社会深入开展长期低排放发展的政策和行动奠定了扎实的基础。各国也通过较早提交长期战略文本，在全球气候治理体系中发挥了引领力。

总体来看，欧洲国家的立法基础最好。美国和加拿大国家层面立法相对滞后。小岛屿国家高调参与全球气候治理，有完备的立法，但是能做的贡献占全球份额太低，没有显示度，它们通过强调适应气候变化的重要性、IPCC1.5℃报告的重要性，向国际社会释放了提高行动力度的信号。从减排力度来看，发达国家普遍提出了到2050年的量化减排目标，行业分解目标做得比较细致。

其余各国还将陆续在2020年前提交长期战略文本，我国应在坚守发展中国家定位的基础之上，展示负责任的大国形象，充分吸收已经提交的长期战略文本的优点和长处，扬长避短，争取在2020年之前向国际社会提交一份应对气候变化的满意答卷。在法律形式上，可不拘泥于长期战略本身的法律效力，着力加强国内立法基础，进而加强国内应对气候变化牵头部门对各行业主管部门的统筹协调能力；在目标形式上，宜以我国国内高质量发展和绿色转型的实际需要为出发点，时间框架可依我国社会经济发展和国家自主贡献的时间框架来确定，量化目标和定性目标相结合、总体目标和部门目标相配合，兼顾减缓与适应目标，加强管控非二氧化碳类温室气体的相关内容。同时，要做好宣传和解读工作，掌握对我国提交的长期战略文本的解释权。

G.5
国际谈判中气候灾害风险治理
及中国应对策略*

刘　硕**

摘　要： 气候变化导致灾害频发，对人类社会、经济活动产生深远影响。为了降低气候变化导致的不利影响、减少损失和损害，国际社会积极采取适应措施和风险管理方法，以提高应对能力和效果。适应、损失和损害是《联合国气候变化框架公约》中涉及气候风险管理的重要议题，2018年后各国政府聚焦于如何通过科学手段提高气候灾害风险治理水平，特别是帮助发展中国家提高监测和评估水平，在与科学界紧密合作的基础上，寻求风险管理新模式。中国在环境保护任务艰巨、社会发展压力巨大的情况下，还需兼顾气候风险管理，未来面临许多挑战。本文建议考虑强化我国气候风险技术标准与规范制定、提高跨地区跨部门协作效率、完善监测和评估指标体系构建等方面的能力，提高科学技术服务水平。

关键词： 气候风险管理　适应　损失和损害　国际气候谈判

* 本文受生态环境部2019年环境保护项目"公约及巴黎协定实施细则适应和损失损害问题研究"、中国农业科学院"农业温室气体与减排固碳创新团队科技创新工程"的资助。

** 刘硕，中国农业科学院农业环境与可持续发展研究所助理研究员，研究领域为气候变化减缓适应政策研究、农林业固碳减排方法学研究。

引　言

全球气候波动异常造成极端气候事件频发，导致气候风险不断加剧，对生态系统、人类生产和生活造成了严重威胁。国际社会对全球气候变化对人类社会发展的影响十分关注，致力于科学分析、定量评估气候变化可能对人类社会造成的损失和损害，提高抵御风险的能力，制定行之有效的应对措施。[①]

一　全球气候变化的影响、暴露度和脆弱性导致的气候风险

（一）已观测到的气候系统的变化及其影响

人类活动在造成气候变化的同时，天气变化导致的自然灾害通常随之发生，如洪水、干旱和风暴。极端天气事件可能产生重大负面影响，包括生命损失、建筑损毁、农业生产成本增加，以及长期经济效益降低。联合国政府间气候变化专门委员会（IPCC）第五次评估报告指出，[②] 1850 年以来地球表面温度持续升高。1901~2010 年，全球平均海平面上升了 0.19 米，该上升速度已经超过了自 19 世纪中期以来前两千年的平均速度。在过去的 20 年里，格陵兰岛和南极冰川质量一直在下降，冰川已经在全球范围内持续萎缩。

报告还指出，对 20 世纪中叶以来一半以上的地表温度升高是由人类活

---

① 王绍武、罗勇、赵宗慈等：《气候变暖的归因研究》，《气候变化研究进展》2012 年第 4 期，第 308~312 页。

② IPCC, *Climate Change 2013*: *The Physical Science Basis*, contribution of working group I to the fifth assessment report of the intergovernmental panel on climate change, Stocker, T. F., Qin, D., Plattner, G.‐K., Tignor, M., Allen, S. K., Boschung, J., Nauels, A., Xia, Y., Bex, V., Midgley, P. M. (eds.), Cambridge, NY: Cambridge University Press, 2013, p. 1535.

动造成这一认识的信度提高到了 95% 以上，并基于更多的证据，对气候变化进行了定量的归因。除南极以外的所有大陆区域，人类活动使 20 世纪中叶以来的地表温度不断升高，并且已经在大气和海洋的变暖、全球水循环的变化、冰雪量的减少、全球平均海平面上升以及一些极端气候事件的变化中检测到人为影响。许多研究还表明，未来全球气候变暖的程度，主要取决于全球二氧化碳（CO_2）累积排放量，并可定量给出 2℃ 目标下的未来累积排放空间及选择。[1]

（二）气候风险与暴露度、脆弱性和灾害的关系及其对人类社会的影响

现有研究表明，气候自然波动、人类活动是导致极端天气变化的主要因素，而各类活动在极端天气下的暴露度、系统脆弱性和灾害强度是形成风险的三个要素，这对于社会经济、适应与减排行动和气候治理等发展路径都具有重要影响（见图 1）。[2]

极端气候事件对于社会发展的主要影响包括：（1）水资源方面，气候变化已造成高纬度地区和高海拔山区的多年冻土层变暖和融化，降水变化和冰雪消融正在改变水文系统，并影响水资源量和水质，全球近 30% 的河流径流量出现减少的趋势；（2）生态系统方面，陆地、淡水和海洋物种的分布范围、季节性活动、迁徙模式、丰度以及交互作用受到气候变化的影响，1982～2008 年北半球生长季的开始日期平均提前了 5.4 天，而结束日期推迟了 6.6 天；（3）粮食生产方面，气候变化对粮食生产的影响总体是不利的，特别是对全球的小麦和玉米产量产生了不利影响，气候变化导致的小麦和玉米减产平均约为每 10 年 1.9% 和 1.2%；（4）人体健康方面，气候变暖

① IPCC, "Summary for Policymakers," In: *Climate Change 2014: Impacts, Adaptation, and Vulnerability, Part A: Global and Sectoral Aspects*, Field, C. B., Barros, V. R., Dokken, D. J., et al., contribution of working group Ⅱ to the fifth assessment report of the Intergovernmental Panel on Climate Change, Cambridge, NY: Cambridge University Press, 2014, pp. 1–32.

② Huggel, C., Stone, D., Auffhammer, M., Hansen, G., "Loss and Damage Attribution," *Nat Clim Change*, 2013, 3 (8): 694–696.

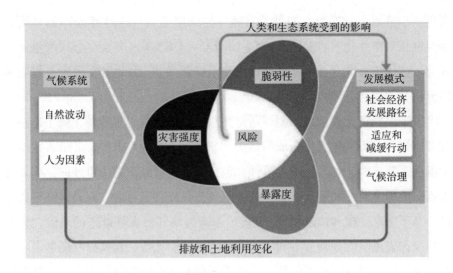

图 1　极端事件风险分析框架

资料来源：IPCC, *Managing the Risks of Extreme Events and Disasters to Advance Climate Change Adaptation*, a special report of working groups I and Ⅱ of the Intergovernmental Panel on Climate Change, In：Field, C. B., Barros, V., Stocker, T. F., Qin, D., Dokken, D. J., Ebi, K. L., Mastrandrea, M. D., Mach, K. J., Plattner, G. – K., Allen, S. K., Tignor, M., Midgley, P. M.（eds.），Cambridge, NY：Cambridge University Press, 2012, p. 582。

导致一些地区与炎热有关的人口死亡率增加，与寒冷有关的人口死亡率下降，并造成了局地水源性疾病和病媒的分布区域增加，导致局地有病情加重的趋势。

（三）气候风险分析、预测和评估

暴露度和脆弱性受到社会、经济和文化等因素的广泛影响，但产生风险的过程尚未与这些因素完全耦合，因此难以定量评估未来风险发生趋势和影响。[①] 联合国政府间气候变化专门委员会研究发现，未来温室气体的排放将

[①] IPCC, *Climate Change 2014：Synthesis Report*, contribution of working groups I, Ⅱ and Ⅲ to the fifth assessment report of the Intergovernmental Panel on Climate Change, Pachauri, R. K. and Meyer, L. A.（eds.），Geneva, Switzerland, 2014, p. 151.

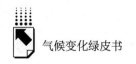
会进一步造成全球变暖，如果没有额外的减排努力，2100 年全球的平均表面温度相对工业化前将升高约 4℃ （3.7℃ ~ 4.8℃），这导致全球严重灾害风险，造成粮食减产、风暴潮和传染性疾病频发。① 由此引发的未来气候风险分析、预测与评估成为研究热点。

未来气候损失和损害预测评估将关注的问题是是否观测并记录了适合于综合监测和分析气候变化造成的损失和损害的数据。Gall② 提出相关数据库的范围需要扩大，尤其是缓发事件，包括其他直接经济损失以外的影响。灾害损失数据为监测和评估社会经济影响的变化提供了可能。此外，许多研究已经基于物理建模和情景预测③分析了未来极端气候事件带来的风险，为制定减少灾害风险的规划方案和气候适应措施提供支持。相关研究还考虑了未来气候危险、暴露度和脆弱性，以增强近期和远期的气候风险变化及其驱动因素预测分析，这逐渐成为未来研究热点。④

最新研究表明，气候风险存在滞后效应，在无法立即消除的情况下，将给未来气候治理带来压力，从而增加治理成本。⑤ 同时，人类活动导致的气候变化加剧了未来的气候风险。然而，随着科技进步，未来通过采取有效的

---

① IPCC, "Summary for Policymakers," In: *Climate Change 2014*: *Impacts*, *Adaptation*, *and Vulnerability*, *Part A*: *Global and Sectoral Aspects*, Field, C. B., Barros, V. R., Dokken, D. J., et al., contribution of working group Ⅱ to the fifth assessment report of the Intergovernmental Panel on Climate Change, Cambridge, NY: Cambridge University Press, 2014, pp. 1 - 32.

② Gall, M., "The Suitability of Disaster Loss Data Bases to Measure Loss and Damage from Climate Change," *Int J Global Warming*, 2015, 8 （2）: 170 - 190.

③ Bouwer, L. M., "Projections of Future Extreme Weather Losses under Changes in Climate and Exposure," *Risk Anal*, 2013, 33 （5）: 915 - 930.

④ James, R. A., Jones, R. G., Boyd, E., Young, H. R., Otto, F. E. L., Huggel, C., Fuglestvedt, J. S., "Attribution: How Is It Relevant for Loss and Damage Policy and Practice?" In: Mechler, R., Bouwer, L., Schinko, T., Surminski, S., Linnerooth-Bayer, J. （eds.）, *Loss and Damage from Climate Change*: *Concepts*, *Methods and Policy Options*, Springer International Publishing, 2018, pp. 113 - 154.

⑤ Schinko, T., Mechler, R., Hochrainer-Stigler, S., "The Risk and Policy Space for Loss and Damage: Integrating Notions of Distributive and Compensatory Justice with Comprehensive Climate Risk Management," In: Mechler, R., Bouwer, L., Schinko, T., Surminski, S., Linnerooth-Bayer, J. （eds.）, *Loss and Damage from Climate Change*: *Concepts*, *Methods and Policy Options*, Springer International Publishing, 2018, pp. 83 - 110.

灾害风险管理措施和适应措施，将会抵消未来气候变化的不利影响（见图2）。因此，研究气候风险随时间推移产生的不同影响，特别是做好人类活动作用下的未来气候风险预测，制定有效的灾害风险管理措施和适应措施，是探索解决路径的关键。

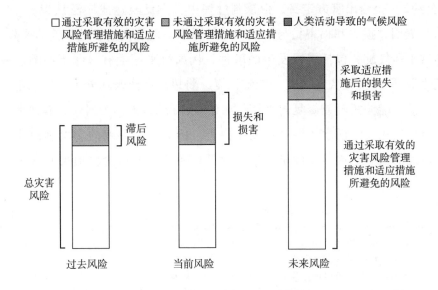

图2　极端气候事件导致的过去、现在和未来风险及产生的损失和损害

资料来源：Mechler, R., Bouwer, L., Schinko, T., Surminski, S., Linnerooth-Bayer, J., *Loss and Damage from Climate Change: Concepts, Methods and Policy Options*, 2019, pp. 63–76。

二　《联合国气候变化框架公约》下气候风险治理及各方博弈

（一）气候风险概念和认知下形成的损失和损害议题沿革

目前关于损失和损害的概念、应对方法和工具以及风险治理政策的方向仍然模糊和有争议。越来越多的研究开始为受气候变化不利影响的脆弱国家

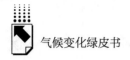

的损失和损害寻找科学证明,① 例如采用多元方法和模型,② 审查气候治理正义和公平,③ 关注非经济损失,④ 支持政策和治理方案,⑤ 同时考虑法律相关内容。⑥

关于损失和损害的概念,《联合国气候变化框架公约》（以下简称《公约》）未给出官方定义,但谈判过程中各方已经达成广泛认识。《公约》表明,损失和损害指与气候相关的影响,以及突发极端事件的风险,如洪水和气旋,包括缓慢发生的事件,例如海平面上升、冰川萎缩、沙漠化等。⑦ 按照受灾系统是否能够恢复,将风险所致破坏分为可逆和不可逆两类。能够减轻或修复的破坏,如建筑物损坏⑧被称为损失,其通常与货币损失相关。而永久性破坏属于损害,例如热害导致的珊瑚礁白化等不可逆的破坏,这是非经济损失。此外,还有研究认为,损失和损害是

① Warner, K., Van der Geest, K., "Loss and Damage from Climate Change: Local-level Evidence from Nine Vulnerable Countries," *Int J Global Warming*, 2013 (5): 367, https://doi.org/10.1504/IJGW.2013.057289.

② Schinko, T., Mechler, R., "Applying Recent Insights from Climate Risk Management to Operationalizethe Loss and Damage Mechanism," *Ecol Econ*, 2017 (136): 296–298, https://doi.org/10.1016/j.ecolecon.2017.02.008.

③ Huggel, C., Bresch, D., Hansen, G., James, R., Mechler, R., Stone, D., Wallimann-Helmer, I., "Attribution of Irreversible Loss to Anthropogenic Climate Change," In: *EGU General Assembly Conference Abstracts*, 2016, p. 8557.

④ Wewerinke-Singh, M., "Climate Migrants' Right to Enjoy Their Culture," In: Behrman, S., Kent, A. (eds.), *Climate Refugees: Beyond the Legal Impasse?* Abingdon, New York: Earthscan/Routledge, 2018.

⑤ Biermann, F., Boas, I., "Towards a Global Governance System to Protect Climate Migrants: Taking Stock," In: Mayer, B., Crepeau, F. (eds.), *Research Handbook on Climate Change, Migration and the Law*, Cheltenham, MA: Edward Elgar Publishing, 2017, pp. 405–419.

⑥ Wewerinke-Singh, M., "State Responsibility for Human Rights Violations Associated with Climate Change," In: Sébastien, D., Sébastien, J., Alyssa, J. (eds.), *Routledge Handbook of Human Rights and Climate Governance*, Abingdon, NY: Routledge, 2018.

⑦ UNFCCC, Decision 2/CP.19, Warsaw international mechanism for loss and damage associated with climate change impacts, UN Doc FCCC/CP/2013/10/Add.1 UNFCCC (2015) Decision 1/CP.21, Adoption of the Paris Agreement, UN Doc FCCC/CP/2015/10/Add.1, 2013.

⑧ Boyd, E., James, R.A., Jones, R.G., Young, H.R., Otto, F., "Atypology of Loss and Damage Perspectives," *Nat Clim Change*, 2017 (7): 723–729.

超出适应能力、突破适应限制后受到的影响，即无效或超出适应潜能的不可避免的影响。[①]

（二）华沙损失损害国际机制谈判进程及对国际气候风险治理的作用

气候变暖造成的不利影响直接制约了低海岸国家或小岛屿国家的生存与发展，气候变化损失和损害议题的谈判经历了从忽视到逐渐得到重视、从诉求模糊到逐渐清晰的发展过程。

20 世纪 90 年代初小岛屿国家联盟（AOSIS）在《公约》框架下提出了关于补偿海平面上升造成的损失的建议。2007 年《公约》第 13 次缔约方会议（COP 13）通过了《巴厘岛行动计划》，强调对易受气候变化不利影响的发展中国家应采取适当的减灾手段，以减少损失和损害。[②] 2008 年 COP 14 会议上，小岛屿国家联盟首次提出应对气候变化损失和损害的"多窗口机制"，旨在通过减少风险、风险转移和风险管理的综合方法，增强应对气候变化的适应性能力。[③] 2010 年 COP 16 会议通过了《坎昆协议》，为帮助发展中国家应对损失和损害展开多边磋商。[④] 2012 年《多哈决定》提出，依据不同区域、国家和地方能力和情况，鼓励各方积极参与损失和损害防治行动。[⑤] 2013 年，成立了华沙损失损害国际机制（WIM），同时成立了执行委员会（Excom），以指导 WIM 履行相关职能，促进相关利益方开展行动、提

[①] Van der Geest, K., Warner, K., "Editorial: Loss and Damage from Climate Change: Emerging Perspectives," *Int J Global Warming*, 2015, 8 (2): 133–140.

[②] UNFCCC, Decision 1/CP.13, 2008 年 3 月 14 日，http://unfccc.int/resource/docs/2007/cop13/eng/06a01.pdf#page = 4，最后访问日期：2016 年 6 月 3 日。

[③] AOSIS, Multi-window mechanism to address loss and damage from climate change impacts, 2013 年 3 月 15 日，http://unfccc.int/files/kyoto_protocol/application/pdf/aosisinsurance061208.pdf，最后访问日期：2016 年 5 月 25 日。

[④] UNFCCC, The Cancun Agreements (Decision1/CP.16), 2010, http://unfccc.int/resource/docs/2010/cop16/eng/07a01.pdf，最后访问日期：2019 年 5 月 11 日。

[⑤] UNFCCC, Approaches to address loss and damage associated with climate change impacts in developing countries that are particularly vulnerable to the adverse effects of climate change to enhance adaptive capacity (Decision 3/CP.18), 2012, http://unfccc.int/resource/docs/2012/cop18/eng/08a01.pdf，最后访问日期：2019 年 5 月 13 日。

供支持，以探索有效的降低气候风险减少损失和损害的方法。① 2015 年签订的《巴黎协定》（以下简称《协定》），将损失和损害与减缓和适应并列，作为独立的要素进行规定，提出在全球升温控制 2℃ 水平下，提高各国特别是发展中国家抵御极端风险的能力。2019 年 6 月公约附属机构第 50 次会议围绕评审 WIM 所依据的职责范围（ToR）、评审应遵循的授权、评审范围、评审目标、评审所需信息类型及来源、评审模式和预期结果等内容进行了讨论，同时确定了 2019 年 10 月 16 日前根据 ToR 提交的评审 WIM 的观点和立场文件开展工作。② 为了增强损失和损害议题的科学性，WIM 与联合国政府间气候变化专门委员会也展开了紧密合作，邀请其介绍相关科学发现和主要结论，为识别气候变化风险、抵御损失和损害提供科学支持（见图 3）。

（三）未来气候风险相关谈判对科学研究的诉求增加

1.《公约》框架下适应、损失和损害议题未来安排

2018 年 12 月举行的第 24 次缔约方会议（COP 24）就适应议题后续实施方案达成了共识，为全球气候治理带来新的机遇和挑战，进一步推进各方落实全球气候治理行动。截至 2019 年 7 月，适应、损失和损害议题 2019～2025 年主要工作计划已经形成并由各缔约方讨论通过。③《公约》缔约方将就

---

① UNFCCC, Warsaw international mechanism for loss and damage associated with climate change impacts（Decision 2/CP. 19），2014, http：//unfccc. int/resource/doc/2013/cop19/eng/10a01. pdf# = 6.

② UNFCCC, Terms of reference for the 2019 review of the Warsaw international mechanism for loss and damage associated with climate change impacts-draft conclusions proposed by the Chairs（FCCC/SB/2019/L. 3），2019.

③ UNFCCC, Decision -/CMA. 1. Further guidance in relation to the adaptation communication, including, inter alia, as a component of nationally determined contributions, referred to in article 7, paragraphs 10 and 11, of the Paris Agreement（Advance unedited version），（Decision -/CMA. 1）2018, https：//unfccc. int/documents/187754. UNFCCC, Terms of reference for the 2019 review of the Warsaw international mechanism for loss and damage associated with climate change impacts-draft conclusions proposed by the Chairs（FCCC/SB/2019/L. 3），2019. 刘硕、李玉娥、秦晓波等：《〈巴黎协定〉实施细则适应议题焦点解析及后续中国应对措施》，《气候变化研究进展》2019 年第 4 期，第 436～444 页。

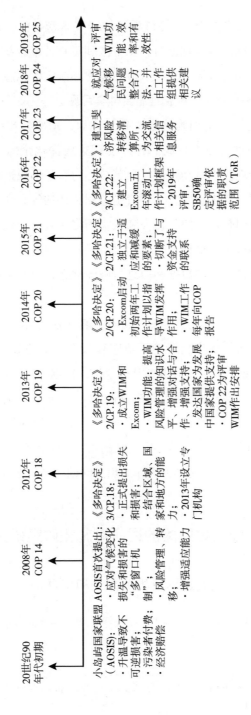

图 3 《联合国气候变化框架公约》框架下损失和损害议题讨论进程

资料来源：UNFCCC, Loss and Damage：Online Guide, Available at：https://unfccc.int/sites/default/files/resource/Online_guide_on_loss_and_damage - May_2018.pdf。

适应与损失和损害相关任务与 IPCC 等科学机构开展紧密合作，这预示着未来谈判的重点是基于各国国情梳理已有科学方法和工具，整合新技术、新手段，为不同区域应对不同灾害风险、提升应对能力和减灾效果服务。

2. 气候变化监测与评估成为风险管理重要科学问题

各方就《巴黎协定》实施细则达成一致意见后，适应与损失和损害议题相关工作需要科学支撑的呼声日高。各方强调集成深化全球先进科学技术，以支撑气候风险治理相关行动的落实，其核心内容是形成适用的数据搜集方法以支持风险管理，其中重要技术手段是监测和评估气候变化过程中各类因素的发生与演变。但是，适应与损失和损害问题受气候变化、生态系统和人类活动的相互作用影响，过程复杂。相对于减缓，适应要素的变化规律更加难以统一估计和分析，有关数据和信息呈破碎状态，因此难以构建统一的计量体系。

适应与损失和损害的评估指标体系是国际社会普遍认为合理的科学工具，可以帮助我们监测和评估气候变化影响下适应和减灾措施的效率和有效性。目前，一些发达国家，如日本，多采用专家打分法，根据不同领域的优先性、紧迫度和数据可靠性三个维度评估适应措施效果。[1] 这些定性评估虽然能够推进适应工作，但无法明确量化比较成效。因此，如何基于不同的适应目的，从国家、部门到地方不同层面建立具有代表性的指标，将政策性、工程性等不同性质的指标统一量化，一直是各方关注的焦点问题，也是技术难点。

三 应对气候变化风险的适应措施和政策研究

（一）气候风险管理研究进展及相关方法和工具

风险管理是解决气候变化适应与损失和损害问题的关键，科学的分析方

---

① Ministry of the Environment, Japan NAP Status in Japan, https: //unfccc. int/sites/default/files/ resource/2_ Japan_ July% 202018_ MOEJ% 20Adaptation% 20Overview% 20REV. pdf, 最后访问日期：2019 年 6 月 4 日。

法和工具是解决问题的抓手，而核心就是要求气候变量的历史记录具有准确性、代表性和同质性。如果数据质量差、记录不正确或数据丢失，当前气候灾害的估计值便可能具有很大的不确定性。[①]

对于气候风险管理分析方法和工具来说，如何考虑多维风险评估是研究热点和焦点问题。[②] 目前的研究主要集中在单一风险的监测和分析不同领域人类社会经济活动的暴露度和脆弱性上，如动态适应策略路径。[③] 未来需要考虑多种气候风险叠加后对人类社会经济产生的交互影响，但这方面研究还比较薄弱，需要增强六个方面的研究[④]：（1）极端事件风险建模；（2）人类水文耦合系统；（3）地表水和地下水系统的整合；（4）构建经济、社会和生态因素之间的权衡模式；（5）水质因素；（6）交互式数据可视化。

（二）中国应对气候变化风险的政策措施及实施效果

中国政府高度重视适应与损失和损害相关工作。2013年，中国多部门联合印发了《国家适应气候变化战略》，标志着中国的气候适应工作开始被纳入国家政策制定规划，为国家和地方制定相应的适应规划、落实适应行动战略提供了指导。为减少极端气候事件引起的重大灾害和损失、提升城市适应能力，国家发展和改革委员会与住房和城乡建设部于2016年联合印发了

[①] IPCC, *Managing the Risks of Extreme Events and Disasters to Advance Climate Change Adaptation*, a special report of working groups Ⅰ and Ⅱ of the Intergovernmental Panel on Climate Change Field, C. B., Barros, V., Stocker, T. F., Qin, D., Dokken, D. J., Ebi, K. L., Mastrandrea, M. D., Mach, K. J., Plattner, G. - K., Allen, S. K., Tignor, M., Midgley, P. M. (eds.), Cambridge, NY: Cambridge University Press, 2012, p. 582.

[②] Ray, P. A, Taner, M. Ü., Schlef K. E., Wi, S., Khan, H. F., Freeman, S. St G., Brown, C. M., "Growth of the Decision Tree: Advances in Bottom-Up Climate Change Risk Management," *Journal of the American Water Resources Association*, 2019 (4): 920 –937.

[③] Kwakkel, J. H., Haasnoot, M. and Walker, W. E., "Developing Dynamic Adaptive Policy Pathways: A Computer-Assisted Approach for Developing Adaptive Strategies for a Deeply Uncertain World," *Climatic Change*, 2015, 132 (3): 373 –386.

[④] Ray, P. A., Taner, M. Ü., Schlef, K. E., Wi, S., Khan, H. F., Freeman, S. St G., Brown C. M., "Growth of the Decision Tree: Advances in Bottom-Up Climate Change Risk Management," *Journal of the American Water Resources Association*, 2019 (4): 920 –937.

《城市适应气候变化行动方案》，并于次年批准了 28 个气候适应型城市建设试点，① 为适应措施和气候风险管理行动落地提供了试验平台，以积累经验。中国还积极寻求国际合作机遇，以联合应对气候风险。2018 年 10 月，中国作为成员国，在荷兰的海牙参加了全球适应委员会的成立仪式，② 显示了中国在气候适应行动中的决心和努力。

（三）中国未来应对气候变化风险的建议

中国人口数量庞大、经济发展水平差异巨大的客观条件决定了中国气候风险应对行动必须兼顾发展的任务。③ 借助国际平台，推动国内应对气候变化不利影响行动、满足发展需求是未来中国在气候变化领域推动气候风险治理方面更上新台阶的原动力。基于当前国际谈判形势和未来我国战略需求，建议围绕以下三方面开展科学与政策研究。

首先，基于国内数据的可获得性和可靠性，结合国际谈判新形势，筛选出既符合国情又具有国际显示度的适应措施和气候风险管理相关数据平台，并借此完成能够与国际交流对接的适应与损失和损害相关问题报告，展示我国以往优良做法和经验教训，为提高国际影响力、拓展国际合作新领域服务。

其次，积极探索多部门、多省市的协作机制，提高基础数据的一致性和有效性，完善数据信息的统计功能，建立地方、部门、国家由下至上的数据报送制度。我国数据类型多样、质量参差不齐④，加强多部门协作有助于政

---

① 曹明德：《完善中国气候变化适应性立法的思考》，《中州学刊》2018 年第 8 期，第 53～57 页。

② 《中荷重视气候变化，携手创立全球适应委员会》，http：//www.zgdysj.com/html/finance/20181030/24037.shtml。

③ 何建坤：《〈巴黎协定〉后全球气候治理的形势与中国的引领作用》，《中国环境管理》2018 年第 1 期，第 9～14 页。

④ 何霄嘉、董利苹、曲建升等：《我国适应气候变化数据发展现状、需求和战略建议》，《遥感技术与应用》2017 年第 3 期，第 585～592 页。

府长期发挥统筹作用，对增强信息质量具有重要作用。[①] 2019 年是我国准备"十四五"国家发展纲要的重要时间节点，适应气候变化、降低风险不利影响是其中重要方面，加强顶层设计，有助于统筹优化资源，减少重复性措施，达到事半功倍的效果。

最后，强化气候风险管理技术、规范、标准等科学研究成果的作用，充分开展相关项目研究，为构建适用于我国适应工作的监测和评估指标体系、制定政策时纳入相应技术要求提供具有科学性和可操作性的技术服务。目前，我国气候风险管理和适应措施过于零散，难以快速推广。充分发挥政策措施的区域带动性调控作用，科学整合技术方法，形成标准和规范，并纳入部门管理，有利于集中目标、减少成本、提升措施示范效果。

---

① 王瑜贺、张海滨：《国外学术界对〈巴黎协定〉的评价及履约前景分析》，《中国人口·资源与环境》2017 年第 9 期，第 128~134 页。

G.6
国家自主贡献实施细则及其
对中国的影响分析

樊星 柴麒敏*

摘 要: 2018年12月的联合国气候变化框架公约缔约方大会暨《巴黎协定》缔约方大会在波兰卡托维兹举行,会议达成了以《巴黎协定》实施细则为主的一揽子成果,其中,包括国家自主贡献议题所达成的特征、信息和核算导则安排。导则确定了自下而上和自主决定的安排,反映出共同但有区别的责任原则,也包含了减缓以外的其他要素,并且在适用时间上为各方预留了充分的准备时间。国家自主贡献议题实施细则的安排将对我国的后续履约以及谈判产生重要影响。本文采用对比分析的方法,评估了中国已经提交的国家自主贡献与实施细则要求的差异,并提出相应建议,认为我国需要为通报第二轮以及后续国家自主贡献提供更为全面、详细的信息,包括参考点的量化信息、时间框架、范围、规划过程、假设和方法学等七个方面的信息。与此同时,在中国2020年更新国家自主贡献的方案时,应统筹考虑2019年联合国气候行动峰会呼吁"提高气候行动目标力度"等国内外形势,考虑做出策略性回应。

关键词: 巴黎协定 实施细则 国家自主贡献

---

* 樊星,国家应对气候变化战略研究和国际合作中心助理研究员;柴麒敏,国家应对气候变化战略研究和国际合作中心副研究员。

一 引言

《巴黎协定》是一份全面、平衡、有力度、体现各方关切的协定，是全球气候治理进程的重要里程碑，[①] 对气候多边进程形成了框架性的安排。2018年12月，《联合国气候变化框架公约》（以下简称《公约》）缔约方大会暨《巴黎协定》缔约方大会在波兰卡托维兹闭幕，会议达成了以《巴黎协定》实施细则为主的一揽子成果，其中包括关于国家自主贡献的特征、信息和核算三个导则，对我国通报下一轮国家自主贡献提出了新的、更为具体的定性或定量的要求，也对我国未来进一步履约工作产生影响。

二 《巴黎协定》实施细则中的国家自主贡献导则

《巴黎协定》实施细则形成了各方国家自主贡献特征、信息和核算导则的安排，一方面，关于导则何时适用、可以包含哪些信息要素以及如何核算等问题为各国提供指导；另一方面，也对导则后续修订的谈判工作做出了安排。

（一）导则形成的总体安排

1. 关于导则何时适用——何时报

国家自主贡献信息导则和核算导则的适用时间将从各方通报第二轮自主贡献开始适用。实施细则规定，两个导则均适用于各方第二轮的自主贡献，并对第一轮的概念做出了明确的定义，即对于那些在2015年已经提出时间框架到2030年自主贡献的缔约方，它们在2020年通报或更新的自主贡献，属于第一轮国家自主贡献。对于中国而言，2025年通报的国家自主贡献属于第二轮，届时需要适用信息导则和核算导则。与此同时，"非常鼓励"各

---

① 杜祥琬：《应对气候变化进入历史性新阶段》，《气候变化研究进展》2016年第2期，第79～82页。

方在 2020 年通报或更新其自主贡献时也适用信息导则。

2. 关于导则要求报告的内容——报什么

一是根据其自主贡献适用性选择信息要素，并应满足相关核算要求。依据巴黎决定①第 27 段和第 31 段，导则以其所列内容为标题，分别拓展出信息要素列表和核算要素列表，作为导则的两个附件，② 为各缔约方提供参考。其中，信息导则的附件要素主要包括七方面的内容：参考点的量化信息、时间框架、范围、规划过程、假设和方法学、依据国情对国家自主贡献公平和力度的评估，以及国家自主贡献对于实现《公约》第二条目标的作用。在新规则中，信息导则附件所列要素并非要求各方必须提供，而是根据其自主贡献的适用性提供相关信息，在信息不适用于自主贡献的情况下则不必提供。二是针对减缓以外的要素如何报告信息做出安排。自主贡献导则决定的第 8 段，明确了该导则不仅聚焦于减缓，还明确指出《巴黎协定》第七条第 10 款和第 11 款所涉及的适应信息通报的信息，将可能作为自主贡献的一部分提交。

3. 关于如何核算——核算要求

核算导则在巴黎决定第 31 段的基础上，做了小幅扩充并列出了核算的原则，核算导则的附件要素主要包括四方面的内容：温室气体核算、方法学的一致性、努力纳入所有部门和行业，以及解释为何未能纳入的某些部门和行业。其中，31（a）（b）所涉的核算方法一致性和度量衡信息，将通过信息的"假设和方法学"反映，31（c）（d）所涉的纳入气体种类及未能纳入的原因将在信息的"范围"部分体现。此外，核算导则规定自主贡献进展追踪的部分将按照透明度相关要求提交报告。巴黎决定的第 17 段指出，各方应对其透明度双年报中的自主贡献内容负责，包括通过"结构化摘要"（Structured Summary）的方式追踪进展，与《巴黎协定》第十三条第 7b 款的规定相一致。

---

① "巴黎决定"即"巴黎气候大会 1 号决定"（1/CP. 21 Adoption of the Paris Agreement），https://unfccc.int/sites/default/files/resource/docs/2015/cop21/eng/10a01.pdf。

② "4/CMA. 1 Further guidance in relation to the mitigation section of decision 1/CP. 21，"https://unfccc.int/documents/193407，附件Ⅰ为信息导则要素，附件Ⅱ为核算导则要素。

（二）实施细则的主要特征

1. 确定了自下而上、自主决定的安排

在信息导则的适用要求方面，信息导则规定为"若贡献适用，则应提供附件Ⅰ中所列信息要素"，对自主贡献信息可能包括的内容形成了相对松散和概要性的安排；为各国如何选取附件列表的信息要素提供了自主选择的空间，确保了与《巴黎协定》所确定的"自下而上"精神相一致，也避免了导则内容过于细致严格而形成"自上而下"约束性的安排。

2. 体现了共同但有区别的责任和各自能力原则

导则中突出强调了发展中国家的国情和能力，并且通过重申《巴黎协定》第四条第 5 款,① 强调要为发展中国家履行自主贡献和减排条款提供支持，体现出发达国家和发展中国家的区别。

3. 反映了包括减缓以外的全要素的特征

在信息导则当中明确指明了导则所涉信息不预断各方的国家自主贡献是否仅聚焦于减缓，各方还可提供包括适应在内的其他要素，体现出自主贡献导则与适应要素之间的联系。

4. 在适用时间上为各国依据能力适用导则预留了时间

各方第一轮自主贡献的通报情况表明，各方贡献信息内容形式多样。考虑到各方国情和能力的差距，本次大会决定自第二轮国家自主贡献起适用导则，这一时间安排为各方在履约的操作层面预留了时间。

（三）后续谈判及履约任务

卡托维兹会议达成了国家自主贡献导则的实施细则，同时对后续谈判和履约工作做出了进一步安排。一是贡献内容所涉特征、信息和核算导则的审评或更新。该问题将继续聚焦于"事前"信息，讨论通报贡献阶段所包含的信息要素和核算的要求。根据授权，特征导则将在 2024 年的《巴

---

① 《巴黎协定》，https：//unfccc.int/sites/default/files/english_ paris_ agreement. pdf。

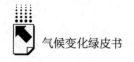

黎协定》缔约方第七次会议（CMA7）上考虑其进一步特征，信息与核算导则将在2027年《巴黎协定》缔约方第十次会议（CMA10）上启动其审评或更新，并考虑在2028年《巴黎协定》缔约方第十一次会议（CMA11）上通过相关决议。二是关于自主贡献共同时间框架的制定。目前各方仍就国家自主贡献"五年为期"或"十年为期"持不同看法，将继续在后续附属履行机构下讨论该问题供后续缔约方大会考虑并通过。三是核算导则中指出应在透明度双年报告中通过"结构化摘要"的方式追踪国家自主贡献进展。该问题在贡献核算导则和透明度议题成果中均有提及，将在后续透明度报告相关议题中开展该问题的谈判（见图1）。

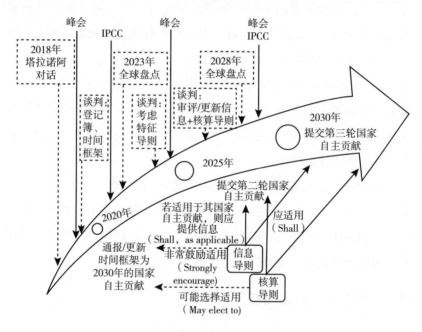

图1 国家自主贡献议题后续谈判及履约任务安排示意

三 国家自主贡献新规则对中国的影响

新的国家自主贡献规则将适用于各国通报其第二轮国家自主贡献，也对各国自主贡献信息的完整性和透明度提出了新的指导参考和要求。对于中国而言，应进一步强化国际谈判和国内履约工作的统筹协调，并针对导则的具体要求及早做好相应准备。

（一）为提高自主贡献信息的透明度做好准备

若以新的规则评估分析我国已经提出的自主贡献，其信息涉及导则所列的部分内容，但仍然需要在两个方面做出改善和提升。一方面是信息的透明度，依据新的规则，尽管国家自主贡献中"包含哪些信息、其详细程度如何"都充分尊重"由国家自主决定"的特性，但按照《巴黎协定》第四条第 8 款的规定，各方应依据导则在他们的自主贡献中提供"澄清、透明、易懂"的必要信息，[1]我们仍有必要为进一步提高信息的透明度做好准备；另一方面则是需要提高信息的完整性，目前导则所列的七个部分的信息，我国自主贡献在假设和方法学、如何评价公平和力度等方面，仍有不少空缺项需要补充。因此，我国有必要为适用导则的要求，以提高自主贡献信息的透明度做好相应的准备。

（二）对我国后续履约和谈判工作提出新的要求，需要做国际国内工作的协调对接

《巴黎协定》实施细则达成后，更加聚焦于各国的履约和落实，因此，国际谈判工作和国内履约工作的衔接和协调也显得更加重要，特别是自主贡献、透明度等议题，更凸显出国际、国内工作紧密联系和良好协调的重要性。例如自主贡献问题，其时间框架的制定不仅影响到国际气候治理机制中力度循环的周期，同时也关系到与我国 2035 年重要时间节点契合的问题。何时适用信息导则的要素内容，如何通报我国第二轮国家自主贡献，需要综合考虑国际多边进程的重要时间节点，以及国内经济社会的发展环境和五年规划的相关目标与政策。

---

① https://unfccc.int/sites/default/files/resource/docs/2015/cop21/eng/10a01.pdf。

（三）信息导则要素列表的要求对中国的具体影响

1. 关于参考点的量化信息

导则中参考点、参考线、参考水平等表述，对于我国而言，是指我国碳排放强度目标的基准年，以下均称为基准年。实施细则对于基准年量化信息提出了6个信息要素，分别为：1（a）基准年的年份；1（b）基准年的量化信息；1（c）对于最不发达国家和小岛屿发展中国家，可提供有关编制和通报反映其特殊情况的关于温室气体低排放发展的战略、计划和行动的信息；1（d）以数字表示贡献目标的数值，例如下降的百分数等；1（e）有关数据来源相关的信息；1（f）在何种情况下其基准年的参考值可能变化。

我国于2015年通报的第一轮国家自主贡献中提出了碳排放强度、非化石能源占比、二氧化碳排放达峰和森林蓄积量这四个量化目标，[①] 以碳排放强度目标为例，目前我国的目标描述已经符合1（a）和1（d）的要求，即目标描述中有参考年份和下降百分数。关于"1（b）基准年的量化信息"，目前各方对该信息存在不同解读，部分国家认为该信息是指中国2005年单位GDP碳排放的数值，但也有部分国家指出该信息是提供对基准年的相关描述，也即2005年的单位GDP碳排放水平为100%。无论是上述的何种理解，以导则所列举的要求，我们都应考虑在后续通报自主贡献时，尽可能提供前后相一致的目标基准年的相关数值信息。1（c）的信息是为最不发达国家和小岛屿国家设定，对我国不适用。关于1（e）数据来源的信息和1（f）何种情况下更新基准年信息，我国并未提供相关内容，有必要在后续自主贡献通报或更新中为这两方面信息做好相应准备。

2. 关于时间框架

根据本次实施细则的要求，各方在提供时间框架或实施时间信息时，应根据其适用性提供两方面的信息：一方面是"2（a）各方自主贡献的时间框架信息，包括其自主贡献实施的起始年和终止年"，另一方面是"2（b）

---

① 中国国家自主贡献文件，http：//www.ndrc.gov.cn/xwzx/xwfb/201506/t20150630_710204.html。

其自主贡献目标是单年目标还是多年目标"。

我国第一次提交的国家自主贡献中未写明起始年，目标年的表述中既存在"到 2030 年"也存在"2030 年左右"，这仍然是有待澄清的信息。同时，我国还需要在国家自主贡献通报或更新中，进一步明确起始年信息和单/多年目标的描述。

3. 关于范围

信息导则列出了四部分关于范围的内容：3（a）关于范围的概要性描述；3（b）源和汇所涉的部门和气体信息；3（c）如何考虑巴黎气候大会 1 号决定中第 31 段（c）和（d）① 的内容，即如何考虑反映"缔约方努力在其国家自主贡献中将人为排放或清除的所有类别包括在内，一旦已纳入一个源/汇，就继续将其纳入，并对未纳入的源/汇做出解释"的信息；3（d）适应行动形成的减缓协同效应。

我国第一次提交的国家自主贡献中已经提供的信息涉及 3（a）和 3（b），但是目标的描述中仅提及气体种类为二氧化碳，缺乏该气体排放所涉部门的信息。在后续通报或更新自主贡献的过程中，需要考虑提供 3（c）的信息，3（d）目前不适用于我国自主贡献的目标类型。②

4. 关于规划过程

信息导则要素附件中的第四部分是各国规划过程的信息，主要包括四方面的内容：4（a）在准备自主贡献时的规划过程信息，其中列举了各国国内的机构安排、形势背景、国情、最佳实践等信息；4（b）曾就《巴黎协定》第四条第 2 款和第四条第 16～18 款达成共识的成员所适用的信息，如欧盟等就联合履约问题达成共识的缔约方，提供相关联合履约的信息；4（c）如何从全球盘点的成果获取信息；4（d）减缓协同效应的信息。

我国在第一次提交的国家自主贡献中简要提及了 4（a）的部分内容，

① 巴黎气候大会 1 号决定，https：//unfccc. int/sites/default/files/resource/docs/2015/cop21/eng/10a01. pdf。
② 陈艺丹、蔡闻佳、王灿：《国家自主决定贡献的特征研究》，《气候变化研究进展》2018 年第 4 期。

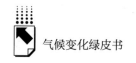

指出，"根据自身国情、发展阶段、可持续发展战略和国际责任担当，中国确定了到 2030 年的自主行动目标"。4（b）和 4（d）不适用。

5. 关于假设和方法学

信息导则列出了七部分内容：5（a）与自主贡献相一致的人为温室气体排放和清除所使用的假设和方法学；5（b）量化政策措施或战略实施效果所使用的假设和方法学；5（c）视情况提供如何考虑已有的《公约》下核算方法，与《巴黎协定》第四条第 14 款一致，即在国家自主贡献方面，当缔约方在承认和执行人为排放和清除方面的减缓行动时，应当按照《巴黎协定》第四条第 13 款的规定，酌情考虑《公约》下的现有方法和指导；5（d）估算温室气体排放和清除的 IPCC 方法学和度量衡；5（e）部门类型某活动的假设和方法学；5（f）其他假设和方法学；5（g）如何考虑市场机制。

上述所列内容我国在第一次通报的国家自主贡献中均未提供相关信息，有待在后续通报或更新的自主贡献提供有关内容。

6. 关于公平和力度

信息导则附件中在该部分列出了五个部分的要求：6（a）依据国情对公平和力度评估的信息；6（b）公平的考虑，包括如何反映公正；6（c）如何体现《巴黎协定》第四条第 3 款，即"各缔约方的连续国家自主贡献将比当前的国家自主贡献有所进步，并反映其尽可能大的力度，同时体现其共同但有区别的责任和各自能力，考虑不同国情"；6（d）如何体现《巴黎协定》第四条第 4 款，即"发达国家缔约方应当继续带头，努力实现全经济范围绝对减排目标。发展中国家缔约方应当继续加强其减缓努力，鼓励根据不同的国情，逐渐转向全经济范围减排或限排目标"；6（e）如何体现《巴黎协定》第四条第 6 款，即"最不发达国家和小岛屿发展中国家可编制和通报反映其特殊情况的关于温室气体低排放发展的战略、计划和行动"。

我国在第一次提交的国家自主贡献中指出，该贡献是反映中国应对气候变化最大努力的国家自主贡献，但除此之外，并未提供该部分列举的其他要素的内容。上述除 6（e）所列内容不适用于我国自主贡献外，我国应考虑在后续通报或更新自主贡献时，适当提供 6（a）~6（d）的相应内容。

7. 关于"对于实现《公约》第二条目标的作用"的信息

信息导则在该部分列出两部分内容：7（a）国家自主贡献对于实现《公约》第二条目标作用的信息；7（b）国家自主贡献对于实现《巴黎协定》第二条第 1a 款和第四条第 1 款的作用，即"把全球平均气温升幅控制在工业化前水平以上低于 2℃，并努力将气温升幅限制在工业化前水平以上1.5℃之内"的目标，以及"在本世纪下半叶实现温室气体源的人为排放与汇的清除之间的平衡"。

我国第一次提交的国家自主贡献中有"根据公约缔约方会议相关决定，在此提出中国应对气候变化的强化行动和措施，作为中国为实现公约第二条所确定目标做出的、反映中国应对气候变化最大努力的国家自主贡献⋯⋯"的一般性表述，覆盖了 7（a）所要求的内容，但未提供 7（b）所列内容，应该视情况在后续通报或更新中予以体现。

四 中国履行国家自主贡献相关义务的建议

正如习近平总书记指出，"《巴黎协定》的达成是全球气候治理史上的里程碑。我们不能让这一成果付诸东流。各方要共同推动协定实施。中国将继续采取行动应对气候变化，百分之百承担自己的义务"。为我国可以更好落实《巴黎协定》及其实施细则并高质量履约，提出以下建议。

（一）积极适用导则，筹备我国国家自主贡献的更新方案建议

根据《巴黎协定》及其决定的安排，近中期我国将面临通报国家自主贡献的两项重要任务：一是在 2020 年通报或更新我国的国家自主贡献，二是在 2025 年时通报我国的第二轮国家自主贡献。[①] 目前，我国正在筹备2020 年通报或更新自主贡献的方案，起草"国家自主贡献进展报告"。对照

---

① 柴麒敏、傅莎、祁悦、樊星、温新元：《应对气候变化国家自主贡献的实施、更新与衔接》，《中国发展观察》2018 年第 5 期。

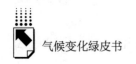

《巴黎协定》实施细则所确定的自主贡献导则的要求，报告范围更广、信息更为量化和具体，若我国考虑主动适用导则的要求，还需要进一步按照信息导则要素的量化的要求提供信息，特别是在参考点量化信息、范围、规划过程、假设和方法学以及公平和力度方面提高信息的完整性和透明度，这也需要我们进一步完善现有工作机制，加强能力建设。

（二）统筹考虑联合国气候行动峰会面临的"提高力度"的压力，提出妥善的、有显示度的政治设计方案

2019 年联合国气候行动峰会于 9 月 23 日在纽约举行，各国领导人或其特别代表与会，宣示各自的政治意愿，我国还应邀牵头举办了主题为"基于自然的解决方案"的相关活动。在卡托维兹气候大会取得积极成果后，联合国秘书长古特雷斯连用了五个"雄心"来表达其对 2019 年峰会的期待，从目前峰会的政治设计来看，不可避免聚焦于"力度的提升"，这也将成为《公约》第二十五次缔约方会议的主题之一。中国作为排放大国，在 2020 年通报或更新自主贡献时是否会调高目标力度，备受国际社会关注。通报或更新国家自主贡献不仅是我国履约的一项重要任务，同时也是向国际社会展现我国积极应对气候变化、全面推进生态文明建设的重要机遇。我国目前在森林碳汇、碳排放强度、可再生能源占比等目标上均取得了积极进展，有必要进一步加强关于 2020 年更新国家自主贡献方案的研究支撑，提出妥善并有显示度的政治设计方案。

（三）尽早为我国提交第二轮国家自主贡献开展前期研究，为 2035 年美丽中国目标基本实现提供推动力

根据《巴黎协定》及决定要求，除了 2020 年通报或更新 2030 年的国家自主贡献外，中国还需要在 2025 年提出新的国家自主贡献目标，目标时间框架可选择 5 年或者 10 年，即提出 2035 年或 2040 年新的国家自主贡献。党的十九大报告已将 2035 年作为实现中华民族伟大复兴征程上的重要节点，提出"从 2020 年到 2035 年，在全面建成小康社会的基础上，再奋斗 15 年，

基本实现社会主义现代化，生态环境根本好转，美丽中国目标基本实现"。在 2035 年基本实现美丽中国目标指引下，中国应对气候变化进程也将呈现新的特征。因此，研究和论证将 2035 年作为我国下一轮国家自主贡献的目标年具有非常强的战略意义。2035 年的国家自主贡献不仅要与基本实现现代化的经济社会发展水平相适应，还应与基本实现社会主义现代化的美丽中国建设目标相一致，更应与全球生态文明建设的重要参与者、贡献者、引领者的定位相符合。因此，针对我国下一轮国家自主贡献的起草和目标选取，有必要尽早开展相关研究和工作部署，对中长期国内外的趋势有更好的判断。

G.7
提高信息透明度对降低应对气候
变化决策风险的贡献

王田 高翔*

摘 要： 透明度机制安排在全球环境治理，特别是气候治理中有极其
重要的作用。本文回顾了透明度内涵和它在全球气候治理中
的渊源及演变，以及全球和国家层面透明度现行做法及实践。
2018 年底卡托维兹通过的"模式、程序和指南"确立了 2020
年后各方遵循的强化透明度框架规则，各国也相应在国内建
立了透明度法律机制安排，我国也初步构建了国家、地方、
企业三级温室气体排放基础统计和核算工作体系。本文在识
别应对气候变化决策风险基础上提出提高信息透明度对有效
决策的贡献，包括增强全球治理互信、确定行动目标并评估
进展、识别行动重点领域、交流借鉴优良做法等。

关键词： 透明度 气候变化 政策决策 风险控制

引 言

透明度是指获取信息的开放性，以及围绕信息披露的制度或机制，① 大体

---

* 王田，国家应对气候变化战略研究和国际合作中心助理研究员，研究领域为气候变化透明
度谈判及国内履约机制建设；高翔，通信作者，国家发展和改革委员会能源研究所副研究
员，研究领域为全球气候治理。

① Aarti Gupta and Michael Mason（eds.），*Transparency in Global Environmental Governance：*
Critical Perspectives，MIT Press，2014.

上包括监测、测量、报告和核实等程序安排。对于无实际制裁手段的国际公约而言，以信息披露为内核的制度安排被广泛推崇，成为多边国际条约得以运行的基本保障。在《联合国气候变化框架公约》（以下简称《公约》）的语境下，透明度既是信息披露的一项原则，也是《公约》及《巴黎协定》下各国提交温室气体清单、国家履约报告以及后续接受审评制度安排的合集。

无论是《公约》还是《巴黎协定》，其根本目标都是控制温室气体排放和有效应对已发生的气候变化。由于气候变化本身的长期性和复杂性，减缓及适应气候变化都面临全球和地区层面的决策风险。因此，获得及时、有效的信息对于政府和私营部门作出正确的决策意义重大，不仅有助于建立各方之间的战略互信，建立采取行动和获取国际支持之间的正反馈机制，还有助于不断修正政策行动措施，及时纠偏，确保实现减缓或适应战略目标。

本文通过回答以下三个问题来探讨提高信息透明度对降低应对气候变化决策风险的贡献：什么是透明度和气候变化决策风险？各国为提高透明度都采取了哪些措施？提高透明度如何能够加强全球、国家及地方的气候决策水平？本文将围绕《公约》及《巴黎协定》下的透明度制度安排及全球气候治理实践经验，力求回答上述问题。

一　全球气候治理中的透明度

（一）透明度在国际机制中的作用

透明度问题在全球治理，特别是气候治理中具有极其重要的作用。由于全球治理具有高度的政治复杂性，因此国家行为体一般不愿主动将相关信息分享给其他国家。而透明度原则带有数据可核查条款，在国际合作谈判和执行过程中能够建立影响国家行为的规范，并提升制度的有效性。[1] 透明度制

---

[1] Greene, O., "International Environmental Regimes: Verification and Implementation Review," *Environmental Politics*, 1993, 2 (4): 156 – 173.

度化与履约责任的强关联性被视为确保国际制度机制得以实施的基础条件，透明度（获取信息的权利）与问责制（诉诸司法的权利）的结合构成了国际治理的合法性，以透明度促进治理也成为全球治理规则制定中的重要一环。① 确立透明度原则可实现对缔约方履约的约束，识别和制裁搭便车的国家行为体。此外，通过获取新的信息，国家行为体的政策制定者可在复杂的、不确定的国际合作环境下进行规划。② 因此，国际机制理论一直将透明度视为机制有效性的一个重要因素，透明度相关的机制及条款常见于全球环境治理的各个领域，包括气候变化、生物多样性、生物技术、自然资源开发以及危险化学品管控等。

（二）透明度在气候治理中的内涵和重要性

透明度最初作为一项原则出现在《公约》通过的报告指南中。在 1999 年通过的附件一《国家温室气体清单指南》中，透明度与一致性、可比性、完整性和准确性并列为"TACCC"原则一直延续至今，成为清单报告和审评过程中最重要的原则。2011 年通过的第 17 次缔约方大会第 1 号决议（即"德班平台"）明确提出，要在 2020 年后提高行动和支持的透明度。2015 年，《公约》缔约方大会通过具有里程碑意义的《巴黎协定》，其中第 13 条明确要建立"增强的透明度框架"，要求所有缔约方定期报告行动与支持信息，以更好地追踪各方为实现《公约》目标作出的努力，为盘点全球整体的行动和支持信息提供重要信息来源。2018 年底，各方在波兰卡托维兹气候大会上通过了透明度框架的模式、程序和指南，因此透明度体系或框架也成为泛指所有报告和审评相关要求的集合。

由于《巴黎协定》采用减缓行动力度由各国自主决定的国家自主贡献

---

① Mitchell, R. B., "Transparency for Governance: The Mechanisms and Effectiveness of Disclosure-based and Education-based Transparency Policies," *Ecological Economics*, 2011, 70 (11): 1882–1890.

② Axelrod, R., Keohane, R., "Achieving Cooperation under Anarchy: Strategies and Institutions," *World Politics*, 1985, 38 (1): 226–254.

模式，各国的减缓目标本身并不是缔约方在《巴黎协定》下的义务，仅限于是否作出承诺，因此，《巴黎协定》的促进履行和遵约机制无法对未实现减排承诺的缔约方进行法律问责，只能是基于透明度程序性义务的政治性问责，[1] 强化透明度从而成为确保《巴黎协定》体系有效的基础和关键。[2]

（三）透明度框架在气候条约下的演变

2007 年《公约》第 13 次缔约方大会 1 号决议（即"巴厘路线图"）提出"三可"概念，要求无论是发达国家的全经济量化减排目标还是发展中国家的国家适当减缓行动（以下简称 NAMAs）都应为"可测量的、可报告的和可核查的"（以下简称 MRV）。在 MRV 的原则指导下，《公约》缔约方大会在随后几年中陆续通过了一系列决议，建立了针对发达国家和发展中国家平行的报告和审评规则。同时，MRV 作为一个概念，也在不同的层面被广泛应用。在很长一段时间内，MRV 体系在国际层面一直被看作《公约》下报告和审评的相关安排，既包括所有通过的报告和审评指南，也包括各方根据指南进行的实践，总体来说，可包括清单报告和国家履约报告的编制提交及需要接受的审评。

随着《巴黎协定》的通过，MRV 体系逐渐被"透明度体系"的概念所替代，二者在谈判语境中的含义并无明显的区分，但 MRV 体系更多指的是"坎昆协议"下建立的机制安排，带有更多 2020 年前的色彩，"透明度体系"或"透明度框架"更具《巴黎协定》2020 年后的特色。2018 年底通过的"模式、程序和指南"要求各方按照统一的要求提交透明度双年报并接受审评，并为发展中国家提供灵活性，同时与《公约》下原有体系进行深度融合，正式确立了 2020 年后的透明度体系安排。

---

① Kong, X. W., "Achieving Accountability in Climate Negotiations: Past Practices and Implications for the Post - 2020 Agreement," *Chinese Journal of International Law*, 2015, 14 (3): 545 - 565.

② Winkler, H., Mantlana, B., Letete, T., "Transparency of Action and Support in the Paris Agreement," *Climate Policy*, 2017, 17 (7): 853 - 872.

二 应对气候变化决策风险

（一）决策风险的影响因素

在应对气候变化的自然科学领域，IPCC 在其第五次评估报告中给出了"分析风险"的概念，即"与气候变化相关的风险来自气候相关危害（包括危害性事件和趋势）与人类和自然系统的暴露度和脆弱性相互作用"。①

相类比地，决策的风险可以从三个维度来衡量。一是决策不周的危害程度。一项决策不可能面面俱到照顾到所有相关方的利益，但一项好的政策决策应该尽可能确保预期达到的效果，降低负面影响的危害程度。二是决策风险涉及的影响范围。决策不周带来的负面后果可能来自决策所涉及的领域，也可能来自决策预期管理范围以外的相关领域。三是脆弱性，即纠正决策不周可能的及时性。如果一项决策涉及面窄，对社会经济政治的影响程度不高，能够迅速得以纠正，则相应的决策风险小，反之则风险大。

人为活动造成的气候变化是人类有史以来最大的市场失灵的结果，具有长期性、全球性、不确定性和潜在巨大规模的特征，② 因此应对气候变化的政策决策往往涉及国际政治、国内经济发展模式、能源结构等多个重大方面，决策影响深远，纠正偏差的难度大，因此属于具有重大潜在风险的政策领域。

---

① IPCC，《决策者摘要——气候变化 2014：影响、适应和脆弱性》，A 部分：《全球和部门评估》，政府间气候变化专门委员会第五次评估报告第二工作组报告。 ［Field，C. B.，V. R. Barros， D. J. Dokken， K. J. Mach， M. D. Mastrandrea， T. E. Bilir， M. Chatterjee，K. L. Ebi，Y. O. Estrada，R. C. Genova，B. Girma，E. S. Kissel，A. N. Levy，S. Mac-Cracken，P. R. Mastrandrea 和 L. L. White（编辑）．剑桥大学出版社，2014，第 1～32 页。

② Stern，N.，*The Economics of Climate Change：The Stern Review*，Cambridge， New York，Melbourne， Madrid， Cape Town， Singapore， Sao Paulo：Cambridge University Press，2007. 邹骥、傅莎、陈济等：《论全球气候治理——构建人类发展路径创新的国际体制》，中国计划出版社，2015。

（二）全球应对气候变化决策风险

全球有效应对气候变化不仅取决于各国应对气候变化的政策决策，还取决于全球合作应对的有效性，因此有必要识别并管控全球应对气候变化的政策决策风险。

从全球层面看，IPCC 已经明确给出了温室气体的历史累积排放、全球平均温升、气候变化风险的近线性关系。应对全球温升方面的政策决策与全球减排方面的政策决策密切相关，其决策风险的危害程度已经由 IPCC 给出了结论。气候变化带来的风险是全球减排决策风险涉及范围的一部分。除此之外，由于减排决策还涉及能源、经济发展、世界贸易分工等许多方面，因此全球应对气候变化决策不能只看气候变化带来的影响，还要看全球减排需要付出的成本和技术可行性。与此同时，由于社会经济系统的惯性、科学认知的不确定性、技术开发与扩散的阶段性，如果决策时缺乏必要的、正确的信息支撑，一旦作出决策，社会经济系统按照这一决策运行后，将很难及时进行纠偏，相应地，决策风险会很大。

（三）国别应对气候变化决策风险

从国别层面看，正如上文所述，社会经济系统及时纠偏的难度很大，需要付出很大的成本，因此国别应对气候变化决策的风险也需要重视。但与全球应对气候变化决策风险不同，国别应对气候变化政策往往有更加具体的目标，而不是全球温升控制和全球总体排放控制，因此其决策风险的危害程度和影响范围与全球决策不同。国别决策的危害程度取决于政策的力度，力度越大越激进，决策失误的危害程度越大；影响范围取决于政策的涉及面，由于是国内政策，各国可以自行决定相应政策的覆盖面，在支撑信息可靠性高的情况下，决策可以更加全面，在信息不充分的情况下，更宜以部分领域为试点开展稳健决策。

三 透明度现行做法及实践

（一）全球应对气候变化的信息透明度实践

根据《公约》要求，所有缔约方都要报告其履行《公约》活动的情况和国家清单报告，内容应包括减缓行动、脆弱性和适应性以及提供或收到的支持等，发展中国家还需要报告从发达国家获得的支持。2010年通过的"坎昆协议"建立了发达国家和发展中国家平行的双年报告及审评体系，发达国家需要提交双年报并进行国际评估与审评，发展中国家需要提交两年更新报告并接受国际磋商与分析，旨在提升各方2020年行动的透明度。未来，各方提交清单、行动和支持信息的透明度将不断提升，为每5年一次的全球盘点提供信息输入，同时还可通过专家审评和多边审议等环节不断提高报告质量、交流好的经验做法。

目前，《公约》下可定期获取的透明度信息包括：各方温室气体清单信息、减缓和适应气候变化行动及进展成效、发达国家提供的支持信息和发展中国家收到的支持信息等。《公约》秘书处及相关机构根据缔约方大会授权定期汇总上述信息，以展现全球应对气候变化的进展、成效及好的经验做法。

（二）典型国家应对气候变化的信息透明度实践

1. 美国

2009年，美国环保署出台了《温室气体强制报告制度》，通过建立强制性的、自下而上数据报告体系，为美国气候变化政策的制定提供数据基础。[①] 美国联邦、州和地方政府对气候变化事务分别承担相应的职责。2007年起，美国环保署建立了温室气体数据系统，支持大多数经济部门的温室气

---

① 董文福等：《美国温室气体强制报告制度综述，2011》，《中国环境监测》2011年第2期。

体数据收集、核查和发布工作。美国国家清单由美国环保署协同联邦和州政府、研究和学术机构、行业协会以及有关专家顾问等相关机构合作编制。其中，美国环保署负责汇编美国国家清单，并协同美国林业局等机构进行排放计算，清单所用数据分领域由相关政府部门或机构提供，最终报告由美国国务院和环保署提交（如图1）。[①] 国家信息通报和两年更新报告则由美国国务院牵头编写，在确定各部门需要提交的材料后，由国务院汇总收集。

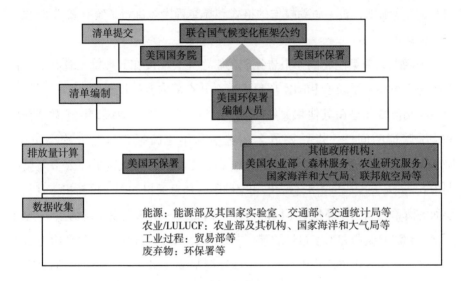

图1　美国国家清单编制机制

2. 欧盟

欧盟委员会在 2013 年 7 月 8 日颁布了 525 号文，又称"监测机制法规"（简称 MMR），正式取代 2004 年颁布的 280 号文。现行的欧盟及其成员国温室气体清单报告编制、国家信息通报和双年报的报送等 MRV 相关履约工作都需遵循。MMR 确定了以欧盟委员会气候行动总司牵头，欧盟环境署及其支撑机构空气污染和减缓气候变化欧洲专题中心、欧盟统计局和欧盟联合研究中心配合的履约报告编制工作机制。MMR 同时明确规定了各成员国和欧

---

① United States, Inventory of U. S. Greenhouse Gas Emissions and Sinks 1990 – 2016, 2018.

盟委员会编制履约报告的内容和时间节点。在每年的 1 月 15 日之前，各成员国需要向欧盟委员会提交 x – 2 年（如 2016 年需提交 2014 年的报告）的温室气体排放量及履约报告需要的信息，欧盟环境署根据这些报告汇总编制欧盟温室气体清单和履约报告。2015 年 1 月 1 日，欧盟出台了补充文件 666 号文，在 MMR 的基础上对履约报告的编制参考提出了进一步明确的要求，比照《公约》下相关决议更新了清单和履约报告的编制要求，随后出台了 749 号实施细则，对于履约报告的格式和提交程序等进行了统一要求。

3. 印度

为确保清单编制和国家报告编制的常态化，印度在其环境、森林和气候变化部下设指导委员会和国家项目主管，并在部内专门设置国家信息通报办公室。指导委员会由其他相关部门成员参与，定期召开会议，讨论数据获取和交叉验证的问题。指导委员会还包括两年更新报告编写专家委员会、NAMAs 专家委员会和审评专家委员会（ICA）。国家信息通报办公室人员编制为 6～7 人，专职负责汇总清单和编制国家信息通报和两年更新报。其技术层面的清单编制工作外包给不同的研究机构和技术团队完成，目前共 17 家单位参与到清单编制和国家报告的撰写中。（见图 2）印度国家信息通报办公室的人员工资和分包单位费用全部由全球环境基金（GEF）信息通报项目资助。此外，印度目前已有一个简单的清单数据库，正在开发更完备的功能。

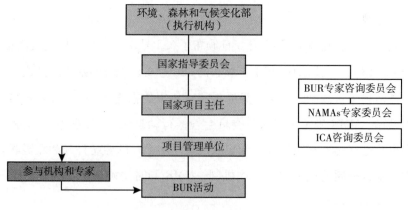

图 2　印度履约报告编写机制安排

4. 巴西

巴西2009年通过了《气候变化国家政策法》，作为旗舰法，它包含了所有气候变化相关的法律法规。其中第12条确立了2020年温室气体自愿减排目标，并提出了一系列减排措施。2010年，巴西又出台法规，明确自2012年开始，每年编制并适当发布温室气体排放清单。根据该法规，巴西科技与创新部建立工作组，负责编制清单、开发方法学和预测温室气体排放量信息。巴西在其环境部下设气候变化环境质量部，负责执行和实施气候变化相关行动。巴西还成立了跨部门的领导小组，负责制定、实施、监测和评估气候计划和行动，其履约报告由外交部牵头负责，利用该跨部门领导小组协调报告编写。巴西全球气候变化研究网络作为主要的科技支撑单位，支持巴西国家信息通报的撰写。巴西还开发了国家排放登记系统（SIRENE），作为其发布国家信息通报及其温室气体排放的数据的平台。

（三）我国应对气候变化的信息透明度实践

2011年11月，国务院印发了《"十二五"控制温室气体排放工作方案》，要求构建国家、地方、企业三级温室气体排放基础统计和核算工作体系，加强对各省（区、市）"十二五"二氧化碳排放强度下降目标完成情况的评估考核。

1. 国家层面

2013年5月，国家发展改革委会同国家统计局制定了《关于加强应对气候变化统计工作的意见》，明确要求各地区、各部门应高度重视应对气候变化统计工作，加强组织领导，健全管理体制，加大资金投入，加强能力建设。2014年，国家统计局会同国家发展改革委等有关单位成立了由23个部门组成的应对气候变化统计工作领导小组，国家统计局先后印发了《应对气候变化统计指标体系》、《应对气候变化部门统计报表制度（试行）》和《政府综合统计系统应对气候变化统计数据需求表》等文件，建立健全了与温室气体清单编制相匹配的基础统计体系。

在国家气候变化主管部门的组织协调下，相关部门和研究机构共同参与

国家信息通报、两年更新报告和清单编制工作,并建立了国家温室气体清单数据库。在 GEF 支持下,我国向《公约》秘书处提交了 3 份气候变化国家信息通报和 2 份两年更新报告,其中包括 1994、2005、2010、2012 和 2014 年度的国家温室气体清单。在审评方面,我国于 2017 年接受了国际专家组对我国第一次两年更新报告的技术分析,并于 2018 年底参与促进性信息分享,在 COP 大会期间向与会各方分享了我国第一次两年更新报告相关内容,并现场回答各方提问。

为加强对年度二氧化碳排放核算及碳排放强度下降目标完成情况的监测分析,确保完成国家碳排放强度降低目标,我国还开展了能源活动二氧化碳排放及碳强度下降指标的核算监测工作,以便更加及时把握二氧化碳排放状况,评估相关政策实施效果,同时对短期内下降趋势和目标完成情况进行预判。

2. 地方层面

截至 2019 年 9 月,全国各地区已完成并提交了 2005 年、2010 年、2012 年和 2014 年的清单。国家气候变化主管部门组织有关单位建立了由国家和地方清单编制机构专家以及第三方专家组成的联审专家组,对省级温室气体清单开展了评估和联审。与此同时,为全面掌握地方政府应对气候变化目标完成情况,国家气候变化主管部门组织有关部门及专家对全国各地区人民政府单位地区生产总值二氧化碳排放降低目标责任进行了年度考核评估,并向社会公布考核结果。各地区还以开展考核为契机,加强对本地区碳排放强度目标的评估及跟踪分析。

3. 企业层面

2011 年,我国启动了碳排放权交易试点工作,7 个试点分别建立了各自的碳排放核算、报告和核查体系,初步形成了符合地区实际的制度安排,并开展了碳市场监管,组织了履约与执法工作。2014 年,我国开始组织建设全国碳排放权交易市场,开展制度设计、全国碳市场配额总量和分配方法以及全国碳交易登记注册系统等研究。2014 年,我国政府出台《碳排放权交易管理暂行办法》,明确了全国碳市场建设的思路;强化基础能力,研究出台24个重点行业温室气体排放核算方法与报告指南，构建企业温室气体排放数据直接报告体系，备案第三方核查机构和交易机构。截至2019年9月，我国已分三批组织开展了对8000多家企业2013～2015、2016～2017以及2018年度碳排放报告与核查工作。

四　提高信息透明度对有效决策的贡献

（一）增强全球治理互信

透明度是国际气候制度的重要组成部分。如前所述，在《巴黎协定》确定的"自下而上"和自我激励式的气候制度下，一个有效和强大的透明度框架是建立各国集体行动信心的关键因素。只有表明许多国家正在对气候变化认真采取行动，才能建立集体行动的信心，以进一步提高各国行动和支持的雄心和力度。具体体现在以下三个方面。

一是有助于消除各国对其他国家"搭便车"的担忧。任何一国的温室气体排放对气候变化的影响都是全球尺度的，同样，任何减缓行动的气候效益也都是全球尺度的。因此，如果仅有一国或少数国家采取行动，那么从成本/效益分析方面讲，该国的成本将远高于收益。由于采取减缓行动会付出一定经济代价，采取行动的国家可能担心在国际贸易方面处于竞争劣势，而其他不采取行动的国家或行为体将在不付出任何代价的同时从全球减缓行动中获益。只有通过透明度框架展示大量国家正在认真采取减缓行动并在支持方面作出努力，才能消除采取行动国家对于其他国家"搭便车"行为的担忧。

二是有助于建立"支持－行动－支持"的正反馈机制。行动和支持一直是气候变化多边进程中相辅相成的两个核心要素，在推动国际气候变化合作中缺一不可。自《公约》建立之初确定的公平、"共同但有区别的责任和各自能力"原则就明确了发达国家不仅要带头减排，还应为发展中国家减排提供资金、技术和能力建设支持。"三可"制度建立之初的目的之一就是

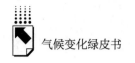

要追踪受援国在使用资金和技术后能否实现真正的减排收益，从而进一步提高支持力度。这一目的在《巴黎协定》新建立的透明度框架下得到进一步增强，一方面展示各国在应对气候变化方面的行动成效，另一方面鼓励发展中国家提供更详细的获得支持情况，以强化"支持－行动－支持"的正反馈关系。

三是有助于增强公共政策制定者和私营投资部门之间的互信。长期深度脱碳在很大程度上需要私营部门投资，因此需要获得国家、次国家和行业层面的信息。国家一级的政策层面信息有助于建立国与国之间的互信，而私营部门关注的信息很多是行业层面的。这不仅是因为外部性和国际合作机制在很大程度上发生在行业层面，还因为行业层面的减排行动和效果更能向私营部门发出积极信号。对于私营部门来说，国家层面的行动和支持进展过于宽泛，而在行业层面展示行动效果对私营部门来说更加清晰，可操作性更强。生动具体、效果可见的行动案例更能有效引领私营部门投资。

（二）确定行动目标并评估进展

各层面减缓及适应行动的目标制定及进展评估均需获取及时准确的信息。随着 2020 年后各国行动力度的不断提高和加强，各级行为体都需要建立各层级的透明度体系来指导不同层面政策目标的制定，以将 2 级目标转化为可操作、可追踪的减缓和适应行动。与此同时，来自透明度体系的信息将有助于各方不断校正目标和行动方案，纳入最新的技术和手段，以更低成本实现目标。

1. 全球层面

由于气候变化是一个全球性问题，应对气候变化需要来自所有国家的透明度信息，这样才能评估总体进展。《巴黎协定》设计的"行动－报告－盘点"模式确立了透明度在实施过程中的核心地位，通过各国定期提交透明度双年报，可获取更为准确全面的全球温室气体排放量，以评估行动进展。同时，统一度量衡后的透明度体系有助于避免重复计算减排量，帮助各国努力实现将全球温升限制在 2 级以内的长期目标。

2. 国家层面

MRV 设立之初就是为了评估发展中国家自主行动进展，包括评估 NAMAs 的影响、活动进展以及收到的支持。通过跟踪 NAMAs 影响，包括温室气体减排、非温室气体相关影响和可持续发展效益，MRV 可以评估行动的有效性，还可通过机制化的进度报告支持改进政策设计和决策，是确保利益相关者问责制的关键工具。强大和可实施的 MRV 体系无论是对于 NAMAs 的东道国还是资助者，都有重要意义。

3. 次国家层面

由于许多国内政策行动发生在次国家层面，因此在多层次的 MRV 实践中实现全面和协调的国内透明度系统对于利用现有资源和推动私营部门的投资非常重要。[①] 如前所述，MRV 系统提高了次国家级政策制定和行业层面行动措施的透明度，建立了国内利益相关者和提供支持一方的互信，而越是具体的行业和领域越需要详细的数据支撑才能确定行动目标和实施路径。以美国加州为例，根据区县一级地方政府编制的社区基准温室气体清单，100 个地方政府设置了温室气体减排目标，以确保实现加州整体温室气体目标的实现。[②]

（三）识别行动重点领域

在国家层面，透明度体系帮助利益相关者了解支持需求，并使国家政策制定者能够改进政策设计和实施。以下通过几个实际案例说明透明度体系在识别减缓、适应、能力建设等行动重点领域的作用。

1. 印度通过分析其排放数据确定减缓重点领域

印度在 2009 年哥本哈根会议上承诺到 2020 年单位 GDP 排放量相比 2005 年下降20%～25%，随后通过制定国家行动计划确定具体目标。通过分析其历史排放数据，可知印度的能源领域排放增长最快，具有最大的减排

[①] Boyd, A., *MRV across Multilevel Governance: National, Provincial & Municipal Institutions in South Africa*, Cape Town: Energy Research Centre, 2012.

[②] 林炫辰等：《美国加州应对气候变化的主要经验与借鉴》，《宏观经济管理》，2017。

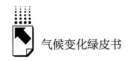

潜力和效果，尤其是电力部门排放在 2030 年前预计每年增长 5.6%，增速最快。通过模型数据进一步分析得出，在电力部门最有减排潜力的三项活动包括高耗能行业能效提升、增加光伏发电装机和采用更先进的火电技术。[1] 印度围绕前两项制定了具体的国家减缓行动：国家太阳能计划和国家能效提升计划，并确定了具体的行动目标和时间表。

2. 南非通过监测水资源数据指导国家水资源战略实施

南非年均降雨量为 500 毫米，为世界平均水平的 60%。面临水资源短缺的压力，南非水务与林业部于 2004 年颁布了国家水资源战略，以识别因水资源有限而发展受限的地区。[2] 该战略分为供给侧和需求侧：供给侧战略需要长期监测降水及旱洪事件发生的频率，分析人员利用南非西北部卡尔维尼亚地区的降水资料对过去 30 年的降雨趋势进行分析，同时基于区域气候经验模型的降尺度工具对南部非洲的降水量进行预测，以指导其供给侧的管理战略的实施。需求侧战略需要地方主管部门管理当地的供水和需水情况调节水费，包括掌握潜在的供水源、月抽水量、水质和含水层水位等具体信息，通过市场手段调控指导消费者用水行为。

3. 我国通过开展省级温室气体目标责任考核更好地指导地方工作

为更好掌握省级人民政府控制温室气体排放效果，我国于 2013 年起启动对地方政府目标完成和任务措施落实情况的年度考核工作。在考核过程中，各地方政府通过提交自评估报告、数据核查表以及佐证材料的方式向应对气候变化主管部门上报信息，并由主管部门组织政府官员及专家对所有地区进行评审和现场考核，极大地提高了地方一级应对气候变化工作的透明度。通过该项工作，国家主管部门可及时掌握各地区目标完成情况、识别潜在的减排领域、收集最佳实践及有针对性地开展能力建设工作。以 2016 年考核为例，

———————

[1] Koakutsu, K., Usui, K., Watarai, A. & Takagi, Y., *Measurement, Reporting and Verification (MRV) for Low Carbon Development: Learning from Experience in Asia*, Japan: Institute for Global Environmental Strategies (IGES), 2012.

[2] P. 穆赫比尔：《南非应对气候变化的水资源适应性管理战略》，《水利水电快报》2009 年 7 月 28 日。

考核结束后，相关专家赴目标完成情况不理想的地区开展专题调研，结合地方面临的实际困难申请研究项目和课题，为地方政府量身定做解决方案。

（四）优良做法交流借鉴

1. 透明度框架为各国提供了信息交流平台和学习机遇

各国在集体行动中需要获得的信息类型各不相同，包括减排行动和支持的信息、行业层面进展和成效的信息以及各国为实现其自主贡献而正在实施的具体政策和措施。"坎昆协议"下设计的多边评议环节为各国提供了交流经验的机会。通过展示哪些行动有效和哪些行动无效，有助于逐步产生泛国界的集体知识和经验，并为各国提供平台，以确定潜在的政府间合作机会。

2. 集体知识和经验有助于增强气候行动正外部性

实现2级目标所需的脱碳水平需要跨越各国经济现有的发展阶段，实现前所未有的快速和深刻的结构转型。集体知识和经验可以增强个体行动的信心，让单个国家行为体的行动更具确定性。集体行动还增加了积极气候行动的正外部性，促使国际合作机制取得更大成效，反过来又有助于促进低碳技术的发展和应用性。同时，应对气候变化集体行动力度越大，国际社会向私营部门发出积极信号的强度就越大，使私营部门能够开始转变其投资和战略优先事项，有助于降低转型成本。

3. 促进地方政府相互学习有助于增强国家层面低碳行动

地方政府在制定和实施自己的政策和措施的同时，还可相互学习，促进整体的政策传播和创新。研究显示，积极参与信息和经验披露的地方政府在政策制定方面更具创新性，且促进知识生产和传播的机构和个人可以促进地方政府之间的政策传播。通过支持和促进这种相互学习，次国家行为体的信息传播可与国家级低碳行动或计划相互支持和融合。[1] 目前国际上也成立了许多次国家行为体的信息分享平台，通过"结伴城市"、知识分享中心等促

---

[1] Koakutsu, K., Usui, K., Watarai, A. & Takagi, Y., *Measurement, Reporting and Verification (MRV) for Low Carbon Development: Learning from Experience in Asia*, Japan: Institute for Global Environmental Strategies (IGES), 2012.

进跨国经验交流，以更为灵活的方式开展政府、企业和研究机构间的气候变化合作。

<h1 style="text-align:center">五　结论</h1>

透明度在全球治理，尤其是环境领域有极其重要的作用。透明度从《公约》通过之初确立的一项原则逐步扩充为《公约》框架下报告和审评的要求合集。对气候变化来说，透明度的重要性在《巴黎协定》"自下而上"模式下尤为突出，基于透明度程序性义务的政治性问责在一定程度上促进了缔约方履行实质性义务。因此，强化透明度成为确保《巴黎协定》体系有效的基础和关键。

根据《公约》及缔约方大会"坎昆协议"相关安排，各方均定期提交报告并接受审评。目前可定期获取的透明度信息包括各方温室气体清单信息、减缓和适应气候变化行动及进展成效、发达国家提供的支持信息和发展中国家收到的支持信息等。各国相应地在国内建立了透明度法律机制安排。发达国家通过立法或规章制度的形式安排专职机构和专人编制温室气体清单和履约报告；发展中国家尽管面临机制、技术、人员方面的障碍，仍基于各自国情建立了半常态化的机制保障履约相关活动。我国经过"十二五"以来的各方努力，已初步构建了国家、地方、企业三级温室气体排放基础统计和核算工作体系。

决策风险包括决策不周的危害程度、涉及的影响范围和脆弱性三个维度。全球有效应对气候变化有必要识别并管控决策风险，如果决策时缺乏必要的、正确的信息支撑，一旦作出决策，社会经济系统按照这一决策运行后，将很难及时进行纠偏。国家层面由于有更加具体的目标，决策风险的影响范围取决于政策的涉及面。

基于此，提高信息透明度对有效决策的贡献体现在增强全球治理互信、确定行动目标并评估进展、识别行动重点领域、交流借鉴优良做法等。在增强各方互信方面，提升透明度有助于消除各国对其他国家"搭便车"的担忧，通过展示成效提升提供支持的国家和私营部门的信心，建立"支持－行动－支持"的正反馈机制。在实施层面，透明度是目标制定的基础，在后续实施阶段的信息分享有助于及时、准确评估目标进展，有助于各方不断校正目标和行动方案。此外，在制定国家及地方一级行动方案时，更加透明的信息有助于识别减缓、适应、能力建设等行动的重点领域。透明度框架还为各方提供了信息交流平台，有助于汇总和交流各个层面应对气候变化的集体知识和经验，以增强气候行动正外部性。

G.8

《巴黎协定》下的碳市场机制
建设和实施及其风险

段茂盛　陶玉洁　李梦宇 *

摘　要:　为协助缔约方完成其国家自主贡献（NDC）下的减排目标并
　　　　　促进缔约方加强减排力度，《巴黎协定》（以下简称《协定》）
　　　　　第 6 条设立了合作方法和可持续发展机制两种市场机制。受
　　　　　NDC 下减排目标多样性和未来减排努力不确定性等因素的影
　　　　　响，《协定》下市场机制在设计和实施中面临着巨大的风险
　　　　　和挑战。本文分析和识别了《协定》市场机制设计中可能导
　　　　　致较大风险的相关关键要素；从确保稳健核算、完善减排活
　　　　　动的额外性评估和促进缔约方减排力度提高三个方面入手，
　　　　　深入分析了风险的来源以及可能的影响。为了降低碳市场设
　　　　　计和运行中的风险给全球减排行动可能带来的负面影响，本文提
　　　　　出了建立稳健的核算体系，在减排活动的额外性评估中合理考虑
　　　　　NDC 下的承诺，通过设立市场参与资质要求等方式，确保市场
　　　　　机制促进缔约方提高减排力度等有针对性的建议。

关键词:　巴黎协定　碳市场机制　合作方法　可持续发展机制　风险

---

* 段茂盛，清华大学核能与新能源技术研究院研究员，博士生导师，研究领域为气候政策；陶
玉洁，清华大学核能与新能源技术研究院博士研究生；李梦宇，清华大学核能与新能源技术
研究院博士研究生。

引　言

为协助缔约方实现其国家自主贡献（NDC）下的减排目标并不断提高减排行动力度，《巴黎协定》第 6 条为缔约方提供了两种市场机制，分别是第 6.2～6.3 条确立的自愿基础上的合作方法和第 6.4～6.7 条确立的可持续发展机制。[①] 市场机制可以降低缔约方实现其减排目标的成本、提高缔约方实现 NDC 的灵活性并促进资金和技术向发展中国家转移。[②] 目前，已有约半数缔约方在 NDC 中提出将参加国际碳市场合作。

《协定》建立了关于合作方法和可持续发展机制的基本框架，但两个机制的实施细则仍需要缔约方进一步谈判确定。2018 年的卡托维兹气候大会通过了《巴黎协定》的实施细则，但缔约方未能就关于第 6 条市场机制的实施细则达成一致，决定在 2019 年的圣地亚哥气候大会上完成该谈判。

《协定》下市场机制的建设和实施面临特定风险和挑战，主要表现为规则制定不合理对环境完整性的破坏。环境完整性是指实施第 6 条下的市场机制后的参与国家的总体排放与不实施的情况相比并未增加，[③] 这反映了市场机制在实现全球整体减排目标上的环境有效性。《协定》在多处明确提出要促进和确保环境完整性，但倘若市场机制的细则设计不完善，则其实施过程可能会因核算和额外性评估等方面的因素破坏环境完整性。另外，出售减排量，东道国可以通过市场机制获得经济收入。如果机制规则设计考虑不周，有可能不利于东道国扩大 NDC 覆盖范围或者提高减排雄心，从而为未来减排行动的进一步加强带来了风险。

本文首先系统梳理了与《协定》市场机制相关的文献，包括市场机制

---

① UNFCCC, "Paris Agreement", 2015.

② Cames, M., Healy, S., Tänzler, D., et al., "International Market Mechanisms after Paris," Berlin: German Emissions Trading Authority (DEHSt), 2016.

③ Schneider, L., Stephanie, L. H. T., "Environmental Integrity of International Carbon Market Mechanisms under the Paris Agreement," *Climate Policy*, 2018: 1–15.

谈判中的案文等，分析识别出合作方法和可持续发展机制设计中可能导致重大风险的相关关键要素。在此基础上，深入分析市场机制设计可能存在的风险来源及主要挑战，并有针对性地提出了机制设计的建议。

一 《协定》下市场机制设计中与风险相关的关键要素

（一）合作方法中与风险相关的关键要素

《协定》第6.2~6.3条设立了合作方法，允许参与缔约方使用国际转让的减排成果（ITMOs）来实现其 NDC 下的减排目标，但该合作应促进可持续发展、确保环境完整性和透明度，并采用稳健的核算以避免双重计算。目前，缔约方关于合作方法实施细则讨论的核心问题众多，包括管理体制、ITMOs 的定义、相应调整（corresponding adjustment）、参与要求和透明度等，[①] 其中可能会为全球碳市场的实施带来风险的关键要素主要有：管理体制、ITMOs 的定义、相应调整。

1. 管理体制

合作方法的管理体制可以采用集中和非集中两种方式。在集中管理体制下，《协定》缔约方会议（CMA）将制定针对参与缔约方资质要求、合作方法的具体允许规则、ITMOs 合格性等方面的要求，并指定机构监管 ITMOs 的签发和转让，以确保用于国际履约的减排成果的质量。在非集中的管理体制下，CMA 仅负责制定核算准则等方面的指导意见，而不干预机制的具体运行；各参与缔约方在 CMA 的指导和《协定》第13条透明度条款的要求下进行合作。非集中管理体制增加了合作方法的灵活性，得到了大多数缔约方的支持，但由于对市场机制的监管力度较弱等，非集中管理机制在实施中会存在 ITMOs 质量较低的风险，可能会破坏环境完整性。

---

① UNFCCC，"Informal document containing the draft elements of guidance on cooperative approaches referred to in Article 6，paragraph 2，of the Paris Agreement，" 2018.

2. ITMOs 的定义

《协定》第 6.2 条提出了 ITMOs 的概念，但未对 ITMOs 进行明确的定义。定义 ITMOs 需要明确的关键问题主要包括：ITMOs 的范围、可以产生 ITMOs 的活动类型、ITMOs 的计量单位。

（1）ITMOs 的范围。ITMOs 可以产生于东道国 NDC 覆盖范围内或范围外。当 ITMOs 产生于东道国 NDC 范围内时，由于缔约方出售减排量后需要对自身的排放进行相应调整，所以可以有效激励缔约方确保环境完整性；当 ITMOs 产生于 NDC 覆盖范围之外时，可以促进更多缔约方参与全球碳市场，但可能会不利于东道国扩大其 NDC 覆盖范围。

（2）可以产生 ITMOs 的活动类型。《协定》中并未明确规定可以产生 ITMOs 的活动类型，一般认为，ITMOs 可以来自以下三种活动：①交易机制，如不同碳市场之间的连接；②政府间的减排成果转让；③信用机制，包括缔约方管理的双边或多边信用机制，或是第 6.4 条下的可持续发展机制。[①] 关于可持续发展机制产生的减排单位是否应算作 ITMOs，目前仍有争议：一种观点认为，可持续发展机制产生的减排单位与 ITMOs 关于环境完整性的要求不一致，在转让中应加以区分；也有观点认为，可持续发展机制产生的减排单位一旦被国际转让，就变成 ITMOs；还有观点认为，其在首次转让时不属于 ITMOs，第二次以及之后的转让才成为 ITMOs。[②] 本文认为，ITMOs 既包括了第 6.2 条合作方法下减排成果的国际转让，也包括第 6.4 条可持续发展机制下所产生的减排单位的国际转让。

（3）ITMOs 的计量单位。一种观点主张统一以温室气体减排指标来表示 ITMOs，并支持用吨二氧化碳当量（$tGCO_2ep$）作为计量单位，以降低核算的复杂性。但采用统一指标和计量单位可能会限制其他类型减排成果的转

① Schneider, L., Füssler, J., Kohli, A., et al., "Robust Accounting of International Transfers under Article 6 of the Paris Agreement," Berlin: German Emissions Trading Authority (DEHSt), 2017.

② 高帅、李梦宇、段茂盛：《〈巴黎协定〉下的国际碳市场机制：基本形式和前景展望》，《气候变化研究进展》2019 年第 15 期。

让、阻碍 NDC 为非温室气体减排目标的缔约方参与合作方法。另一种观点认为，ITMOs 可以是与 NDC 下减排目标相符的任何类型的减排指标，如温室气体减排指标、能效指标和可再生能源指标等，并支持采用相对应的计量单位。但计量单位的不一致会增加核算的困难，并带来环境完整性方面的风险。

3. 相应调整

如果减排量在用于实现减排目标时被使用了不止一次，就会发生双重计算，这会使得全球实际的减排量低于缔约方承诺的减排水平的加总，从而破坏环境完整性。

《协定》第 6 条指出，为避免双重计算，参与合作方法的缔约方需要在 NDC 下对其排放进行"相应调整"。"相应调整"是指根据减排指标的国际交易情况，缔约方对其 NDC 覆盖内的排放进行调整，使用调整后的排放量评估其是否完成了 NDC 下的减排目标，以避免不同国家对同一减排成果的双重使用。目前有关"相应调整"的讨论主要集中在以下几个方面。

（1）调整方法。对于有定量 NDC 减排目标的缔约方，主要有两种执行"相应调整"的方法，分别是基于排放的方法和基于排放预算的方法。基于排放的方法是对缔约方的用于评估 NDC 目标实现的排放清单进行相应调整，ITMOs 购买国在排放清单上减去买入的减排量，出售国加上卖出的减排量。基于排放预算的方法是对缔约方的排放预算进行相应调整，即购买国增加与所购 ITMOs 等量的排放预算，出售国减少相应的排放预算。

（2）调整范围。对于产生于 NDC 覆盖范围外的 ITMOs，大多数国家认为这部分 ITMOs 不会影响出售国 NDC 减排承诺的实现，因此不需要要求其进行相应调整；但也有一种观点从提高 NDC 减排雄心的角度考虑，认为出售国应当进行相应调整。关于第 6.4 条下所产生的减排成果进行跨国交易时是否需要执行相应调整的规定，目前尚存在争议。巴西等国坚持认为，第 6.4 条下的可持续发展机制没有相应调整的概念，应当和清洁发展机制（CDM）的核算准则类似，首次转让不进行相应调整，但可以考虑对后续的转让进行调整；但多数缔约方认为这会导致双重计算的问题，并认为只要涉及跨国交易就应该进行相应调整。

（二）可持续发展机制中与风险相关的关键要素

《协定》第 6.4 ~ 6.7 条规定，可持续发展机制采用集中管理的方式，由 CMA 指定机构进行监督，产生的减排量不能被用于实现两个或者两个以上国家的 NDC 减排目标。

可持续发展机制通常被看作《京都议定书》下 CDM 的延续，是一种信用机制。目前，各缔约方围绕可持续发展机制讨论的核心问题包括机制覆盖的活动范围、与合作方法的关系、额外性、全面减缓等方面。[①] 其中可能会为全球碳市场的实施带来风险的关键要素有：活动范围、额外性评估、《京都议定书》下市场机制的过渡。

1. 活动范围

关于合格活动的具体范围，有观点认为该机制应超越 CDM 的项目层面合作，将活动进一步扩展至部门甚至政策层面，这一观点得到了多数缔约方的支持。活动范围的扩大将为该机制下减排活动的基准线设定和额外性评估带来新的挑战，在相关规则、程序和方法等不够完善的情况下，可能会增加双重计算和破坏环境完整性的风险。

2. 额外性评估

额外性要求减排活动是指在没有市场机制支持的情况下，相应减排不会发生的活动，从而确保没有缔约方使用"虚假"减排单位来实现减排目标，以避免对市场机制的不当使用，并保障环境完整性。[②]

关于如何评估可持续发展机制下减排活动的额外性，目前存在较大的争议。

---

① UNFCCC, "Informal document containing the draft elements of the rules, modalities and procedures for the mechanism established by Article 6, paragraph 4, of the Paris Agreement," 2018.

② Axel, M., Lukas, H., et al., "Additionality Revisited: Guarding the Integrity of Market Mechanisms under the Paris Agreement," *Climate Policy*, 2019.

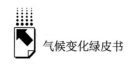

一种观点认为，应当继续沿用 CDM 中的额外性评估方法，以特定活动的参考情景，如历史数据、参考技术等，作为基准线情景进行评估。但《协定》指出，所有缔约方均应提交 NDC 并逐步提高减排雄心，继续使用活动层面的参考基准难以适应提高雄心的要求。因此，另一种观点认为，在评估额外性时应将 NDC 下预期可实现的减排成果考虑在内。但关于如何在额外性评估中考虑相关国家的 NDC，各方尚存在诸多分歧。有观点认为应当以各缔约方的 NDC 减排目标和相应的减排政策作为参考基准，并且当 NDC 更新或国家政策发生变化时需要对额外性重新进行评估；也有观点认为，只应考虑各国为实现 NDC 目标而实施的国内强制减排政策。NDC 的多样性和不确定性等，都会为额外性评估带来风险。

3.《京都议定书》下市场机制的过渡

《京都议定书》下的市场机制（尤其是 CDM）是否将继续及如何向可持续发展机制演变受到了各方的普遍关注。目前各方对 CDM 等过渡的争议主要集中在已签发未使用的核证减排量（CER）和现有注册成功的 CDM 项目的过渡等方面。[1]

关于 CER 的过渡，一种观点认为 CER 应当在《协定》下被认可并可以被用于实现 NDC 减排目标；另一种观点则认为现有的 CER 不能过渡。关于 CDM 项目的过渡，一种观点认为已注册的 CDM 项目应自动过渡为可持续发展项目并具有产生减排指标的资格；另一种观点认为现有的 CDM 项目需按照可持续发展机制的相关规则重新进行评估，满足要求后方可过渡。CER 和 CDM 项目的直接过渡会给《协定》下全球气候行动的环境完整性带来风险。

二　《协定》下市场机制面临的主要风险与挑战

（一）稳健核算风险

稳健核算是确保环境完整性的关键。如果对减排成果的产生、国际转让

① Greiner, S., et al., "CDM Transition to Article 6 of the Paris Agreement," Amsterdam: Climate Focus, 2017.

和使用缺乏稳健核算，国际碳市场合作有可能会导致全球温室气体排放量的增加，削弱全球应对气候变化的努力。缺乏稳健核算主要会在以下两个方面破坏环境完整性。

1. 双重计算

目前缔约方关于避免双重计算的讨论，主要集中在通过"相应调整"避免转让的减排成果同时被东道国和购买国用于实现 NDC 减排承诺。但实际上，双重计算还可能会以一些间接的形式发生。[①] 例如，若在国际信用机制下的减排项目同时被东道国的碳排放权交易体系（ETS）覆盖，则可能会存在双重使用的风险，即针对相同的减排成果在签发了国际碳信用的同时也降低了相关企业在 ETS 下提交配额的义务。类似的双重使用也可能出现在直接过渡的 CDM 项目与相关国家的 ETS 之间。间接形式的双重计算主要是由信息不够透明、减排归属划分不明晰、追踪机制不够完善导致，识别和解决这种形式的双重计算往往十分困难。

双重计算还可能发生在实现 NDC 减排目标与完成国际航空/航海等行业下的减排义务之间。国际民航组织（ICAO）的碳减排和抵消计划（CORSIA）允许使用合格的减排单位来抵消 2020 年以后航空公司的碳排放增长，[②] 如果同一个的减排单位也被用于实现 NDC 减排目标，则会出现双重计算。[③] 根据联合国环境署（UNEP）的预测[④]，2030 年国际民航排放可达 11 亿吨二氧化碳当量，约占 2030 年全球总排放的 2%。国际海事组织（IMO）也在寻求抵消国际海运排放的途径，其排放量相比国际民航排放更高。这些排放如果被《协定》外的减排计划覆盖且未设计合适的核算规则以避免双重计算，就会对环境完整性产生非常大的威胁。

---

① Schneider, L., et al., "Addressing the Risk of Double Counting Emission Reductions under the UNFCCC," *Climatic Change*, 2015, 31 (4): 473–486.

② International Civil Aviation Organization (ICAO), "Resolutions Adopted by the Assembly," A39–3, 2016.

③ 目前，国际航空、航海排放尚未被包含在国家温室气体排放清单中。

④ UNEP, "The Emissions Gap Report," 2017.

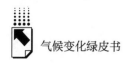

2. NDC 的多样性

《京都议定书》下发达国家的减排承诺覆盖整个经济范围、以绝对排放量表示并基于一致的多年度框架、温室气体种类和计量指标。相比之下，《协定》中各缔约方已提交的 NDC 减排目标在目标类型、覆盖范围、时间框架和计量指标上均存在很大差异，为稳健核算带来了巨大挑战。

（1）目标类型。已提交的 NDC 中，仅 1/3 左右的国家采用绝对量排放控制目标，其余国家采用了相对减排量、碳强度下降甚至可再生能源发展计划等政策行动作为减排目标。NDC 在量化方面缺乏明确性。例如，部分国家的 NDC 减排目标为相对于基准排放情景（BAU）减排一定比例，但并未对 BAU 排放水平进行明确说明。

（2）覆盖范围。已提交的部分 NDC 仅包含特定部门和活动的减排目标或行动，或者仅覆盖部分温室气体种类，也有部分 NDC 并未明确说明覆盖范围。

（3）时间框架。许多 NDC 都是单一年份目标的减排目标，而市场机制下减排量的产生可能发生在其他非 NDC 目标年份，这使得 ITMOs 的转让核算更为复杂。[1] 如果减排指标发生的年份与其被使用的年份不同，比如缔约方将一段时间的累积 ITMOs 用于实现单一年份减排目标时，则可能会导致全球温室气体累计排放量的增加。目前各国的 NDC 目标年包含了 2025 年、2030 年等不同年份，NDC 目标年的不一致进一步增加了核算的复杂性。

（4）计量方法与指标。各缔约方在 NDC 减排目标的计量中采用了不同的核算方法和指标，如不同的全球升温潜势（GWP）值等，核算方法及数据的不一致增加了统一核算的难度。

（二）额外性评估风险

可持续发展机制下确定活动额外性时面临的关键挑战是如何考虑东道国

① Lazarus, M., Kollmuss, A., Schneider, L., "Single – year Mitigation Targets: Uncharted Territory for Emissions Trading and Unit Transfers," *SEI Working Paper*, No. 2014 – 01, 2014.

既有的及将来的减排努力，尤其是 NDC 减排目标对额外性的影响。

在额外性评估中如果考虑 NDC 减排目标，主要存在两个方面的困难。首先，部分 NDC 中的"条件"为额外性评估带来了挑战。若选择有条件的 NDC 目标作为参考基准，则存在需要的国际支持的实际可获得性未知等问题，从而为基准线情景的设置带来不确定性；若选择无条件 NDC 目标作为参考基准，则需清晰界定无条件 NDC 的边界，但一些国家并没有在 NDC 中对此进行详细说明，这给基准的设置带来了困难。[①] 其次，NDC 的多样性也为额外性评估带来挑战。已提交的 NDC 在减排目标类型、覆盖范围等方面均存在较大的差异，导致不同缔约方的 NDC 缺乏明确性和可比性。在这种情况下，何为"额外"活动往往难以评判，给额外性的评估带来了巨大挑战。

如果在额外性评估中综合考虑 NDC 下的减排目标及减排政策，则面临的挑战更多。首先，NDC 排放预测面临很大的不确定性。[②] 信用机制下的减排活动是多年期的，基准线的设置需参考 NDC 实施期间的排放路径，但排放估计中会存在不可预见的技术变化、经济结构变化、经济危机等不确定因素，可能造成高估排放，从而导致向非额外性活动发放信用。其次，部分减排雄心较低的 NDC 存在排放高于国家 BAU 排放的情况，会带来大量"热空气"。据评估，目前既有 NDC 存在 22 亿~35 亿吨二氧化碳当量的"热空气"风险。[③] 再次，在国家层面的 NDC 减排目标下对部门级、项目级活动进行减排目标分配和基准线设置也十分具有挑战性。

如果在额外性评估中仅考虑各国为实现 NDC 目标而实施的国内强制减排政策，则困难相对小一些。但许多缔约方并未在 NDC 中详细说明其强制性政策，且政策在实施过程中往往存在极大的不确定性，这也为额外性评估带来了风险和挑战。

---

① Spalding-Fecher, R., Sammut, F., et al., "Environmental Integrity and Additionality in the New Context of the Paris Agreement Crediting Mechanisms," Carbon Limits, 2017.

② Rogelj, J., Fricko, O., Meinshausen, M., et al., "Understanding the Origin of Paris Agreement Emission Uncertainties," *Nature Communications*, 8, 15748, 2017.

③ Schneider, L., Füssler, J., et al., "Environmental Integrity under Article 6 of the Paris Agreement," Berlin: German Emissions Trading Authority (DEHSt), 2017.

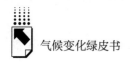

（三）不利于缔约方提高减排力度的风险

参与全球碳市场机制可以降低购买国实现减排目标的成本，并有助于缔约方加强能力建设、提高对气候问题的认识，[①] 这些可能会导致未来减排力度的提高，但市场机制也可能会在以下几个方面为减排力度的提高带来负面影响。

参与碳市场可能不利于东道国提高减排行动力度、扩大 NDC 覆盖范围。[②] 据研究，目前约有 61 亿吨二氧化碳当量的温室气体排放未被 NDC 覆盖，相当于 2030 年预计排放量的 12% ~ 14%。[③] 在市场机制下，NDC 覆盖范围外的活动会为东道国带来经济收入，使其有动机设置雄心水平不足的 NDC 减排目标或将 NDC 的覆盖范围限定在较窄的范围内。

在信用机制下，由于强制性的减排政策会降低产生和出让减排指标的可能性，所以东道国有可能不实施较严格的减排政策；而较高的基准线会降低向减排活动签发减排指标的门槛，东道国因而有动机实施温室气体排放更高的生产项目活动，以提高减排信用的基准线。[④]

由于《协定》规定由各国自主决定减排目标及相应的行动措施，碳市场机制的负面影响给各缔约方未来 NDC 减排力度的提升带来了极大的风险与挑战。

三　对《协定》下市场机制设计的建议

（一）建立稳健的核算体系

建立稳健的核算体系对于确保严格的减排量签发、报告、转让追踪和避

① Warnecke, C., Höhne, N., et al., "Opportunities and Safeguards for Ambition Raising Through Article 6," BMU, 2018.

② Spalding-Fecher, R., "Article 6.4 Crediting outside of NDC Commitments under the Paris Agreement: Issues and Options," Carbon Limits, 2017.

③ Schneider, L., Füssler, J., et al., "Environmental Integrity under Article 6 of the Paris Agreement," Berlin: German Emissions Trading Authority (DEHSt), 2017.

④ Schneider, L., Kollmuss, A., "Perverse Effects of Carbon Markets on HFC – 23 and SF6 Abatement Projects in Russia," *Nature Climate Change*, 5 (12), 2015.

免减排指标的双重计算至关重要。

为了避免东道国和购买国在实现 NDC 时对减排成果的双重计算，建议采取基于排放的"相应调整"方法，对用于评估 NDC 目标实现时所使用的温室气体排放清单进行调整。为了避免 NDC 与《协定》外其他国际减排体系间的双重计算，应当把"相应调整"的范围扩大，将 ICAO 和 IMO 下减排指标的使用也考虑在内。为了降低 NDC 的多样性和不确定性带来的风险，短期内可要求参与国际碳市场的缔约方建立 NDC 覆盖排放的核算和调整账户，对已有 NDC 覆盖范围内排放进行量化；而在未来的 NDC 提交中，可通过建立 NDC 制定指南等方式，引导和鼓励发展中国家缔约方提交量化的 NDC 减排目标，鼓励各个缔约方设置统一的多年度 NDC 时间框架，从经济部门、温室气体、区域等多个维度清晰界定 NDC 覆盖范围并采用统一的计量方法和指标，提高 NDC 的可比性。

对减排单位的签发和转让等进行追踪报告，是稳健核算的前提和重要保障。参与市场机制的缔约方除提供国内减排行动的信息外，还应定期报告其参与国际市场机制的信息，包括 ITMOs 的签发、持有、转让、获得、使用、取消等信息，以及产生 ITMOs 的缔约方、产生 ITMOs 的活动或项目、产生 ITMOs 的年份、ITMOs 的签发标准、相关 MRV 机制等信息，以确保全面及时地监测、报告和核算跨境转移的减排成果，避免双重计算。一种比较有效的方式，是在国际层面建立统一的规则，明确对追踪和报告的具体要求，包括报告的内容、格式、程序和时间等。此外，还有必要建立国际层面的电子系统来追踪和核算减排成果，并要求有能力的缔约方建立独立的国家电子注册登记系统，允许没有登记系统的缔约方使用国际层面的电子系统。在监管方面，应由缔约方会议指定的监管机构对报告信息进行汇总和一致性检验等。

为了避免减排指标的双重签发，在市场机制的设计和实施过程中，建议在国际层面设立统一的规则，要求参与国际碳市场的缔约方据此对减排指标的签发进行监管，并可设置第三方机构，对减排指标的签发进行核查。

（二）额外性的评估应合理考虑 NDC 承诺

NDC 是《协定》的关键组成部分，减排活动的额外性评估既需要考虑既有的 NDC 承诺，也需要考虑 NDC 目标的特点以及评估的可行性。NDC 目标的不确定性以及与此关联的"条件"的不确定性，给额外性评估带来了挑战。可以要求各国明确其无条件 NDC 的边界，并使用无条件 NDC 目标作为额外性评估中的参考。

如果以整体的 NDC 目标作为基准，则事实上将一个活动的额外性与整个 NDC 减排目标实现与否直接关联，一方面对活动的参与者未必公平，另一方面也导致只有在评估完一个国家的 NDC 减排目标是否实现之后才可以确定一个活动的额外性。同时，各国 NDC 的多样性、参数的设置会导致排放估计的巨大差异。因此，需要设立独立的外部机构对各缔约方计算的 NDC 排放进行检查，确保 NDC 排放估计的一致性，避免高估的排放影响额外性评估的准确性。为了避免 NDC 中"热空气"为额外性评估带来的风险，外部机构还应对 NDC 中是否包含"热空气"进行检查。

上述这种方法，无论在技术上还是政治上都将面临巨大的困难。因此，我们建议在评估一个活动的额外性时，只需要考虑 NDC 下的强制性政策的要求，不与整个 NDC 减排目标实现与否挂钩，但应在基准线设置中评估并考虑政策实施过程中的不确定性和风险。

（三）通过多种方式确保市场机制促进缔约方减排力度的提高

当市场机制下的减排量产生于东道国 NDC 覆盖范围之外时，由于不存在减排量使用中的双重计算问题，所以似乎没有对东道国排放进行"相应调整"的必要性。但这部分减排量会为东道国带来经济收入，这会导致东道国没有扩大其 NDC 减排目标覆盖范围的动力，不利于《协定》关于各国逐步扩大其 NDC 覆盖范围的规定的实施。为避免这种不利影响，可以考虑两种不同的选择：①要求缔约方在提交的 NDC 中，不断扩大减排目标的行业覆盖范围，直至覆盖整个经济体系，并以此作为其参与市场机制合作的前提条件；②即使减排量来源于 NDC 覆盖范围之外，也要求东道国根据出售的减排量对用于评估其 NDC 减排目标是否实现的温室气体排放量进行"相应调整"。考虑到第二种方案实施的政治挑战，可以设立一定的过渡期，比如从 2030 年之后再开始执行这一规定，东道国并不需要根据 2030 年之前产生的减排量交易对其排放进行"相应调整"。

市场机制的实施还有可能对缔约方提高减排力度带来负面激励。虽然可设立外部机构对缔约方 NDC 的雄心水平进行评估，并限制减排雄心不足国家参与《协定》下的市场机制，但这一建议的实际实施面临着巨大的政治阻碍，并且与各国自主决定减排力度的《协定》原则相违背。同时，不同国家减排力度的评估和对比，是自《京都议定书》以来一直存在的一个有着巨大政治争议的问题，并不是市场机制下的一个特殊问题。因此，不建议设立与评估缔约方减排力度相关的市场机制参与资格要求。

四 总结

受 NDC 多样性、未来减排行动不确定性和规则不确定性等因素的影响，《巴黎协定》下的市场机制在实施中面临着巨大的风险和挑战，主要体现在额外性评估困难、缺乏稳健核算和无法有效促进参与缔约方提高减排力度三个方面。为了降低这些风险给全球碳市场可能带来的负面影响，我们建议如下。

（1）从核算体系和透明度两方面入手，建立稳健的核算、追踪和报告体系，确保减排量产生、转让、持有和使用等方面信息的准确、完整和透明，避免各种可能的双重计算风险。

（2）在对减排信用机制下的活动进行额外性评估时，应合理考虑缔约方的既有 NDC 减排承诺，主要是缔约方为实现减排目标而实施的强制政策措施等。

（3）通过要求将扩大减排目标的行业覆盖范围作为市场机制的参与资质要求或者针对来源于 NDC 覆盖范围之外的排放量也进行"相应调整"，

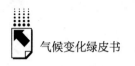

激励缔约方不断扩大其提高 NDC 覆盖范围。

对我国而言，参与《协定》下的全球碳市场有利于激励我国相关行业，尤其是高排放行业的温室气体减排，有利于促进相关行业的高质量发展，提高其国际竞争力；有利于完善提高相关行业的数据统计基础，也可以为相关企业和行业带来一定的经济收益。因此，我国应当充分利用这一国际合作机遇。但参与《协定》下的碳市场合作需要满足一定的条件，我国应根据缔约方会议的相关决定及早筹划，进行国内各方面的能力建设，为企业参与合作创造必要的条件。

避免双重计算是《协定》下一个非常重要的要求，企业出售减排量将会对我国实现 NDC 减排目标有直接的影响，同时，ETS 将是未来我国促进企业碳减排的一个非常重要的政策工具。我国的全国 ETS 目前正处在正式运行前的最后冲刺准备阶段，并将逐步覆盖主要的碳排放行业。参与国际碳市场合作，对这一政策工具的实施效果将产生直接的影响。因此，我国应该设立严格的监管机制，确保我国企业所出售的减排指标的质量。例如，对于全国 ETS 覆盖范围内的活动，不应批准其参与《协定》下的可持续发展机制，以免对其减排活动产生不必要的双重激励。此外，也可以连接我国全国 ETS 与国外的相关 ETS，在确保避免双重计算的前提下，为我国全国 ETS 覆盖的企业与国外企业进行配额的跨境交易奠定良好的体制、机制和基础设施基础。

G.9
联合国安理会气候安全议题
及其潜在风险

刘长松　徐华清*

摘　要：　冷战结束后，国际安全形势出现了新变化，军事威胁对国际
安全的威胁进一步降低，气候变化等非传统安全问题的威胁
明显增强。联合国气候变化政府间专家委员会历次评估报告
确认了全球变暖的趋势，气候灾害和由此导致的地区冲突对
人类社会发展造成灾难性影响，对国际和平与安全构成重大
威胁。联合国积极推动对气候变化等非传统安全问题的治
理，自 2007 年以来，安理会针对气候安全问题先后举行 4
次辩论，推动形成国际共识。这为国际应对气候变化进程注
入了新动力，作为安理会常任理事国与最大的温室气体排放
国，我国也因此面临更大的减排与出资压力。为展现负责任
大国的形象，引领全球应对气候变化进程，我国一是要积极
参与、推动与引导气候安全议题；二是要积极开展气候风险
的国际合作与应对；三是要加快推进国内绿色低碳发展转
型；四是要加快构建气候适应型社会。

关键词：　联合国安理会　气候安全　潜在风险

* 刘长松，国家应对气候变化战略研究和国际合作中心副研究员，研究领域为气候安全、气候
变化战略规划与气候变化经济学；徐华清，国家应对气候变化战略研究和国际合作中心主任，
研究员，研究领域为气候变化战略问题。

当前，全球气候安全风险日益凸显，洪涝干旱、海平面上升等日趋严重，气候变化对经济社会发展造成的负面影响越来越严重，如造成了粮食供给困难、局部武装冲突、资源竞争等问题。气候灾害引发的安全问题与人道主义危机也日趋严重。全球气候灾害类型和区域分布不均衡，也加大了各国应对气候灾害的难度。安理会作为世界应对和平与安全问题的重要机构，应对新形势下世界各国面临的气候风险与气候安全问题，维护世界和平与安全就成为其新的历史使命。安理会积极推动解决气候安全问题，突出说明了全球气候安全形势的严峻性、紧迫性与极端重要性。

一 气候安全问题的提出

气候变化对人类社会与自然生态系统造成了严重的不利影响，不同区域、不同行业面临的气候风险存在较大差异。极端气候事件和气候灾害给人民生计带来不利影响、加剧贫困问题，加剧脆弱国家或地区面临的暴力冲突。发达国家率先对气候安全问题进行深入研究，推动气候变化作为非传统安全问题得到国际社会高度关注。随着国际气候安全威胁明显增强，联合国积极推动气候安全问题治理，通过气候谈判提出的全球气候行动目标更加严格。小岛屿国家和最不发达国家因面临严峻的气候风险，推动建立了应对气候变化损失与危害国际机制。

（一）气候变化科学评估表明气候安全形势严峻

联合国气候变化政府间专家委员会（IPCC）的科学评估报告确认了全球变暖的趋势，气候变化对人类社会和生态系统造成了广泛深入的影响，为国际社会制定应对气候变化政策与行动奠定了科学基础。2012 年，IPCC 发布《管理极端事件和灾害风险，提升气候变化适应能力》特别报告，报告强调极端气候和灾害事件给经济社会发展造成的经济损失日益加重。据估计，1980~2010 年，每年自然灾害造成的损失从几十亿美元上升到 2000 亿美元，其中，2005 年卡特里娜飓风灾害最为严重。气候变化对发展中国家造成的经济损失较高。1970~2010 年，小岛国受自然灾害的损失占 GDP 的比重平均为1%，最高达8%。1970~2008年，发展中国家超过95%的死亡源于自然灾害。报告指出要深化对气候风险的理解，不断完善气候风险管理方法和解决方案。[①] 2014年，IPCC第五次评估报告更加明确地指出，当全球平均温度上升超过2℃，人类社会将面临巨大的气候风险；超过4℃将会造成大量物种灭绝、生态系统崩溃，对人类社会造成严重损害。[②] 2018年，IPCC《全球升温1.5℃特别报告》强调自工业化以来全球大约升温1℃，按目前的温升速度，预计2030~2052年升温将达到1.5℃。报告强调，将升温控制在2℃以内不能避免气候变化带来的最坏影响，限制在1.5℃以内可大大减少对生态系统、人类健康和社会福祉产生的不利影响。[③] 联合国减少灾害风险办公室的数据显示，2018年全球所有地区都受到极端天气的不利影响，共6170万人受到洪水、干旱、风暴和野火等影响，10373人死亡。整体上，气候变化将显著改变世界生物多样性，造成洪涝干旱、飓风等极端恶劣天气，导致全球粮食减产，海平面上升等一系列严重后果，对水资源、生态、经济、粮食、能源、社会、军事、政治等方面构成重大威胁，事关全球安全和国家安全。随着时间推移，全球气候安全威胁将与日俱增，为使人类社会免于遭受气候灾难威胁，需要各国采取集体行动加大减排力度，主动适应气候风险，提升可持续发展水平。

（二）发达国家对气候安全问题的认识不断深化

发达国家率先对气候安全问题进行深入研究，积极推动将气候变化纳入国际安全问题议程。[④] 2004年，美国国防部出资委托美国全球商业网络咨询

① 《IPCC发布〈管理极端事件和灾害风险，提升气候变化适应能力〉报告》，中国科学院遥感与数字地球研究所网站，http://www.ceode.cas.cn/qysm/ghzl/201204/t20120413_3555344.html，最后访问日期：2019年8月29日。

② IPCC, *Climate Change 2014: Synthesis Report*, https://www.ipcc.ch/site/assets/uploads/2018/02/SYR_ARS_FINAL_full.pdf，最后访问日期：2019年11月6日。

③ IPCC, *Global Warming of 1.5°C*, https://www.ipcc.ch/site/assets/uploads/sites/2/2019/05/SR15_SPM_version_report_LR.pdf，最后访问日期：2019年11月6日。

④ 刘长松、徐华清：《对气候安全问题的初步分析与政策建议》，《宏观经济管理》2018年第2期，第49~55页。

公司完成《气候突变的情景及其对美国国家安全的意义》报告，引发了世界范围内的广泛关注。2007 年，德国全球变化咨询委员会发布《气候变化：安全风险》报告，报告指出气候变化对全球安全产生的六大威胁：一是世界上脆弱国家增加；二是全球经济发展风险加大；三是国际气候变化主要责任者和受害者之间的分配性冲突加剧；四是发达国家全球治理角色合法性下降；五是引发和加剧移民；六是传统安全政策的有效性下降。2008 年，欧盟理事会发布的《气候变化与国际安全》报告指出，当前国际社会面临的七大气候变化威胁：资源竞争导致的冲突、沿海城市和重大基础设施因遭受破坏而造成的经济损失、领土丧失导致的疆域争端、环境恶化导致的移民、国家生存能力下降、能源供应紧张和国际治理压力增大。同年，美国国家情报委员会发布《国家安全与气候变化威胁》报告，该报告强调美国国家安全面临三方面的气候威胁：气候变化带来的环境变化改变了人类维护自身安全的方式；气候变化加剧其他地区的不稳定，美国可能更多地卷入地区冲突；气候变化引起的移民潮和难民潮会影响美国国内稳定。总体上，气候变化对人类赖以生存的外部环境产生系统性影响，并与生态、经济、能源等问题紧密相连，对国家安全和国际安全构成严重威胁，作为重要的非传统安全问题得到了国际社会的高度关注。

（三）国际气候安全问题的治理机制在逐步完善

冷战结束后，军事威胁对国家安全的威胁进一步降低，非传统安全问题威胁明显增强，自然灾害、恐怖袭击、金融危机、走私贩毒等日益成为影响国家、地区乃至世界安全的重要因素。[①] 随着国际环境和安全威胁发生重大变化，联合国对和平与安全问题的认识也不断深化，积极推动对气候变化等非传统安全问题的治理。1994 年，联合国开发计划署《人类发展报告》将人类安全界定为经济安全、粮食安全、健康安全、环境安全、个人安全、共

---

① 龚丽娜：《联合国和平行动与中国非传统安全》，载余潇枫、罗中枢主编《中国非传统安全研究报告（2016~2017）》，社会科学文献出版社，2017，第 76 页。

同体安全和政治安全等方面。2000 年,《卜拉希米报告》提出,和平行动包括预防冲突与促进和平、维持和平、建设和平三项重要活动。和平行动本质上是安全治理,涵盖了传统安全和非传统安全问题。2005 年,联合国秘书长的报告提出,21 世纪应当扩大安全的概念内涵,把环境退化等问题列为国际社会面临的新安全威胁。2009 年,联合国大会形成第 63/281 号决议,要求秘书长向联大第 64 届会议提交一份全面报告,说明气候变化可能对安全产生的影响。根据联大决议形成的《气候变化和它可能对安全产生的影响》秘书长报告,集中反映了国际社会的气候安全认知。报告提出,气候变化通过以下五个方面对国际安全构成威胁:一是气候变化影响最脆弱社区的福祉,二是气候变化影响与经济发展停滞导致不稳定,三是气候冲突风险增加,四是气候变化的影响导致一些主权国家可能失去存续能力,五是气候变化引发国家间争夺自然资源与领土争端。

经过近 40 年的气候谈判,制定的气候行动目标日趋严格,脆弱国家的气候安全问题受到重视。20 世纪 80 年代,全球气候变化问题开始进入国际政治议程。1992 年签署的《联合国气候变化框架公约》(以下简称《公约》)是世界上第一个全面控制二氧化碳等温室气体排放的国际公约,以应对全球气候变暖给人类经济和社会带来的不利影响。《公约》第二条明确提出稳定温室气体浓度目标,将大气中温室气体的浓度稳定在防止气候系统受到危险的人为干扰的水平上。1997 年通过的《京都议定书》首次制定了具有法律约束力的量化减排目标,第三条明确提出附件一国家应在 2008 年至 2012 年承诺期内将温室气体排放量从 1990 年水平至少减少 5%。2005 年后,围绕长期减排目标、气候资金技术、减排机制等问题,《公约》缔约方及《京都议定书》缔约方进行了漫长的"双轨制"谈判。海平面上升、极端气候事件对小岛屿国家和最不发达国家生存和发展造成严重影响,这些国家积极推动在《公约》下建立应对气候变化损失与危害国际机制。2008 年,波兹南气候会议(COP14)召开,小岛国首次提议建立应对气候变化损失与危害的多窗口机制。2013 年,华沙气候峰会正式建立气候变化影响相关损失和损害华沙国际机制。2015 年,巴黎气候峰会将其转变为永久机制。

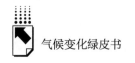
《巴黎协定》第二条明确提出要把全球平均气温升幅控制在 2°C 之内，并努力实现 1.5°C 之内的温升控制目标。第八条明确提出，气候变化影响相关损失和损害华沙国际机制应得到加强，并提议在气候变化不利影响所涉损失和损害方面加强理解、行动和支持，在预警系统、应急准备、综合风险评估和管理等方面开展国际合作。

二 联合国气候安全议题的最新进展

气候变化关系到世界各国的集体安全，气候灾害和由此导致的地区冲突对人类社会发展造成了灾难性影响，对国际和平与安全构成了重大威胁。自 2007 年以来，联合国安理会针对气候问题先后举行 4 次辩论，主题分别是，气候变化（S/PV. 5663，2007 年 4 月 17 日）、维护国际和平与安全：气候变化的影响（S/PV. 6587，2011 年 7 月 20 日）、维护国际和平与安全：理解和应对与气候相关的安全风险（S/PV. 8307，2018 年 7 月 11 日）及维护国际和平与安全：应对气候相关灾害对国际和平与安全的影响（S/PV. 8451，2019 年 1 月 25 日）。其发表主席声明 2 份，另有 1 份决议涉及气候变化问题，这些都表明气候安全已成为安理会关注的重点问题之一。

（一）安理会历次辩论的主要内容

总体上，通过辩论要求安理会在应对气候安全问题方面发挥积极作用已成为国际主流。第一次会议主要围绕气候变化是安全问题还是发展问题进行辩论；第二次会议主要是各方对安理会是否应介入气候变化问题提出不同观点；第三次会议主要是各方针对气候安全问题，就安理会应如何行动进行辩论；第四次会议聚焦安理会应对气候安全问题须尽快采取的行动措施。

一是从历次辩论主要内容看，各国普遍强调气候变化是 21 世纪全球最大的安全挑战，支持安理会在应对气候安全与气候风险方面发挥积极作用。目前，安理会已认识到气候变化对马里、索马里和西非以及萨赫勒、中非和苏丹稳定的不利影响，安理会正在积极推动制订综合风险评估框架，支持各国制定气候风险预防和管理战略，联合国其他机构也将积极参与。小岛屿国家和发达国家提议任命气候安全问题特别代表，特别代表应向秘书长和安理会通报气候风险，促进区域和跨界合作，监测气候安全问题的潜在"临界点"，酌情参与预防性外交等。

二是通过多次辩论，协调应对、综合施策解决气候安全问题的思路更加清晰。总体上，各国普遍认为气候风险与安理会预防冲突职能密切相关，安理会必须更好地应对气候变化的安全影响，确保安全与发展之间相互促进、协同增效。安理会应增强对气候安全风险的理解，将应对气候变化纳入联合国早期预警和预防冲突工作，建立气候安全风险信息收集、分析、评估和预警机制，加强联合国系统的协调应对，识别确定应对气候安全威胁的最佳做法。安理会处理气候安全问题是对《公约》的有益补充，可推动整个联合国系统，以跨领域的方式有效应对挑战，联合国大会和经济及社会理事会等其他机构应加强协同配合。

三是应对气候安全问题需要国际合作，部分发达国家做出资金或技术支持承诺。发展中国家表示，气候变化引发的威胁阻碍国家发展，国际社会必须帮助发展中国家获得所需的技术、资金和能力。气候变化使一些国家的民众流离失所，甚至面临灭绝性的生存威胁，各国和联合国系统都须采取行动解决气候安全问题，通过提供生计或教育培训等有针对性的发展和人道主义援助项目，减轻气候风险。英国前首相特蕾莎·梅明确表示将帮助遭受气候灾害损失的国家，并承诺英国 2016～2020 年向国际气候基金至少提供 70 亿美元支持。法国表示，《巴黎协定》确定了全球应对气候变化的前进道路，法国将与牙买加一道，在 2019 气候行动峰会期间为减缓与适应资金筹集发挥重要作用。美国将向面临极端天气事件和其他自然灾害的国家提供人道主义援助，开发更好的办法和措施来减轻不利的气候影响。澳大利亚提出，将降低灾害风险纳入发展援助，帮助太平洋国家等建立关键基础设施。挪威提出，将协助气候脆弱国家提高抵御自然灾害的能力，适应气候变化的影响，并敦促各国把气候安全问题纳入发展和安全政策。

（二）气候安全议题取得的共识与争议

一是全球气候安全问题形势日益严峻，该问题在小岛国、部分非洲国家、中美洲和加勒比地区尤为突出。气候变化与海平面上升严重威胁小岛屿国家生存，使其成为最脆弱的地区，迫使大量人口迁移。气候变化带来的不利影响是非洲国家局部冲突的重要起因之一。非洲大陆广大地区遭受的气候变化威胁日益严峻，干旱与洪水加重，这导致了粮食短缺、传染病蔓延、大规模流离失所以及社会不稳定等新安全问题。在乍得湖流域和萨赫勒地区，气候冲突表现明显。受飓风、热带风暴和干旱的影响，危地马拉、尼加拉瓜等中美洲国家和加勒比地区必须应对因气候灾害而流离失所的1800万人，其难度远超过欧洲安置难民。《联合国宪章》第二十四条明确指出，各会员国将维持和平及安全之主要责任，授予安理会。安理会有责任分析冲突和安全影响，采取措施来管控气候变化引发的安全风险和冲突。

二是应对气候安全风险与防灾减灾建设、可持续发展存在协同效益。国际社会普遍认为，要减少气候灾害对脆弱国家的影响，不仅需要各国提升遏制全球排放的能力，也需要加快实施联合国《2030年可持续发展议程》，加强气候适应、防灾减灾与应急准备的协同配合，以提升恢复力和加强区域合作为重点。在全球范围内，推动落实联合国《仙台减轻灾害风险框架（2015~2030年）》，针对极易受到飓风、洪水、山体滑坡和地震影响的国家，降低气候风险需要为脆弱国家的适应工作提供资金和技术支持，帮助其改进预警系统、信息传播以及提高极端气候事件应对能力等，并尽可能地减少伤亡。发展中国家要积极采取系统措施减少、解决和防止气候风险，推动建立韧性社会。

三是由于受气候变化的不利影响与应对能力存在差异，各国对气候安全问题存在不同认识。一方面，极少数国家认为安理会不是处理气候变化问题的适当机构，应由经济及社会理事会、联合国大会与《公约》处理，反对安理会干预气候变化问题。另一方面，小岛国强调气候变化对国际和平与安全构成了真实威胁，影响到他们的主权和领土完整，这完全属于安理会的传统授权范围，要求安理会积极行动，发达国家整体上支持应对气候安全问题及小岛国的立场，并制订行动方案。

（三）气候安全议题未来的可能变化趋势

一是保持目前积极态势，就气候安全问题达成共识。国际社会高度重视，联合国通过气候安全决议，明确授权给安理会，联合国各机构协调一致，建立气候安全治理机制，同时达成可执行的协议，各国共同努力维护全球气候安全，从发展和安全两个维度共同推进全球气候变化治理，开展集体行动应对全球气候风险，从而实现人类社会的福利最大化。

二是气候安全议题陷入僵局，各国无法达成行动共识。尽管全球层面的气候风险加剧，部分区域遭受严重的气候灾难和人道主义危机，但安理会常任理事国拥有否决权，可否决气候安全问题相关提议，或阻挠产生相关决议，由各国自行解决气候风险与气候安全问题等。部分脆弱国家因缺乏应对气候变化的相应能力和资源而出现崩溃，气候危机会影响到国际安全，最终使每个国家利益受损。

三是针对气候安全问题初步达成共识，但无法建立有效的气候安全治理机制。通过进一步的磋商谈判，各国针对气候安全问题达成初步共识，但缺乏具有法律约束力的执行机制和行动协议，各国缺乏有力的行动承诺和资源投入，难以避免"搭便车"问题。联合国各机构各自为政应对气候变化问题，气候安全问题的紧迫性可能被缓慢的多边进程拖累，将会与发展型的《公约》谈判一样陷入"执行难"的困境。

三 联合国气候安全议题的可能影响与潜在风险

安理会处理气候安全问题，一方面，可以为国际社会合作应对气候变化进程提供新的动力，推动国际社会有效应对气候风险与安全问题；另一方面，与《公约》协商一致的谈判原则不同，安理会是大国博弈的平台，这可能会加重我国承担的国际应对气候变化义务，使我国面临更大的减排与出资压力。

（一）安理会气候安全议题对气候谈判进程的影响

目前，国际气候谈判主要在《公约》《巴黎协定》等框架下进行，安理会气候安全议题可能对国际气候谈判机制产生重大影响，很多发达国家主张安理会应当成为讨论和决策气候变化问题的重要机构，安理会可能成为与《公约》并行的气候谈判与决策机构。从联合国各部门职能分工以及安理会辩论看，《公约》仍是联合国应对气候变化问题的主渠道，安理会虽介入气候安全问题的应对，但其介入程度和范围相对有限，不会影响到《公约》的正常运行，反而会成为《公约》的有益补充，进而带动整个联合国系统形成合力，共同应对气候变化。考虑到气候变化问题的长期性以及气候安全问题的紧迫性，安理会的有效参与可能为全球应对气候变化注入新的动力，也有可能会加快气候公约多边谈判的进程。为实现《巴黎协定》提出的将全球平均温升控制在2℃或1.5℃以下的目标，国际社会应加大减排力度，从预防气候风险的角度，安理会的适当介入有利于倒逼国际社会强化应对气候变化行动，主动降低气候风险。

（二）对我国中长期温室气体减排目标的影响

联合国环境署《温室气体排放差距报告2018》表明，各国自主贡献减排目标与维护全球气候安全的要求相比存在巨大缺口，除非迅速提高减排目标，否则到21世纪末全球平均气温升幅将达到3～3.5℃。[①] 因此，维护全球气候安全、提高国家自主贡献目标必然成为后《巴黎协定》时代国际气候谈判的重点议题。我国作为安理会常任理事国与最大的温室气体排放国，会被要求做出更大贡献，这会加大我国在气候谈判中面临的减排压力。《公约》有193个缔约方，强调"共同但有区别的责任"，并采取协商一致的原则进行谈判。而安理会由15个理事国组成，其中有5个常任理事国，施行的不是普遍参与的决策机制，而是大国博弈。当前，我国温室气体排放

---

① UNEP, *Emissions Gap Report 2018*, https：//www. researchgate. net/publication/329416285_ UN_ Enviroment_ Emissions_ Gap_ Report_ 2018，最后访问日期：2019年11月6日。

"独占鳌头"、经济位居世界第二，是五大常任理事国中唯一尚未实现碳排放达峰的国家，容易成为各方关注的焦点，甚至可能成为相关主张的"少数派"，而且由于气候安全问题的道义性质，我国不宜行使否决权。因此，就如何提升我国在安理会气候安全问题上的话语权，更好维护国家利益和国际形象，我国面临巨大挑战。从国内来看，当前我国正处于经济社会转型升级的关键期，为实现"两个一百年"奋斗目标，落实十九大提出的社会主义现代化强国建设"两步走"的战略部署，气候安全问题将影响我国中长期应对气候变化战略目标的制订，因此，须强化行动、提高减排目标，尽快实现碳排放达峰甚至零排放，为生态环境根本好转、实现美丽中国建设目标提供有力保障，更好满足人民日益增长的对优美生态环境的需要。

（三）可能加重我国承担的国际应对气候变化义务

尽管美国特朗普政府退出《巴黎协定》，中国仍坚定履行《巴黎协定》的相关义务，信守气候治理国际承诺，这表明了我国引领国际气候治理的决心和信心。要实现《巴黎协定》提出的长期目标，我国作为最大的排放国和安理会常任理事国，对解决全球气候安全问题无疑需要做出适当贡献，在温室气体减排和气候出资方面的压力可能会加大。第二次辩论中，哥斯达黎加提出，安理会常任理事国都是主要排放国家，并因其否决权而具有特殊权力，理应在温室气体减排承诺上做出表率，然后扩大至排放量和经济能力相当的其他国家。玻利维亚也呼吁建立一个气候和环境国际法庭，以制裁那些不遵守减排承诺的国家，并提议将全球防务和安全支出削减20%，用于解决气候变化问题。无疑，作为负责任的发展中大国，我国要应对可能面临的提高减排力度及出资的压力。另外，也要谨慎对待国际气候变化损失与危害机制带来的出资压力，随着时间推移，中国、印度等温室气体排放大国也可能会面临损失和损害责任承担问题，[①] 我国作为全球最大的温室气体排放

---

① 何霄嘉、马欣、李玉娥、王文涛、刘硕、高清竹：《应对气候变化损失与危害国际机制对中国相关工作的启示》，《中国人口·资源与环境》2014年第5期，第14～18页。

国，随着经济发展和温室气体排放快速增长，面临为损失与危害补偿出资的压力，可能会被发达国家和小岛国联盟等要求承担出资义务。对此须加强研判、做好应对方案，并加快推动国内温室气体减排目标的落实。

四　我国应对气候安全议题的对策建议

从世界气候安全问题的发展态势及安理会辩论主要内容来看，要求安理会在应对气候安全问题方面发挥积极作用已成为国际主流，我国作为常任理事国理应顺势而为。一方面，积极推动建立协同高效的国际气候安全治理体系，加强国际合作与交流，共同解决全球气候适应与安全问题；另一方面，在习近平总体国家安全观与生态文明思想指导下，加快推动绿色低碳发展转型以及国内适应型社会建设进程，为我国中长期经济社会持续健康发展提供气候安全保障。

（一）积极参与、推动与引导气候安全议题

作为安理会常任理事国，我国可在气候安全议题上展示出一定的灵活度，在提高减排雄心，扩大对最不发达国家、小岛国等气候风险形势严峻国家的资金和技术支持等方面展现与自身实力相称的领导力。在坚持将《公约》作为全球应对气候变化主渠道的同时，支持安理会发挥积极作用，推动联合国系统形成分工明确、协调统一、团结高效的应对气候安全治理体系。推动安理会在气候风险评估、预警、报告及协调应对方面发挥更大作用，加大针对遭受气候灾害国家的人道主义援助，持续降低气候变化对武装冲突的推动作用，着力加强气候风险形势严峻国家或地区适应气候变化的能力建设。

（二）积极开展气候风险的国际合作与应对

应对气候安全问题，需要各国加强合作，共同努力提升适应气候变化能力水平。我国将认真履行《公约》《巴黎协定》等规定的相关义务，结合自身国情与能力，继续加强应对气候变化南南合作，帮助发展中国家特别是小岛

屿国家、最不发达国家解决资金、技术和能力建设等适应方面的缺口。作为联合发起国，中国将积极支持全球适应委员会为全球适应气候变化贡献解决方案，支持各国将气候风险纳入其经济发展战略和投资计划，优先满足世界上最贫穷和最脆弱人群的适应需要，加强与"一带一路"沿线国家在适应气候变化领域的务实合作，针对遭受气候灾害的国家提供及时的人道主义援助，针对气候脆弱国家提供力所能及的资金和技术支持，支持发展中国家提升应对气候灾难风险的能力，为提升全球气候安全水平做出中国贡献。通过国际合作应对气候安全和风险问题，既要积极支持脆弱国家提高应对气候变化的基础能力，也要争取发达国家与国际机构的资金与技术推动国内低碳转型进程以及适应型社会的构建。

（三）加快推进国内绿色低碳发展转型

气候变化既是全球环境问题，也是国内可持续发展问题。我国主动承担全球应对气候变化义务，推动开展国际气候合作不仅是负责任大国的重要体现，也是推动绿色增长转型、打赢污染防治攻坚战、保护人民群众生命财产安全、实现高质量发展的重要举措。当前，我国正处于决胜全面建成小康社会的关键时期，尽管近年来我国努力推动低碳发展实践，引领应对全球气候变化国际合作，但在国际上应对气候变化进程仍面临较大压力。国内面临生态文明建设、经济社会发展转型、持续改善生态环境质量等多重挑战，要从国家战略角度加快推动绿色低碳发展转型进程，继续深化能源结构调整、推进产业升级、实现能源高效利用、推动科技创新，不仅关乎国内生态文明建设与可持续发展事业取得实效，也关乎中国为维护全球气候安全、构建人类命运共同体的责任担当，要加快推进实施。

（四）加快推动构建气候适应型社会

随着我国极端天气、气候事件趋多趋强，农业、林业、水资源、健康等重点领域，沿海、干旱区、城市群、高原、生态脆弱区等重点区域，南水北调、三峡大坝、青藏铁路等重大工程面临的气候风险水平总体呈上升趋势，

我国亟须全面提升防御气候风险的能力与水平。为提升国内可持续发展水平，要加快构建气候适应型社会，更加注重国内气候风险的识别、评估与应对，制订针对重点行业、重点区域、重点人群、重点生态系统的应对方案，建立并完善气候风险预估、灾前预警、灾中救助和灾后恢复等一体化气候灾害响应体系，有效降低我国重点区域和重要领域面临的气候灾害风险，为实现经济社会的高质量发展提供气候安全保障。实施积极应对气候变化国家战略，要认真落实好《国家适应气候变化战略》主要目标与重点任务，充分发挥应对气候安全与生态环境保护、城市建设管理、防灾减灾建设等的协同作用。持续推动气候适应型城市试点建设与城镇化高质量发展，将降低气候灾难经济损失与提升脆弱人群的适应能力，作为提升人民群众获得感、幸福感和安全感的重要途径，为协同推动经济高质量发展和生态环境高水平保护提供强有力支撑。

G.10

欧盟适应气候变化机制

雷恩·格兰西*

摘　要： 本文探讨了欧盟及其成员国在适应气候变化方面所进行的实践和采取的方法，并总结了跨国、国家、地区和地方各级行政部门执行气候适应措施的工具和资金机制。最后，本文根据欧盟经验提出了相关政策建议。

关键词： 欧盟气候变化适应政策　气候适应措施　城市韧性　政策建议

一　欧盟适应气候变化的动因

（一）对"适应"的定义

在国际层面上，应对气候变化的政策主要有两种：减缓和适应。两者都是必要的，因为虽然减缓的目的是通过减少温室气体（GHG）排放来减轻影响，但适应是一种根据实际或预期的影响进行调整，以减轻危害和/或减轻影响严重程度的过程。[①] 适应侧重于在气候变化发生前构建应对能力或限制气候变化带来的损失，而不是在气候变化发生后处理其后果，从而能挽救生命、保护经济和减少对生物多样性的破坏。

---

* 雷恩·格兰西（Ryan Glancy），欧盟国际城镇合作项目（International Urban Cooperation Project）高级专家，主要负责协助区域和地方制定气候变化战略，推动《欧盟市长盟约》和《全球气候与能源市长盟约》的执行。

① United Nations Framework Convention on Climate Change, *Fact Sheet*: *The Need for Adaptation*, https：//unfccc. int/files/press/application/pdf/adaptation_ fact_ sheet. pdf .

适应措施的案例包括改变基础设施，比如修建抵御海平面上升的防御设施，以及改善公路和铁路网络，以抵御温度上升给其带来的影响。适应措施还包括行为变化，如提高水资源的使用效率、使建筑适应未来气候条件和极端天气事件、开发和种植耐旱作物、选择更能耐受风暴和火灾的树种和森林规划、预留土地廊道帮助物种迁徙、进行脆弱性评估或购买额外的保险等。通过构建适应能力，人类甚至有可能从气候变化的影响中受益。

（二）推动欧盟适应气候变化的因素

1. 气候变化的成本

2012 年，欧洲环境署（European Environment Agency）预计，欧盟层面上不适应气候变化带来的经济、环境和社会成本将从 2020 年的 1000 亿欧元每年上升到 2050 年的 2500 亿欧元每年。[1] 这份报告不仅为欧盟制定和采取相应行动提供了动力和理由，还促使"其后适应战略"于 2013 年出台。

气候变化已经对欧洲的生态系统、经济产业、人类健康和福祉产生了广泛影响。1980 年至 2016 年，欧洲因天气和其他与气候有关的极端情况而造成的经济损失总计超过 4360 亿欧元。[2] 除了经济代价外，气候变化也带来巨大的社会代价。2012 年，欧洲环境署报告称，1980 年至 2011 年，欧盟境内的洪灾造成 2500 多人死亡，受灾人口超过 550 万人。如果再不采取适应措施的话，到 21 世纪 20 年代，每年将另有 2.6 万人死于高温，到 21 世纪 50 年代，这一数字将升至 8.9 万人，[3] 此外，每年欧洲关键基础设施受到的破坏可能会显著增加（从目前 34 亿欧元增加到 340 亿欧元）。[4]

① EEA, *Climate Change, Impacts and Vulnerability in Europe 2012*, https：//www. eea. europa. eu/ publications/climate – impacts – and – vulnerability –2012.

② EEA, *Climate Change Adaptation and Disaster Risk Reduction in Europe*, https：// www. eea. europa. eu/publications/climate – change – adaptation – and – disaster.

③ EEA, *Climate Change, Impacts and Vulnerability in Europe 2012*, https：//www. eea. europa. eu/ publications/climate – impacts – and – vulnerability –2012.

④ Forzieri et al. , *Escalating Impacts of Climate Extremes on Critical Infrastructures in Europe*, https：//www. sciencedirect. com/science/article/pii/S0959378017304077.

2. 适应的成本

适应气候变化的总费用将取决于气候变化的严重程度和应对措施的范围。最昂贵的适应措施包括改良基础设施、加强沿海和洪水防护等。因此，成本最高的地区不一定是脆弱性最大的地区，而是需要大量基础设施以抵御气候变化的地区。低成本措施可作为适应气候变化的一部分，如改变日常行为、转变耕作方式和进行监管改革。如果各国提前计划，适应气候变化的成本将会显著降低。

（三）欧盟在气候适应方面的作用

由于欧洲地区气候影响在类型、严重程度和性质上各有不同，最实用的适应性解决方案需要着眼于地区或地方层面。欧盟在战略和政策层面的统筹，是促进各层级政府间协调、支持和统一的关键所在。欧盟通过出台欧盟法规（例如法律和指令）来设定高级目标、宗旨和政策，并通过提供信息共享工具和资金机制来给予支持和协调。

总体而言，欧盟支持在欧盟范围内创建适应气候变化的跨国网络，为适应气候变化提供资金，并向地区和地方当局提供技术支持；它制定了地区、国家和欧盟的适应法规和准则，例如"欧盟适应气候变化战略"，并在相关领域纳入现有的和未来的法律法规。此外，欧盟通过提供、收集和共享相关信息，从而制定适应战略并分享实践案例。通过制定欧盟通用的方法和指标，能够评估相关适应项目的成效，并监测脆弱性和风险的演变过程。

二　欧盟的适应政策和战略介绍

（一）"欧盟适应气候变化战略"简介

1. 战略概述

2013 年，欧盟委员会出台了"欧盟适应气候变化战略"①。这一战略的

---

① European Commission, *An EU Strategy on Adaptation to Climate Change*, https：//eur - lex. europa. eu/legal - content/EN/TXT/？ uri = CELEX：52013DC0216.

目标是通过加强和提高地方、地区、国家和欧盟各级应对气候变化影响的准备工作和能力，制订统一的办法和改善协调，为建设更具气候适应能力的欧洲做出贡献。

该战略制订了详细的目标及执行方案，如表1所示。

表1　2013年适应气候变化战略的目标和行动

目标	行动（包括缩略标题）
促使成员国采取行动	鼓励各欧盟成员国采取全面的适应战略（成员国战略） 提供LIFE资助，以支持欧洲的能力建设和增强适应行动（LIFE） 将适应气候变化引入《市长盟约框架》（市长盟约）
更明智的决策	弥合知识差距（知识差距） 进一步把Climate – ADAPT发展成欧洲适应信息的"一站式商店"（Climate – ADAPT）
"抵御气候变化"欧盟行动：促进关键脆弱性领域的适应	提高共同农业政策、凝聚政策和共同渔业政策（ESIF/CAP/CFP）抵御气候变化的能力 确保更具韧性的基础设施 在韧性投资和商业决策中尽可能使用保险和其他金融产品

资料来源：European Commission，*An EU Strategy on Adaptation to Climate Change*，https：//eur – lex. europa. eu/legal – content/EN/TXT/？ uri = CELEX：52013DC0216。

2. 协调

该战略的实施由现有的气候变化委员会（Climate Change Committee）监督，该委员会由欧盟委员会和每个成员国的代表组成。气候变化委员会负责监督政策协调和信息共享情况，代表们负责提高认识和汇报活动情况。欧盟委员会代表在气候变化委员会中的作用是通过协商来监督执行情况，并确保与主要利益攸关方进行有效合作。

3. 为气候适应提供资金支持

欧盟委员会主要通过欧洲结构和投资基金（ESIF）、《地平线2020》战略以及LIFE计划为气候适应战略提供资金支持，此外，欧洲投资银行（EIB）、欧洲复兴开发银行（EBRD）等欧盟基金和国际金融机构也会向适应措施提供支持。成员国还可以利用欧盟排放交易系统（EU ETS）的收入作为适应气候变化的资金。本文第三部分提供了欧洲和国家层面现有资金机制的更多资料。

4. 监测、评估和审查

该战略规定了监测和评价各项目标和行动执行进展情况的相应程序。监测和审查气候变化适应政策对确保其长期有效至关重要。该战略的重点是利用 LIFE 基金和其他资源，制定相关指标，以帮助评估整个欧盟的适应措施和脆弱性。2017 年，欧盟委员会向欧洲议会和理事会汇报了该战略的实施情况，并提出了审查建议。该次审查于 2018 年 11 月公布，下文对此进行了阐述。

（二）地方层面处于气候适应的一线

地方当局在应对气候变化的影响上处于第一线。极端天气事件的局部性导致每个地区特定气候的危害特征。热浪、洪水、暴风雨、海岸侵蚀、海平面上升、山体滑坡、水资源短缺和森林火灾是地方政府面临的一些主要危险，其在许多情况下会造成巨大的经济、环境和社会损失。极端气候事件和地貌变化导致的风险和不可预测的成本，会影响到卫生、基础设施、当地经济和公民生活质量。在许多情况下，地方政府资源不足，无法承担这种通常无法预见的开支。

欧盟适应气候变化战略为应对气候变化建立了基本框架和机制。该战略的第三项行动侧重于城市问题。在此基础上，《欧盟市长盟约》、欧洲环境署 Climate – ADAPT 平台等各类文件、措施已被陆续制定，以支持城市适应进程，完善应对气候变化的计划。依托上述框架和机制，地方当局负责其管辖地区内具体适应措施的实施。实际上，实施适应战略的方法多种多样，一些城市制订具体的适应计划，另一些城市将适应纳入其他相关战略（如地方发展计划）。图 1 展示了欧盟城市解决的最常见的适应问题。将适应纳入各个领域的战略（或任何与特定城市环境相关的战略），是一种值得推荐的做法。

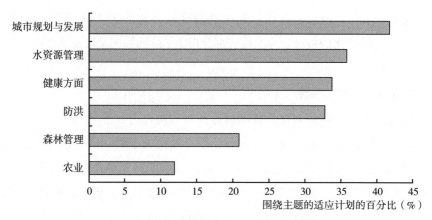

图1 欧盟城市解决的最常见的适应问题

资料来源：Guidebook "*How to Develop a Sustainable Energy and Climate Action Plan* (*SECAP*)", http：//publications. jrc. ec. europa. eu/repository/bitstream/JRC112986/jrc112986_ kj－nc－29412－en－n. pdf。

（三）《欧盟市长盟约》及多层治理体系

1.《欧盟市长盟约》体系简介

《欧盟市长盟约》（现扩大为《全球气候与能源市长盟约》）汇集了数千个自愿承诺应对气候变化的地方政府。该计划于2008年启动，汇集了致力于实现并超过欧盟气候和能源目标的地方政府。目前，该计划包括9500多个地区和城市，涵盖59个国家的3亿多人口，得到不同机构、组织及各级政府的大力支持。

《欧盟市长盟约》的一个关键支柱是"气候适应"。2015年，欧盟委员会将减缓和适应同时引入《欧盟市长盟约》，倡导采取减缓气候变化、适应气候变化和能源行动的综合措施。加入该计划后，签约成员自愿承诺制定一项全面的地方适应战略（除减缓能源战略外），或将气候适应纳入进行之中的气候行动方案。

根据2017的评估报告，在制订地方气候战略中，最常见的障碍是财政资源有限和专业技术知识的缺乏。评估的具体结果在图2中予以总结。结果表明，在市长盟约的三大支柱（减缓、适应和获取能源）中，气候适应是各城市最需要获得支持的方面。重要的是，对于其所在国家政府在气候适应方面表现欠佳或不连贯的城市来说，相关的监管/立法框架的缺乏阻碍了相关气候战略的制定和实施。

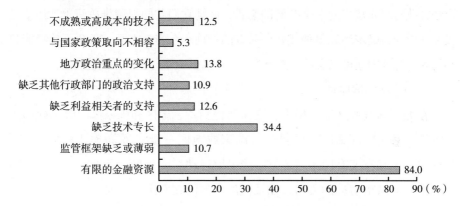

图2 各城市在制订和实施地方适应计划方面面临的障碍及其占比

资料来源：*Covenant Community's Needs for SE（C）AP Design and Implementation*，https：//www.covenantofmayors.eu/index.php?option=com_attachments&task=download&id=602。

《欧盟市长盟约》通过"盟约协调机构"来进行国家及地区层面的整体协调。这些"盟约协调机构"是国家或地区的公共机关（省、地区、部委、国家能源机构，大都市区、地方政府组织等），它们为签约成员提供战略指导、技术和财政支持，并协助新成员的招募工作。例如，盟约协调者可以支持签约成员开展气候风险和脆弱性评估，以及编制和实施其可持续能源和气候适应计划。这一资源在欧盟极大地提高了地方政府对《欧盟市长盟约》的参与程度，而欧盟国家的协调者数量与签约成员的数量有关。

此外，《欧盟市长盟约》还积极引入非政府组织（NGO）作为"盟约支持机构"。这些非政府组织都在气候变化领域有相关的专家、技术或城市网络资源，它们为国际、国家和/或地区/地方各级的签约成员（例如，城市网络、能源机构、专项机构等）提供专业知识帮助。支持者为签约成员提供专业知识和能力建设服务（即科学、监管、立法和金融咨询），同时利用它们的宣传、沟通和网络来促进《欧盟市长盟约》的实施，并支持其签约成员所做承诺。

《欧盟市长盟约》签约成员还可以选择与邻近的地方当局联合起来，制订一项联合可持续能源和气候适应计划。这种方法可以缓解独自制订可持续能源和气候适应计划的压力，而且还提供了在跨国界问题（例如，交通、当地能源生产、废弃物管理等）上开展合作的机会。联合可持续能源和气候适应计划在各个地方政府之间建立起一个共同的愿景，鼓励它们共同编制排放清单、评估气候变化影响、确定当地单独或联合采取的行动。在实施方面，联合可持续能源和气候适应计划还可以实现规模经济，从而降低成本并提高采购能力。

2. 多层次治理体系

在城市的气候适应战略中，它需要得到省、地区和国家部门等不同层次的支持，否则将面临巨大的挑战。国家或地区一级（欧洲属于欧盟一级）建立的政策和框架有助于在地方一级采取行动。图3显示了地方、地区、国家和欧盟对城市适应的贡献，以及框架内的潜在联系和反馈。

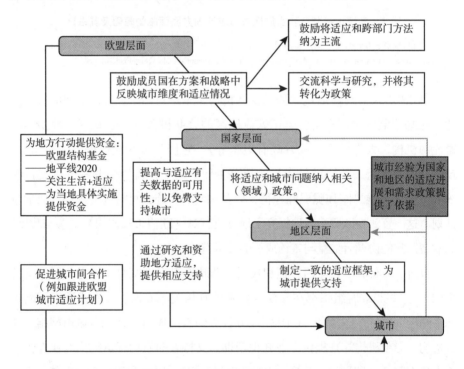

图3　地方、地区、国家和欧洲对城市适应的贡献

资料来源：EEA, *Urban Adaptation to Climate Change in Europe*, https://www.eea.europa.eu/publications/urban-adaptation-2016。

《欧盟市长盟约》的主要成就之一，就是促使在各级政府和社会各界出现了大量利益攸关方，它们帮助签约成员达成适应目标。这项"多层次治理"安排的主要参与者包括省州政府、国家和欧洲金融机构、学术机构和高校等在内的第三方机构。这些组织在盟约计划中扮演的许多角色被正式确立为"盟约协调者"或"盟约支持者"（下文将对此详述）。这些国家签约成员的数量远远高于没有协调者/支持者的国家（因为有大量的盟约协调者，意大利和西班牙的城市和社区约占盟约签约成员的75%）。这证实了区域合作在协调和鼓励地方市政当局参与方面所具有的价值。

在制定适应战略时，欧盟城市有多种途径的指导。《欧盟市长盟约》社区主要的适应资源是城市适应支持工具（UAST），该工具旨在帮助签约成员实现其对提高气候变化适应能力的承诺。另外，该工具提供了一套非常详细和完善的流程（见图4），供各城市遵循，这不仅满足了《欧盟市长盟约》的报告要求，而且最大限度地发挥了行动规划和实施的影响。

图4　城市适应支持工具定义的气候适应规划流程

按照城市适应支持工具概述的程序，签约成员必须就具体问题提交报告，作为"气候风险和脆弱性评估"（RVA）的一部分。通过坎昆适应框架、欧盟适应战略和提交国家适应计划，气候风险和脆弱性评估过程得到了发展，并获得了广泛认可。它通过确定气候危害和评估当地基础设施的相关

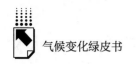
脆弱性或者评估对人群、财产、生计和环境的损害，确定地方一级风险的性质和程度。气候风险和脆弱性评估流程的重要性在于，它们试图将比较欧盟城市的方法和指标进行标准化。由于适应气候变化对欧盟和世界各地的城市来说仍然是一个相对较新的话题，这一领域的从业者需要明确一种可信、通用和透明的方法来评估气候相关影响。

在国家层面，欧盟成员国的作用是就适应议题向国内城市提供知识分享、法律基础和标准设置。国家适应战略的目标是帮助协调适应措施和加强认识，并确定全国性的风险、漏洞和知识差距。此外，欧盟成员国还鼓励制订国家适应计划（NAP），以帮助实施国家适应战略。国家适应计划旨在提供具体的目标和行动，这些目标和行动将随时间的推移受到监测和审查。截至2019年，已有25个欧盟成员国和另外3个欧洲环境署成员国通过了国家适应战略，15个欧盟成员国和另外2个欧洲环境署成员国制定了国家适应计划。这个数值每年都在增长。①

在国家适应战略的推动下，欧盟地区层面的气候适应战略和行动往往更具实效性。这一法律框架往往是地区政府的关键驱动力，特别是在国家适应战略分配其与气候适应有关的具体角色和责任的情况下。此外，将这些措施与外部资金计划进行关联，可以进一步促使各地区采取行动。最后，对气候变化不断加深的科学理解，以及气候适应措施的成本效益，不断推动较为发达城市中气候适应行动的落实。

（四）对欧盟适应气候变化战略的评估

2018年，欧盟委员会发布了对该战略的评估结果。根据有效性、效益、关联性、一致性及欧盟附加值五个指标，最终的评估报告指出了该战略取得的阶段性成果。总的来说，政策方面已经不再将重点完全集中在减缓上，而是更多地集中在适应气候变化以及为不可避免的影响做好准备的必要性上，

---

① EC Climate Change Adaptation Strategies Website，https：//www. eea. europa. eu/airs/2018/environment－and－health/climate－change－adaptation－strategies.

从广义上说，这是成功的。

与此同时，该报告也总结了相关经验。比如，各国对适应问题（特别是对最脆弱的地区/领域）的认识已经明显加深，现在可以更具体地应用于决策；在实施层面，应该与相关工具和资金更好地融合，更加协调一致；在国际层面，需要更多、更好的集体协调；以及在制定地方适应战略方面面临挑战，各个地区的进展差异大，各成员国之间也有很大差异（可能与国家法律法规有关）。

总的来说，欧盟适应气候变化战略中的行动已经"启动"，该战略已把这一问题纳入主流，并为国家、地区和地方的活动和战略提供支持。各级政府知识共享水平不断提高，技术能力不断增强。如果没有这一战略，上述进展很可能无法实现，特别是在提供和分享知识以及将气候适应纳入欧盟政策方面。欧盟委员会对 2021～2027 年预定的气候目标，正是建立在 2013 年战略的理念之上。

三 使欧盟能够适应气候变化的工具和资源

（一）支持气候适应的相关资金

欧盟使用了许多不同的手段来为欧洲适应气候变化提供资金。目前，2014～2020 年欧盟预算的 20% 被用于"促进气候变化适应和风险防范"等气候相关支出。[①] 欧盟委员会建议将 2021～2027 年气候相关资金提高至25%，以响应《巴黎协定》和对联合国可持续发展目标的承诺。

目前 20% 的预算主要通过欧洲结构和投资基金、《地平线 2020》战略以及 LIFE 计划为欧盟适应气候变化战略提供资金支持。在欧洲结构和投资基金中，凝聚基金（CF）、欧洲社会基金（ESF）、欧洲区域发展基金

---

① *Multiannual Financial Framework 2014 - 2020*，https：//ec. europa. eu/info/about - european - commission/eu - budget/documents/multiannual - financial - framework/2014 - 2020_ en.

（ERDF）、欧洲农业发展基金（EAFRD）、欧洲海洋与渔业基金（EMFF）为气候适应项目提供具体资助。此外，《地平线2020》项目还在多国合作项目以及研究人员和中小企业之间促进了适应气候变化方面的研究和开发（在环境和气候行动研究规划范围内）。《地平线2020》项目与城市适应密切相关，其资助的项目旨在探索和分享有关气候变化影响和风险的知识（以及增加地方当局对主要成果的吸收）。LIFE计划为解决欧洲气候变化问题的项目提供资金。这笔资金将用于环境（占LIFE计划预算的75%）和气候行动（占预算的25%）的次级项目。① 最后，连接欧洲基金（Connecting European Facility）、欧盟排放交易体系、Climate - KIC机构也为气候适应提供一定的资金支持。

（二）支持气候适应的相关工具

Climate-ADAPT② 是欧盟层面的主要工具，为欧盟适应气候变化提供主要信息来源，由欧盟资助的专家会在该平台上定期发布关于气候适应方面的研究成果，这些研究涵盖了气候变化预期分析、脆弱性分析、国家和跨国适应战略、适应方案等相关内容。此外，欧盟还开发了城市适应支持工具③，该工具能帮助城市制订、实施和监测气候变化适应计划。城市适应地图浏览器④也是一个得到广泛应用的工具，它可提供关于欧洲城市当前和未来面临的气候灾害、城市对这些灾害的脆弱性及其适应能力的信息。该工具提供了关于高温、洪水、水资源短缺和野火的空间分布和强度的信息。它还提供了一些关于城市脆弱性和城市内产生这些危险的原因的资料，以及关于适应性规划的资料。

---

① "LIFE Projects", Climate-ADAPT Website, https：//climate - adapt. eea. europa. eu/knowledge/ life - projects.

② Climate-ADAPT Website, https：//climate - adapt. eea. europa. eu/.

③ "Urban Adaptation Support Tool", https：//climate - adapt. eea. europa. eu/knowledge/tools/ urban - ast/step - 0 - 0.

④ "Urban Adaptation Map Viewer", https：//climate - adapt. eea. europa. eu/knowledge/tools/urban - adaptation.

四　欧盟经验对中国的启示

本文总结了欧盟在过去十年中针对气候适应领域的各种战略、政策、工具和资金机制。欧盟在制定、实施和审查欧洲城市气候适应政策方面的经验，对中国主要有以下三方面的启示：

首先，应该在国家层面制定适应气候变化的总体战略，并在总体战略中将气候适应议题对应到细分的领域（如卫生、交通、水资源管理、渔业、农业、基础设施等），并在此基础上制订明确的执行方案。从内容上，建议该战略考虑为国家、地区和城市适应项目（包括指标、标准以及报告和评估标准）制订统一的报告制度、术语和目标。同时，应该制订相应的国家宣传方案，以扩大对气候适应议题的认识。此外，还应该确定明确的适应目标，并在国家、地方层面明确不同的责任，设立相应的适应专项资金。最后，还需要明确国家和地方政府之间的协调程序和责任，并建立完善有效的法律框架。

其次，应该设立公共资源平台及专项资金，以支持应对气候变化的具体行动。这个资源平台应该提供共享的知识和数据模型，以帮助地方政府就投资优先事项做出明智决定。专项资金应该为地方层面适应气候变化的战略及行动提供预算支持，或者为地方政府获得其他资金提供专业的技术支持。此外，还应该探讨在基础设施领域引入私人投资的可能性。

最后，建议设立一个统一的气候适应领域的平台机制。该机制应为气候适应领域的所有城市和活动提供一个整体的网络及框架，在此框架下，一方面可以为地方政府提供标准化的流程和技术资源，提升地方政府应对气候适应问题的能力，另一方面，城市间可以相互交流最佳实践和经验。这个框架的具体搭建可借鉴《欧盟市长盟约》体系，即设立不同的层级，就横向治理结构提供指导，并促进跨层级、跨部门和跨领域之间的协同合作。另外，应在这个框架下搭建不同的地区性平台，在地区一级分享整个地区关于气候变化影响及脆弱性方面的知识和数据。地区性平台应考虑到

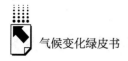

基于区域特点的气候灾害并做出应对方案，供该地区的不同城市参考和使用。另外，建议促进地方不同机构、私营部门参与相关决策流程，加深他们对决策进程和数据/知识交流的参与程度。该平台可以为地区及城市政府提供培训和能力建设，以增进它们对气候变化影响的理解，从而制订更加切实有效的气候适应行动方案。

G.11
巴西气候政策行动对全球
气候治理的影响

王海林　刘　滨[*]

摘　要： 巴西是南美洲最大经济体，也是世界上森林碳汇最为丰富的国家。作为"基础四国"之一，巴西也曾积极参与到全球气候治理体系建设当中，在推动《巴黎协定》的落实和实施中发挥了重要作用。巴西新一届政府在应对全球气候变化中表现出消极的态度，这将严重不利于全球气候治理工作的部署和推进，也将严重制约其提升自身国际竞争力，阻碍其对发展与减排双赢路径的探索。

关键词： 气候政策　气候行动　全球气候治理

一　引言

巴西是收入水平较高的发展中大国，2017 年其国内生产总值位居南美洲第一，世界排名第六，与中国、南非和印度组成"基础四国"，共同在国际气候谈判中发挥着重要的作用。巴西国土面积为 851.577 万平方公里，地处拉丁美洲与加勒比海地区，属热带气候，拥有丰富的水资源和森林资源，是世界上生物多样性最丰富的国家之一，同时也是气候风险较为敏感的国

---

* 王海林，清华大学能源、环境经济研究所助理研究员，研究领域为能源系统分析和应对气候变化；刘滨，清华大学能源、环境经济研究所副研究员，研究领域为应对气候变化对策。

家。根据独立环保机构德国观察（Germanwatch）发布的《全球气候风险指数 2018》（Global Climate Risk Index 2018）[1] 指出，在全球气候变暖的大趋势下巴西国内极端事件发生的频率增加且强度增大，极端气候仅在 2017 年就造成约 1.15 万人死亡，经济损失高达 3750 亿美元。在受极端天气影响全球排名（共 168 个国家）中，巴西也由 2016 年的第 86 位上升到 2017 年的第 79 位，全球变暖正在加剧巴西的气候风险。巴西基本情况如表 1 所示。

表 1　巴西基本情况一览（截至 2018 年底）

指标		数据
人口(亿人)		2.09
GDP(美元,2010 年不变价)(万亿美元)		2.31
GDP 结构(%) (2010 年不变价)	农业	4.95
	工业	20.22
	第三产业	74.83
城镇人口比例(%)		86.57
国土面积(万平方公里)		851.577
森林面积占土地面积百分比(2016 年数据)(%)		58.93
农业用地占土地面积百分比(2016 年数据)(%)		33.92

资料来源：世界银行数据库。

二　巴西应对气候变化的基本国情

巴西也是受气候变化影响较为敏感的国家之一。作为发展中大国，巴西在重视其经济持续发展的同时，也在能源结构的低碳化以及生物质能源发展等方面取得了显著成绩，是发展中国家阵营中应对气候变化工作较为突出的国家。

（一）经济发展指标

1960 年以来，巴西经济整体上呈现持续增长的趋势。根据世界银行的

---

[1]　Eckstein, D., Künzel, V. and Schäfer, L., "Global Climate Risk Index 2018," Germanwatch, Bonn, 2017.

统计，巴西 GDP（美元，2010 年不变价）由 1960 年的 2467 亿美元增长到 2014 年的 2.42 万亿美元后，由于预算赤字和政局不稳定等一系列因素有所 回落，截至 2018 年底国内生产总值达到 2.31 万亿美元。整体来看，从 1960 年到 2018 年 GDP 增长了 8.36 倍，年均增速达到了 3.93%，这一经济增长 水平高于同期世界平均水平。在人均 GDP 方面，由于巴西总人口从 1960 年 到 2018 年增长接近 3 倍，人均 GDP 的水平也由 1960 年的 3417 美元增长到 2018 年的 1.1 万美元，是"基础四国"中人均 GDP 水平最高的国家（见图 1）。

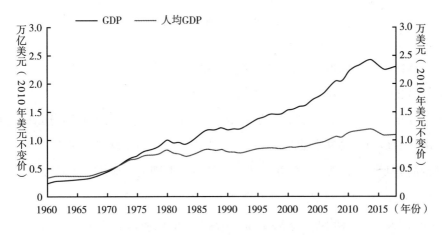

图 1　巴西 GDP 与人均 GDP 变化趋势

（二）能源与碳排放指标

20 世纪 60 年代以来，由于受到经济增长的驱动，巴西能源消费总量呈 现快速增长势头。一次能源消费量从 1965 年的 0.22 亿吨油当量增长到 2018 年的 2.98 亿吨油当量，增长了 12.5 倍，一次能源消费的年均增速达到了 5.0%，属于较高水平。在人均能源消费方面，从 1965 年的 11.28GJ／人增 长到 2018 年的 59.09GJ／人的水平，略低于世界的平均水平（见图 2）。①

---

① BP，World Statistics Review 2019.

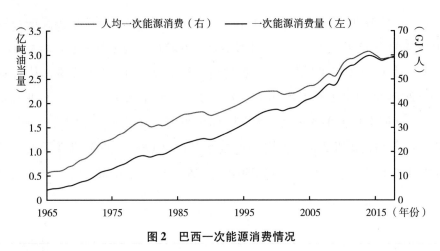

图2　巴西一次能源消费情况

巴西十分重视非化石能源的发展。化石能源在一次能源消费中的占比从1965年的75.9%下降到2018年的61.4%，非化石能源在一次能源消费中的比例上升显著，其中水电消费增长最为显著，从1965年的5400万吨油当量增长到2018年的8770万吨油当量，占2018年一次能源消费量的29.4%，是巴西第二大能源消费类型；天然气、煤炭、风电、核电、太阳能、地热及生物质能等在2018年一次能源消费中的比例分别是10.4%、5.3%、3.7%、1.2%、0.2%和4.0%。1965年以来巴西一次能源消费结构的变化趋势如图3所示。

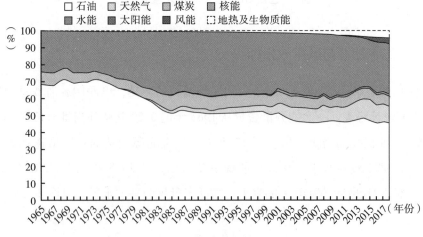

图3　巴西一次能源消费结构变化趋势

从巴西的电力生产来看，当前巴西的电力生产结构低碳化程度较高。图4是巴西2018年电力生产结构图，数据显示，石油、天然气和煤炭发电在发电结构中的比例分别为2.0%、8.0%和3.7%，水电、核电以及其他可再生能源发电在电力生产中占比分别为65.9%、2.7%和17.8%。巴西丰富的水资源已成为其电力结构低碳化的重要依托。

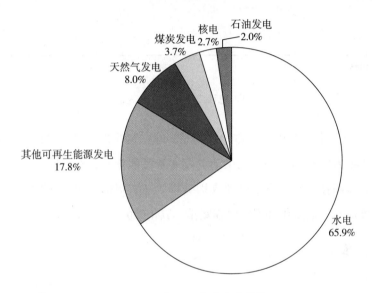

图4　2018年巴西电力生产结构

巴西二氧化碳排放整体水平如图5所示。历史碳排放数据轨迹显示，从1965年到2014年，巴西二氧化碳排放从5150万吨增长到5.05亿吨，增长了8.8倍，年均增速为4.77%；截至2018年的数据显示，自2014年以来，巴西二氧化碳排放呈现较为强劲的下降势头，从2014年的5.05亿吨下降到2018年的4.42亿吨，下降了12.5%，年均下降率达到了3.3%。近年来巴西碳排放总量下降的趋势与其经济所处的周期关系较为密切。按巴西当前所处的发展阶段而言，未来随着其经济复苏，二氧化碳排放还将会出现新一轮的增长。

从1965年到2018年巴西人均GDP和人均碳排放之间的关系如图6所示。通过历史数据的拟合可以看出，巴西所处的历史发展阶段下，人均GDP每增

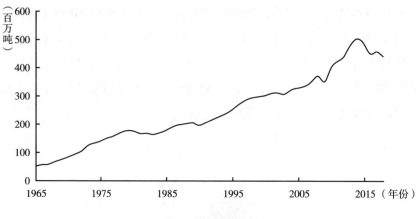

图5 巴西二氧化碳排放总量

加1000美元,其人均碳排放将增加约0.2吨二氧化碳。当前巴西人均碳排放仍然低于世界的平均水平,未来随着发展阶段的变化,在现有的一次能源构成比例和能源技术水平下,巴西人均碳排放还有可能会进一步增加,巴西也将在全球应对气候变化进程中面临减排二氧化碳的压力。

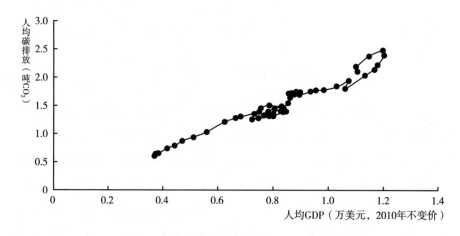

图6 巴西人均GDP和人均碳排放的关系(1965～2018年)

(三)自然资源指标

巴西拥有世界上最大的热带雨林,其碳汇资源相当丰富。丰富的森林资源和碳汇资源为巴西大力发展生物质燃料奠定了良好的基础。2014年巴西生物能源产量已经占据全世界的23.5%，仅次于美国，并且还向欧美等发达国家和地区出口大量的生物能源。在巴西，生物燃料作为替代燃料和掺混燃料为传统的燃油车提供动力，成为交通部门碳减排的一项重要解决方案。但由于热带雨林面临着被砍伐和破坏的严峻现实，巴西森林退化问题也日益成为世界的关注焦点。据统计，从1990年到2016年的26年间，巴西森林面积总量下降了9.9%，森林大规模快速退化正在引发生物多样性被破坏、水土流失加重、极端气候事件日益频繁等一系列问题，自然资源受破坏正在对气候系统和生态系统产生重要的影响。巴西森林面积及其占土地总面积比例如图7所示。

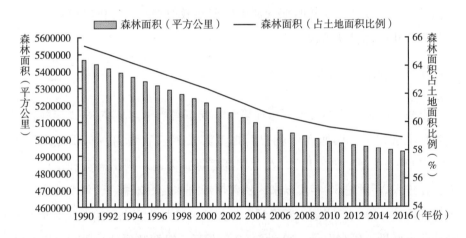

图7 巴西森林面积及其占土地总面积比例（1990～2016年）

2019年8月，亚马孙森林发生长时间大范围的火灾。据不完全统计，仅2019年1月至8月就有近4万处着火点出现在亚马孙森林区域。大火产生的浓烟覆盖了近50%的巴西国土，对邻近的秘鲁、玻利维亚等国也产生了重要影响；火灾造成严重的森林固碳能力损失和生物多样性破坏，其直接和间接损失难以估量。诱发森林火灾的因素除了本年度干旱少雨之外，博索纳罗政府对保护亚马孙森林持消极态度也是重要原因，亚马孙热带雨林的保护问题又一次被全世界所关注。

三 巴西国内参与全球气候治理的态度与角色

过去数十年中，巴西在经济方面取得显著成绩的同时，国内生态和气候环境也不断面临新的挑战。作为南美洲最大的经济体和世界上主要的发展中大国之一，近40年来巴西在应对全球气候变化方面开展了一系列工作，也取得了显著的成效，对全球气候治理进程的推进发挥了建设性作用。但由于巴西历届政府对国家所处的发展阶段定位不同，在国内开展应对气候变化行动和参与全球气候治理过程中所持的态度和扮演的角色也表现出一定的差异。下面主要从四个时期——卢拉执政之前时期（前卢拉时期）、卢拉执政时期、罗塞夫执政时期和博索纳罗执政时期——分析巴西在全球应对气候变化中的具体表现。

（一）前卢拉时期

巴西政府很早就参与到全球环境与气候事宜当中。早在1972年联合国人类环境会议上，巴西政府就曾以捍卫其发展权利为由，向联合国提出"不能以环境质量牺牲发展"，在全球环境保护方面表现出被动和消极的一面。在进入20世纪80年代以来，随着热带雨林面积萎缩、气候变化和生物多样性遭破坏等热点问题不断得到广泛关注，巴西政府也开始在应对全球气候变化方面投入研究力量。20世纪90年代后，巴西政府开始重视其在全球环境事务中的地位和作用，在1992年6月以东道主身份在里约热内卢召开的有众多国家政府首脑参加的联合国环境与发展会议上，签署了《联合国气候变化框架公约》，由此转变成为应对气候变化的积极参与者和倡导者。在卡多佐执政时期，巴西政府积极参与了1997年《京都议定书》的谈判，为《京都议定书》的达成和实施作出了卓越的贡献。前卢拉时期，巴西尽管在应对气候变化方面制定了一些相关政策并采取了一些实际行动，但受制于国家所处发展阶段，相应政策的执行效果并不显著，亚马孙流域的毁林和生态破坏等问题也没有能够得到有效解决。

（二）卢拉时期

自 2003 年执政巴西之后，卢拉在全球应对气候变化事务方面表现积极，逐渐从一个"参与者"转变为积极的"推动者"。卢拉总统在位期间，巴西对气候变化工作和全球影响力的重视都达到前所未有的高度。在气候谈判中，巴西在减排责任、清洁发展资金和毁林问题等方面都提出了更为积极的见解。作为清洁发展机制的创始国之一，巴西在美国退出这一机制之后，仍然积极主张发达国家要向发展中国家提供必要的资金支持以保障清洁发展机制的持续推行。该时期，巴西开始重视亚马孙流域热带雨林的主权问题，对破坏该区域森林的活动进行干预。由于亚马孙流域热带雨林在全球碳汇方面有不可替代的重要作用，巴西也在 2006 年内罗毕召开的《联合国气候变化框架公约》缔约方大会上提出成立森林基金支持热带国家减少毁林方面的活动，进而开启了减少森林砍伐和退化造成的温室气体排放（REDD）的讨论，引起了各国对保护现有森林以及减少毁林项目的关注，促进了相关措施的推行。在 2009 年哥本哈根气候大会上，巴西积极参与温室气体排放有关议题的讨论并进一步提出减排目标，成为第一个将减排倡议放到谈判桌上的发展中国家。[①]

（三）罗塞夫时期

罗塞夫政府基本延续了卢拉政府在气候谈判中的主张和策略，积极通过双边和多边机制，向世界各国特别是发展阶段相近的中国、印度、南非等发展中国家推动减排目标，共同商讨温室气体减排的责任问题。巴西在气候谈判中仍然坚持一贯的"公平"和"共同但有区别的责任"原则，曾在 2009 年启动的"基础四国"气候变化部长级会议中，与中国、印度和南非共同抵制《联合国气候变化框架公约》的变动，并且维持既定的减排原则。在

---

① 贺双荣：《巴西气候变化政策的演变及其影响因素》，《拉丁美洲研究》2013 年第 6 期，第 26～32 页。

2011 年的南非德班气候变化大会上，巴西积极促进各方在气候议题上缩小差距、达成共识。巴西政府在拉美委员会的支持下，在 2013 年与智利召开了一系列的会谈，这一举措促成了拉美和加勒比国家共同体在 2014 年利马气候大会中共同发声，并在 2015 年先后与中国、美国、德国等国家签订了关于气候变化的联合声明。罗塞夫执政时期巴西政府对全球气候治理体系的建设也发挥了重要的作用。[①]

（四）博索纳罗时期

博索纳罗于 2019 年初正式就职巴西总统，对气候变化国际事务表现出消极的态度。博索纳罗在竞选期间就曾喊出过"巴西优先""让巴西再次伟大"等口号，也曾提出要退出《巴黎协定》，之后这一表述被撤回。在 2018 年底的波兰卡托维兹气候大会前，巴西以"经济和预算的限制"为借口提出不再承办 2019 年底的缔约方大会，这一做法也给卡托维兹气候大会的召开笼罩了一层阴影。另外，在这届缔约方大会上，巴西代表团在国家间碳信用双边转移中不顾碳市场的完整性，坚持"重复计算碳信用额度"来实现自身利益最大化，进而使各方在这一议题上未能如期达成共识，不得不放在下次会议上再议。博索纳罗就任巴西总统以来，先后解散了数个与气候变化相关的政府部门，在其内阁成员中也任命了数位反对全球变暖观点的人士，这一举措可能会造成巴西热带雨林新一轮的破坏。博索纳罗政府否认气候变暖的做法将对巴西低碳转型和可持续发展造成严重的影响，也将对全球气候治理进程产生一定的消极作用。

从前卢拉时期到博索纳罗时期，巴西政府在全球气候治理中的角色和态度发生了变化。从被动参与到积极贡献，再到新政府的消极响应，这些变化既与巴西的经济社会发展阶段息息相关，也与国家领导人的抉择、执政党的利益诉求密不可分。相信巴西政府最终还将会重拾积极应对全球气候变化的

---

① 何露杨：《巴西气候变化政策及其谈判立场的解读与评价》，《拉丁美洲研究》2016 年第 2 期，第 79~95 页。

态度和决心，在积极建设全球气候治理体系的同时实现自身的绿色低碳和可持续发展，探索出发展和减排的双赢道路。

四　巴西应对气候变化的政策与行动

与大多数的发展中国家一样，巴西也一直致力于将全球气候治理与本国经济社会发展低碳转型相协调，努力实现共赢发展。巴西政府积极推进国内应对气候变化立法工作，不断巩固国内应对气候变化工作的基础，同时巴西也十分注重因地制宜地发展森林碳汇和生物燃料，并积极通过国际合作全面参与到全球气候治理当中。

（一）国内应对气候变化的立法

巴西近些年来重视国内应对气候变化相关的立法工作。2007 年巴西政府发布了《巴西致力于阻止气候变化》白皮书，开始重点关注能源结构低碳化和保护亚马孙热带雨林的工作；2008 年巴西政府在《气候变化国家计划》中强调，森林的砍伐和烧荒等活动成为巴西温室气体排放的主要来源之一，联邦政府将加大监管力度，进一步加强对原始森林的保护；2009 年 12 月哥本哈根气候大会刚刚结束不久，巴西政府颁布了《气候变化国家政策法案》，标志着巴西国内应对气候变化进入了一个新阶段。该法案是巴西在应对气候变化方面推出的专门性法案，并基于此出台和修订了一系列相关的法律文件，促进了相关法律文件之间的协调一致。在这个法律文件体系中还包括 2010 年出台的《固体废弃物的国家政策》，该法案提出要减少废弃物的产生，实现循环发展，减少温室气体排放；包括 2011 年的《绿色补贴法案》，该法案明确要通过补贴手段来有效激励自然保护区的居民对环境的保护；包括 2012 年的新《森林法》，该法案进一步重视和强调对亚马孙原始森林的保护。① 在这些国内应对气候变化法律文件的支撑下，巴西政府也在

---

① 陈海嵩：《拉丁美洲国家应对气候变化法律与政策分析》，《阅江学刊》2013 年第 6 期，第 46～53 页。

2015 年论证并向联合国提交了其《国家自主贡献报告》，在其中明确提出了巴西下阶段减排目标行动，包括至 2025 年和 2030 年温室气体排放量下降目标、2030 年热带雨林保护和牧草地恢复目标、可再生能源发展目标等。2016 年 5 月，巴西政府出台《适应气候变化国家计划（2016～2020）》，促进各级政府与私营机构在适应气候变化方面的合作。[1]

（二）大力发展生物燃料技术

大力发展生物燃料技术是巴西能源发展的一个重要方面。巴西是世界上最主要的生物乙醇生产国和出口国，发展生物乙醇技术不仅对巴西能源安全、能源结构低碳化发挥重要作用，同时也已成为巴西积极应对全球气候变化的一张名片。巴西在发展生物质能源方面拥有得天独厚的自然条件，其生物能源发展战略也得到各届政府的大力支持，有良好的历史传承。

巴西发展生物乙醇技术的行动历史悠久。早在 1903 年，巴西第一届国会就曾在乙醇的工业用途相关议程中提出生产汽车用生物乙醇的建议，奠定了巴西发展生物乙醇技术的基石。在接下来的一个世纪中，伴随着全球经济能源的变革，巴西生物乙醇技术的发展先后经历了研发起步阶段（1945 年以前）、平稳发展阶段（1946～1972 年）、国家战略阶段（1973～1985 年）、曲折发展阶段（1986～2002 年），以及低碳发展阶段（2003 年以来）。特别是近 20 年来，巴西高度重视发展生物燃料技术，使之成为国内应对气候变化的一个重要技术抓手，也作为积极参与全球气候治理的一个重点领域。2006 年出台的《国家生物柴油生产和使用计划》、2008 年出台的《生物能源研究计划》，以及 2011 年提出的《关于将一般农产品的衍生物升级为战略能源的措施》等计划和政策行动，持续推进巴西生物能源的研究和开发。

巴西发展生物燃料技术也面临着推广的障碍，具体表现为：（1）生物乙醇的能效低于传统的石油制品，成本方面与石油制品相比竞争优势也不明

---

[1] 王磊：《巴西发展清洁能源的政策与实践》，《全球科技经济瞭望》2017 年第 10 期，第13～17、23 页。

显，这使得巴西生物乙醇燃料很难进入化石燃料仍然在能源消费结构中占主导地位的国家和经济欠发达的发展中国家市场。（2）作为石油制品的替代品，生物乙醇大规模应用势必对国际石油进出口贸易产生影响，也会对地缘政治和经济稳定造成一定的影响。（3）尽管生物燃料被认为是"低碳"的燃料，但全球气候治理并没有对之形成有效的国际机制和完善的评价标准，生物燃料在减缓气候变暖方面的作用也没有能够全面发挥出来。[①]

（三）国际合作背景下的应对气候变化行动

作为"基础四国"中的重要一员，巴西与中国、印度和南非在应对气候变化方面有很多相近的立场。首先，上述四个国家都是发展中大国，在应对全球气候变化的同时也都要兼顾本国的发展阶段和发展利益，"共同但有区别的责任"原则是"基础四国"参与全球气候治理的基本原则之一。其次，在全球气候变暖的趋势下，海平面上升，自然灾害频次增加且强度增强，生物多样性挑战日益严峻，身为发展中国家的"基础四国"受这些方面的影响也将更为严重，自身低碳转型和实现可持续发展的内在动力更为强劲，发展转型的目标也更为迫切。最后，"基础四国"的经济发展水平在发展中国家阵营当中位居前列，但在应对气候变化方面仍然需要提升能力，这四个发展中大国的减排路径和进程将直接影响全球气候行动的进展，因此它们亟须得到发达国家的资金和技术支持。

由于巴西拥有丰富的水资源和热带雨林资源，其在经济社会发展中形成了较为低碳清洁的能源结构，在全球气候治理中的利益诉求还表现在如下两个方面：（1）十分关注森林碳汇，聚焦于森林砍伐和退化导致的碳排放问题，为减少亚马孙森林砍伐而争取更多的国际援助；（2）注重发展生物能源，推动建立全球性的生物能源市场，确立巴西在生物能源发展中的领导地位。近年来，巴西在全球气候治理中的表现也转向消极，"基础四国"在应

[①] 张帅：《巴西乙醇燃料发展的历史、特点及对中国的启示》，《西南科技大学学报》（哲学社会科学版）2017年第2期，第11~18、36页。

对气候变化方面的分歧也越来越大。①

巴西积极参与气候变化背景下的国际合作，为提升本国应对气候变化能力寻求资金资助。1997 年巴西提出的建立清洁发展机制的提案备受关注，并在该机制下促成本国 100 多个减排项目的实施；在 2008 年提出的到 2020 年努力实现亚马孙毁林减少 80% 的目标，也为巴西从温室气体排放中获得了很多的国际资金援助，巴西也由此成为从国际环境协议中获得资金最多的国家。通过积极开展国际合作，巴西不仅提升了其国际地位，同时也在国际合作中取得了大量资金支持，提升了自身应对气候变化的能力。

五　巴西对全球气候治理的影响分析

近年来受经济衰退的影响，巴西政府政局不稳，国内也采取不惜环境代价寻求近期经济增长的策略，"巴西优先"的零和博弈思维可能会在近期在促进经济发展方面有一定成效，但长期势必降低巴西的国际竞争力，阻碍其向绿色低碳和可持续发展转型。

零和博弈的狭隘思维将破坏"基础四国"在应对气候变化领域的共识，阻碍全球气候治理体系的向前发展。近年来，"基础四国"国内各自所面临的主要矛盾都在发生变化，四个国家在应对气候变化方面的立场分歧也逐渐显现出来。② 特别是巴西政府及其气候谈判代表团在 2018 年底波兰卡托维兹气候大会前后的表现，以及"巴西优先"弃全人类命运于不顾的态度将巴西置于舆论的风口浪尖，严重破坏了巴西的国际形象。全球气候谈判这一多边机制需要所有缔约方都一致同意才能在关键问题上达成共识，而巴西当前应对气候变化的态度势必对其产生重要的负面影响，全球气候治理进程也将受到影响。

---

① 严双伍、高小升：《后哥本哈根气候谈判中的基础四国》，《社会科学》2011 年第 2 期，第 4~13 页。

② 柴麒敏、田川、高翔等：《基础四国合作机制和低碳发展模式比较研究》，《经济社会体制比较》2015 年第 3 期，第 106~114 页。

　　不惜环境代价寻求经济发展将严重影响巴西国内低碳转型，给全球实现控制温升2℃目标制造额外的障碍。当前的博索纳罗政府大力削减巴西国内应对气候变化的专业机构和高级别专业人才，国内应对气候变化工作将全面受阻；迫于近期复苏经济的压力，巴西大力发展重化工业和毁林等举措有不断加剧的趋势，这些做法不仅不利于巴西产业综合竞争力的提升，同时也将产生严重的高碳锁定效应，制约巴西的低碳转型。另外，巴西在保护亚马孙热带雨林方面的举措将被大大削弱，全球固碳的努力也将大打折扣，不仅全球努力实现控制温升2℃的目标将推迟达到，巴西自身生态环境和生物多样性也都将面临严峻挑战。

国内应对气候变化行动

Domestic Actions on Climte Change

G.12

中国碳市场进展

张　昕[*]

摘　要： 本章分别评述了近两年来中国试点碳市场、温室气体自愿减
排交易市场和全国碳市场建设进展，分析讨论了碳市场制度
建设中面临的主要风险，即处理好市场作用和政府作用关系
的挑战，处理好试点碳市场和全国碳市场关系的挑战，处理
好政策协调和机制协同的挑战，处理好地区差异性和行业差
异性的挑战等，并就上述风险管理提出对策建议。

关键词： 试点碳市场　自愿减排交易市场　全国碳市场　制度建设
市场表现

* 张昕，国家应对气候变化战略研究和国际合作中心碳市场部主任、研究员，研究领域为碳交
易市场机制研究。

中国碳市场是基于市场机制的温室气体减排政策工具，是应对气候变化的机制体系创新，是提高环境治理水平、完善环境资源价格机制的重要抓手。本章分别评述了近两年来中国试点碳市场、温室气体自愿减排交易市场和全国碳市场建设进展，分析讨论了碳市场制度建设中面临的主要风险，并提出对策建议。

一　试点碳市场进展

通过大量细致探索性建设工作，北京、天津、上海、重庆、湖北、广东、深圳试点碳市场已经初具规模，初显减排成效。近年来，各试点碳市场不断深化制度体系建设，包括调整覆盖范围，强化碳排放 MRV 制度和配额分配制度建设，提升市场化水平，从而进一步确保碳市场减排成效。

（一）逐渐扩大覆盖范围

与启动时相比，北京、上海、湖北、广东和深圳试点碳市场均增加了覆盖的行业、企业数量；此外，北京碳市场还新纳入了交通运输业移动设施，广东试点碳市场还新增了造纸、航空等行业（见表1）。扩大覆盖范围，丰富了市场参与主体，改善了碳市场活跃度和流动性，有助于增强碳市场控制温室气体排放总量的成效。[①]

不断加强碳排放数据质量管理。2018 年 6 月，北京市碳交易主管部门发布《关于开展碳排放权交易第三方核查机构专项监察的通知》（京发改〔2018〕1314 号），对北京试点碳市场核查机构开展为期半年的专项监察。广东省碳交易主管部门修改完善了《广东省企业（单位）二氧化碳排放信息报告指南》和《广东省企业碳排放核查规范》，并对广东试点碳市场核查机构和评议机构进行考察。湖北省碳交易主管部门召开湖北碳市场 2018 年

---

① 国家应对气候变化战略研究和国际合作中心：《中国碳市场建设调查与研究》，中国环境出版集团，2018。

表1 试点碳市场覆盖范围

试点碳市场	覆盖企业数量		新增覆盖范围
	启动时	2019年	
北京	432	943	交通运输业移动设施等
天津	114	109	—
上海	191	271	—
重庆	254	254	—
广东	184	246	造纸、航空等
湖北	138	344	—
深圳	635	769	—

核查工作总结会，总结核查工作的经验和问题，综合考评核查机构。针对排放数据管理工作中出现的问题，试点碳市场主管部门提高了碳排放监测、核算、报告和核查技术规范的科学性和易用性，加强了对核查机构的监督指导，提升了核查机构业务水平，强化了核查机构严格自律，进一步确保碳排放数据质量。

探索优化配额分配方法。北京试点碳市场根据重点排放单位3年来配额盈余情况以及生产运行和实际排放情况，对重点排放单位配额进行调整核减，并保持核减后企业配额总量不低于2017年度其碳排放总量，从而进一步收紧配额分配，调整配额市场供需。[1] 为促进重点排放单位顺利完成2018年度履约，天津试点碳市场组织实施配额有偿竞价发放，配额发放总量为200万吨二氧化碳当量，底价为2018年1月1日至2019年6月26日所有交易日市场加权均价的1.2倍，配额有偿竞价发放收入缴入市财政，所购得的配额只能用于2018年度履约，不能用于交易。[2] 广东试点碳市场调整了配额分配的基准值，更新、细化配额分配计算参数，对普通造纸和纸品生产行业采用历史排放强度下降法，对特殊造纸和制品生产采用

---

[1] 北京市发展和改革委员会：《北京市发改委关于重点排放单位2017年度配额核定事项的通知》（京发改〔2018〕288号），2018年2月12日。

[2] 天津碳排放权交易所：《天津碳排放配额有偿竞价发放结果公告》2019年6月28日。

基准线法分配配额,将资源综合利用机组配额分配方法改为历史排放强度下降法等;此外,还调整配额回收与增补的门槛和计算方法。[①] 试点碳市场因地制宜地不断优化改进配额分配方法,削弱了行业差异性,收紧了碳市场配额总量,限制了抵消机制空间,改善了碳市场的供需情况,确保碳市场减排的有效性。

(二)市场运行平稳有序

截至 2019 年 6 月,七个试点碳市场配额交易运行平稳,配额现货累计成交量达到 3.3 亿吨二氧化碳当量,累计成交金额约 71 亿元人民币,其中广东、湖北和深圳配额现货累计成交量分列前三位,广东、湖北和深圳配额现货累计成交金额分列前三位(见图 1)。2013 年以来,七个试点碳市场配额成交量先增加再降低,2016 年配额成交量达到最高,随后配额成交量逐年降低(见图 2)。由图 3 可见,配额成交金额呈现震荡趋势,2013 年配额成交金额最低,约为 2 亿元;2014 年和 2016 年配额成交总金额较高,约为 12 亿元。

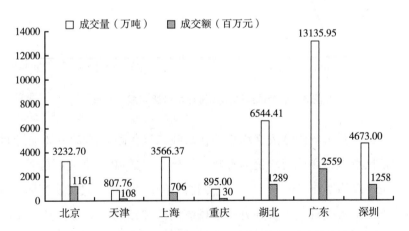

图 1 试点碳市场排放配额成交量与成交额(截至 2019 年 6 月 30 日)

[①] 广东省发展和改革委员会:《广东省发展改革委关于印发广东省 2018 年度碳排放配额分配实施方案的通知》(粤发改气候函〔2018〕3632 号),2018 年 7 月 26 日。

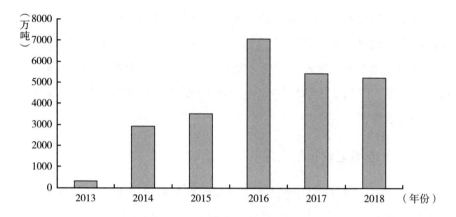

图2 七个试点碳市场排放配额逐年成交总量

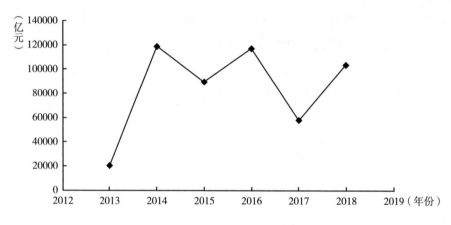

图3 七个试点碳市场排放配额逐年成交总额

多数试点碳市场配额成交均价约在每吨二氧化碳当量20~30元之间波动，北京试点碳市场成交均价为每吨二氧化碳当量40~50元，位居试点碳市场首位。履约期前（6~8月），重点排放单位等集中大量买卖配额，试点碳市场配额交易呈现量、价齐升，市场流动性和活跃度显著提升；2019年7~8月，北京碳市场碳价更是上涨到每吨二氧化碳当量80余元。值得注意的是，多数试点碳市场每年的"零交易日"数量逐渐减少，且交易日分布趋于分散，表明试点碳市场趋于成熟，碳交易参与者越来越理性。

此外，试点碳市场在碳金融产品开发和运营方面做出了有意义的尝试，开发了碳配额远期交易、碳基金、碳债券等一系列产品,一定程度上起到了活跃碳市场、盘活企业沉淀的碳资产的作用。例如,据不完全统计,截至2018年12月,湖北试点碳市场配额现货远期成交约2.58亿吨二氧化碳当量,成交金额为61.87亿元,位居试点碳市场首位,分别是湖北试点碳市场现货交易成交量和成交金额的4倍和5倍。

(三)100%完成履约

2017履约年度(2017年7/8月~2018年6/7月),七个试点碳市场最终履约率均为100%,其中上海试点碳市场是所有重点排放单位中唯一连续6个履约期均按时完成履约的试点碳市场。各试点碳市场高度重视重点排放单位履约管理,在法律法规效力有限的情况下,探索出一系列措施推动重点排放单位履约,包括采用行政督导、配额拍卖、延迟履约时间等,并采用罚款、扣减配额、纳入征信管理、公布黑名单等多种方式处罚不履约的重点排放单位。

(四)创新发展碳普惠机制

碳普惠活动是依托试点碳市场的又一次机制创新,如广东试点碳市场碳普惠机制、北京试点碳市场"我自愿每周再少开一天车"、湖北试点碳市场"碳宝包"、深圳试点碳市场"车碳宝"等。

早在2015年,广东省碳交易主管部门出台了《广东省碳普惠制试点工作实施方案》《广东省碳普惠制试点建设指南》《碳普惠制核证减排量管理的暂行办法》《广东省碳普惠制核证减排量交易规则》等文件,初步建立了碳普惠活动的管理体系和量化方法体系,备案签发了碳普惠活动产生的广东核证自愿减排量(PHCER),相关企业和单位可在广东试点碳市场交易,并参与广东试点碳市场排放配额履约抵消,或获得碳积分等奖励。截至2018年8月,广东试点碳市场共备案PHCER约85万吨二氧化碳当量,累计成交量112.9万吨二氧化碳当量。2018年9月,广东省碳交易主管部门暂停了碳普惠项目备案，修改完善相关制度，以提高碳普惠项目质量和管理效率。2019年6月，广东省碳交易主管部门恢复碳普惠项目和PHCER备案，要求相关工作仍按照《碳普惠制核证减排量管理的暂行办法》要求执行，同时印发5个修订后的方法学，引导广东省相关企业和单位购买PHCER。①

"我自愿每周再少开一天车"是北京市碳交易主管部门推出的，旨在借助北京试点碳市场充分提高公众自愿降低机动车使用强度，倡导绿色低碳生活方式的碳普惠机制交易行动。从2017年6月启动截至2019年4月（停止受理"停驶申请"），"我自愿每周再少开一天车"平台累计注册人数约14万人，停驶产生碳减排量约3.5万吨二氧化碳当量，单日形成减排量约50万吨二氧化碳当量，交易金额约130万元。2019年1月，北京市碳交易主管部门规定，将重点排放单位可使用"我自愿每周再少开一天车"活动中产生的机动车自愿减排量抵消排放配额的比例上限提高至20%，充分发挥碳市场激励积极开展"我自愿每周再少开一天车"的作用。②

碳普惠机制发展受到社会各方高度重视和广泛参与，但是推行一段时间后，在减排量核证和市场运营方面暴露出一系列问题，限制了碳普惠机制的发展。因此，可持续发展碳普惠机制，不仅需要不断完善技术规范体系，确保技术规范兼顾科学性和适用性，更需要依托碳交易市场机制创造市场需求、创新商业模式、提升市场收益，为碳普惠活动提供切实的激励。

二 温室气体自愿减排交易市场进展

温室气体自愿减排交易体系已经上线交易4年有余，相对于试点碳市场排放配额交易，温室气体自愿减排项目产生的中国核证自愿减排量

---

① 广东省生态环境厅：《广东省生态环境厅关于恢复受理省级碳普惠核证减排量备案申请的通知》（粤环函〔2019〕977号），2019年5月3日。
② 北京市发展和改革委员会：《关于调整机动车自愿减排量抵消比例的通知》2019年1月9日。

（CCER）交易相对活跃，并积极参与试点碳市场碳排放权履约，在推动项目级碳减排、倡导低碳生产和生活方面已发挥重要作用。

（一）实施管理机制改革

为简化温室气体自愿减排项目审定和减排量核证程序，确保减排项目和CCER质量，并结合国务院"放管服"相关要求，国务院碳交易主管部门正在组织对温室气体自愿减排交易体系管理机制进行改革，修订相应管理办法，目前已经完成了技术层面的修订工作。

（二）交易相对活跃

相对于同期试点碳市场排放配额交易，CCER交易活跃度较高，CCER交易换手率约为同期试点碳市场排放配额交易换手率的3～4倍。截至2019年6月，CCER累计成交量超过1.7亿吨二氧化碳当量，累计成交金额约12亿元人民币，其中上海、广东、北京试点碳市场CCER成交量较高。2017年履约期内，七个试点碳市场CCER成交量约为1640万吨二氧化碳当量，与上一履约期CCER成交量相比降低约1/3。此外，根据自愿减排项目来源、产地、是否可用于试点碳市场履约抵消等不同，CCER价格波动较大，且在低位运行，通常CCER成交价格在几元至十几元之间。

（三）积极参与履约抵消

2015年，CCER开始参与试点碳市场履约，截至2019年8月（试点碳市场履约期结束），各试点碳市场累计使用约1800万吨二氧化碳当量的CCER用于配额履约抵消，约占备案签发CCER总量的22%。广东、深圳和上海试点碳市场分列累计使用CCER履约抵消量前三位。但是，2017年后，CCER参与履约量逐渐降低。2017年履约期，约261万吨二氧化碳当量的CCER参与试点碳市场履约抵消，仅为2016年履约期（2016年6/7月～2017年7/8月）用于履约抵消CCER量的56%。CCER参与试点碳市场履约抵消，为重点排放单位降低履约成本提供了有效途径。值得注意的是，2016年之后，无论是CCER成交量，还是

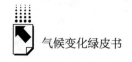

试点碳市场履约抵消量，均呈现逐年降低趋势，主要原因仍是各试点碳市场配额均有盈余，加之CCER管理机制改革尚未完成，影响了市场对CCER的需求。[①]

（四）用于"碳中和"与生态扶贫

近年来，越来越多的企业、团体和个人选择使用CCER用于"碳中和"。截至2019年8月，用于"碳中和"与自愿注销的CCER约49万吨二氧化碳当量，并具有逐年增加的趋势。2019年6月，生态环境部发布了《大型活动碳中和实施指南（试行）》，规范了大型活动实施"碳中和"的程序、碳排放量核算方法和使用的碳信用等，为CCER用于大型活动"碳中和"与生态扶贫奠定了政策和技术基础。

三 全国碳市场建设进展

2018年4月，按照党中央、国务院关于机构改革的决策部署，国务院碳交易主管部门由国家发展改革委转隶至生态环境部，这是新形势下实现温室气体排放控制和大气污染治理统筹、协同、增效的重要举措，为加强碳市场建设提供了制度保障。转隶后，生态环境部从推动碳交易立法、建立健全制度体系、加快基础设施建设、强化基础能力建设等方面稳步推进全国碳市场建设。

（一）建设"1＋N"法律法规体系

积极构建以《碳排放权交易管理条例》为基础框架（以下简称《条例》，即"1"），以各类配套细则（各类管理办法，即"N"）为支撑的"1＋N"型法律法规体系，为全国碳市场建章立制。在广泛听取相关部委、各省区市、行业协会、企业和专家对《条例》意见的基础上，国务院碳交

---

① 温室气体自愿减排注册登记系统管理办公室：《关于CCER用于试点碳市场履约抵消的情况》，2019。

易主管部门不断修改完善《条例》内容。2019 年 4 月 3 日，生态环境部公示了《条例》，并加大与有关部门协调工作力度，积极推动《条例》出台。与此同时，国务院碳交易主管部门还积极开展研究制定"碳排放核查报告管理办法""碳排放核查机构管理办法""碳排放配额总量设定和分配技术指南"等，已在技术层面上形成了比较成熟的草案。

（二）持续强化排放数据管理制度建设

国务院碳交易主管部门持续推进重点排放单位的历史碳排放数据报告和核查工作，为开展排放配额分配奠定基础。2018 年，在《国家发展改革委办公厅关于做好 2016、2017 年度碳排放报告与核查及排放监测计划制定工作的通知》（发改办气候〔2017〕1989 号）要求指导下，各省区市全面完成 2016 年、2017 年排放单位历史碳排放数据的报送、核算和核查相关工作。2019 年 1 月，生态环境部发布《关于做好 2018 年度碳排放报告与核查及排放监测计划制定工作的通知》，组织各省区市开展 2018 年度碳排放数据报告、核查及排放监测计划制定工作。与前期重点排放单位温室气体排放报告与核查工作要求相比，2018 年、2019 年进一步提高了对碳排放监测工作的要求，要求重点排放单位提交监测计划备案，对监测计划开展核查，并实施以监测计划为基础的核查，进一步夯实全国碳市场碳排放数据基础。

（三）完善配额分配方案

在摸清碳排放数据的基础上，国务院碳交易主管部门正在研究制定发电行业配额分配技术指南，指南出台后还将分片区开展发电企业配额分配试算、测算配额分配基准线的松紧度以及配额分配方法的科学性和合理性等，并根据反馈意见，修改完善配额分配技术指南。

（四）积极开展交易和注册登记系统建设

全国碳市场注册登记系统和交易系统建设与运维管理牵头单位制订了系统建设方案和管理机构组建方案，并组织专家开展研讨。2019 年 5 月，生

态环境部发布《关于做好全国碳排放权交易市场发电行业重点排放单位名单和相关材料报送工作的通知》，组织各省级环境部门报送拟纳入全国碳市场的电力行业的重点排放单位名单，确定注册登记系统专责省级管理员、重点排放单位及其开户材料，为开展配额分配、注册登记系统开户和市场交易测试做好准备。

（五）持续开展碳交易能力建设

主管部门以问题为导向，积极筹划，对各省区市碳交易主管部门及其技术支撑单位和相关企业人员深入开展全国碳市场建设关键问题研究和能力建设活动，提升各方建设碳市场、参与碳交易的能力。2018 年 6 月 13 日，主管部门组织召开了 300 余人参加的"全国低碳日碳市场经验交流会"。2018 年 9 月 6 日，为落实《全国碳排放权交易市场建设方案（发电行业）》推进能力建设工作要求，生态环境部召开了发电行业参与全国市场的动员部署会。根据生态环境部统一部署，中国电力企业联合会在京举办为期一天半的全国碳排放权交易市场（发电行业）培训会，发电企业、第三方核查机构、地方政府等参加了会议，进一步抓实发电行业参与碳市场的相关工作。

四 全国碳市场建设面临的风险与对策建议

全国碳市场建设是复杂的系统工程，为了建成切实可行、行之有效的全国碳市场，必须识别全国碳市场建设中面临的关键风险点并实施有效管理。在总结试点碳市场、CCER 交易市场和全国碳市场建设进展的基础上，我们分析讨论了全国碳市场建设中面临的风险挑战，并以此为导向，提出对策建议。

（一）处理好市场作用和政府作用关系的挑战

碳市场是基于市场机制实现碳排放总量控制目标的低成本政策工具，同时碳市场制度设计和建设政策主导性强，高度体现了政府的碳减排意志。因此，政府与市场是贯穿碳市场建设的两条主线，处理好政府和市场作用的关系是建成卓有成效的碳市场的核心问题。

碳市场建设和运行必须发挥市场配置碳排放空间资源的决定性作用。为了碳市场的健康运行，必须减少政府对资源的直接配置，如审批与指定交易机构、频繁干预碳交易与碳价格等，应通过充分的市场活动、合理的市场供需、有效的市场价格、有序的市场竞争，实现碳排放空间资源配置效益最大化和效率最优化。具体地说，就是碳价格不由政府决定，由碳市场发现和决定，是在其价值基础上由竞争机制和供求机制决定。碳交易参与方有权决定自己的需求、自主消费，不由政府指令性计划决定和限定供应，把有限的碳排放空间资源配置到最有效率的市场主体中去。

同时，碳市场建设必须更好地发挥政府作用。梳理出哪些工作是政府必须做的，哪些工作是政府可做可不做的，哪些工作是政府不应做的，政府必须做的工作一定要做到位、管理好。政府作用的正确定位就是为碳市场的建设与发展做好顶层设计，建章立制；同时，政府为碳市场能顺利建设与运行提供有效监管和保障，包括实施基础支撑系统建设和运维管理、提供必要的财政支持、组织开展能力建设等。政府可做可不做的工作最好以购买服务的方式转移给其他专业机构，交给市场。

（二）处理好试点碳市场和全国碳市场关系的挑战

《全国碳排放权交易市场建设方案（发电行业）》明确提出，要深化试点碳市场建设，推动试点碳市场向全国碳排放权交易市场平稳顺利过渡，但尚未就如何确保试点碳市场与全国碳市场顺利对接和平稳过渡提出科学合理的方案。如果不能顺利实施试点碳市场向全国碳市场的平稳过渡，将会削弱碳市场建设政策的公信力，打击各方参与碳交易的积极性，造成国家资产、资源的巨大浪费，直接阻碍全国碳市场建设的顺利开展。

为了实现试点碳市场向全国碳市场的平稳过渡，应尽快明确试点碳市场定位，制订试点碳市场平稳过渡的方案。在坚持充分尊重碳交易试点省市首创精神、坚持全国碳市场统一运行、统一管理的基础上，开展探索性研究，

集思广益，凝聚共识，尽快制订既因地制宜，又与全国碳市场建设规划一致的试点碳市场平稳过渡方案。方案除了应为试点碳市场的平稳过渡提供政策和技术保障，使试点碳市场在市场要素、基础制度和支撑系统等方面逐渐向全国碳市场靠拢，还应推动继续深化试点碳市场建设，充分发挥试点碳市场的全国碳市场建设试验田的作用，从而确保试点碳市场平稳过渡和顺利转型。

（三）处理好政策协调和机制协同的挑战

我国正在实施多种生态环境保护和节能减排政策，同时也在建设多种环境权益交易市场机制，包括碳交易机制、用能权交易机制、绿色能源证书交易机制等。全面做好生态环境保护和节能减排工作虽然需要多种政策和机制，但在客观上也形成了政出多门、政策工具重复覆盖、竞争政策资源的局面，而且协调各种生态环境保护和节能减碳政策障碍多、难度大，地方政府和企业在贯彻落实这些政策时面临管理成本增加、重复建设等风险。

此外，为积极探索碳交易与相关政策协调和机制协同的有效途径，有机结合，综合施策，使这些政策和机制的作用都得到最大限度的发挥，共同促进碳排放控制、能源消费控制和大气污染物控制目标的实现，可采取一系列措施。一是全国碳市场建设政策目标与节能、大气污染治理等政策目标实现统筹协调；二是碳交易机制建设和用能权交易机制、排污权交易机制建设协同推进，相互融合；三是技术支撑体系提质增效，例如，可以依托生态环境系统现有的高效监测技术、标准和设备等加强碳排放数据技术体系，进一步提高碳排放数据质量。

（四）处理好地区差异性和行业差异性的挑战

我国各省区市和不同行业的碳排放现状、减排潜力和减排成本存在差异，因此，全国碳市场制度建设应注重地区和行业差异性，统筹区域经济可持续协调发展和碳减排要求，以免影响到控排企业参与碳交易的积极性，削弱碳市场的减排成效。

处理好地方差异性和行业差异性的问题，是一个长期的、艰巨的政策和技术挑战，必须坚持全国碳市场"一个方法、一个标准"的原则，必须不断探索、优化削弱地方差异性和行业差异性的政策和技术，综合运用政策、技术、经济手段，实现成效与效率兼顾、公平性与差异性兼顾。同时，还要防止出现新的差异化，防止割裂全国碳市场，防止增加管理成本。以碳市场核心要素排放配额分配为例，在严格控制全国碳市场排放配额总量的前提下，对欠发达地区和行业利润水平较低的企业，设置相对宽松的排放基准线和总量，给予较小的减排压力；对发达地区和行业利润水平较高的企业，可设置较严谨的排放基准线和总量，并提高有偿分配配额的比例，给予较大的减排压力。此外，通过合理设置基准线，协调行业内差异，确保排放配额分配在可比条件下代表技术先进水平，促进企业通过技术升级实现节能减碳；还可将配额有偿分配的收益用于欠发达地区低碳技术改造和经济发展转型中。

G.13
中国电动汽车激励政策的发展与影响

冯金磊*

摘　要： 电动汽车是能源转型的关键解决方案之一。在可再生能源比例不断提升的背景下，以电动汽车替代传统燃油车可有效促进节能减排，治理空气污染和增加能源安全。全球电动汽车市场的发展主要在最近十年，中国已经成为其中的最大市场和主要推动者。在中国的电动汽车发展的三个主要阶段中，激励政策的角色至关重要。激励政策可以划分为直接激励政策和间接激励政策。作为首要的直接激励政策，电动汽车购置补贴政策的变化直接影响着全球电动汽车市场的发展。随着零购置补贴时代的来临，包括基础设施在内的间接激励政策亟待完善。长远来看，我国电动汽车发展需要包括双积分政策以及部门耦合政策在内的更多的政策创新。

关键词： 电动汽车　购置补贴　激励政策

2019 年对中国电动汽车市场具有重要的意义。在连续四年保持全球第一市场之后，中国的电动汽车政策正处于关键转折点。一方面，电动汽车购置补贴的大幅退坡在为明年完全退出做铺垫；另一方面，新能源乘用车企业平均燃料消耗量与新能源汽车积分并行管理办法在实施一年后进行修订，向

---

* 冯金磊，国际可再生能源署（IRENA）项目官员，研究领域为全球可再生能源相关政策以及全球能源转型中的碳定价政策和化石能源补贴等。

技术创新和企业释放更积极信号。在此背景下，结合我国电动汽车市场的发展阶段对相关激励政策予以梳理和展望，具有重要借鉴意义。

一 背景

电动汽车是全球交通领域能源转型的三项关键解决方案之一。三项关键措施包括减少交通领域的能源需求，加快电动出行的比例，同时推动生物燃料在道路航空和航海等领域的应用。[1] 电动汽车主要指纯电动汽车以及插电式混合动力汽车。前者依靠电池来储存能量并驱动电机，通过外接充电站或充电桩等方式为蓄电池充电。插电式混合动力汽车除了电池和电机系统外，同时仍保留传统的燃料存储和发动机系统共同为汽车提供驱动力。电动汽车、混合动力汽车以及燃料电池汽车等通常被认为区别于传统燃油汽车并更有环保效益。

电动汽车可以帮助节能减排、减少空气污染和提高能源安全。传统燃油车是全球碳排放的主要来源之一，根据 IPCC 最新报告，交通领域贡献了全球能源相关二氧化碳排放的 23%。[2] 电动汽车在行驶过程中主要由电能驱动而减少了燃油消耗，从而达到减排目的。研究表明，从 2016 年到 2050 年，我国 17.5% 的减排潜力将来自交通领域，其中主要措施就是电动汽车。[3] 仅在 2018 年，全球电动汽车避免了 3600 万吨二氧化碳当量的碳排放。[4]

电动汽车替代传统燃油车可有效减少空气污染。传统燃油车的尾气排放中包括细微颗粒物、臭氧、氮氧化物和一氧化碳等，是空气污染的主要来源。根据世界卫生组织的研究，欧洲城市空气中 30% 的细微颗粒物污染来自传统燃油汽车。电动汽车可避免此类空气污染物排放。

---

[1] IRENA, *Global Energy Transformation*：*A Roadmap to 2050*（Abu Dhabi, IRENA, 2019），p. 48.

[2] IPCC, 2018, *Special Report 1. 5 Degree-Chapter2*（New York, IPCC, 2019），p. 134.

[3] 刘俊伶、孙一赫、王克、邹骥、孔英：《中国交通部门中长期低碳发展路径研究》，《气候变化研究进展》2018 年第 5 期，第 513~521 页。

[4] IEA, *Global EV Outlook 2019*（Paris, IEA, 2019），p. 1.

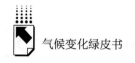

电动汽车可以提升国家能源安全。交通出行消耗了全球 28% 的能源，其中主要是石油制品。我国的石油依存度较高，进口原油所占比例在五年之内由 56.7%（2012 年）增加到了 68.6%（2017 年），① 能源安全问题刻不容缓。根据国际能源署（IEA）最新预测，全球电动汽车仅在 2030 年就可避免 2.18 亿吨原油消耗，超过中国 2016 年全年原油进口量的一半。在我国城市交通能耗不断增加的趋势下，推广电动汽车提升能源安全的意义显而易见。

二 全球电动汽车市场现状

截至 2018 年底，全球电动汽车数量超过 510 万辆，相比 2017 年增加 65%。其中轻型乘用车占据了主要市场，剩余部分包括 9% 的电动巴士、5% 的轻型货车以及 1000 辆左右的载重货车。但放在整个汽车市场中，全球电动汽车仍处于缓慢增长的起步阶段。2018 年电动汽车仅占全球汽车市场的 2.1%。

挪威是全球电动汽车市场占有率最高的国家。在 2018 年，电动汽车的销量占到整个挪威新车市场销量的 46%。② 在包括瑞典、荷兰、美国在内的其他主要的电动汽车市场中，这一比例都不超过 10%。同时，电动汽车已占挪威汽车总保有量的 6%，远高于全球平均水平。其领先地位主要得益于持续和积极的电动汽车推广政策以及不断完善的充电基础设施。

中国、欧盟和美国是全球电动汽车规模最大的三大市场，占据了电动汽车保有量的 90%。欧盟尤其是北欧国家在电动汽车发展中表现突出，去年销售了 38.5 万辆，保有量增加 47% 达到 120 万辆。美国是全球最早开始电动汽车技术研发和基础设施建设的地区，在最近三十年内累计投入超过 200 亿美元来支持电动汽车等核心技术研发，各地方政府先后利用政府采购，财税减免和资金补贴等政策来推广电动汽车。③ 去年美国的电动汽车市场销量

---

① 金约夫：《中国交通节能减排相关数据和重点标准法规概览》，2018，第 24 页。
② IEA, *Nordic EV Outlook 2018*（Paris, IEA, 2018），p. 7.
③ 李晓慧等：《美国发展新能源汽车的政策及未来趋势》，《全球科技经济瞭望》2016 年第 3 期，第 63~71 页。

达到 36.1 万辆，保有量达到 110 万辆。

充电设施建设也处于同样的增长状态。全球累计已建成 520 万座充电桩和充电站，15.7 万个电动公交车专用快速充电设施。所有已建成的充电桩和充电站中，仅有 10% 为公用充电设施，而其余 90% 为专用用途。慢充设施占已建成的充电桩和充电站的绝大多数。

三　我国电动汽车市场的发展

1. 我国电动汽车市场现状

中国已经连续四年成为全球最大电动汽车市场。2018 年，电动汽车在中国销售超过 110 万辆，占全球电动汽车销量一半以上。与此同时，我国的电动汽车保有量超过 230 万辆，占全球的 45%。另有研究显示，全球超过 99% 的投入运营的电动公交车都在中国。

中国的电动汽车市场在过去的六年间增长超过一百倍，从 2012 年的年销量 1 万辆增长至 2018 年的 110 万辆。2015 年后，电动汽车的市场份额突破 1%，列入全球前十位。根据 IEA 相关数据，当前我国的电动汽车市场份额已经达到 3.9%。

我国已建成的电动汽车充电基础设施占全球的 13% 左右。截至 2018 年，我国电动汽车的充电设施已建成超过 72 万个，其中 1/3 为公共的充电桩和充电站。由于中国在投入运营电动公交车市场占绝对多数地位，全球 78% 的电动汽车快速充电设施都建在中国。

2. 中国电动汽车发展的三个阶段

2008 年之前，是我国电动汽车的研发和探索阶段。自 20 世纪 90 年代开始，国家层面结合科技支撑计划以及重大科技专项等政策措施，对电动汽车相关的关键技术和零部件的研发给予引导和支持，但尚未形成规模市场。在此期间，推广的电动汽车仅限于少数地方政府在试点项目和重大活动期间所采购并投入试点运营的电动公交车。

2009～2012 年是我国电动汽车的试点示范阶段。2009 年，科技部、

财政部、国家发展和改革委员会以及工业和信息化部联合启动了为期三年的"十城千辆"试点示范项目。在此项目的支持下,电动汽车先后在25个城市进行了一定规模的试点推广和应用,主要以电动公交以及市政车辆为主。

自2013年开始,我国电动汽车市场开始进入持续增长阶段并逐渐成为全球最大市场。一方面国家战略规划和进取目标的有效引导对此阶段产生了关键影响,另一方面也来源于国家和地方各个层面发布的汽车购置补贴、充电桩/站等基础设施补贴、车牌激励以及税费减免等诸多直接和间接激励政策。

3. 中国电动汽车发展的主要驱动力

汽车产业转型升级、大气污染治理和气候变化应对是推动我国电动汽车市场发展的重要驱动力。其中汽车产业转型升级是电动汽车发展的主要内在驱动力。2009年,国务院发布的《汽车产业调整和振兴规划》将新能源汽车列为核心战略之一,提出推动电动汽车等及其关键零部件的产业化,同时明确了试点城市示范、财政补贴以及建立充电网络等基础设施的政策支持方向。此后,包括电动汽车在内的新能源汽车产业也作为国家战略性新兴产业之一在战略层面受到重视。① 电动汽车在我国汽车产业转型升级中逐步占据重要角色地位。

大气污染治理和应对气候变化是电动汽车加速发展重要的外在驱动力。2013年,国务院发布的《关于印发大气污染防治行动计划的通知》中,明确提出将在城市公共交通和市政等领域推广新能源汽车。2015年,我国在巴黎气候大会期间承诺了2030年左右实现碳排放达峰等目标。从国家到地方各层面都开展了低碳发展探索和实践。在所有领先的低碳试点城市规划和行动中,电动汽车在市政、公交以及私人出行领域的推广,均为城市低碳交通的重要实现路径。在上述内外因驱动之下,我国实施了各种不同类型的电动汽车激励政策。

---

① 其他战略性新兴产业包括节能环保产业、新型信息产业、生物产业、新能源产业、高端装备制造业以及新材料产业。

四 电动汽车激励政策

电动汽车的激励政策可区分为直接激励政策和间接激励政策。[①] 直接激励政策主要是直接影响电动汽车车辆的销售、购买和使用行为的政策。其中包括目标设定、燃油车退出、新能源汽车积分、车辆购置补贴、税收优惠、车辆限行豁免以及停车优惠等政策措施。间接激励政策则可以推动电动汽车相关投资、研发和产业发展、技术标准和规范、充电基础设施发展以及改变公众消费意识等方面的措施。

1. 电动汽车直接激励政策

（1）战略目标引导

战略目标在电动汽车市场的发展中起到至关重要的引导作用，直接影响着投资、研发和其他相关生产资源的优先配置。电动汽车发展目标主要有三种：电动汽车产能目标、市场销量目标以及市场占有率目标。我国在 2009 年发布的《汽车产业调整和振兴规划》中就提出了三年之内实现新能源汽车市场份额 5% 的目标。在随后 2012 年发布的《节能与新能源汽车产业发展规划（2012—2020 年）》中又提出，2020 年电动汽车实现 200 万辆产能和 500 万辆保有量的目标。目标引导使中国迅速成为全球电动汽车最大市场。

地方政府的目标规划和激励作用可以更为进取。深圳市是全球电动汽车市场推广中最为领先的城市。近年来，深圳市政府先后通过《深圳市新能源产业振兴发展规划（2009—2015 年）》《深圳市 2016—2020 年新能源汽车推广应用工作方案》《2018 年"深圳蓝"可持续行动计划》等战略目标和行动计划的引导，成为全球第一个公交领域实现 100% 电动汽车，同时也是运营着全球最多电动公交车的城市。深圳市继 2017 年底实现 100% 电动公

---

① 基于不同的视角和产业环节，直接激励政策和间接激励政策之间可以相互转换。譬如基于电动汽车技术和产业发展的视角，研发扶持、产业投资以及土地使用政策优惠等属于直接激励政策，而汽车购置补贴则属于间接激励政策。

交车的目标后，又在 2018 年底实现了 100% 电动出租车的目标。下一个目标是在 2020 年实现电动汽车占城市物流车辆的 50%。

（2）车辆购置补贴

车辆购置补贴的目的是用于缩小电动汽车以及其他新能源汽车和传统燃油车之间的成本差距，增加前者市场竞争力。我国电动汽车购置补贴当前主要与续航里程挂钩，长续航里程的电动汽车获得的补贴高于低续航里程车辆，一定程度上激励先进技术的提高和产品的推广。政策实施的过程中，工业和信息化部通过推荐车型的方式对符合补贴资格的车辆进行统一管理和更新，仅纳入该目录的车型才能享受财政补贴。

自 2013 年开始，车辆购置补贴成为我国电动汽车发展的最直接的激励因素。伴随技术进步和市场的不断成熟，电动汽车购置补贴政策也在不断变化。按照国家最新政策，2019 年续航里程在 250 公里到 400 公里区间的电动汽车可获得购置补贴 1.8 万元，续航里程超过 400 公里的可获得购置补贴 2.5 万元，而续航里程 250 公里以下的电动汽车将不在补贴范围。

（3）税收减免和优惠

电动汽车有关的税收减免和优惠政策主要包括汽车购置税以及车船税减免等。根据财政部、国家税务总局和工业和信息化部联合发布的《关于免征新能源汽车车辆购置税的公告》，我国市场上销售的电动汽车都将免征车辆购置税。在财政部，国税总局以及工业和信息化部联合发布的《关于节约能源使用新能源车船车船税优惠政策的通知》中，也明确规定了新能源汽车免征车船税。车辆购置税和车船税的减免政策是国家层面的重要财税手段，与汽车购置补贴具有相同的激励效果。

（4）牌照优惠政策

牌照优惠政策在我国主要在城市层面实行，且限于即将或已经实行机动车牌照控制政策的大型和特大型城市。在北京、上海等已经实行机动车牌照摇号和车牌拍卖制度的城市，牌照优惠政策对于电动汽车具有更强的激励效果。上海市政府对于传统燃油汽车的牌照采用拍卖制度，通常认为拍卖获得一个牌照需支付 8 万元左右。在上海市政府发布的《上海市鼓励购买和使用新能源汽车暂行办法》中，明确规定消费者首次购买用于非营运目的的电动汽车，可以免费获得专用机动车牌照。这项牌照优惠政策在一定范围内大大增加了电动汽车的销量。在北京，类似的机动车摇号豁免政策也在一定范围内有效推动了电动汽车市场发展。

（5）尾号限行豁免和停车费减免

机动车尾号限行和停车费减免政策也属于城市层面的激励政策。各个城市基于不同背景，可灵活结合既有政策推出低经济成本和影响广泛的激励措施，其中包括电动汽车的尾号限行豁免和停车费减免政策。在成都市出台的新能源汽车支持政策中，明确规定成都市登记注册的新能源车辆在市区行驶不受尾号限行限制，并在由财政资金建设的公共停车场内停车可享受停车费减免。[①] 对于城市道路交通管制措施不断推出的城市，市区限行豁免和停车相关的激励措施具有更广的影响力。

2. 电动汽车间接激励政策

（1）技术研发扶持

技术研发扶持政策针对电动汽车的性能提升和成本降低具有显著作用，是创新技术和变革性的技术解决方案。我国电动汽车相关技术研发扶持政策目前涵盖动力电池与电池管理、电机驱动系统、电机控制和智能技术等核心领域。在"十二五"及"十三五"期间，政府部门所发布的新能源和电动汽车专项行动以及产业关键技术发展指南等政策措施，对电动汽车的整车、电池等核心和关键技术、产品质量都起到了重要的扶持作用。

（2）充电基础设施建设和运营补贴

充电基础设施建设和运营补贴政策对电动汽车市场持续发展有重要意义。根据《电动汽车充电基础设施发展指南（2015—2020 年）》的规定，建设和运营电动汽车充电设施都可以获得国家的补贴支持。每个获选城市可以获得 9000 万到 1.2 亿元不等的财政支持，专用于电动汽车充电设施建设运营、改造升级、充换电服务网络运营监控系统建设等相关领域。同时，部

---

① 钱京京等：《中国城市低碳与达峰行动案例集（2018）》，2018，第23页。

分地方政府对城市充电设施的建设给予财政补贴支持。各城市的奖补水平有所不同。在北京市，投资建设电动汽车充电设施可以向政府申请至多不超过项目总投资的30%补贴支持。

（3）新建建筑的充电桩强制推广政策

强制推广政策对电动汽车已初具规模并快速发展的城市具有更明显的激励作用。在新建建筑中强制安装或推广充电设施可完善城市充电设施覆盖度，弥补当前我国电动汽车充电设施的短板。在国务院办公厅2014年发布的《加快新能源汽车推广应用的指导意见》中，规定了新建住宅建筑应当100%建设电动汽车充电设施，或为充电桩预留必要的安装条件。同时提出，在大型公共建筑和公共停车场中，10%的停车位应当配备充电桩，并以每2000辆电动汽车的覆盖标准建设电动汽车公共充电站。包括深圳市在内一些地方政府已在此方面开展了政策尝试。

五 我国电动汽车激励政策的发展

1. 购置补贴政策的演进

我国电动汽车购置补贴政策始于最近十年间。2009年由科技部等联合启动旨在推广电动汽车和其他新能源汽车的"十城千辆"示范项目中，提出三年内将新能源汽车的市场份额提升至10%的目标，并以城市试点的方式逐步探索。在25个试点城市中，地方政府多以政府采购和财政补贴为主要措施，推动电动汽车在公交、出租、政府公务以及市政服务等领域的推广。根据2010年发布的电动汽车购置补贴政策，参照3000元/千瓦·时的财政补贴标准，电动汽车按照电池容量不同可获得最高不超过6万元的购置补贴，城市电动公交可以获得8万元购置补贴。

三年后对试点城市和示范项目的评估显示，虽然大部分试点城市并未完成预期新能源汽车的市场推广目标，但试点城市的经验和政策探索为之后全国范围内新能源汽车推广提供了诸多经验借鉴。各试点城市中，基础配套设施的不足、电池续航里程和电池维护成本的局限成为试点推广的主要障碍。

有研究显示试点项目对改善城市空气质量尤其是二氧化氮浓度有所帮助，但过小的市场规模限制了其环境效益。[①]

自 2013 年开始，电动汽车购置补贴政策开始在全国推广。补贴发放的要求也从最初的以电池容量为标准，扩大到包括续航里程和车长等条件在内的其他标准。政策覆盖范围由公交、市政和公务用车逐步扩大到私人出行和商业用车等范围。在此期间，随着电动汽车技术不断进步和成本降低，国家购置补贴标准也在逐年递减，能够进入政策支持的技术门槛也一直在提升。2014 年发布的国家购置补贴政策中，明确规定了购置补贴退坡的方向：每年比 2013 年标准减少 5%。2015 年发布的国家补贴政策中，进一步明确了2016 年至 2020 年的购置补贴退坡幅度：2017 年和 2018 年相对于 2016 年水平减少 20%，2019 年和 2020 年继续减少 20%。在此期间，部分地方政府也参照国家补贴提供了额外的购置补贴，促进本地电动汽车产业发展，增强市场推广力度。电动汽车购买者可以从地方政府的支持中获得与国家购置补贴等额的补贴。政策探索过程中，相关配套政策的不足也导致了在政策实施过程中产生了车企骗补、续航里程短和电池技术不达标等问题。但也正是在此期间，我国电动汽车市场由完全起步的阶段快速跃居全球第一大市场，电动汽车产业也获得发展并具有国际竞争优势。

2019 年，电动汽车的购置补贴标准进一步降低。依据汽车续航里程和能量密度规格的不同，电动汽车获得的购置补贴支持分别比 2018 年降低了60%（250～300 公里续航里程）、47%（300～400 公里续航里程）和 50%（400 公里以上）。政策同时明确提出，2020 年我国将迈入电动汽车购置的零补贴时代，国家和地方将不再为电动汽车购置提供补贴。但对基础设施包括充电桩和充电站的建设和运营等领域的支持将持续。

2. 补贴政策变化带来的影响

我国电动汽车购置补贴政策的发展和调整，部分源于电动汽车相关技

---

① Tan Ruipeng, Di Tang, & Boqiang Lin, "Policy Impact of New Energy Vehicles Promotion on Air Quality in Chinese Cities," *Energy Policy*, Volume 118, July 2018, pp. 33–40.

术进步和成本下降，同时也反映了伴随市场扩大过程政策的逐渐成熟。专注于技术创新和战略积累的电动汽车企业，在政策发展中将更具有竞争力和盈利能力。当前我国电动汽车发展的技术路线图设定了电动汽车将在2025年达到400公里，2030年达到500公里的续航里程目标。要实现这些目标，充分利用政策手段引导和调整是推动核心技术进步和产业成熟的必要条件。

有观点认为，电动汽车购置补贴退坡并未对消费者的购买和使用产生实质影响。首要原因在于，购置补贴政策的存在是为了在电动汽车发展初期缩小与传统燃油车的成本差距来提升市场竞争力，当前在市场发展和技术提升趋势下，购置补贴的逐步退出是必然要求。通过前几年我国电动汽车市场增长可以看出，即便购置补贴不断下降，市场销售仍保持着快速增长的趋势，一定程度上反映了消费群体考量因素中对于技术成熟度和使用便利性的重视已经逐渐超过对于经济补贴的重视。但同时，技术创新和基础设施等影响电动汽车使用感受的因素也变得更为重要。

3. 零购置补贴时代的激励政策

电动汽车购置补贴政策的调整和退出并不意味着对电动汽车支持政策的减弱。恰恰相反，更多的政策引导和激励措施需要投入到技术创新和基础设施建设中，以确保市场的可持续性。在当前条件下，更多对于电动汽车的支持政策是必要的。传统燃油机动车在气候变化、空气污染、加剧道路拥堵以及交通伤害等方面产生了诸多外部环境破坏和社会成本增加。但这些外部环境和社会成本并未通过必要的财税政策完全反馈在传统燃油汽车购置和使用的成本价格中（事实上在由社会大众来承担），因而其市场价格是扭曲的。在此意义上，对于电动汽车的各种支持政策是对于传统燃油汽车造成的环境破坏和社会成本增加以及市场价格扭曲的必要纠正。

我国电动汽车的可持续发展需要更多综合和长效的支持政策。电动汽车的财税支持政策需要由购置补贴主导转为更多支持充电桩站的建设运营以及关键技术研发创新，解决电动汽车发展中出现的瓶颈问题。地方政府也可以灵活利用土地使用、车辆限行豁免等间接激励政策。

4. 新能源汽车双积分政策

双积分政策是电动汽车发展中另一个重要的激励政策。工业和信息化部发布的并于 2018 年开始实施的《乘用车企业平均燃料消耗量与新能源汽车积分并行管理办法》中，针对乘用车年产量或进口量达到 5 万辆的车企，对其所生产的乘用车平均燃油消耗量和新能源汽车进行积分管理，以促进传统燃油车能效水平的提升，支持电动汽车在内的新能源汽车产业的发展。参照相关计算方式，平均燃油消耗量积分政策将车企生产的传统燃油机动车油耗进行评估并以此产生正积分或者负积分，积分不达标的车企如果不能通过之前年度结余或关联企业授让获得积分，就必须购买新能源汽车积分进行冲抵，否则将面临行政处罚或限制生产。电动汽车和其他新能源汽车的车企则可以在此过程中将积累的新能源汽车积分出售给积分不达标的车企。

双积分政策同时规定了对于新能源汽车的支持力度逐年提升。按照双积分政策要求，2018 年相关车企需要有至少 8% 的积分来自新能源汽车，规定之后两年以每年 2% 的速度逐年递增，并在 2023 年达到 18%。中长期政策支持信号有利于鼓励电动汽车产业的投入和创新。

六　面向未来的电动汽车激励政策

1. 全球电动汽车的发展趋势

全球电动汽车的发展还远不足以满足巴黎气候变化协议的目标要求。根据 IEA 的预测，全球范围内电动汽车市场销量需要在之后十年左右的时间内增长超过十倍，在 2030 年达到 2300 万辆。同一时间，电动汽车在机动车市场比例需要由当前的 2% 左右迅速提升至 2030 年的 30%。在 IRENA 相关研究中更明确提出，如果要满足巴黎协议气候目标的要求，全球电动汽车的保有量在之后的十年内需要增加超过 30 倍，在 2030 年达到 1.57 亿辆。

更多的研究显示，中国在近期可能保持全球电动汽车最大市场的位置，但有可能在 2025 年之后会被欧洲市场逐渐超越。欧盟市场内逐渐严苛的燃油经济性政策以及当地车企在气候目标上更为积极的承诺是重要的政策影响条

件。持续、健康和长远的电动汽车市场发展需要更多面向未来的电动汽车激励政策。

2. 电动汽车激励政策发展趋势

电动汽车激励政策需要从财税补贴为主过渡到更为综合的政策工具，并充分协调直接和间接政策在产业、市场和不同层级政策之间的协调。这意味着针对电动汽车在研发、生产、购买和使用等不同环节激励和支持政策之间的相互协调，也包括汽车购置和使用过程中财税措施、基础设施建设和运营支持、机动车牌照费减免、车号限行豁免和停车优惠等直接和间接政策之间的协调组合。

伴随市场规模的不断扩大，电动汽车集中充电行为对电网负荷的影响也将逐步增加，电动汽车充电环节政策协同的重要性将逐步显现。通过分时定价、智能充电以及其他相关政策之间的协同，可以有效影响电动汽车车主的充电行为，调节电动汽车集中充电需求和电网负荷，并有可能提升风电和太阳能发电等波动性可再生能源在电网中的消纳比例。

中国需要更为进取的政策措施来提升可再生能源在电动汽车充电来源的比例。作为治理空气污染和应对气候变化的重要解决方案，电动汽车的减排和治污效果一直处于争议之中，主要原因在于以煤炭等化石能源为主导的电力结构。电力市场改革、分布式可再生能源相关支持政策能够使可再生电力变得更为可行和便捷，最大限度地利用电动汽车的环境和社会效益。

3. 电动汽车发展与部门耦合

电动汽车在部门耦合方面具有重要的价值。能源领域的部门耦合主要通过发电、建筑和交通等主要能源生产和消费部门之间的相互作用和协调来实现。电动汽车在部门耦合中主要涉及两种模式：电动汽车与建筑的部门耦合（V2B）、电动汽车与电网的部门耦合（V2G）。① 在这两种模式中，电动汽车的储能作用受到重视，可以同时作为能源消费和能源供应的角色存在。与

---

① IRENA, Innovation Outlook: Smart Charging for Electric Vehicles (Abu Dhabi, IRENA, 2019), p. 3.

建筑部门的耦合中，电动汽车在充电时作为建筑耗能方，但也可以接入建筑作为家庭用电的补充电力。在与电网的耦合中主要通过与智能电网的配合，电动汽车在充电时作为电力消费者，也可以作为储能设施在需要时将电量返回电网。

在我国，电动汽车的部门耦合对于推动和解决可再生能源弃风弃光问题，以及减排目标的实现具有潜在意义。2018 年我国平均弃风率为 7%，弃光率为 3%，虽然相比之前有了显著改善，但仍是可再生能源发展的主要障碍之一。据 IRENA 的研究，电动汽车与建筑和电网的部门耦合政策能够有效的在短期内将弃光率减少到 0.5%，在远期情境中将弃风率和弃光率分别控制在 1.4% 和 0.5%。同时，电动汽车的部门耦合可以比非耦合情境下减少 61% 的二氧化碳排放量。对于我国而言，充分利用电动汽车的部门耦合效果，实现更广泛和长远的环境社会效益，需要智能控制、电力市场、价格信号以及电力需求侧管理等多方面政策的探索和创新，最终实现可持续的能源转型。

G.14
滨海城市应对台风灾害探索
——以珠海市防台风实践为例

兰小梅*

摘　要： 2017 年，台风"天鸽"、"帕卡"和"玛娃"接连袭击珠海，对城市园林绿化、道路交通、市政设施、建（构）筑物等造成了严重损坏，亟须通过城市景观环境精细化、品质化提升，做好台风灾后重建工作。同时响应中央城市工作会议提出的"着力解决城市病等突出问题，不断提升城市环境质量、人民生活质量。"要求以更加精细的城市管理、更加靓丽的城市环境，做好台风灾后重建工作、提升珠海市城市竞争力和吸引力、让市民有获得感。

关键词： 台风　灾害　防灾减灾　景观提升

一　研究背景

近年来，国家层面、省市层面都出台了一系列关于提升城市环境质量、人民生活质量的要求，2015 年 12 月中央城市工作会议提出"着力解决城市病等突出问题，不断提升城市环境质量、人民生活质量"；2016 年 2 月中共中央国务院出台《关于进一步加强城市规划建设管理工作的若干意见》，为

* 兰小梅，珠海市规划设计研究院高级工程师、国家注册城市规划师，研究领域为滨海城市环境研究、空间治理和城市设计。

新时期城市发展理念定下"以人民为中心、坚持人民城市为人民"的基调；2017 年 2 月，习总书记在北京视察时用形象的比喻对城市管理提出了"城市管理要像绣花一样精细。越是超大城市，管理越要精细"的具体要求；广东省住房和城乡建设厅 2017 年 9 月也出台《关于加快推进生态修复城市修补工作的通知》，要求各市进一步对接国家和省相关政策，梳理现已开展和计划近期开展的城市双修项目，更系统地推进城市双修工作。

城市问题层出不穷，近年来城市气候风险加剧，并非主要源于气候变化，更多的是城市过度发展导致的城市脆弱性加剧，实际上也是"城市病"的另一种表现。[①] 本文尝试通过对珠海遭受台风灾害情况分析及灾后景观环境提升实践与探索，剖析滨海城市应对台风类气象灾害的方法。

二 滨海城市的气候风险

（一）滨海城市海岸风险升级

滨海城市一般都拥有绵长的海岸线，且滨海城市居住人口密集，例如厦门市海岸线长达 234 公里，汕头市海岸线长达 218 公里，深圳市海岸线长达 260 公里，而珠海市海岸线总长 691 公里。珠海的海岸线有基岩岸线、滩涂岸线、沙滩岸线、内湾堤岸等多种类型。位于中心城区傍海而建的情侣路长达 50 公里，沿海岸线居住人口过百万。

滨海城市的发展不断向海岸带聚集，随着城市用地规模的扩张和近年来的填海造地，滨海建设项目不断增多，居住、商业、旅游、港口等功能性建筑活动组团向沿海地带集聚，这些建设活动必然伴随对海岸线的人工化改造。海岸带的开发以及填海区建设改变了原有的岸滩地貌，使得滨海城市失去了消耗台风灾害波能的缓冲空间，大大削弱了城市的御灾能力。

---

① 潘家华、郑艳、田展等：《长三角城市密集区气候变化适应性及管理对策研究》，中国社会科学出版社，2018。

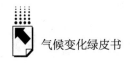

滨海城市容易受到台风和龙卷风等典型气象灾害的影响，再加上人口和经济活动高度集聚，更加剧了风险暴露度，容易引发灾害链和风险放大效应。[①]

（二）珠海遭受台风情况

自1961年珠海有气象资料以来，平均每年严重影响珠海的台风有1~2个，每四年有一个强台风登陆珠海。珠海地区遭遇强风范围风速每秒35~43米，其中，东部滨海的香洲区大部分区域达到每秒37~39米，南部滨海的金湾区大部分区域达到每秒39~43米，靠近内陆的斗门区大部分区域风速也有每秒37米。2017年第13号台风"天鸽"在珠海金湾区登陆，登陆时中心最大风力为每秒45米，最大阵风达每秒56米，是1983年以来珠海最强台风（见表1）。

表1 对珠海市影响最严重前十位台风信息表

编号	名字	出现时间	最大风力（米/秒）	最大阵风（米/秒）
1713	天鸽	2017年8月23日	45	51.9
9316	贝姬	1993年9月17日	31.4	44.6
8309	艾伦	1983年9月9日	27.7	42
7908	荷贝	1979年8月2日	27.0	41
9302	高莲	1993年6月28日	28.0	39
1208	韦森特	2012年7月24日	26.9	36.4
7812	Elaine	1978年8月27日	25.0	35
1415	海鸥	2014年9月16日	20.7	34.8
0814	黑格比	2008年9月24日	25.2	34.4
0915	巨爵	2009年9月15日	24.5	34

台风登陆时常会造成潮水位剧烈升降，引起风暴潮。由于它来势迅猛，破坏力强，因此在很短时间内就会使海堤决口，海水倒灌侵入城区，造成地下通道、地下室严重水浸，海堤溃烂。"天鸽"登陆时正处于强度巅峰状态，加之恰逢七月初二天文大潮的影响，登陆珠海期间伴随狂风、骤雨、大

[①] 潘家华、郑艳、田展等：《长三角城市密集区气候变化适应性及管理对策研究》，中国社会科学出版社，2018。

潮，市区各潮位点历史最高潮位均高于 2011 年发布的 100 年一遇设计潮位，海水倒灌形成瞬时内涝，在滨海地区进行叠加和放大，给珠海市造成重创。

三　强台风对珠海的影响

据灾后统计，强台风"天鸽"造成了珠海市有史以来最严重的台风灾害，据南方都市报报道：珠海市全市受灾群众 64.14 万人，死亡 4 人，受损房屋 7074 间，损坏车辆 4.4 万多辆，直接经济损失达 204.5 亿元。其中，全市工业重点企业直接损失约 40.8 亿元；农作物受灾面积 17.6 万亩，水产养殖受灾 11.4 万亩；全市房屋市政工程项目共 108 台塔吊倒塌、变形受损，脚手架、工地围挡及临时工棚大量受损，在建项目平均建设进度受阻 1 ~ 1.5 个月；全市 80% 的树木受到不同程度的损伤，树木倒伏折断数量超过 66 万株，其中道路和公园约 53 万株树木受损，其他绿地约 13 万株树木受损，产生园林绿化垃圾共计 11.8 万吨。

灾后珠海市各级部门展开调查分析，珠海市规划设计研究院发挥综合型设计和咨询机构的技术优势，成立城市规划、道路交通、市政管线、园林绿化、建筑等五个专业技术小组，分析了城市建设方面受灾原因。[①]

（一）海堤结构现状难抵超强台风

台风"天鸽"登陆时正值天文大潮，外海潮位高达 4.29 米，大大突破历史最高潮位的 3.37 米，情侣路被海水淹没最大深度达 1.40 米，据此推算最高潮位达 5.00 米，突破了珠海市辖区内所有水文站观测数据的历史极值。

因此本次台风期间外海堤围受损严重，尤其是情侣路海堤，水浸深度高达 1.5 米以上。情侣路海堤于 20 世纪 90 年代末建成，设计潮位低于 3.11 米，原设计潮位已严重偏低。情侣路为堤、路结合形式，海堤大部分为直立式花岗岩砌石墙，外海侧缺乏消浪设施的堤段仅有少量固脚抛石，海浪拍碎

---

① 《珠海市提升重大交通基础设施抗灾标准指引》，珠海市市交通运输局，2018。

堤顶、栏杆被摧毁情况都十分严重。而局部堤段因为有人造沙滩，道路栏杆、路面受损的情况有所缓解。

由于情侣路是珠海最具代表性的滨海道路，其道路观赏性要求很高，如果直接加高堤围高程会严重影响观海效果，因此需要结合城市景观要求统筹考虑堤防安全。

（二）多处道路交通中断设施折损

台风过后全市道路水浸严重，近海区域道路水浸的主要原因是海水倒灌；城市内部道路水浸的主要原因是下水道系统排水能力不足。道路因严重水浸造成交通拥堵甚至车辆无法通行，部分道路因树枝、泥土等杂物堵塞下水道，在台风后的暴雨中再次发生水浸情况。地下通道受损主要是因为台风和暴雨造成的水浸，车辆也无法通行。

台风过后道路沿线树木倒伏，导致人行道和非机动车道无法通行，行人和非机动车暂时使用机动车道。更有部分严重的路段机动车道都无法通行。

滨海道路标志牌、公交车站钢构件因局部腐蚀而导致在脆弱部位折断，交通设施主要是交通信号灯、路灯、交通标志牌、公交站亭、电箱等损坏严重。

（三）市政管线损毁导致停电停水

由台风吹倒的树木在连根拔起时将供水管道连带拔断，从而导致全市多次爆管，全市给水管网爆管1416次，其中因海水倒灌等导致的有300余处，其他还有小区二次加压泵房受损、水厂滤池顶被掀、泵房玻璃被吹烂导致控制柜进水等问题导致的，泵站、水库、营业所、水质中心也受到不同程度的损失。因电力线路损坏和短路，全市给水厂全部停产，南区给水厂损坏严重。电网110千伏及以上变电站停运51座，110千伏及以上线路停电96条，电力杆塔损坏2223基，影响用户70.13万户。

（四）速生树木大量倒伏折损严重

本次台风还暴露出树种选择、种植、管养方面的问题。近年来珠海城市发展迅速，部分区域的绿化多使用速生树种或外来树种，加之近年台风危害较弱，速生树种得到了充足的生长空间，伸展迅速，枝繁叶茂，城市在享受浓郁绿化和遮阳效果的同时，忽略了速生树种冠大、枝脆、根浅的缺点，因无法承受超强台风的吹袭，纷纷倒伏折枝。树木根系与地下管线相互影响，争夺有限的地下空间，树木被强风吹倒后，树根连带撬断地下管线，引发其他次生灾害。高大乔木倒伏后横卧在车行道上，人力无法移动，导致道路通行中断，殃及交通运输和救援工作的开展。

（五）滨海建筑地下室遭海水漫灌

因超强台风叠加风暴潮灾害，情侣路滨海一线建筑多数地下室遭到海水漫灌，居民生命和财产遭受严重损失，也暴露出早期建设的情侣路沿线道路标高偏低、建筑物场地标高偏低、地下室出入口无挡水设施的弊端，同时物业管理也未提前做好防洪应急措施。

四　珠海提升城市韧性的实践

基于"天鸽"对珠海市造成的严重灾害，珠海市政府颁发了《关于印发珠海市台风灾后重建工作方案的通知》，成立台风"天鸽"灾后重建专责工作组，在各项灾后重建工作开展中，也要求对珠海市城市防灾标准研究进行专项研究，出台了一系列文件，包括《珠海市城市防灾标准专题研究》（市住规建局）、《提升重大交通基础设施抗灾标准指引》（市交通运输局）、《珠海市提高电力设施防灾标准》（珠海供电局）、《提高通信基础设施防灾标准》（市科工信局）、《珠海市园林绿化防灾标准》（市市政和林业局）、《珠海市提高房屋建筑防灾标准研究》（市住规建局）、《提高应急避难场所配套标准》（市住规建局、市民政局）等。

其中交通基础设施抗灾重点内容包括生命线通道规划布局、道路工程设计提升指引、道路附属设施防台风提升指引等；[①] 园林绿化防灾重点内容包

---

① 《珠海市提升重大交通基础设施抗灾标准指引》，珠海市市交通运输局，2018。

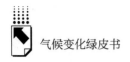

括绿化树种选择指引、绿化种植施工标准、绿地养护质量及技术标准等。①
本文将对与城市环境提升密切相关的指引或标准做介绍。

（一）滨海堤岸设计指引

为兼顾景观效果和堤岸安全，采取堤前消浪、堤防加高、堤后蓄排相结合的综合办法。岸线堤防一般采用四道防线，第一道防线为刚性或柔性的堤前消浪设施，可以采取消浪块石或人工沙滩以减低海浪高度，延缓水流速度，减弱海浪对海岸的冲击；第二道防线由堤防及水闸组成，主要功能为防浪挡潮，防止海潮、海浪越过堤防；第三道防线应在堤后设置排导和滞蓄设施，主要功能为针对越过堤防的海水尽快导排或加以蓄积；第四道防线为临时应急设施，主要针对重点保护对象及险段布设。

（二）滨海道路横断面设计指引

（1）沿海道路宜在道路与未设置防浪墙的海堤之间布置宽度不小于道路红线40%的缓冲带，满足地质条件的段落设置红树林、下凹式湿地等缓冲带（见图1）。

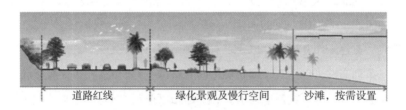

图1 滨海道路横断面示意图

（2）为了保证景观效果，珠海现有海堤大多未设置防浪墙，对于不考虑浪高的景观海堤，应与城市建筑之间设置足够长的缓冲带（一般为50~100米）。

（3）建设符合海堤周边发展需要的堤顶排蓄系统和拦挡措施，充分发挥第二道防线的作用。

---

① 《珠海市园林绿化防灾标准》，珠海市市政和林业局，2018。

（4）对于受到波浪作用比较强烈的堤围，可以设置消浪平台来降低波能，也可以采用反弧形防浪墙来压制波浪，可以在堤身迎水侧坡面设置消力墩（消力齿）用于破浪消能，也可以考虑在堤外的滩地营造防浪林来消减波能。

（三）生命线通道设计指引

在生命线通道设计中必须遵循：（1）生命线通道道路内涝防治设计重现期按30年考虑，在内涝防治设计重现期下道路中一条车道的积水深度不超过15厘米。（2）生命线通道立体交叉地道排水应设独立的排水系统，其出水口必须可靠。（3）生命线通道下穿式立体交叉道路引道两端应采取措施，控制汇水面积，减少坡底聚水量。立体交叉道路宜采用高水高排、低水低排，且互不连通的系统。（4）生命线通道当采用泵站排除地面径流时，应确保核泵站及配电设备的安全高度，采取措施防止泵站受淹。（5）生命线通道立体交叉地道工程的最低点位于地下水位以下时，应采取排水或控制地下水的措施。（6）生命线通道下穿隧道敞口段起终点纵断面设计应考虑排水问题，敞口段起终点道路纵坡坡向应相反。

（四）绿化树种选择指引

在园林植物选择过程中，应遵循适地适树的原则。在受风灾影响严重的区域，如情侣路、滨海垂直海岸线的道路等，尽量选择抗风性最好的植物，如棕榈科植物；尽量避免在道路中央绿化带种植高大乔木，以免树木倒伏断枝严重影响道路通行能力；在受风灾影响不严重的区域，如山体和建筑背风区域、平行于海岸线的城市内侧道路等，可适当选择繁花、速生、景观效果和林荫效果好的植物，提升城市整体景观氛围和生活环境品质。

（五）绿地养护质量及技术标准

制定完善的园林植物修剪、管养和维护标准与规范，明确各类植物的修剪时间、操作流程、修剪标准和验收审核机制。补充和完善园林植物管理和养护设备，设置专项资金用于设备补充、更换和维护，同时建立健全的设备管理和

使用机制，确保设备的使用效率和安全管理。培养和引进园林植物修剪、管养与维护的专业技术人员，负责园林植物修剪和养护工作的各项操作和管理事宜。

五　城市景观与防灾减灾的协同设计

根据防灾标准研究结论，各部门开展了相应工作，规划建设部门制订近中期行动计划，全市各部门分工协作，对城市环境进行"清理、规范、优化、提升"。①

（一）大数据确定重点提升地区

综合珠海总体城市设计、公众参与的珠海市中心城区品质空间体系建设规划等相关规划，采用大数据分析方法，确定城市提升的方向及"三横""五纵""三带""四片""多节点"的重点地区。其中情侣路滨海带、前山河滨河带、横琴滨海带、金湾滨海带作为滨水岸线的重点提升地区。

（二）滨海堤岸安全与美观并举

为了保证景观效果，珠海现有海堤大多未设置防浪墙，对于不考虑浪高的景观海堤，应与城市建筑之间设置足够长的缓冲带；其次，对于不考虑浪高的景观海堤还应结合波浪模型计算，在堤防设计时保证堤后越浪水量的顺利排泄。如情侣路沿线应尽量采用人工沙滩的形式兼顾休闲与减灾，机场东路堤后原有缓冲空间，应进行微地形改造，设计下沉式绿地、雨水花园等保证调蓄容积，实现滞蓄水流的作用。

（三）主要干道畅通与美化并重

绿化种植要求中央绿化带宜种植灌木及地被，不宜种植乔木。机非隔离带种植乔木行道树宜种植在靠近人行道、非机动车道侧；在行道树倒伏后能够保证单向至少1车道通行条件（见图2）。

---

① 《珠海城市环境精细化品质化提升规划》，珠海市住房和城乡规划建设局，2018。

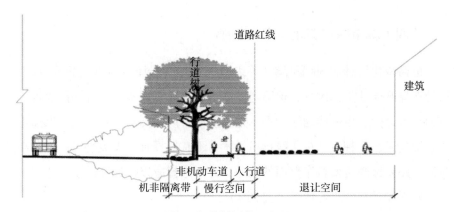

图 2　行道树倒伏示意图

道路附属的交通安全设施和交通标志、公交站牌、消防栓、邮筒、路名牌、报刊亭、电话亭、垃圾桶等宜布置于距天桥及地道出入口 5 米范围以外，并且满足 12 级台风不倒、14 级台风后易修复构件的要求，同时宜考虑预留适当加固的接口。

公交站亭必须有防雷、抗风、防震、防漏电功能，并符合国家有关建设工程强制性标准和要求。公交站亭不能设于高压电缆下。站亭站牌和广告牌的设计，应当与交通设施保持必要的距离，不得妨碍安全视距，不得影响通行。公交站亭宜采用琉璃瓦公交站亭，既有效抵御台风，又保证滨海沿线公交站亭风格统一（见图 3）。

图 3　滨海公交站亭形式

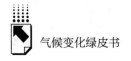
（四）城市绿化美化与安全兼顾

道路绿化树种应根据风险区等级和道路类型选择不同等级的抗风树种，树种选择既要注重抗风性，保障道路通行，也要考虑林荫性等功能要素，可以为行人遮阴。生命线通道的乔木选择应以抗风性高的乔木为主，保障生命线系统畅通，树种宜选择Ⅰ级抗风乔木，不宜选择Ⅲ、Ⅳ级抗风乔木。高风险区道路要保障主要行车路面的畅通，乔木选择应以抗风性为主，适当考虑林荫效果和景观效果等要求（见图4）。

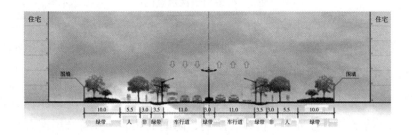

图4　主干道断面绿化种植示意图

公园绿化乔木树种应根据台风风险区的不同选择不同等级的抗风乔木。乔木的选择既要考虑到抗风性，又要兼顾景观性。在景观要求较高的区域，乔木无法满足抗风等级要求时，可通过大穴深植、修剪养护等措施提高乔木的综合抗风能力。

加强园林植物定期修剪、管养和维护工作，制定修剪、管养和维护标准与规范。常年修剪包括修剪树形、清理树冠、提升树冠、梳剪树冠、恢复性修剪等内容。规定每年5月（台风季节前）做全面检测和修整。位于次高风险区及以上级别区域，种植大型苗木（胸径＞20厘米）应采用钢管支撑。

六　典型实施项目景观提升效果

环境景观提升工程改造遵循"安全、节约、生态、景观"的原则，坚持把安全放在第一位，消除安全隐患；同时秉承因地制宜的生态原则，打造开放式公共景观。环境提升五大行动包括重要城市轴带全面提升、城市道路全要素提升、标志性节点打造、夜景灯光营造、城市特色塑造等。其中城市道路全要素提升与防灾减灾紧密相关，本文以道路提升工程为例进行重点介绍。

（一）情侣路全要素提升工程

中心城区拱北湾沿线情侣路景观提升工程最先开展，工程路段总长约4500米，宽24米，总面积约为10.8万平方米。提升改造的具体做法有重新梳理植物配置，疏减断头、残肢、偏冠、倾斜、树形瘦弱的乔木，结合绿植现状及苗木特性，迁移零落苗木，重新组景，提高景观通透可视效果。在绿植方面，选择铺贴优质的台湾草，其形成的草坪低矮平整，茎叶纤细美观，又具一定的弹性，耐践踏性强。在树木种植方面，移植了热带风光树"银海枣"与"红果冬青"等，使情侣路沿线的滨海风情与绿化景观带真正融为一体（见图5）。

图5　情侣路沿线绿化配置实景照片

唐家湾沿线情侣路改线升级工程，对现有岸线进行沙滩修复，打造椰林疏影、沙滩海洋滨海景观，形成了连续的滨海景观风光带。在靠海一侧建设

"唐家湾滨海沙滩公园"，既修建了滨海休闲公园又增加了堤前防浪设施。滨海沙滩公园建成后，将直接辐射唐家湾整体片区居住区，为周边居民提供滨海休闲新去处，同时，对珠海打造"一带九湾"空间格局和构建唐家湾滨海绿色休闲带具有重要意义。

凤凰湾沿线情侣路靠海一侧的海天驿站原是一块滨海山咀，原生植被茂盛，密不透景，从情侣路经过此处完全看不到海景，经过2017年"天鸽"台风的施虐，原生高大乔木倒伏或折枝，灌木枯萎凋零、疮痍满目。随后再次启动海天驿站改造，汲取"树大招风"的教训，将高大乔木密集的核心区改造为宽敞通透的大草坪，局部保留抗风性高、耐盐碱的乔木，草坪上点缀色彩鲜艳的时花。凤凰湾还新增了1公里长的人工沙滩（见图6），不仅可以进行沙滩排球等运动，又能降低海浪对岸线的冲击。

图6 凤凰湾沙滩实景照片

（二）机场东路堤防与景观工程

机场东路项目总面积268.85平方公里，设计路段长约16000米。也是一条东面临海的景观性主干道。每年台风季节都要接受台风考验，海堤频繁遭受台风侵袭损毁，堤后道路屡遭水浸破坏，机场东路的景观提升工程最能体现堤防安全和景观提升的充分结合（见图7）。

传输型植草沟　透水铺装　下沉式绿地　或雨水湿地　路堤结合　堤顶4.50m　常水位0.60m

图 7　机场东路至滨海堤坝断面示意图

利用防浪防汛堤坝修建滨海步行道，提供视野宽阔、行走舒适的步行空间，在现有的加高堤顶部位再建造安全适用的景观护栏，既提高了堤顶高度提高了安全性，同时通透的不锈钢栏板和仿木扶手又增加了凭栏远眺的舒适性。

堤坝后方原为平坦地形，经过人工改造成起伏地形，将下凹深度设计在 100~200 毫米，遭受台风越浪威胁时可实现堤后滞蓄水体的作用，在平常时期绿地以下沉的方式形成开放的坡地景观。

利用高差处理手法形成一种具有下沉效果的景观，根据项目地形带状延伸，将不同的雨水花园通过细微地形调节形成组团，配置环绕的花草绿植，营造一种闲适的氛围，满足市民观赏要求。雨水花园自上而下为蓄水层、覆盖层、换填层、碎石层，能够有效汇集周边的雨水径流，用空间换时间，避免发生雨洪内涝危害（见图 8）。

图 8　下沉式雨水花园实景照片

人工雨水湿地（见图 9）设计一定的调蓄容积，既能起到堤后滞蓄作用，平日利用物理、水生植物及微生物等作用又能净化雨水，营造自然生态水环境。[1]

图 9　人工雨水湿地实景照片

（三）珠海大道中分带改造工程

珠海大道是连接珠海东西部的主要通道，也是通往机场、港口的主干道，展现着珠海的门户形象。沿线道路原配套绿化景观栽种树木以樟树、木棉和榕树等乔木为主，遭受强台风"天鸽""山竹"袭击后，大量沿线树木倒伏，车行道受阻瘫痪，严重影响这条东西走向生命线通道的安全通行。更重要的是，中央分隔带下方是水泥硬底和管线，不但不适合高大乔木生长，树根侵蚀还将破坏地下管线，树木倒伏后根系扯带出地下管线，造成管线爆裂、水电中断。

珠海大道中央分隔带绿化提升工程做法包括：在中央分隔带清除有安全隐患的高大乔木，清理低矮灌木地被，对地势较低的位置进行覆土填高，重新梳理植物配置，重新铺种草坪和种植时花，并配套自动喷淋设施。时花组

---

[1]　《海绵城市建设技术综合应用实践珠海机场东路绿化美化提升项目》，海绵城市，2019。

图10 分隔带绿化种植实景照片

合按照春、夏、秋、冬四个季节交替布置，形成"季季有花，四季不同"的自然生态景观（见图10）。①

七 思考与展望

防灾减灾是城市发展的永恒课题，台风防御是滨海城市的常态工作，我们应该科学认识致灾规律，有效减轻灾害风险，实现人与自然和谐共处。针对滨海城市主要应对的台风灾害风险，规划、交通、水务、园林等各部门应相互协作，加强资源整合，明确部门职责，实现台风灾害管理的协同治理能力提升。同时，还应践行"以人民为中心"的发展理念，把人民群众需求放在城市规划建设和管理的第一位，将各专项防灾减灾标准研究成果运用到环境品质提升项目中，做实实在在能用的规划、建安全、节约、生态的道路及景观工程。

---

① 《花海簇拥，珠海大道"颜值"大提升》，《珠海特区报》，2019年3月17日。

G.15
我国气候保险的实践探索及发展建议

饶淑玲　李新航*

摘　要: 在全球气候加剧变化的背景下,气候灾害的频率和强度不断增加,对人类的生存构成威胁。气候保险对分散气候风险和弥补灾害损失具有特殊作用,被视为管理气候灾害风险的创新手段。首先,本文系统地梳理了新中国成立 70 周年以来气候保险的发展历程;其次,在总结我国农业天气保险和巨灾保险两种主要气候保险发展现状的基础上,归纳了我国气候保险发展中存在的政策不完善、险种开发少、基础设施不完善、国民保险意识不足等问题与困难;最后,建议我国应建立符合国情的气候风险分担机制和多层次的气候风险管理体系,加强气候保险的基础设施建设并强化技术创新,稳步推进气候保险的市场化配套体系建设,重视再保险等融资渠道,以有效控制风险并推动我国气候保险的健康发展。

关键词: 气候灾害　农业天气保险　巨灾保险

2018 年 10 月,联合国政府间气候变化专门委员会(IPCC)发布《IPCC 全球升温 1.5℃ 特别报告》,警示应将全球平均气温升幅控制在 1.5

---

* 饶淑玲,北京绿色金融协会副秘书长,中国社会科学院大学(研究生院)博士生,研究领域为绿色金融、碳金融、财富管理;李新航,北京天润新能投资有限公司高级工程师,研究领域为新能源、绿色金融、环境影响评价。

摄氏度以内。目前全球气温升幅已达约1℃，2040年地球或将面临更多森林火灾、粮食短缺等与气候变化相关的灾害。保险被视为管理气候灾害风险的创新性资本管理方法，在分散因气候变化引发的风险方面可发挥巨大的作用，世界对于气候保险的需求愈加强烈。国内尚没有气候保险的正式提法，较常见的与气候相关的保险有天气保险、气象指数保险，或在其中加有"灾害"两字，如天气灾害保险、气象灾害保险或气候灾害保险等。根据相关定义，气候与天气、气象的区别主要基于大气的状态在时间和空间的不同。从风险管控的角度而言，气候保险与天气保险、气象保险是相通的。

气候保险是指以气候风险为管理对象，承保由于气候变化造成的灾害损失事件的保险。气候风险通常指人类的生产经营活动受天气的异常变化（飓风、洪水、暴雪等灾害性天气）以及降温、降雨、骤热等极端天气的影响，使财产、人员安全，或经营中的现金流或利润明显减少的风险。[①]由于气候变暖导致冰川融化，地壳压力被释放，引发地震、火山喷发等极端地质灾害。因此，本文认为地震、火山喷发亦属于气候灾害。根据气候变化造成损失的严重程度，可将气候保险分为巨灾保险、一般气候保险两类。[②]巨灾保险承保的风险特点是发生频率低，但一旦发生则损失巨大，如洪水、飓风等灾害性天气。一般气候保险承保的风险特点是发生频率高，单次造成的损失小，如降雪、高温等极端天气，农业天气保险在一般气候保险中最具有代表性。如前所述，气候保险涵盖范围甚广，与气候相关的保险亦散见在个人意外险和企业财产险的保障条款内。本文将前述的在我国出现的与气候、天气、气象相关的保险统称为气候保险。由于篇幅限制，本文主要介绍农业天气保险和巨灾保险这两大类险种。

中华人民共和国成立70年来，我国气候保险从无到有，尤其是2008年以后，农业天气保险和巨灾保险取得了重大进展。当此时期，系统地梳理我

---

① 金满涛：《天气保险的国际经验比较对我国的借鉴与启示》，《上海保险》2018年第9期，第49~51页。

② 王梓安：《天气保险及其在我国的开发应用前景研究》，《商》2015年第50期，第181、123页。

国气候保险的发展历程，分析巨灾保险和一般气候保险试点中的问题，为建立健全气候保险机制提出若干建议，对习近平新时代中国特色社会主义背景下筹划气候保险未来的发展方向具有重要的现实意义。

一　国内气候保险的发展历程

（一）初步发展期：1949～1958年

1949年，中国人民保险公司成立。由于我国是农业大国且农业对气候敏感性较高，中国人民保险公司于次年探讨实施农业保险，以恢复被战争破坏的农业生产和巩固土地改革的成果。[1] 1951年4月，中央人民政府政务院财政经济委员会颁布《财产强制保险条例》，将地震纳入财产保险的责任范围，选择部分区域推广农业地震巨灾保险。[2] 该农业地震巨灾保险借鉴苏联的模式和经验，与当时中央政治中心工作"土地改革""抗美援朝"结合在一起向前推进。

（二）发展停滞期：1959～1981年

新中国成立初期第一个五年计划全面完成，社会主义改造基本完成。当时社会普遍认为，保险是资金在全民所有制企业之间的无谓转移，徒增国家的管理成本。同时，农村合作化进程完成，农村私人产权改造为国家垄断产权，人民公社已经承担起风险防范、损失分担、农业保障的职能，农业保险已无存在的必要。[3] 1958年12月，政府决定立即停办国内保险业务，农业保险业务被停办。1959年1月，地震巨灾保险业务停办。此后20余年，我国气候保险发展陷于停滞。

---

[1]　黄英君：《中国农业保险发展的历史演进：政府职责与制度变迁的视角》，《经济社会体制比较》2011年第6期，第174～181页。

[2]　卓志：《改革开放40年巨灾保险发展与制度创新》，《保险研究》2018年第12期，第78～83页。

[3]　胡水红、周迎红：《政府在我国农业保险市场中的作用探析》，《安徽农业科学》2011年第33期，第20758～20762页。

（三）艰难探索期：1982～2007年

1982年2月，国务院批转的人民银行《关于国内保险业务恢复情况和今后发展意见的报告》指出，逐步试办农业保险和巨灾保险。我国气候保险由此揭开了新的篇章。气候保险经历了政府缺位到政府归位的艰难探索期，用20多年时间证明气候保险完全依赖商业化运作是行不通的。

从1982年到1990年，气候保险得到了一定程度的发展。但本着保险商业化经营的原则，政府没有出台相应的法律法规，也未成立专门的政策性农业保险公司，而是由农业保险和巨灾保险自主探索。在没有财政补贴的情况下，居民或企业不愿，也无力支付较高的保险费，投保意识不强，加之当时我国的保险市场欠发达，气候保险市场日渐萎缩。

1991年和1996年，中共中央、国务院分别做出"国家将在政策上给予适当扶持"等决定。中国人民保险公司开始转变经营方式，委托地方政府代办、与地方及其他经济组织合作发展农业保险等多种经营模式的试点工作。① 但是，由于缺乏适用的政策和资金支持，大部分试点陆续停止。

1998年11月，新成立的保监会在《关于企业财产保险业务不得扩展承保地震风险的通知》中规定，任何保险公司不得随意扩大保险责任承保地震风险，再保险公司也不得接受地震保险的法定分保业务，对于特殊情况要按照"个案审批"原则报批。巨灾保险发展转入被动局面，发展变得缓慢。

2004年，中央一号文件提出"加快建立政策性农业保险制度"，中共中央、地方政府开始在政策制定、市场监管和财政补贴等方面担负相应职责，为我国气候保险发展再次吹响了号角。

---

① 郭海洋：《政府干预农业保险的国际经验借鉴》，《农村经济与科技》2008年第1期，第79～80页。

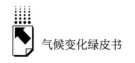

（四）试点突破期：2008年至今

2007年后，政府出台优惠政策，开始给予农业天气保险补贴，由保险公司承保经营，解决了农民负担不起保费和保费不够充足的问题。2009年，中国首款农作物旱灾天气指数保险产品在安徽省长丰县部分乡镇开展试点工作，标志着我国农业天气指数保险的实践正式开始。

2008年，汶川地震直接经济损失超过8000亿元，保险赔付20多亿元，占比不足0.24%。[①] 这引起了全社会对地震、洪水等巨灾保险缺位的深入思考，建设巨灾保险体系成为一项长期的工作内容。经过反复研究和深入探索，在政界、学界和业界等共同努力下，巨灾保险从单一的保险产品转变为一系列的政策制度。2014年深圳市开启巨灾保险试点，标志着我国巨灾保险制度从理论研究转向实践应用。

二 气候保险的发展现状

（一）一般气候保险

在相当长的一段时期内，一般气候保险在我国的应用范围局限在农业气象保险领域。目前，一般气候保险在建筑、旅游等与天气密切相关领域也有了一定的实践，如众安保险、易安保险联合推出面向携程网用户的旅游降雨天气指数保险、面向美的空调的高温险、面向国家电网的电费高温补贴和面向迪士尼的旅游好心情险等多款天气指数保险产品。

因农业领域具有对气候变化高敏感、高脆弱的特性，并在我国社会经济生活中占据基础地位，一般气候保险在农业部门的实践较为丰富。影响我国农业的主要气候灾害有干旱、洪涝、低温冷冻、高温、冰雹、台风等，其中

---

① 刘英团：《建立巨灾保险制度需要政府深度参与》，《上海金融报》2014年8月15日，版号：A02。

干旱和洪涝灾害给农民造成的损失最大。原银保监会披露的数据显示，2018年1月至6月，农业保险原保险保费收入为367.97亿元，同比增长27.91%；农业保险保额19062.32亿元，同比增长62.29%。[①] 但与发达国家相比，我国农业保险在保险密度、保险深度和具体的保障水平上还有很大差距。

在农业天气保险领域，由于传统的农业天气保险存在信息不对称、逆向选择和道德风险等诸多问题，市场运作的可操作性较差，发展缓慢。农业天气指数保险中指数获取具有客观性，可以有效地避免逆向选择和道德风险，[②] 同时管理成本低、合同结构标准、透明等，逐渐成为我国农业保险中的主要险种。天气指数保险也得到了世界银行、国际农业发展基金（IFAD）、联合国世界粮食计划署（WFP）等国际组织的重视和支持。为了提高中国小型农户应对灾害风险的能力，2008年4月，中国农业部、国际农业发展基金和联合国粮食计划署正式启动"农村脆弱地区天气指数农业保险"国际合作项目，分别选取了安徽省长丰县和怀远县作为产品研发基地。2009年，原银保监会批准中国首款农作物旱灾天气指数保险产品在安徽省长丰县部分乡镇开展试点。

2016年，我国的气象指数保险设计成果达到了40余项，覆盖全国20多个省份，主要涉及对象有水果、玉米、小麦、稻谷等（见表1）。2018年，各大保险公司继续创新天气指数保险，加大研发力度，结合当地农业特色和气候条件有针对性地设计天气指数保险（见表2）。

表1　农产品指数保险

农产品	分布区域	测量指数
小麦	安徽、山东、江苏、河南、辽宁和西藏	旱涝、降水和温度
玉米	山东、吉林、河北、甘肃、黑龙江、辽宁、四川和安徽	干旱、冻害、降水和倒伏
稻谷	安徽、浙江、湖北、江西、湖南和贵州	干旱、高温、暴雨和低温
水果	浙江、山东、陕西和海南	冻害

---

① 马金顺：《冷遇背后：农业保险大国的不足》，2018年9月19日，https：//finance. qq. com/a/20180919/002018. htm。

② Skees J. R. , Opportunities for Improved Efficiency in Risk Sharing Using Capital Markets. *American Journal of Agricultural Economics*, 1999, 81：1228 - 1233.

表 2　2018 年中国主要新开展的农业天气指数保险品种

名称	地区	保险公司	测量指数	理赔金额(万元)
水产养殖台风指数保险	福建	中国人寿财险	台风	3160
葡萄种植台风指数保险	福建	中国人寿财险		79.74
玉米干旱天气指数保险	辽宁	中华财险	降雨量	340
杨梅降雨气象指数保险	浙江	中国人保财险		23.47
雪菜种植天气指数保险	浙江	中国人保财险		—
茶叶低温指数保险	福建	中国人寿财险	低温	69.44
茶叶低温指数保险	陕西	中国人寿财险		108
茶叶低温指数保险	浙江	中国人保财险		140.64
梨种植气象指数保险	山西	中国人寿保险		—
小龙虾养殖天气指数保险	河南	中原农险	台风、降雨等多种指数	—
温室大棚保险	山东	—		—
民生综合保险	山东	—		—

虽然我国天气指数保险在产品研发和试点推广阶段有了较大的进步，但是由于天气指数保险发展也面临一些障碍，主要体现在指数赔付与损失间的相关性不高，存在明显的"基差风险"，试点项目高度依赖政府补贴，商业保险公司进入意愿不高等。

（二）巨灾保险

我国是世界上遭受自然灾害最严重、最频繁的国家之一，因气候变化导致的气候灾害是自然灾害的重要组成部分。[1]《洞察天气、气候与巨灾——2018 年洞察报告》显示，2018 年全球发生的 394 起自然巨灾造成 2250 亿美元损失，其中 900 亿美元为保险覆盖，占比 40%。这 900 亿美元的保险赔付中，890 亿美元与气候灾害紧密相关。[2] 在我国，许多自然灾害承保的比例甚至不足 1%，保险保障缺口巨大。

---

[1]　石军红：《从灾害经济学的角度审视我国的灾害应对》，《新乡学院学报》（社会科学版）2009 年第 4 期，第 57~60 页。

[2]　《看世界：2018 年全球自然巨灾仍有 60% 保障缺口》，中国保险报网，2019 年 2 月 13 日，http：//www.gxbx.com.cn/bencandy.php? fid - 2 - id - 34395 - page - 1.htm.

2013 年，党的十八届三中全会提出"完善保险补偿机制，建立巨灾保险制度"。2014 年，国务院印发《关于加快发展现代保险服务业的若干意见》，指出"完善保险经济补偿机制，提高灾害救助参与度。将保险纳入灾害事故防范救助体系，建立巨灾保险制度"。《保险法》修改草案曾规定"国家建立有财政支持的巨灾保险制度"，但 2015 年保险法修正案中最终删去了此条，仅要求保险公司"应将巨灾风险安排方案报保监会备案"。这一态度的变化说明，不同灾种的巨灾保险在经营模式上可能会进行差别化对待，多种运行模式同时并存的格局将会出现。2014 年 6 月，深圳正式启动国内首个巨灾保险试点。随后，宁波、云南、广东等地结合自身实际，也进行了有益的探索和尝试。地方巨灾保险试点项目布局有两个特点：巨灾风险地区推行单项风险巨灾保险，经济发达地区推行综合性巨灾保险。

1. 以深圳市为代表的地区性综合风险巨灾保险试点

2014 年，深圳市政府出资向人保财险深圳分公司购买巨灾保险服务。该产品的形态为损失补偿性保险产品，投保人为政府；保障对象为灾害发生时处于行政区域范围内的所有人口，因巨灾造成人身伤亡的医疗费用、残疾救助金、身故救助金及其他相关费用。保障范围为地震、台风、海啸、暴雨、泥石流、滑坡等 14 种自然灾害。一年后，深圳增加了自然灾害导致的住房损毁补偿责任，并引入以一家首席保险承保机构为主、多家保险承保机构为辅的"共保体"承保模式。

2. 以云南省为代表的地震单项巨灾保险试点

2015 年，云南省启动大理白族自治州政策性农房地震保险试点。该试点保险的保费全部由政府财政承担，省级财政、州县级财政分别承担 60% 和 40%。该保险为全自治州内因 5 级（含）以上地震造成的农村房屋直接损失和城镇居民死亡提供风险保障。其中，农村房屋直接损失风险保障 4.2 亿元，城镇居民死亡风险保障 0.8 亿元。2016 年，人保财险等 45 家保险公司共同承保在云南销售"城乡居民住宅地震保险"。一段时间后，云南省城乡居民住宅地震保险保费规模在全国占比 27%，提供了风险保障 7 亿元。

3. 以广东省为代表的巨灾指数保险试点

2016 年，广东省巨灾指数保险在湛江、韶关、梅州、汕尾、茂名、汕头、河源、云浮、清远、阳江 10 个地级市开展试点。按照"一市一方案"的原则，根据当地的特点和地级市政府的需求，承保公司为其量身定制个性化的保险方案。保险责任范围为发生频率较高的台风、强降雨以及破坏力较强的地震，共提供风险保障近 24 亿元，保费由省、市两级财政配套出资，省、市两级各分担 75% 和 25%。如"海马"台风来袭时，承保机构就在一天内兑现了赔付。2017 年，广东省进一步增加惠州、肇庆、潮州、揭阳 4 个试点地级市，实现了对粤东西北地区的全覆盖。

巨灾保险试点为探索建立政府机构、市场主体与社会组织三方共同参与的灾害救助体系提供重要经验，减轻政府防灾救灾的压力，提升全社会抗灾救灾的能力。

三　气候保险试点中面临的主要问题

（一）政府、保险公司和投保人三者界限未明确

保险市场上，政府与市场的作用理论有三种：第一种，政府主导理论认为政府干预是政府基于保护公共利益和实现社会公平的需要，可以矫正市场失灵，提升社会公平和增进市场效率，如法国的自然巨灾保险制度、新西兰的地震保险基金等。第二种，市场主导理论认为政府过分干预易诱发"寻租行为"和加重财政负担，市场机制自身可以分散和转移风险。保险公司应充当灾害补偿主体，在灾后保险市场不完整时，政府再介入，如美国国家洪水保险计划以及日本的地震保险制度等。第三种，政府与市场结合理论认为商业保险公司不能自发地发挥作用，政府有必要介入，但政府不可能完全取代商业保险公司，应在政府和商业保险市场建立合作伙伴关系，共同推动巨灾保险市场的发展与完善。我国过去 20 多年的探索证明，气候保险完全依赖商业化运作是不可行的，在气候保险的顶层设计上，清晰地定位政府界

限是体制机制建设的基础。在气候保险试点中，政府大包大揽，无论是保费的收取，还是基金建设，财政资金都是唯一的来源，市场的参与极其有限，在财政困难地区很难复制，而且会对市场造成挤出效应。虽然要遵循"政府主导"的制度建设原则，但也要政府把握好界限。

（二）管理和保障制度不健全

2018 年 3 月，国家应急管理部设立，全面统筹安排各类公共安全、自然灾害的事前预防、事中救灾、事后救济等工作，在一定程度上扫清了气候保险尤其是不同类型巨灾保险在体制上的发展障碍。但是相关法律法规依旧不健全、不完整，不足以支持气候保险的全面发展。如我国自然巨灾风险管理领域有《突发事件应对法》、《防震减灾法》、《防洪法》、《保险法》和《气象法》等，但我国还缺乏一部综合性防灾减灾法律统领全局。此外，在农业天气指数保险领域，我国缺乏专门的法规和制度对天气指数保险进行监管、保护和扶持。① 气候保险在其他行业的实践更是处于起步阶段，需要相关配套政策的引导。

（三）市场基础设施不完善

以农业天气保险为例，气候风险具有很强的地域特性，这些地域特性使得气候保险的盈亏难以预测，同时风险的分散需要足够容量的市场环境，保险公司产品的开发极为谨慎。《农业保险条例》明确将农民在农业生产中因极端气候事件等自然灾害发生造成的财产损失纳入保险范围，规定了税收优惠、保险费补贴、大灾风险分散等政策支持，为保险公司开展涉农气候灾害保险提供了政策依据，但是因传统农业保险存在信息不对称、管理成本高、覆盖面较低等问题，许多保险公司不愿涉足该领域，农业保险的供给严重不足。②

从发达国家巨灾风险管理经验来看，保险公司等市场力量在防灾减灾救

---

① 冯文丽、苏晓鹏：《我国天气指数保险探索》，《中国金融》2016 年第 8 期，第 62～64 页。
② 何志扬、庞亚威：《中国气候灾害保险的发展及其风险控制》，《金融与经济》2015 年第 6 期，第 73～76、44 页。

灾中发挥重要作用。① 我国气候保险以政府为主，市场主体和社会组织的作用十分有限，市场机制作用发挥不足。一部分原因是我国保险业发展较晚、经验不足，更重要的原因是气候风险数据缺乏、风险分散机制不充分、技术手段落后和专业人才匮乏。

（四）政府和民众风险防范意识不够

长久以来，我国政府对风险管理意识较为淡薄，民众对风险的认识也不充分，不愿主动参与风险管理。政府重救灾轻防灾，过多地关注救灾救助与恢复管理，忽视风险防范，也未能在气候保险中明晰自身的定位。地方政府往往过多地追求短期回报，因为灾前风险防范投入大、短期成效不显著，灾前风险管理意愿不强，或虽有重视但也缺乏一定的积极主动性，更多地把重心放在灾中应急以及灾后重建上，在灾害发生后为民众提供救援服务和有限补偿。我国气候风险管理尚处在被动状态，离积极防御、主动应对还有很远的距离。此外，普通民众购买气候保险意愿较低。以农村自建农房为例，由于缺乏相关知识，农民对于面临的风险缺乏充分的认识和有效的识别，无法科学合理地避灾、抗灾、救灾，甚至有的完全依赖政府救助，利用保险管理自身风险的意识很弱。

四 建立健全气候保险制度的若干建议

气候保险市场在发达国家及一些发展中国家已有了相对成熟的发展，在分散天气风险、灾害损失方面发挥了重要作用。我国天气指数保险和巨灾保险试点是新中国成立 70 年以来保险实践探索和理论创新的重大突破，将在中国特色社会主义市场经济的发展和气候灾害防范体系的发展中不断完善。建立健全气候保险制度可以从以下几方面着力。

---

① 何霖：《美国洪水保险之进程及启示》，《四川文理学院学报》2015 年第 6 期，第 42～46 页。

（一）建立符合中国国情的责任分担机制

目前我国气候保险整体上处于初期阶段，主要采取保险公司运作、政府补贴的形式进行，尚未形成成熟的责任分担机制。确立好气候保险损失分担体系，是气候保险制度安排的核心内容。当前要根据我国实际情况，尽快明确气候保险的政策性保险性质，厘清政府、投保居民和保险公司三方之间的责任关系。政府提供政策引导与支持，承担保底责任，是气候风险造成损失的弥补者；保险公司承担基本风险控制和损失补偿责任，是气候风险的管理者和主要承担者；投保者缴纳保费，是风险发生后的获赔者。与此同时，政府要通过优惠性政策，积极引导保险公司使用先进技术和创新管理模式，提升风险管理能力。政府加大宣传力度，增强民众风险防范意识，提高投保主体的参保意愿，并制定保费补贴政策，减轻居民缴费负担。

（二）逐步完善气候保险的基础设施并强化技术创新

首先，打造良好的数据信息基础。气候保险及其衍生品的基础是气象大数据，长时间序列的气象历史数据和针对未来的预警预报数据是量化天气风险的重要指标。应不断完善气象观测和数据收集体系，建立气象大数据公开机制，破除多方基础环境数据信息壁垒。巨灾保险涉及概率风险分析与定价建模技术、地理信息系统环境和设备技术、气象水文地质等环境数据收集技术等。保险行业可运用网络、云计算、大数据、移动互联网等现代技术促进气候保险服务模式的创新。其次，制定气象行业标准。鼓励行业协会开展气象基础数据使用标准或行业标准规范的制定工作。同时为更好地发挥气象资源在金融行业的跨行业应用，气象部门应积极介入金融领域，对天气相关标准的制定工作规范气象金融市场中的气候保险产品。

（三）推进气候保险市场配套体系的建设

首先，完善相关制度法规。充分发挥中国气象局的权威优势以及气象数据资源，联合交易所等机构，连同证监会等政府职能部门，争取在法律、政策层面为气候保险营造良好的生存和发展空间。其次，加快科研成果市场化建设。气象部门应积极盘活并向市场释放数十年积累的成熟理论、方法和技术资源，促进气象理论、气象技术的成果转化，实现气象资源的跨行业再利用。最后，培育农业、渔业、林业、能源行业、旅游业、建筑业、交通运输业等与天气密切相关部门的企业以及生产者通过气候保险市场建立规避天气风险的意识，鼓励设计和开发天气指数保险或天气衍生品，形成一个多主体、多行业、多样化的气候融资市场，扩大气候保险在相关领域中的实践范围。

（四）多渠道筹资，分散重大的气候风险

一项保险制度的实施需要充足的资金支持以及多渠道的资金来源。鉴于此，首先，要积极发展气候保险再保险业务，鼓励各保险公司建立合作伙伴关系，共同分担气候灾害风险，同时积极向国外再保险公司投保，利用国际市场的巨大空间来分散风险，提高保险业整体抗风险能力。其次，尝试开发气候灾害金融创新产品，引导银行为气候灾害保险的赔付提供贷款优惠，支持发行巨灾债券，创新巨灾互换、巨灾期权等衍生品，更好地分散市场风险。最后，设立巨灾补偿基金，由政府作为基石投资者，在向金融机构定向募股的基础上，向企业、社会公众公开发行基金份额，充实保险基金，提高偿付能力。

青海省气候变化及风险应对

闫宇平　胡国权　刘彩红[*]

摘　要： 青海省位于青藏高原东北部，总面积72.23万平方公里，平均海
拔超过3000米，是长江、黄河和澜沧江的发源地，被誉为"三
江源""中华水塔"，气候以高寒干旱为总特征，具有年平均气
温低、日温差大、降雨少而集中、地域差异大、日照时间长、太
阳辐射强等特点，该地区气象灾害频发，是我国西北部生态环境
脆弱、社会经济发展缓慢的地区，也是我国乃至东亚气候与环境
变化的"敏感区"和"脆弱带"，其生态系统属于中国"生态
源"的重要组成部分和重要的碳汇，具有维系国家生态安全的
重要作用。未来，青海省气温将持续上升，极端事件高温和强降
水事件增加，气候风险不容忽视，需加大生态环境保护力度。

关键词： 气候变化　气候风险　生态安全　风险应对

一　全球变暖背景下，青海省气候呈暖湿化变化特征

1961年以来，青海省气温显著升高，降水微弱增加，暴雨趋多趋强，
干旱灾害频发但干旱日数呈显著减少趋势。

1. 气温变化特征

全球气候变暖的背景下，青海省年平均气温呈显著升高趋势，每10年

---

[*] 闫宇平，博士，国家气候中心副研究员，研究领域为气候和气候变化、气候变化应对战略等；
胡国权，博士，国家气候中心副研究员，研究领域为气候变化数值模拟、气候变化应对战略；
刘彩红，博士，青海省气候中心高级工程师，研究领域为气候变化及其影响研究。

升高 0.38℃（见图 1 左），明显高于全国及全球水平，年最大日最高气温和年最小日最低气温升温趋势明显，增幅分别为每 10 年 0.36℃ 和每 10 年 0.53℃；夜晚的升温幅度大于白天，东部的升温趋势大于西部，北部地区升温趋势大于南部牧区，其中柴达木盆地升温速率最大，每 10 年 0.49℃；祁连山东段及环青海湖以南次之（见图 1 右）。

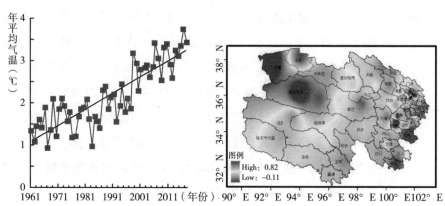

图 1　1961～2017 年青海省年平均温度变化曲线及变化率空间分布

2. 降水变化特征

平均年降水量呈微弱增加趋势，增幅为每 10 年 6.5 毫米（见图 2 左），其中三江源中部、柴达木盆地东部及环青海湖地区降水增加趋势明显，东部农业区及三江源区东部降水量呈减小趋势（见图 2 右）；强降水量和中雨日

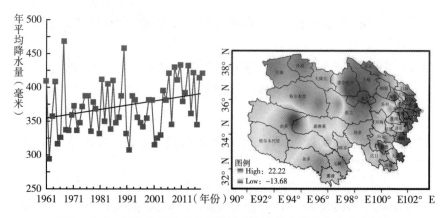

图 2　1961～2017 年青海省年平均降水量变化曲线及变化率空间分布

数都具有显著增加趋势，增幅为每 10 年 3.27 毫米，中雨日数为每 10 年增加 0.27 天（通过 99% 显著性检验）。

3. 冰川变化特征

青海省冰川的数量和规模位居全国第三，仅次于西藏和新疆，主要分布于祁连山、昆仑山、可可西里山、唐古拉山和阿尼玛卿山等的高山地带，20 世纪 50 年代以来，青海省域内的冰川表现为一致性的退缩趋势，且 90 年代以来冰川退缩幅度急剧增加，特别是青海东北部祁连山东段冰川退缩最为严重，部分地区冰川面积退缩速率超过每 10 年 18.0%。[1][2] 总体而言，在气候变暖背景下，尽管冰川作用区内降水增加会在一定程度上减弱冰川物质亏损，但仍不足以弥补气温上升所带来的影响，从而导致冰川面积普遍减少。

4. 积雪变化特征

20 世纪 60 年代以来，青海省平均年最大积雪深度呈略微减小趋势，进入 21 世纪后，年最大积雪深度处于偏低阶段，2001～2017 年青海省年最大积雪深度较 1961～2000 年低 9.6%，年积雪深度大于等于 10 厘米的天数变化不明显。

5. 其他气象要素变化特征

平均日照时数呈显著减少趋势，平均每 10 年减少 17.9 小时，其中夏季减少率最大，为每 10 年减少 7.8 小时；东部农业区及柴达木盆地年平均日照时数减幅尤为显著。年平均风速总体呈减小趋势，平均每 10 年减小 0.18 米/秒，中西部地区风速减小明显，而东部大部分地区呈微弱增大趋势。年蒸散量除柴达木盆地东部外，其他大部分地区增加趋势明显。年平均地表温度也呈快速升高趋势。

6. 主要气象灾害变化特征

青海省气象灾害主要有干旱、暴雨洪涝、雪灾、霜冻和冰雹大风等。20

---

① 刘时银、姚晓军、郭万钦等：《基于第二次冰川编目的中国冰川现状》，《地理学报》2015 年第 1 期，第 3～16 页。

② 孙美平、刘时银、姚晓军等：《近 50 年来祁连山冰川变化——基于中国第一、二次冰川编目数据》，《地理学报》2015 年第 9 期，第 1402～1414 页。

世纪 60 年代以来，青海省年平均干旱日数整体呈显著减少趋势，平均每 10 年减少 5.0 天，特别是在三江源西部地区，由干旱灾害造成的经济损失变化不明显，但年代际变化显著。2003～2017 年青海干旱造成直接经济损失平均为 4.67 亿元，直接经济损失最高的 3 个年份依次为 2011 年、2006 年、2017 年。

暴雨日数（降水量≥25.0 毫米）具有明显的年代际变化特征，20 世纪 90 年代以前年暴雨日数偏少，之后年暴雨日数增多，特别是柴达木盆地东部及环青海湖地区。暴雨洪涝所造成的直接经济损失呈增加趋势，年直接经济损失超过 5 亿元的年份分别为 2016 年、2009 年和 2012 年。

冰雹日数具有同暴雨一样的年代际变化特征，20 世纪 90 年代后，年平均冰雹日数急剧下降，特别是三江源地区。冰雹大风等强对流天气造成的直接经济损失呈明显增加趋势，2003～2017 年青海强对流事件造成直接经济损失平均 2.9 亿元，其中 2016 年达到了 6.5 亿元。雪灾变化趋势不明显，但是重灾增多，特别是在青南牧区的玉树、果洛、黄南南部及海西东部等地区。低温霜冻和沙尘暴的日数显著减少。

二 气候变化对生态环境的影响

1. 对水资源的影响

青海省素有"中华水塔"之称，省内集水面积大于 500 平方千米的河流 270 余条，年径流总量超过 625 亿立方米，按人口和面积计算，青海每平方千米人均水资源量仅有 8.74 万立方米，远低于全国平均水平。受地形和气候的影响，水资源时空分布极不均匀。省内东南部为外流区，为长江、黄河和澜沧江的源头汇水区，降水较多，地表水资源占全省的 80%，单位面积水资源量为 14.4 万立方米/平方千米。三江源径流以降水补给为主，降水对径流量的贡献率约占 70%，夏、秋季径流分别占年径流总量的 43%～55% 和 29%～34%，以 7 月径流最大，20 世纪 60 年代以来，三江源的径流量呈弱增加趋势，但变化趋势存在显著的区域差异，枯季退水系数呈增加趋势，尤其是黄河源区退水系数的变化趋势比较明显，说明气候变暖导致的冻土退化、冻土活动层加厚等因素，增加了土壤地下水的蓄持能力和库容，从而减缓了河流的退水过程，使得枯季径流分配趋于均匀化。①

青海省山地冰川融水径流是地表水资源的重要组成部分，对发育于冰川区的江河上游径流的补给具有重要作用。伴随气候变暖引起的冰川消融加剧和面积大范围退缩，冰川储存水资源的短期大量释放，使大部分冰川补给河流径流量在短期内增加；但随冰川的不断退缩和冰川储存水资源的长期亏缺，最终会出现冰川径流达到峰值后转入逐渐减少，直至冰川完全消失，从而对下游水资源产生重大影响。与此同时，随冰川径流增大，冰川消融洪水灾害频率增大；冰湖面积增大，冰湖溃决事件发生频次增加；易于激发冰川区泥石流，冰川泥石流趋于活跃，② 冰川灾害风险加剧，严重影响下游地区的生命财产安全。

青海省西北为内流区，气候干燥、河流稀疏，单位面积水资源量不足3.5万立方米/平方千米。年际间径流丰枯变化比较剧烈，汛期连续最大4个月径流一般占全年50%以上，部分河流可达70%～85%。③ 积雪融水大部分以春季融雪径流形式补给河流，具有季节调丰补枯的作用。气候变暖背景下，流域融雪过程提前，春季径流呈现显著增加趋势，④ 不同流域的变化幅度取决于流域的融雪补给率。

而青海湖水则以降水补给为主，降水的变化对径流的影响明显大于气温的影响，⑤ 最大的两条河流——布哈河和沙柳河——占青海湖入湖总量的60%以

① 毛天旭、王根绪：《基于逐月退水系数的三江源枯季径流特征分析》，《长江流域资源与环境》2016年第7期，第1150～1157页。
② 刘时银、张勇、刘巧等：《气候变化影响与风险：气候变化对冰川影响与风险研究》，科学出版社，2017。
③ 伍云华：《柴达木盆地主要河流泥沙特性分析》，《水土保持应用技术》2017年第3期，第40～42页。
④ 卢娜：《柴达木盆地湖泊面积变化及影响因素分析》，《干旱区资源与环境》2014年第8期，第83～87页。
⑤ 朱延龙、韩昆、王芳：《青海湖流域气候变化特点及水文生态响应》，《中国水利水电科学研究院学报》2012年第4期。

上。^① 20 世纪 60 年代以来，青海湖入湖流量呈先减后增的变化趋势，年际变化大，变差系数为 0.45 左右，两条河流对气候变化的响应较一致，径流在 20 世纪70 年代和 90 年代偏少，80 年代以及 21 世纪以来偏多（见图 3）。另外，降水增加、气温上升导致的冰川融水增加和冻土水分释放使青海省湖泊面积整体呈现扩张趋势，2006 年后湖泊面积增加速率高达每年 99.05 平方千米。

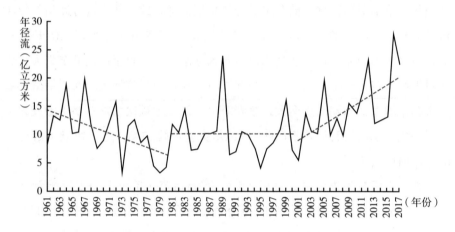

图 3　1961～2017 年青海湖入湖年径流变化

注：实线为年径流量，虚线为年径流量随时间的变化趋势。

2. 对草地生态系统的影响

青海省主要生态系统类型有七大类，其中草地生态系统所占比例最大，约为青海省总面积的 52%，主要分布在青海省的三江源地区、青海湖流域以及河湟地区。草地生态系统非常脆弱，主要表现在地表组成物质和地形特征的脆弱性和气候水热因子的低度匹配性两个方面。全球变暖背景下，降水增加和气温升高总体上有利于草地生产力提高，但是增温又使得土壤水分损失增加，容易导致区域干旱化，加速草地退化的过程，但不同季节气温的变化对不同地理位置的草地影响不同，开垦、超载过牧、滥采乱挖等人类活动

① Cui, B. L., Li, X. Y., Runoff Processes in the Qinghai Lake Basin, Northeast Qinghai-Tibet Plateau, China: Insights from Stable Isotope and Hydrochemistry. *Quaternary International*, 2015, pp. 380 – 381、123 – 132.

使得青海省草地生态系统处于退化演替状态之中。近年来随着自然保护区建立和围栏禁牧等一系列措施的实施，草地生产力和覆盖面积都有所提高，从 20 世纪 70 年代到现在，青海省草地面积增加了 17106 平方千米。

3. 对湿地生态系统的影响

青海省湿地面积居全国之首，湿地面积的变化具有明显的阶段性。三江源区是中国面积最大的天然湿地分布区，气温升高所造成的冰雪融水并未给该区的湿地补充更多的水源，反而随气温升高，蒸发加剧，水分丧失加强。同时，随着人类干扰活动的加剧，该区湿地生态系统出现了明显的退化，湖泊水位下降、面积萎缩，河流出现断流以及沼泽湿地退化等，黄河源区沼泽面积减少，长江源区许多山麓及山前坡地上的沼泽湿地已停止发育，部分泥炭沼泽地段出现干燥裸露的现象。

2005 年以前，青海湖区降水少，注入青海湖的河水水量减少，随着蒸发量加大，加上人为活动因素影响，致使青海湖水位一直下降，引起地下水位降低，使湿地面积逐渐减少，大面积干枯至少 200 平方千米。近十年来，由于雨水增多，加之湿地立法及三江源等生态保护和建设工程的实施，湿地面积增长近五成，三江源地区湖泊呈现扩张趋势，青海湖水位不断上涨，青海湖湿地特别是沼泽湿地范围不断增加。

4. 对森林生态系统的影响

青海省现有的森林资源主要分布在水、热条件较好的江河源头的高山峡谷地带，植被主要为寒温性针叶林，其次为温性针叶林及温性阔叶林。青海省特殊的地理条件和气候特点，决定了森林分布不均、面积相对较小、森林植被稀少、结构简单的特点。尽管森林覆盖率较低，但在涵养水源、保持水土等生态保护和建设中起着十分重要的作用。从 20 世纪 70 年代到现在，林业用地面积减少了 184 平方千米，但有林地面积增加 12 平方千米。近几十年来，随着青海省气温升高，降水增加，树木生长的水热条件有所改善，促进了森林植被的恢复与扩张，2004～2017 年青海省平均森林总面积为 378.9 万公顷，总体呈阶段性增加趋势，森林覆盖率平均每 10 年增加 1.8%。

5. 对荒漠化的影响

青海省沙漠化土地分布广泛，面积最大的严重沙漠化土地集中分布在柴达木盆地内，占全省沙化土地面积的 76.0%。土壤结构易受冰融侵蚀，风蚀、风化现象严重，而降水在土壤侵蚀过程中起主导作用。青海省年平均降雨量 16.8~746.4 毫米，年蒸发量却高达 770~1509 毫米，降水量大的地区蒸发量小，降水量小的地区蒸发量大，降雨、降雪、冰雹和大风、扬沙都会造成对土壤和植被的破坏，形成沙化土地。同时由于森林砍伐、草场过度放牧以及对水资源和土地资源的不合理利用，导致荒漠化发展速度加快。在气候变化和人类活动等各种因素的共同作用下，1960~2009 年，沙漠化土地、风蚀残丘和流动、半流动及固定沙丘都呈增加趋势，特别是沙漠化土地面积增加了一倍多，戈壁面积在 20 世纪 80 年代后期达到最大值后，呈减少趋势。2010~2014 年，青海省荒漠化土地面积减少 5.1 万公顷，年均减少 1.02 万公顷；沙化土地面积减少 5.7 万公顷，年均减少 1.14 万公顷，荒漠化土地的减少主要与近年来实施的生态保护措施有关。

6. 对冻土影响

冻土作为一个隔水层或弱透水层，在地下水形成、演化、运移和水动力过程方面具有抑制作用，从而对地下水的分布、动态和水循环产生重要影响。青海省多年冻土主要分布在其东北部的祁连山地区及西部和南部的三江源地区，东部农业区和柴达木盆地为季节冻土分布区。全球气候的持续变暖导致多年冻土温度升高、活动层厚度增加、冻土冻结期缩短、融化期延长、面积减少等退化趋势。2001~2017 年最大冻土深度较 1961~2010 年减少 6.8 厘米。冻土层变浅，一方面影响寒区流域产汇流过程，另一方面冻土隔水层作用减弱，受到污染的地表水、冻结层上水，尤其是沼泽水的入渗，使得深层地下水遭受污染，不宜再作为供水水源。对寒区工程建设活动冻融灾害的影响亦不可忽视。

7. 对生态系统主要功能影响

当前气候条件下（1986~2005 年），青海省生态系统净初级生产力为（NPP）平均每平方米每年 190 克碳，高值区位于东部河湟地区、祁连山区、青海湖流域，其次为三江源地区。20 世纪 60 年代以来，青海生态系统净初级生产力总体呈增加趋势（见图4）。其生态系统总体上为一个弱的碳汇，平均为每平方米每年 10.4 克碳。碳吸收能力较大的地区位于三江源地区的曲麻莱、称多和治多县，以及青海湖流域的天峻县等地。

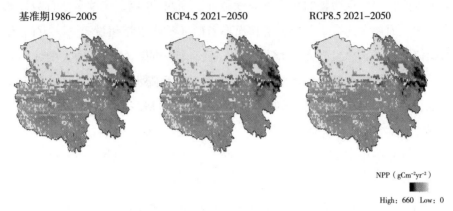

图4　青海生态系统净初级生产力（NPP）的空间分布

三　青海省未来气候变化风险及其影响

1. 未来气候变化

高分辨区域气候变化预估结果显示，受人为温室气体排放等外强迫的影响，中等排放情景下，未来青海省年平均和冬、夏季平均气温将持续上升，其中冬季气温的增加更为显著。到 2050 年附近，年平均和冬、夏季平均气温升高值将分别接近 2.2℃、3.0℃ 和 1.9℃；到 21 世纪末，年平均和冬、夏季平均气温升高值将分别接近 3.7℃、4.7℃ 和 3.4℃。在全球变暖的背景下，未来极端高温事件增加，极端低温事件减少，连续干旱日减少，霜冻日数减少，极端强降水量增加。相对于 1986~2005 年，到 2050 年附近，青海区域平均夏季日数（日最高温高于 25℃）增加约 5 天，霜冻日数（日最低温低于 0℃）减少约 18 天，冰冻日数（日最高温低于 0℃）减少约 23 天。

未来年平均和冬、夏季平均降水量的年代际变化率都较大，呈波动上升趋势。冬季由于本身降水较少，增幅也较小；年平均降水增幅大于夏季。相对于1986～2005年，到21世纪末，年平均和冬、夏季平均降水增加值将分别接近60毫米、5毫米和37毫米。全球变暖的背景下，未来区域平均极端降水的变化都呈现明显的年代际波动特征。未来50年，连续干旱日数以减少为主，而最大连续5日降水量和强降水量（日降水量超过第95个百分位数阈值的强降水总量）都以增加为主，且有较为明显的增幅增大的线性趋势。连续5日降水量的最大增幅可达15毫米，强降水量的最大增幅可达30毫米，都发生在2070年和2090年附近。

2. 未来生态系统功能变化

受气候变化影响，青海生态系统的净初级生产力（NPP）呈增加趋势，并且未来随着气候的进一步变暖还将持续增加。未来30年，低排放情景下NPP的增幅约为9.7%，高排放情景增幅约为12.2%；大部分地区NPP均有所增加，增幅多在10%～20%，极少数地区NPP下降。未来气候变化总体上有利于青海省生态系统的碳吸收，中等排放情景下，净生态系统生产力（NEP）为每年每平方米12克碳，变化趋势不明显；高排放情景下，NEP稍低于中等排放情景下的同期水平。未来30年，不同气候变化情景下，青海生态系统的有机碳储量变化趋势均表现为显著增加趋势。

3. 未来暴雨风险

以致灾危险度指标和承灾体易损度指标来估算未来灾害风险度，[①] 分为5个等级，综合考虑暴雨和孕灾环境的空间分布，当前气候条件下（1986～2005年），青海省大部分地区暴雨风险等级为Ⅰ级，Ⅱ级及以上的风险主要集中在西宁周边，Ⅲ级及以上危险度主要位于三江干流和大型湖泊附近。未来，受暴雨雨量和频次增加的共同影响，Ⅱ级和Ⅲ级风险的面积占比随时间有所增加，Ⅳ级和Ⅴ级风险的面积占比在21世纪中期增到最大，随后占比减小（见表1）。

---

① 吴绍洪、戴尔阜、葛全胜等：《综合风险防范：中国综合气候变化风险》，科学出版社，2011。

表1 青海省暴雨灾害风险的等级变化

单位：%

等级	基准期 1986～2005年	2021～2040年	2046～2065年	2080～2099年
I	99.47	99.08	98.94	98.93
II	0.41	0.65	0.73	0.76
III	0.08	0.17	0.20	0.21
IV	0.03	0.06	0.10	0.06
V	0.01	0.03	0.04	0.03

4. 未来生态系统风险

受全球气候变暖和人类活动影响，青海生态系统退化严重，进入21世纪以来，各类生态系统趋于好转，土壤侵蚀面积减少，沙漠化整体出现逆转。但大多数地区生态系统的功能性、多样性、稳定性还未得到较好恢复。青海省生态系统脆弱，生态安全阈值幅度窄，生态系统自然适应和调节能力弱，生态系统一旦被破坏难以恢复。未来随着温度进一步升高，冰川退缩和加速消融，将会影响当地及下游地区水资源平衡，导致区域水循环状态恶化，威胁我国水安全。同时极端干旱、暴雨和冷害事件都趋多趋强，导致水土流失、草地退化、荒漠化加剧，农牧业可持续发展也面临风险。

四 应对气候变化策略

青海自然环境独特，是气候变化的敏感区，其生态系统属于中国"生态源"的重要组成部分和重要的碳汇集，生态环境脆弱，人类活动叠加气候变化已经对青海的生态环境变化产生了重要的影响，社会经济发展与生态环境保护及资源的开发利用之间的矛盾突出，未来城市安全、粮食安全、水资源安全、生态安全以及重大工程安全等都面临气候风险，积极采取措施应对气候变化迫在眉睫。

（1）青海省气候变暖趋势保持不变，极端天气和气候事件趋多趋强，需要高度重视并适应气候变化，特别是应对极端天气气候事件能力。加强对气候变化影响研究，评估气候变暖背景下，青海省冰川、冻土、湖泊湿地、

森林草地、物种生存条件等对气候变化的响应，厘清人类活动和气候变化对生态环境的影响；完善高风险区、高脆弱地区的防灾减灾工程体系，加快应对气候变化和生态保护适用技术的开发、示范和推广，提升气候变化下气象灾害应对能力。

（2）加强气候变化背景下气象灾害风险、致灾机制及演变规律和对生态安全的影响研究，把气候作为生态红线的重要内容，充分考虑生态脆弱区的气候承载力，合理确定短中长期的气候安全目标，依据不同地区的气候条件和特点，因地制宜，合理配置资源，科学制定政策并采取措施，全面创新草原生态保护新机制，推进草地农业种植制度调整。

（3）加强三江源区水资源保护，特别是冰川资源保护，合理开发和优化配置水资源，推进水土流失综合治理，严格执行国家取水许可、水资源有偿使用和节水用水管理制度，同时防范冰川消融带来的自然灾害，采取防治水污染的对策和措施，合理开发利用空中水资源。

（4）尽可能减少对自然环境的依赖，转变经济发展方式。推进种植制度和种植方式以及畜牧业结构调整，大力发展高原特色生态农牧业；推动农村新能源建设，有效调节能源消费结构，降低能耗，推动循环经济的发展。创建青海碳汇功能区，既可以加强生态环境保护，又可以进一步促进碳汇产业发展，实现绿色低碳发展的目标。

（5）生态工程建设和实施需要长期稳定的支持，需要切实长效的生态保护和恢复机制予以保障和配合。要以科学研究成果为基础，结合相关法律制度和行政措施，不断健全和完善与生态文明建设相关的政策和法规，保障生态文明建设的实施。基于自然环境特点，充分考虑地区生态脆弱性特点及其发生的根源，以最大限度地减少对生态系统的不利影响为前提，权衡开发利用与保护生态之间的矛盾，挖掘最大的生态建设空间。

G.17
粤港澳大湾区气候变化及气候风险

周兵 曾红玲 赵琳 韩振宇*

摘　要： 建设国际一流湾区和世界级城市群是粤港澳大湾区发展的国家重大战略目标。本文基于大湾区近百年气象观测资料和区域气候模式百年模拟结果，从气候生态环境特点、气候变化与极端天气气候事件事实、气象灾害与气候风险、未来30年气候趋势、气候环境面临挑战、气候变化适应对策等方面进行了系统性分析。大湾区温暖多雨、类型多样、灾害频发、植被条件好，但地处低纬度气候系统脆弱区，独特优势与气候风险并存。近60年大湾区气候呈现暖湿化格局；短历时降水强度大、登陆台风强度大、海平面升速明显，气象灾情重、气候风险大、灾情和风险凸显在未来30年会进一步持续。面对防灾减灾救灾和气候变化适应需求，未来应切实采取积极行动，合理利用气候资源、提高气象灾害风险管理能力、做好气候变化适应性城市建设。

关键词： 粤港澳大湾区　气候变化　极端事件　气候风险

---

* 周兵，国家气候中心研究员、新闻发言人，中国气象局气象服务首席专家，全国气候与气候变化学科首席科学传播专家，研究领域为气象服务与季风降水；曾红玲，国家气候中心高工，研究领域为气候评估与气候决策服务；赵琳，国家气候中心工程师，研究领域为气象灾害应急管理；韩振宇，国家气候中心高工，研究领域为气候变化评估。

一 大湾区气候生态环境概况

（一）地理生态环境

粤港澳大湾区位于珠江三角洲，是我国开放程度最高、经济活力最强的区域之一，也是我国区域发展战略的重要构成与动力引擎。粤港澳大湾区是国际上继美国纽约湾区、旧金山湾区和日本东京湾区之后的第四大湾区，其经济影响力指数居四大湾区之首，[①] 形象影响力指数和创新影响力指数均屈居旧金山湾区之后，列第二位；经济实力与科研创新能力强劲，融产业、金融和高科技中心于一体，发展潜力和空间渐显。

大湾区地属亚热带季风气候，三面环山、南面临海，珠江流域的西、北、东三江在此汇聚，海岸线漫长，地理条件复杂。大湾区总占地面积5.6万平方公里，区域人口占全国的5%，地区生产总值（GDP）占全国的12%，其中香港、澳门、深圳、珠海和广州2018年人均GDP分别为32.24万元、54.04万元、19.33万元、16.48万元和15.77万元。大湾区气象灾害种类多、发生频率高、影响重大，台风、暴雨、高温、雷电、大风、风暴潮等灾害性天气对区域社会经济发展和人民生命财产造成严重影响，气象灾害经济损失占自然灾害总损失的80%以上。

归一化植被指数（NDVI）可表征植被生长状态、生长活力及生物量，2000～2018年大湾区植被指数平均值为0.644，显著高于2018年全国平均值（0.305）。2000年以来大湾区植被指数呈明显增长趋势，平均增幅为每10年0.051，表明植被环境优良且稳定向好，其中2017年植被指数最大（0.696）（见图1）。2018年植被指数较2017年有所降低（降低1.3%），其主要原因可能与气象灾害、地质灾害以及人为因素影响有关，尤其是超强台

---

① 颜彭莉：《〈四大湾区影响力报告（2018）〉发布粤港澳经济影响力领跑四大湾区》，《环境经济》2019年第Z1期，第68～71页。

风"山竹"对粤港澳的侵袭，广州市内树木倒伏 3200 余棵，对香港树木的摧毁程度为近 50 年最重，大湾区植被在一定程度上受到破坏。

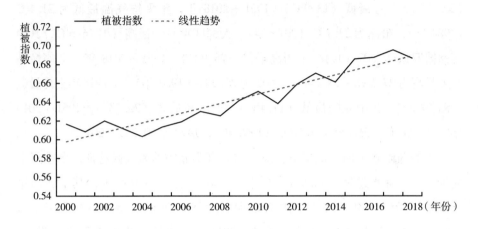

图 1　粤港澳大湾区归一化植被指数（NDVI）年际变化

中国气象局大气环境监测显示：2006 年以来广东番禺气象本底站 PM2.5 年均浓度总体呈下降趋势，但年际起伏和差异较明显，2017 年有明显上升，达到每立方米 46.8 微克，而在 2018 年快速转好，PM2.5 数值下降一半，仅为每立方米 23.2 微克，空气质量等级达到 2006 年以来最好。大湾区环境质量总体改善，但环境风险依然存在，臭氧浓度居高不下。由于自然环境容量有限，大湾区经济融合发展带来的生态环境承载压力加大。

（二）气候特征及极端性

大湾区主要气候特点：一是气候温暖，夏长冬短。按气候分季标准，仅有春、夏、秋三季，素有"天然大温室"之称。二是雨量充沛，干湿明显。年降水量的 80% 集中在汛期 4 ～ 9 月，其中 4 ～ 6 月主要由冷暖空气作用和南海夏季风爆发所致；7 ～ 9 月的降水多由热带气旋所致。三是山地起伏，气候多样。大湾区境内低山、丘陵、盆地、台地、平原交错分布，形成各具特色的局地气候，尤其在山区，气温垂直变化差异大，立体气候显著。

　　大湾区年平均气温 22.2℃，其中肇庆最低（21.6℃），香港最高（23.3℃）。[①] 夏季平均气温 28.3℃，冬季平均气温 14.8℃，其中 7 月最高（28.7℃）；1 月最低（13.9℃）。1961～2018 年，年平均气温最低为 21.1℃（1984 年），最高为 23.1℃（2015 年）。大湾区年平均最高气温 26.6℃，其中惠州博罗最高（27.1℃），上川岛最低（25.9℃）。1961～2018 年，平均最高气温最高为 27.5℃（2003 年），最低为 25.2℃（1984 年）。大湾区年平均最低气温 19.2℃，其中龙门最低（17.4℃），上川岛最高（20.7℃）。1961～2018 年，平均最低气温最低为 18.0℃（1969 年），最高为 20.2℃（2015 年）。

　　大湾区雨水丰沛，但季节分配不匀，有明显的季风气候特征，冬季降水偏少，夏季降水过量。大湾区区域平均年降水量 1873.9 毫米，其中江门恩平最多（2552.6 毫米），肇庆封开最少（1484.2 毫米）。大湾区夏季降水量 864.5 毫米，冬季 141.2 毫米。1961～2018 年，大湾区降水年际差异明显，2016 年降水量最多（2394.8 毫米），1963 年最少（1161.6 毫米）。

　　极端天气气候事件频发是大自然对人类敲响的警钟，人类也许不能改变气候变化的发展态势，但可以揭示全球变暖与极端事件发生的事实，可以通过弹性规划和减排来适应并减缓气候变化带来的不利影响。[②] 分析表明，大湾区各城市年平均最高气温在 25.6～26.8℃（见表 1），区域差异幅度为 1.2℃。年平均最低气温在 18.3～21.4℃，区域差异为 3.1℃。日极端最高气温在 36.6～40.6℃，其中最高值（40.6℃）出现在肇庆市怀集（2003 年 7 月 23 日）；日极端最低气温在 -4.4～1.7℃，其中最低（-4.4℃）出现在惠州龙门（1999 年 12 月 23 日）。

　　大湾区常年暴雨日数 8.1 天，占降水日数的 5%，香港（13.5 天）和珠海（11.7 天）超过 10d；肇庆（5.5 天）和佛山（6.8 天）均不足 7 天；其他 7 个城市年均暴雨日数在 8～9 天。各城市年最多降水量较常年偏多三成至五成，1997 年香港降水量创历史最多纪录，达到 3343.0 毫米；年最少降

---

　　① 中国气象局气候变化中心：《粤港澳大湾区气候评估报告》，2017。
　　② 郑涵中、徐琳瑜：《应对气候变化，粤港澳大湾区弹性规划策略的国际经验启示》，《世界环境》2019 年第 1 期，第 44～48 页。

表1　粤港澳大湾区基本气象要素之最

类别	年平均最高气温	年平均最低气温	日极端最高气温	日极端最低气温	年最多降水量	年最少降水量	最大日降水量	年均暴雨日数
肇庆	26.6	18.3	40.6 (2003.07.23)	-4.2 (1967.01.17)	2097.2 (1961)	1222.9 (1977)	297.6 (1971.06.18)	5.5
佛山	26.6	19.6	39.2 (2005.07.18)	-1.9 (1967.01.17)	2273.5 (1965)	1102.3 (1963)	285 (2015.10.5)	6.8
广州	26.7	19	39.7 (2017.08.22)	-2.9 (2009.01.11)	2601.6 (2016)	1185.6 (1963)	322.4 (1965.09.29)	7.9
东莞	26.8	19.7	38.2 (1994.07.02)	0.9 (1975.12.16)	2710.9 (2008)	972.2 (1963)	367.8 (1981.07.01)	8.2
惠州	26.8	18.6	39.3 (1980.07.10)	-4.4 (1999.12.23)	2749.5 (2006)	962.7 (1963)	547.3 (1979.09.24)	8.6
江门	26.4	19.8	39.6 (2005.07.19)	-0.5 (1963.01.16)	2790.5 (1965)	1095.4 (1977)	566.3 (2003.06.11)	9.9
中山	26.5	19.7	38.7 (2005.07.19)	0.9 (1963.01.15)	2886.5 (2016)	1057.3 (1977)	325.8 (2003.09.15)	8.53
珠海	26	20.3	38.7 (2005.07.19)	1.7 (1975.12.14)	3126.8 (1973)	466.7 (1961)	620.3 (2000.04.14)	11.7
澳门	25.6	20.3	38.9 (1930.07.02)	-1.8 (1948.01.26)	3041.4 (1982)	981.4 (1963)	348.2 (1972.05.10)	9.2
香港	25.6	21.4	36.6 (2017.08.22)	0.0 (1893.01.18)	3343 (1997)	901.1 (1963)	534.1 (1926.07.19)	13.5
深圳	26.8	20.4	38.7 (1980.07.10)	1.4 (1969.02.05)	2747 (2001)	912.5 (1963)	344 (2000.04.14)	9.23

注：气温单位为℃，降水量单位为毫米，暴雨天数单位为天。

水量则偏少三成至八成，1961 年珠海创历史最少纪录，仅为 466.7 毫米。历史上大湾区最大日降水量超过 500 毫米的城市有惠州（547.3 毫米）、江门（566.3 毫米）、珠海（620.3 毫米）和香港（534.1 毫米）。

二　大湾区气候变化特征

在全球气候变化背景下，大湾区总体气温上升，降水量增加，降水日数减少，但暴雨日数却增多；部分地区日降水量和小时降雨强度显著增加。1961 年以来，大湾区气候风险持续增加，暴雨洪涝、超强台风、高温热浪等极端天气气候事件频发，对大湾区城市公共安全、交通、卫生健康、能源、水资源、生态环境乃至公众日常生活等均造成了不利影响。

（一）气候变暖事实

依据中国气象局、香港天文台和澳门地球物理暨气象局提供的广州、香港和澳门气象观测站的百年站点资料显示，1908～2016 年，广州年平均气温呈上升趋势，升温速率为每十年 0.13℃（见图 2a），20 世纪 50 年代末的十年间有小幅快速增暖；1901～2018 年，香港年平均气温（1940～1946 年无观测数据）呈上升趋势，升温速率为每十年 0.13℃（见图 2b）；1903～2018 年，澳门年平均气温呈上升趋势，升温速率为每十年 0.07℃（见图 2c）。1961 年以来，大湾区区域平均气温呈上升趋势，上升幅度为每十年 0.21℃，升温速率低于全国增暖的平均速率（每十年 0.24℃）。此外，大湾区平均最高气温和最低气温也呈上升趋势，上升幅度分别为每十年 0.20℃和 0.26℃，其中最低气温上升趋势最为明显。

（二）降水趋多降雨强度趋大

1908～2018 年，广州年降水量呈增加趋势，增加幅度为每十年 30.6 毫米（见图 3a）；1901～2018 年，香港年降水量呈增加趋势，增加幅度为每十年 29.3 毫米（见图 3b）；1901～2018 年，澳门年降水量也呈增加趋势，增加幅度为每十年 40.6 毫米（见图 3c）。

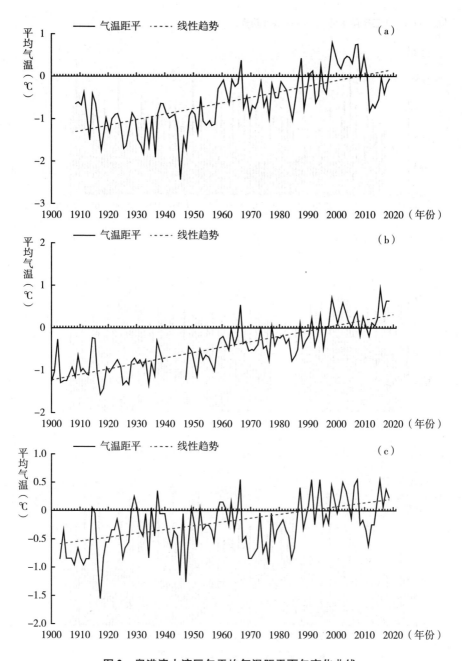

图2　粤港澳大湾区年平均气温距平百年变化曲线

（a）广州；（b）香港；（c）澳门

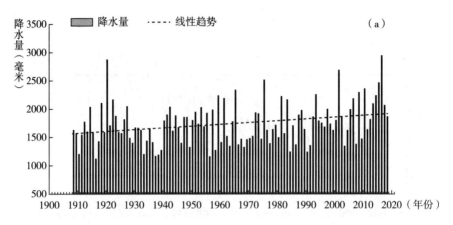

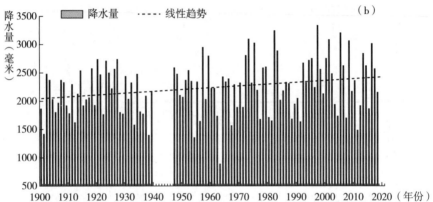

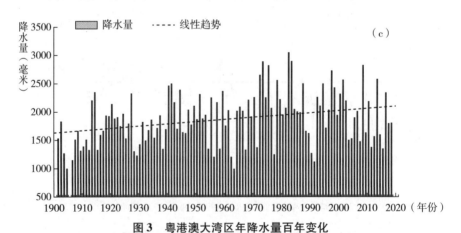

图3 粤港澳大湾区年降水量百年变化

（a）广州；（b）香港；（c）澳门

1961 年以来，粤港澳大湾区区域平均年降水量呈增加趋势，但降水日数却呈减少趋势，平均每十年减少 3.3 天。尽管大湾区降水日数减少，但暴雨日数却呈增加趋势，1961～2018 年，大湾区暴雨日数平均每十年增加 0.2天，进入 21 世纪，暴雨日数增加更为明显（见图 4）。

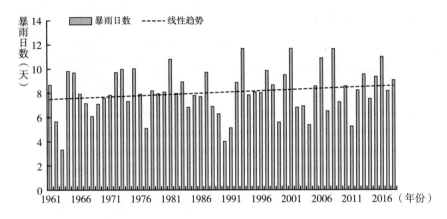

图 4　1961～2018 年大湾区年暴雨日数变化

20 世纪 90 年代以来，粤港澳大湾区降雨越来越集中、降雨强度越来越大，短历时降水强度增强，城市内涝风险加大。区域内 100 年一遇日降水量和 3 小时以内的短历时降水强度增加超过一成，超大城市 100 年一遇小时降水量重现期显著缩短，如广州变为 10 年一遇、深圳变为 15 年一遇。暴雨对城市的冲击越来越大，发生城市内涝的风险明显增加。

（三）海平面升高事实

1971～2010 年，全球平均海平面上升速率为每年 2.0 毫米，我国1980～2017 年上升速率为每年 3.3 毫米，显著高于全球平均水平。[1] 根据国家海洋局《2017 年中国海平面公报》，2017 年南海、东海、渤海和黄海沿海海平面较 1993～2011 年平均值分别偏高 100 毫米、66 毫米、42 毫米和 23毫米。香港维多利亚港验潮站的监测资料显示，2018 年维多利亚港海平面

---

① 中国气象局气候变化中心：《2018 年中国气候变化蓝皮书》，2019，第 35 页。

高度为 1.45 米，较 1993～2011 年平均值高出 10 毫米。1954～2018 年，海平面高度总体呈现线性增加趋势，上升速率为每年 3.2 毫米，但在 20 世纪80 年代末期到 20 世纪 90 年代初期处于明显的低值期（见图 5）。粤港澳大湾区沿海海平面上升加大了发生台风风暴潮、海岸侵蚀和咸潮的可能性。

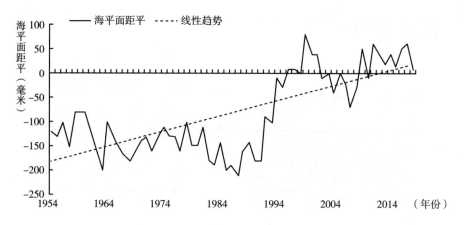

图 5　香港维多利亚港海平面高度距平变化（气候值为 1993～2011 年平均）

三　大湾区气象灾害与气候事件

近几十年来大湾区气候发生了显著变化，气象灾害呈现新的特点，气候风险持续增加。气象灾害强度与影响力凸显，气候风险加剧，使得大湾区社会经济与科技发展面临来自气候变化与极端事件的挑战。

（一）主要气象灾害

1. 暴雨洪涝

大湾区西南沿海区域年暴雨日数最多，超过 10 天，东部大部及中山市年暴雨日数普遍有 8～10 天，大湾区西北部及惠州市中部等地普遍有 6～8 天。受暴雨影响，大湾区出现的洪水具有多发性、季节性、不均匀性和峰高量大等特点，一般出现在南海夏季风爆发后的华南前汛期后期和台风活跃期的华南后汛期，前者在华南准静止锋面上可反复多次出现暴雨过程,降水过程叠加效应明显,可引发次生灾害;后者为单一暴雨天气过程,但降水强度大又伴随强风,破坏力强。珠江干流中西江洪水的洪峰、洪量最大,北江、东江次之。

历史上发生在粤港澳大湾区的主要洪水事件有:1915 年 7 月,西江、北江下游同时发生 200 年一遇特大洪水,且东江大水适值盛潮,致使珠江三角洲堤围全部溃决,这是珠江流域有史可查的影响面积最广、灾情最大的一次洪水。1959 年 6 月,东江中下游发生 100 年一遇特大洪水,博罗站还原洪峰流量每秒 14100 立方米,珠江三角洲水位持续高涨,顺德区有多处围堤40 多天不能启闸排水,内涝严重。1994 年 6～7 月,西江、北江同时并发50 年一遇大洪水,致使两广地区受灾农田近 125 万公顷,受灾人口达 1319万人,直接经济损失约 632 亿元。[①]

受城市化程度进程快及气候变化的影响,广州、深圳等大城市内涝灾害日益频繁。从 1961 年以来大湾区连续 3 天降水量极值历史排位(见表 2)可以看到,连续暴雨最强的区域出现在惠州龙门,连续 3 天降水量高达985.2 毫米,排在前十位的均达到特大暴雨的程度。城市内涝严重、交通受阻、山体滑坡、房屋倒塌和农田受淹等现象时有发生。

表 2　粤港澳大湾区连续 3 天降水量极值历史排位

强度排序	连续 3 天降水量极值	发生日期	出现地点
1	985.2	2005.06.19～6.21	惠州龙门
2	809.5	1979.9.23～9.25	惠州惠东
3	779.5	1965.9.27～9.29	江门恩平
4	759.8	1981.6.29～7.1	东莞
5	754.2	1994.7.22～7.24	珠海
6	644.2	2003.6.9～6.11	江门上川岛
7	609.2	1965.9.27～9.29	江门新会
8	598.9	1981.6.29～7.1	中山
9	568.5	1965.9.27～9.29	广州番禺
10	559.3	2006.7.15～7.17	惠州博罗

---

① 丁一汇:《中国气象灾害大典(综合卷)》,气象出版社,2008。

2. 大湾区台风

表 3 给出了 1949 年以来强台风及以上强度登陆大湾区的台风，可以发现在 1964 年强台风接连 3 次在深圳－珠海－澳门一带强势登陆，"露比"使得香港和澳门均悬挂十号风球，提醒社会决策层和公民采取相应的措施；"莎莉"为历史上最强的超强台风，登陆前在西太平洋过程最大风速达每秒 88 米，中心气压为 895 百帕；"黛蒂"导致大鹏湾主坝被毁。1971 年又有 2 个强台风登陆，"露茜"中心风力紧密而强劲，属侏儒系统台风；"露丝"威力强劲，风雨交加，在香港大帽山达到每秒 77 米的历史最强风速。1979 年"荷贝"和 1983 年"爱伦"分别在深圳大鹏湾和珠海九洲港一带登陆，有 300 万人受灾，受灾面积超 24 万公顷。沉寂了 30 多年的强台风在近年再次被激活，2017 年"天鸽"和 2018 年"山竹"给大湾区造成重大影响，强风急雨灾情重，给防灾减灾带来了严重的挑战。

表 3　近 70 年登陆粤港澳大湾区的强台风特征

台风编号名称	登陆时间（月－日）	登陆地点	登陆时最大风速（中心气压）	过程最大风速（中心气压）	降水强度	受灾人口（万人）	受灾面积（万公顷）	备注
6415 露比 （Ruby）	09－05	珠海拱北	40（960）	45（960）	412 毫米/24 小时	320	26.6	澳门十号风球
6416 莎莉 （Sally）	09－10	深圳宝安	45（967）	88（895）	—	—	—	香港七号风球珠江口风暴潮
6423 黛蒂 （Dot）	10－13	深圳宝安	40（978）	45（975）	—	—	—	澳门八号风球大鹏湾坝被毁
7118 露茜 （Lucy）	07－22	惠州惠东	40（965）	60（912）	—	—	—	侏儒系统台风澳门七号风球

台风编号 名称	登陆 时间 （月－日）	登陆 地点	登陆时 最大风速 （中心气压）	过程 最大风速 （中心气压）	降水强度	受灾 人口 （万人）	受灾 面积 （万公顷）	备注
7121 露丝 （Rose）	08－17	广州 番禺	40（975）	60（959）	288.1毫米/ 24小时	—	—	大帽山每秒 77米
7907 荷贝 （Hope）	08－02	深圳 大鹏湾	45（955）	70（898）	278毫米/ 36小时	450	24.2	澳门十号风球 汕尾每秒 60.4米
8309 爱伦 （Ellen）	09－09	珠海 九洲港	45（970）	64（928）	—	280	28.1	登陆逢大潮汛 澳门十号风球
1713 天鸽 （Hato）	08－23	珠海 南部	45（950）	52（935）	126.3毫 米/小时 322.4毫 米/24小时	248	12.3	叠加天文大潮 澳门十号风球
1822 山竹 （Mangkhut）	09－16	江门 台山	48（955）	65（905）	426毫米/ 38小时	300	17.4	澳门十号风球 惠州每秒 62.8米 增水3.4米

注：①资讯来自中国气象局、香港天文台、澳门地球物理暨气象台、日本东京台风中心、美国联合台风预警中心、维基百科等；

②最大风速和中心气压的单位分别是：米/秒和百帕；

③除台风莎莉外，香港均悬挂十号风球。

3. 高温热浪

粤港澳大湾区年高温日数从沿海向内陆增加，香港、深圳、澳门、珠海年高温日数不足5天，中山、台山、江门等地有5~10天，恩平、开平、广州番禺区和南沙区、东莞有10~15天，大湾区北部大部在15天以上。1961~2018年，大湾区年高温日数呈明显增加趋势，增加速率为每10年3.7天，其中1973年高温日数最少（1.7天），2014年高温日数最多（31.2天）。大湾区高温日数7月最多（6.1天），其次是8月（5.8天）和6月（1.9天）。高温日数显著增多，高温热浪频发对城市电力负荷的要求越来越高，2014年持续的高温天气使得广东电网成为全国首个统调负荷突破9000万千瓦的省级电网。

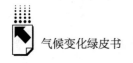

表4给出了1961年以来大湾区10次极端高温热浪事件，可以看到80%出现在近20年。其中持续时间最长的高温事件是1998年7月11日~8月27日，高温热浪事件长达48天；2003年7月2日~8月11日的高温事件，过程极端最高气温最高（41.6℃）；2017年7月22日~8月22日的高温事件，过程平均最高气温最高（37.3℃）。

表4　粤港澳大湾区十次极端高温热浪事件

高温热浪 事件	开始日期	结束日期	持续日数 （天）	过程平均最高气温 （℃）	过程极端最高气温 （℃）
1	1998/7/11	1998/8/27	48	36.4	39.6
2	2014/6/27	2014/8/9	44	36.5	39.6
3	2003/7/2	2003/8/11	41	37.2	41.6
4	2009/8/18	2009/9/26	40	36.2	38.9
5	2005/7/5	2005/8/12	39	37.8	40.3
6	1990/8/7	1990/9/8	33	37.1	39.5
7	2017/7/22	2017/8/22	32	37.3	39.9
8	2006/6/24	2006/7/25	32	36.7	39.2
9	2007/7/9	2007/8/8	31	36.0	40.5
10	1993/7/17	1993/8/11	26	35.1	33.9

4. 局地强对流天气

大湾区的强对流天气类型有雷暴、冰雹、飑线和龙卷等，其中以雷暴天气为主。雷暴主要发生于北半球夏半年（4~9月），年雷暴日数71.5天，由东南沿海地区向西北部山地丘陵地区递增，惠州南部、东莞、深圳、中山、珠海、江门开平、上川岛、佛山三水等地为50~70天；其他大部地区为70~80天。

大湾区近年频发因飑线、龙卷、冰雹等强对流天气引发的重大灾害。2010年和2015年分别在深圳湾水域和宝安区水域出现水龙卷；2011年雷雨大风横扫广州；2013年3月强对流天气突袭东莞；2015年10月龙卷风袭击广州；2016年4月飑线在东莞麻涌镇造成18人死亡33人受伤。强对流天气点多面广，威胁大湾区人民生命财产安全，已成为大湾区致灾风险最高的灾害性天气。

（二）大湾区气候风险加剧

在全球气候变暖大背景下，极端天气气候事件造成的气象灾害呈现频发重发状态，对大湾区城市公共安全、交通、卫生健康、能源、水资源、生态环境乃至市民日常生活等均造成了不利影响。主要风险集中在以下六个方面。

一是城市内涝风险加大。20 世纪 90 年代以来，大湾区暴雨日数高于往年平均水平，降雨越来越集中、降雨强度越来越大。与 1961～1990 年相比，1991 年以来大湾区部分区域的 100 年一遇日降水量增加超过 10%。深圳 3 小时以内的短历时降雨强度平均增幅达到 16.5%，城市建成区积涝风险大大增加。

二是登陆台风强度加剧。近十余年来登陆广东沿海的台风数量总体略呈减少趋势，但登陆台风的强度却有增无减，台风带来的影响程度加大。2014年"威马逊"、2017 年"天鸽"、2018 年"山竹"等强台风出现频繁。

三是局地强对流天气致灾风险提高。大湾区大气对流活动活跃，雷雨大风、飑线、龙卷风等短历时、强对流天气频繁出现。近年因飑线、龙卷风引发的重大灾害频发，强对流天气点多面广，已成为威胁大湾区人民生命财产安全致灾风险最高的灾害性天气。

四是高温热浪成主旋律。伴随全球变暖的步伐，大湾区高温日数显著增多，出现了超大城市群发展会遇到的热岛现象，高温热浪事件的频发对城市电力负荷的要求越来越高。

五是海岸侵蚀可能性加大。粤港澳大湾区海平面总体呈波动上升趋势，香港维多利亚港和吐露港海面平均每年升速高于同期中国其他沿海地区，台风风暴潮的影响加剧，沿海电力、道路、地下管网等基础设施安全运行面临的风险加大。

六是人体健康气象风险加大。在全球气候变暖的大背景下，大湾区气温和降水均呈上升（增加）趋势，暖湿气候格局逐步形成。对气候变化敏感的传染性疾病，如疟疾、登革热等疾病发生的程度和范围也有所增加。

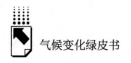
四 未来气候变化与气候风险预估

（一）气候变化预估概况

应用 RegCM4 区域气候模式，在四个不同全球模式驱动下，进行 RCP4.5 中等温室气体排放情景下中国区域 1980～2099 年长时间连续积分模拟。基于上述四个模拟结果的集合平均，以 1986～2005 年为基准期，对大湾区未来气候变化预估进行分析。采用吴绍洪等[1]使用的研究方法，以致灾危险度指标和承灾体易损度指标估算未来灾害风险度。其中致灾危险度以极端气候指数表示，计算承灾体易损度的社会经济数据包括人口密度和 GDP，数据源自奥地利国际应用系统分析研究所（IIASA）研发的 GGI 情景数据库。针对不同的灾害风险，分别建立承灾体易损度评估模型。

受人类温室气体排放等外强迫的影响，未来大湾区气温将持续上升，到 2050 年附近，年平均气温将升高接近 1.4℃，到 2100 年附近，升高接近 2.0℃（见图 6）。未来年降水普遍增加，且年代际波动较大。年降水的增幅

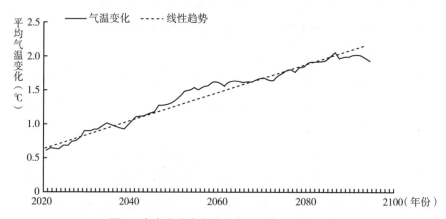

图 6 未来粤港澳大湾区年平均气温变化预估

注：单位：℃，相对于 1986～2005 年，经过 9 年滑动平均。

---

① 吴绍洪、潘韬、贺山峰：《气候变化风险研究的初步探讨》，《气候变化研究进展》2011 年第 5 期，第 363～368 页。

有显著增加趋势，21世纪70年代之前，增幅多在10%以内，到21世纪末，最大增幅可超过18%（见图7）。

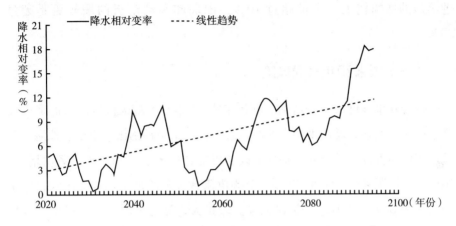

图7　未来粤港澳大湾区年降水相对变率预估

注：单位:%，相对于1986～2005年，经过9年滑动平均。

（二）未来30年气候变化预估

相对于1986～2005年，未来30年大湾区年平均及冬季气温将上升约1.0℃和0.9℃，夏季升温略大，约为1.1℃。无论冬、夏季，大湾区大部升温幅度都在0.4～1.2℃。夏季，肇庆和惠州海拔略高的区域升温幅度超过1.2℃，其中惠州东部超过2℃，其升温幅度在全年都普遍高于其他地区。未来30年大湾区降水略有增加，但增幅不大。年平均和冬、夏季的增加幅度分别是3%、2%和3%。冬季，除惠州东部外，大部地区降水都在增加，增幅在15%以内；夏季降水空间分布差异较大，降水增加和减少相间分布。

未来30年大湾区持续暖昼天数（连续6天及以上日最高气温超过90%百分位阈值）将普遍增加10～15天，沿海地区增幅更大，如香港的增幅超过50天，区域平均增加21.2天。持续冷夜天数（连续6天及以上日最低温低于10%百分位阈值）将普遍有微弱减少，降幅大都在3天以内，区

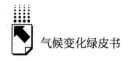
域平均的降幅为 1.7 天。未来 30 年大湾区强降水量（超过 95%百分位阈值的降水量总和）普遍增加，区域平均增加 9%。广州、东莞、深圳和香港等地的增幅较大，大都超过 10%，深圳和香港附近的增幅更是超过 20%。

（三）未来30年气候风险

极端降水强度进一步增加。预计未来 30 年，大湾区极端降水的降雨强度会进一步增强，暴雨洪涝的最高风险区主要集中在佛山、中山、珠海、东莞、深圳和香港一带。降水格局的改变可能造成冬、春季节干旱频次增加，城市供水资源紧张。未来 30 年，暴雨洪涝致灾危险度增加幅度不大，但未来人口和 GDP 的增加，使洪涝风险区域扩大，覆盖了除惠州和肇庆部分地区以外的整个大湾区。

夏季高温热浪加剧。预计未来 30 年，大湾区平均升温约 1℃，且夏季升温幅度略大，极端高温日数将增加 10～15 天。大湾区均处于高温热浪的高风险区。气候变暖将导致大湾区制冷能耗明显增加，给电力供应带来更大压力，同时也会增加城市群需水量，使城市供水更加紧张。随着沿海区域高温致灾危险度迅速增加，并且考虑未来人口和 GDP 的增长，高温风险区域扩大，覆盖了除惠州和肇庆部分地区以外的整个大湾区，面积占比高达 65%。

登陆台风强度增大。台风是大湾区面临的主要气象灾害之一，预计未来 30 年，超强台风（底层中心附近最大风速每秒 51 米以上）登陆的概率增大，劲风与强雨因素叠加，致灾程度加剧。1964 年和 1971 年都曾分别出现 3 次和 2 次强台风登陆大湾区的情景，近年来又分别有"威马逊""天鸽""山竹"等强台风频繁出现。登陆台风强度增强的气候变化趋势持续，并会出现相对频发的集中期。

海平面继续上升。预计未来 30 年，沿海海平面将上升约 100 毫米，从而大大提升风暴潮的风险发生率。预计 100 年一遇的风暴潮可能变为 45～70 年一遇，50 年一遇的变为 18～27 年一遇，20 年一遇的变为约 5 年一遇。

海平面引发的风暴潮的增强和风暴潮重现期的缩短对海岸和低洼地带的防护工程产生了更大威胁。

大气自净能力略有下降。预计未来 30 年，气候变暖使未来大湾区的空气扩散能力略微下降，加剧对人体健康的不利影响。疟疾、登革热等对气候变化敏感的传染性疾病的发生程度和范围也将有可能增加。

21 世纪珠江流域将面临全年径流增加，洪水强度增强、频率增加的风险。此外，21 世纪后期珠江上游可能面临湿季干旱的风险，从而导致上游的水电产量减少。中下游可能面临湿季更湿，干季更干的风险，进而导致下游洪水频率增加，干旱强度加剧，也将增加三角洲地区的咸水入侵风险。经济和人口增加引起的用水量增加将进一步减少干季流量，水资源短缺情况加重。

五　气候变化适应与趋利避害策略

随着粤港澳大湾区的快速发展，未来人口、资源、经济总量、基础设施等方面密集度将进一步加大，因而对暴雨、洪涝、台风、强对流等气象灾害的脆弱性和暴露度也越来越大，大湾区面临的气候风险将进一步加剧。未来气候变化和海平面上升严重威胁到大湾区长期的经济社会可持续发展。《粤港澳大湾区发展规划纲要》强调了绿色低碳、保护生态、宜居宜业宜游的发展理念，因此在大湾区建设发展过程中，要完善水利防灾减灾救灾体系，进一步提升气候风险管理能力，加强气候适应型城市建设。为此采取以下针对性行动和科学应对建议。

（1）高度重视城市规划、设计和管理的精细化，合理利用气候资源，打造气候先锋典范城市。立足大湾区的气候条件，充分利用各城市的地理、气候、生态和历史人文等适宜性特征，构建气候友好型城市生态系统，充分发挥自然生态空间改善城市微气候的功能。考虑气候承载力，加强水资源的科学管理与调度，科学利用雨洪资源。高度重视气候可行性论证，加强针对气候的专业设计，建设城市宜居环境，提升气候舒适度，打造气候先锋城市。

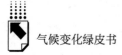

（2）加强气象灾害风险管理能力建设，实现由减轻灾害损失向减少灾害风险转变，切实提升城市应对气象灾害能力。采取切实行动，让城市气象灾害的应对从事中和事后的灾害救援、治理向事前的风险管理转移。加快气象灾害风险管理的制度化进程，构建气象灾害风险管理系统，研制高精度的城市内涝等气象灾害风险图谱；推进气象灾害防御体制机制的创新，实现粤港澳三地跨地区、跨部门合作管理，为气象灾害风险精准防控提供支撑。

（3）加快气候适应型城市建设，提高城市安全运行的韧性，增强全民应对气候变化意识。针对大湾区人口密度大、经济集中度高、未来气候风险高的特点，构建大湾区优质生活圈气候资源承载力与环境评价标准体系，提升城市应急保障服务能力，提高极端天气气候事件抗御能力，建设气候适应型城市，降低应对区域气候变化所带来风险，积极探索出符合粤港澳大湾区实际的城市群适应气候变化建设管理模式，提高应对气候变化的韧性，发挥引领和示范作用。加强管理和绩效评估，确保海绵设施投入后能真正发挥作用，切实降低暴雨对城市的冲击。加强气候科学传播和应对气候变化宣传，逐渐形成以"节约资源、保护气候"为基本特色的城市标签，大力增强社会防灾减灾意识和应对气候变化意识，从文化氛围和社会风气角度为应对气候变化提供保障。

G.18
气候变化对森林防火的影响及对策研究

艾婉秀 吴英 王长科 梁莉*

摘　要： 近年来，随着全球气温升高，极端天气气候事件多发，特别是高温、干旱天气的趋多趋强，导致森林火灾同样频发。研究分析显示，受气候变化的影响，林中可燃物累积增多，火灾天气季节长度有延长趋势，雷击火和野火发生频率也有增加趋势。中国主要林区暖干化趋势明显，森林火险潜势近几年有明显增加，但近10年火灾次数及过火总面积均为减少趋势，这与中国森林防火的管理以及森林保护和生态发展理念的贯彻执行密切相关。模式预估未来全球及中国气候增暖趋势将继续，干雷暴频率增加，林火预警天数增加，火灾风险加大，森林防火形势将更加严峻。因此建议，加强气候变化对森林火灾影响的研究，加强森林火灾的监测预测预警，加强森林防火的科普宣传。

关键词： 气候变化　森林火灾　防火形势

一　引言

2019年入春以来，我国北方及西南的大部地区由于气温偏高、降水偏

---

* 艾婉秀，国家气候中心正研高工，研究领域为气候服务；吴英，中国气象局公共气象服务中心高工，研究领域为森林火险预报；王长科，国家气候中心高工，研究领域为气候变化与健康；梁莉，中国气象局公共气象服务中心高工，研究领域为森林火险预报。

少，出现了阶段性的中到重度气象干旱现象，局部地区达到特旱程度，森林火险也达到偏高等级。北京、山西、河北、辽宁、陕西、四川、云南等地相继发生森林火灾，点多、面广、局地重的特点非常突出。其中，3月14日山西沁源县沁河镇南石村森林火灾中有6名森林消防队员牺牲；3月30日四川省凉山州木里县发生的雷击森林火灾中有27名森林消防队员和3名当地扑火人员遇难；6月11日，内蒙古大兴安岭林区同一日内就发生三起森林火灾。同期，国外的森林火灾也出现多发势头，3月澳大利亚南部高温导致至少发生25宗山火；4月上旬俄罗斯远东多个地区发生了大规模森林火灾，总过火面积近5000公顷；5月5日南苏丹西北部洛尔州东科罗克郡突发森林火灾，大火席卷四个村庄，造成至少33人死亡，138所房屋被毁，1万多头牲畜死亡；6月底高温热浪席卷欧洲，多地气温刷新最高纪录，引发多处山火；7月20日，美国亚利桑那州遭遇雷击突发大火，近2800公顷的土地被严重烧毁，等等。

近年来全球频发的森林大火灾害均显示与气候暖干化、极端天气气候事件频发重发，特别是与异常高温、持续干旱等天气关系密切。由森林火灾的频繁发生引发的社会、经济与生态等多方面的问题，受到越来越多的关注。研究显示，气候变化对森林火灾的影响明显，尤其是干雷暴导致森林雷击火灾的发生频率增加。[①] 因此，了解国内外的相关研究，分析我国森林火灾特点及主要林区的气候变化特征非常重要，为应对气候变化对森林防火的影响提供参考依据。

二 全球森林火灾案例及分析

（一）近年来主要林火案例

2009年1月末至2月初，澳大利亚东南部遭遇罕见高温热浪袭击，墨

---

① Lynch, J. A., Hollis, J. L., & Hu, F. S., Climatic and Landscape Controls of the Boreal Forest Fire Regime: Holocene Records from Alaska. *Journal of Ecology*, 2004, 92: 477–489.

尔本最高气温达 45.1℃ 并连续 3 天高于 43℃，为 1855 年有相关记录以来的第一次。持续异常的高温和干旱，加上人为纵火，引发澳大利亚东南部维多利亚州和新南威尔士州森林大火，死亡人数超过 230 人，受灾面积超过 33 万公顷，创下了 1908 年以来该国的大火最高历史纪录。

2010 年夏季，欧洲多国气温持续异常偏高，部分地区日最高气温连续多日超过 40℃，莫斯科气温 6 次打破该地历史最高温度纪录。高温少雨导致俄罗斯发生近 40 年来最重的一次干旱，境内多处发生森林火灾，造成 53 人死亡，500 多人受伤，经济损失近 150 亿美元。

2013 年 1 月上中旬，澳大利亚连遭罕见高温热浪袭击，悉尼最高气温达 42℃，高温引发 5 个州多次出现山林大火，塔斯马尼亚州 100 多座房屋被烧毁，失踪人数超过 100 人。

2015 年夏季，美国加利福尼亚州连续 4 年干旱的干燥环境加上创纪录的高温天气，引发多次严重森林野火。7 月 17 日大风助长野火越过连接洛杉矶至拉斯维加斯的 15 号高速公路峡谷通道，8 月 15 日，帕萨迪纳、河滨市、兰卡斯特等城市气温高达 39℃，引发大面积山林野火；9 月 12~13 日，连续两天的加州北部大火致 1 人死亡，400 多栋房化为灰烬，另有近千栋建筑物被毁，约 1.7 万居民不得不离开家园。

2016 年 5 月 3 日，加拿大西部艾伯塔省因高温和大风天气发生森林大火并蔓延，5 日过火面积很快就扩大了近 9 倍，达到了 8.5 万公顷，麦克默里堡全市 8.8 万居民被迫疏散撤离，造成经济损失约 90 亿加元，成为加拿大史上损失最为惨重的自然灾害。6 月下旬，美国西海岸炎热干燥的天气导致南加州发生山火，燃烧面积约 1.21 万公顷。

2017 年 7 月上旬，美国西岸遭受"地狱热浪"袭击，凤凰城、洛杉矶市区日最高气温打破一百多年来同期纪录，加州有 17 个地方发生山火。欧洲 6~7 月多国先后发生森林大火，葡萄牙中部地区 6 月中旬森林火灾导致死亡人数超过 60 人，160 多人受伤；6 月末西班牙南部发生大规模森林火灾；7 月中上旬，欧洲南部遭遇罕见热浪袭击，多地的日最高气温超过 40℃，意大利南部及西西里岛频繁发生林火，其中仅 12 日意大利南部就发

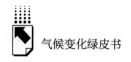

生约 23 起林火。

2018 年夏季,北半球出现严重"高烧"现象,瑞典干旱与创百年纪录的高温引发多处森林火灾,希腊雅典遭遇 40℃ 高温并诱发森林火灾,失踪人数近百人。受持续温高雨少干旱天气的影响,11 月 8 日美国加州发生山火,北加州"坎普"山火重创天堂镇,造成 80 多人死亡,约 250 人下落不明,成为自 20 世纪以来全美伤亡最惨重的山火之一,刷新了全美山火致死和毁坏程度的纪录,过火面积超过 6.2 万公顷,山火共烧毁民宅约 1.4 万栋、商业建筑 500 多栋、其他建筑 4200 多栋;此外,南加州沃尔西山火造成 3 人死亡,1643 座建筑被毁。

(二)分析与预估

气候变化引起的野火频发已经成为一个全球性的问题。受气候变暖的影响,从 1979 年至 2013 年,全球平均的火灾天气季节长度已经延长了 18.7%,其中美国西部是延长明显的地区。[①]

1984~2016 年,巴西亚马孙流域西南部的阿克里州火灾的发生频率增加,从大约每 10 年发生一次火灾(从 1984 年至 2004 年)到每 5 年发生一次火灾(从 2005 年至 2016 年)。未来随着气候变暖和森林继续被砍伐的现象发生,旱季进一步延长,阿克里州的森林火灾将变得更加强烈和频繁。[②]

Westerling 等研究发现,[③] 自 20 世纪 80 年代中期以来,美国西部区域森林野火发生频率大幅增加,这与气温升高、春季融雪提前和气候性水分亏缺增加密切相关。2018 年,美国加州发生了近 60 起过火面积超过 400 公顷的火灾,而在过去 20 年里,平均每年都会新增 28.6 万公顷的火烧面积。加州大火频发的背后,与全球气候变化背景下的当地气候越来越干燥、高温密切相关。Schoennagel

① Jolly W M, et al., Climate-Induced Variations in Global Wildfire Danger from 1979 to 2013. *Nat Commun*, 2015, 6: 7537.

② Silva S S, et al., Dynamics of Forest Fires in the Southwestern Amazon. *Forest Ecology and Management* 424 (2018): 312 - 322.

③ Westerling, A. L., Hidalgo H. G., Cayan D. R., .et al. Warming and Earlier Spring Increases Western U. S. Forest Wildfire Activity. *Science*, 2006, 313: 940 - 943.

等发现,① 在过去30年里，北美西部发生的野火灾害事件无论是数量还是规模都越来越大，而且有随着气候变暖继续加大的趋势。

未来在气候变暖背景下，全球的林火灾害格局将发生变化，整体而言是林火频率和面积呈现上升趋势，森林火灾风险有明显的加大趋势。Schoennagel预计，在未来几十年内，北美西部野地－城市交界带将面临更高的气候驱动的火灾风险。Westerling等预计，加州在全球温室气体高排放情景下（RCP 8.5），21世纪下半叶（2070～2099年）加州年平均野火面积将会比基准（1961～1990年）增加77%。极端野火事件的发生频率会增加，其中面积超过10000公顷的火灾发生频率将增加近50%。

Gaudreau等对加拿大魁北克北方森林的研究结果表明,② 无论是在中低排放情景（RCP 4.5）还是高排放情景（RCP 8.5）下，未来平均火灾燃烧面积对魁北克全省来说都可能增加，在高排放情景下，21世纪末期比2010年增长30.2%，而在低排放情景下有些地区火灾燃烧面积有可能减少，预测的火灾可能性增加的区域与预测的植被生产力较高的区域相重叠。

Malevsky等对俄罗斯的预测表明,③ 俄罗斯北方森林地区高火险天气未来将以每年10～12天的速度增长。目前，芬兰南部每年森林火灾警报天数为60～100天，预计到21世纪末期将增加到96～160天；而芬兰北部则是从30天增加到36天；到21世纪末期，芬兰全国森林火灾的年发生率预计将比目前增加20%。④

---

① Schoennagel, T. , Balch, J. K. , Brenkert Smith. H. , et al. , Adapt to More Wildfire in Western North American Forests as Climate Changes. Proceedings of the *National Academy of Sciences of the United States of America*, 2017, 114（18）: 4582 –4590.

② Gaudreau, J. , Perez, L. , Drapeau, P. BorealFireSim, A GIS – based Cellular Automata Model of Wildfires for the Boreal Forest of Quebec in a Climate Change Paradigm. *Ecological Informatics*, 32（2016）: 12 – 27.

③ Malevsky-Malevich, S. P. , Molkentin, E. K. , Nadyozhina, E. D. et al. , An Assessment of Potential Change in Wildfire Activity in the Russian Boreal Forest Zone Induced by Climate Warming During the Twenty-first Century. *Climatic Change*, 2008, 86（3/4）: 463 –474.

④ Kilpeläinen, A. , Kellomäki, S. , Strandman, H. , et al. , Climate Change Impacts on Forest Fire Potential in Boreal Conditions in Finland, *Climatic Change*, 2010, 103: 383 – 398.

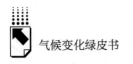

三 我国森林火灾典型案例及分析

《中国林业统计年鉴》森林火灾数据统计显示，在 2008～2017 年的 10 年间，中国共发生森林火灾 56067 起，其中 2018 年发生次数最多（14144 起），是 2016 年发生次数最少（2034 起）的近 7 倍，且森林火灾发生频数有明显的下降（见图 1），平均每年下降超过 1000 起。在这 10 年间，2009 年全国发生森林火灾的火场总面积最大（21.4 万公顷），2016 年最小（1.8 万公顷）；火场面积在波动变化中呈现减少趋势，平均每年减少 1.8 万公顷（见图 2）。

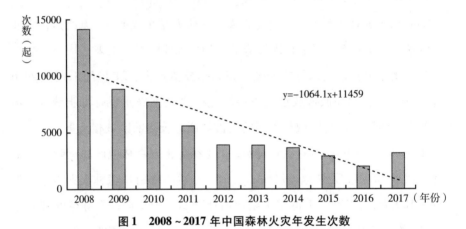

图 1　2008～2017 年中国森林火灾年发生次数

注：柱状：历年值；虚线：线性趋势。

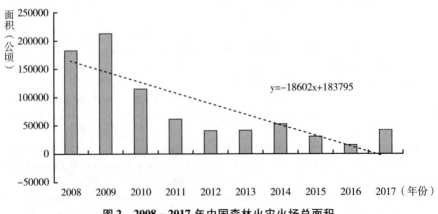

图 2　2008～2017 年中国森林火灾火场总面积

2008～2017年，中国的34个省（区市）中除上海、香港、澳门、台湾外，均有森林火灾发生，湖南省发生次数最多，北京和天津发生次数很少。从森林火灾火场面积统计来看，火场主要出现在东北和西南，黑龙江面积占比最大，其次是贵州、内蒙古、湖南、广西、云南等地（见图3）。

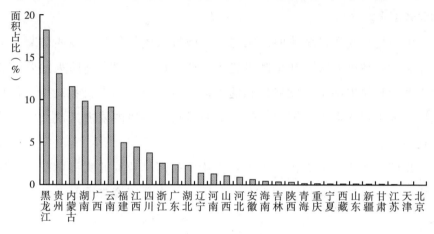

图3　2008～2017年各省森林火灾面积占全国总面积

（一）我国森林火灾典型案例

根据中国《森林防火条例》，按照受害森林面积和伤亡人数等级标准划分，森林火灾分为一般森林火灾、较大森林火灾、重大森林火灾和特别重大森林火灾。其中，重大森林火灾是指受害森林面积在100公顷以上1000公顷以下，或者死亡10人以上30人以下的，或者重伤50人以上100人以下的；特别重大森林火灾是指受害森林面积在1000公顷以上，或者死亡30人以上，或者重伤100人以上的。

新中国成立以来中国最大最严重的森林火灾是1987年5月6日发生在大兴安岭的火灾，大火燃烧了28天，有211人葬身火海，266人被烧伤，5万余人无家可归，森林受害面积101万公顷，烧毁国家贮存木材85.5万立方米，直接损失达5亿多元，对当地的生产、生活和生态影响巨大，血的教训促使防火工作得到更多的重视。

2008~2017 年，中国发生特别重大森林火灾共 9 次，其中内蒙古 5 次，黑龙江 4 次，都出现在东北林区；重大森林火灾 93 次，其中东北林区 32 次（内蒙古 25 次，黑龙江 7 次），西南林区 21 次（四川和贵州各 9 次，云南 3 次），其他的为福建 23 次，湖南 8 次，山西 4 次，山东 2 次，西藏、河北、湖北各 1 次。

中国是气候变暖显著的国家之一，极端天气气候事件发生频繁，但近年来的森林火灾次数却呈减少趋势，这体现了我国森林防火的管理成效以及森林保护和生态发展理念的贯彻执行。虽然林火次数减少，但火灾一旦发生则表现出范围大、影响重的特点。例如内蒙古 3 次火灾最能体现该特点。

2017 年 5 月 2 日，内蒙古大兴安岭毕拉河林业局北大河林场发生特大森林火灾，过火面积达到 11500 公顷，其中受害森林面积 8281.58 公顷。

2017 年 5 月 17 日，内蒙古呼伦贝尔市陈巴尔虎旗那吉林场发生特大森林火灾，过火面积约 8400 公顷，其中受害森林面积约 5050 公顷。

2018 年 6 月 1 日，内蒙古大兴安岭汗马自然保护区北部腹地发生特大森林火灾，受害森林面积约 4500 公顷。

（二）主要林区的气候变化事实

我国森林火灾出现最多的是东北林区和西南林区，其气候变化均呈暖干化趋势，森林火险潜势也有增加趋势。

气温：我国两个主要的林区（东北林区包括内蒙古东北部、黑龙江西部、吉林和辽宁；西南林区包括云南、四川大部、贵州大部、重庆大部和西藏东南部）常年平均气温分别为 3.9℃和 15.1℃（见图 4）。1960~2018 年，两个主要林区的平均气温均为上升趋势，东北林区的升温速率为每 10 年 0.28℃，高于同期全国平均气温的升温率（每 10 年 0.2℃）；西南林区为每 10 年 0.12℃，其中 1960~1992 年平均气温为下降趋势，1992 年之后升温趋势非常显著，升温率达到每 10 年 0.32℃。

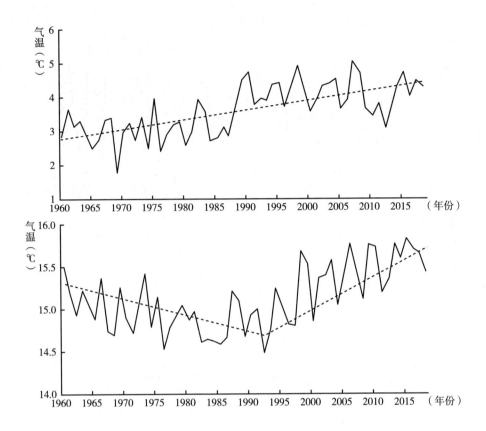

图4 1960～2018年东北林区（上）和西南林区（下）年平均气温变化

注：实线：历年值；虚线：线性变化趋势；单位：℃。

降水量：东北林区和西南林区常年降水量分别为615.4毫米和1025.2毫米。1960～2018年，两个林区的年降水量均为减少趋势（见图5），其中西南林区降水量减少率为每10年8.9毫米，东北林区为每10年3.6毫米。

降水日数：东北林区和西南林区常年降水日数分别为111.7天和150.9天。1960～2018年，两个林区的年降水日数均为减少趋势（见图6），其中西南林区降水日数减少率为每10年6.4天，东北林区为每10年2.9天。

湿度：东北林区和西南林区常年平均相对湿度分别为66.4%和73.8%。1960～2018年，两个林区的平均相对湿度均为减少趋势（见图7），其中西南林区相对湿度减少率为每10年0.6%，东北林区为每10年0.4%。

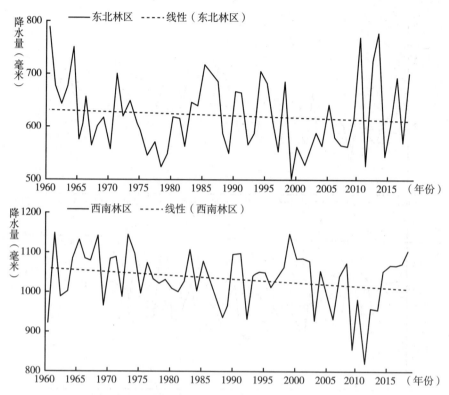

图5　1960～2018年东北林区（上）和西南林区（下）年降水量变化

注：实线：历年值；虚线：线性变化趋势。

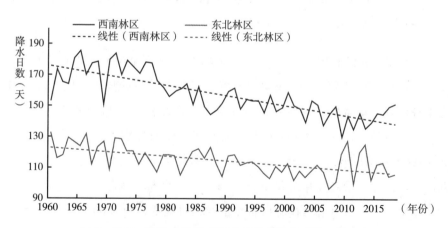

图6　1960～2018年东北林区和西南林区年降水日数变化

注：实线：历年值；虚线：线性变化趋势。

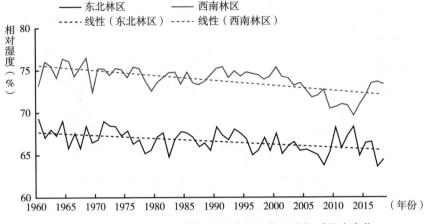

图7　1960~2018年东北林区和西南林区年平均相对湿度变化

注：实线：历年值；虚线：线性变化趋势。

森林火险潜势：根据国家标准"森林火险气象等级"（GB/T36743 – 2018）中的火险等级计算方法，基于日观测资料（包括14时气温、14时相对湿度、14时风速、24小时降水量、24小时雪深以及综合气象干旱指数等），得到东北林区和西南地区日森林火险气象等级高潜势站点总数统计（见图8）。2005~2016年，东北、西南地区日森林火险气象等级高潜势（3级及以上）站点累计数的年际变化相对较平稳，但2017~2018年，林区森林火险高潜势的站点数明显上升，2018年站点数达到最多，为2005~2016年平均值的3倍左右。2019年的1~5月，东北、西南林区森林火险高潜势的站点数分别是2005~2016年平均值的1.4倍、1.2倍。

（三）我国的林火分析与研究

田晓瑞等研究发现，[①] 中国的森林火灾风险高和很高的区域主要分布在大兴安岭、长白山地区及云南和南方的部分区域；森林火灾潜势可能性高和很高的区域主要分布在东北和西南地区，面积分别占森林面积的13.1%和4.0%。

[①] 田晓瑞、舒立福、赵凤君、王明玉：《气候变化对中国森林火险的影响》，《林业科学》2017年第7期，第159~169页。

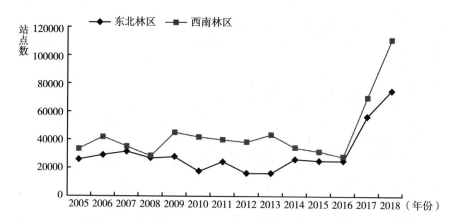

图8　2005～2018年主要林区日森林火险高潜势站点总数变化

　　1987年大兴安岭重大森林火灾后，中国积极防火措施和基础建设有了很大的改进，已经建立多种监测形式（卫星监测、航空巡护、瞭望塔观测和视频监控及地面监测等）相结合的林火监测系统。严格的防火措施使得近年来大兴安岭人为火明显减少，但也促进了林区可燃物的积累，在气候干旱的条件下，自然引起的雷击火次数在增加。[①] 1980～2006年，内蒙古大兴安岭林区春季最迟火灾发生的日期明显向后伸延，有的年份已延后至夏季，且火险期已不再只是春季和秋季，有的年份夏季发生的森林火灾数量远超过春、秋两季。[②] 李秀芬等发现，大兴安岭林区不同季节标准化降水指数与年林火次数和过火面积自然对数呈负相关，前一年冬季标准化降水指数对当年火灾次数的贡献最大，气候干湿状况对森林火灾的影响存在明显的滞后效应。[③]

①　李顺、吴志伟、梁宇等：《大兴安岭人为火发生影响因素及气候变化下的趋势》，《应用生态学报》2017年第1期，第210～218页。

②　赵凤君、舒立福、邸雪颖等：《气候变暖背景下内蒙古大兴安岭林区森林火灾发生日期的变化》，《林业科学》2009年第6期，第166～172页。

③　李秀芬、郭昭滨、赵慧颖等：《大兴安岭气候干湿变化及对森林火灾的影响》，《应用气象学报》2018年第5期，第619～629页。

（四）我国主要林区未来林火风险预估

受气候变化的影响，未来我国森林火灾风险将加大，高风险区域有所增加。田晓瑞等在不同的气候情景（RCP2.6、RCP4.5、RCP6.0 和 RCP8.5）下利用气候模式预测得出结果，[①] 2021～2050 年中国森林分布区的平均气温和降水量都将有所增加，导致火险期气候呈现暖干化变化趋势，大部地区的火险指数将升高，火险天气指数的 FWI95 数字比基准期增加均超过10%，最高的超过20%；未来增量的空间分布有差异，其中南方和西南林区的增量将更明显，南方林区比北方林区的增幅更大；在 SRES A2 和 B2情景下，与1961～1990 年均值相比，西南地区 2041～2050 年高火险等级以上的总日数将分别增加 17 天和 13 天，高火险日数的增加，表明未来森林火灾可能会多发，森林过火面积可能增加22%～24%，高火险月份森林过火面积将增加更多。未来在 2021～2050 年，全国发生森林火灾可能性高和很高的区域将增加0.6%～3.5%，华北地区在 RCP8.5 情景下将增加1.6%，增幅明显，华北和西南地区将是未来森林火灾预防的重点区域。

李顺等预测，[②] 未来大兴安岭南部林区发生林火的概率将进一步增加，北部和沿主要道路干线附近区域将成为新的人为火高发区，2050 年前后，大兴安岭人为火的发生概率将比当前增加72%～167%。

四 对策分析与研究

气候对森林火灾发生的影响主要表现在两个方面：一是影响林火天气发生的频率，林火天气的出现往往是森林火灾发生的决定性因子；二是影响可燃物的含水率，在大区域尺度森林火灾的空间格局上，气候因子的影响最为显著。

---

① 田晓瑞、代玄、王明玉等：《多气候情景下中国森林火灾风险评估》，《应用生态学报》2016 年 3 期，第769～776 页。
② 李顺、吴志伟、梁宇等：《北方森林林火发生驱动因子及其变化趋势研究进展》，《世界林业研究》2017 年第 2 期，第41～45 页。

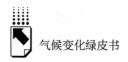

气候变暖背景下林区可燃物干燥状况的加剧，将会增加大面积森林火灾和地下火发生的概率，气候变化可能会让火灾发生次数日渐频繁。此外，气候的暖干化使得干雷暴发生的频率增加，会让当地的森林火灾发生变得越来越频繁。

未来愈加严峻的森林火灾风险，来自未来气候的持续变暖，国际上就针对全球变暖采取稳健的适应政策已形成共识，关键在于降低气候变化对生态系统不利影响的风险。IPCC 第二工作组副主席 Andreas Fischlin 总结了应对未来风险需要努力的三个主要方向，① 分别是缓解、适应和承受。缓解，需要全社会行动协调起来，绿色、低碳是必由之路，发展和使用清洁能源，努力减少二氧化碳等温室气体的排放，达到延缓气候变暖趋势的目的，从而将未来的灾害风险降低、减轻或避免，这是目前所倡导的可持续发展之路。还必须主动适应气候变化，认清事实，面对无法避免的问题，调整策略和措施，积极地应对气候变化。但是在主动适应的同时，不得不承受一些气候变化带来的问题，如高温、干旱、洪涝、林火等灾害，以及水资源短缺、海平面上升等问题。

针对未来森林火灾风险增加的问题，除了制订缓解气候变暖的策略外，适应策略也很必要。调整森林防火管理策略，使其有利于森林的可持续发展，达到推进生态文明建设的目标。

（1）加强保护天然林，发展人工林。保护生态环境，增加森林植被面积，可以有效提高生态系统水源涵养能力，防止水土流失和荒漠化。中国在退耕还林（草）等修复生态方面很多举措已经取得很好的效果，但仍需要继续加强天然林的保护，因地制宜的经营人工林，保护好已经取得的成果，进一步深化退耕还林（草）项目的实施。

（2）加强气候变化对森林火灾影响的研究。未来气候变暖背景下，气象、地表可燃物、地形等条件对森林火灾发生的影响都将发生相应的变化，雷击火、爆燃等引发火灾的机制复杂，需要深入剖析。因此，研究森林火灾的变化特点及发生规律有利于减轻森林火灾的影响。

---

① 中青在线新闻：《院士专家热议"气候变化"：最终问题是应对风险》2018 年 9 月 19 日。

（3）加强森林火灾的监测和预报预警能力，完善森林防火预警监测系统。森林火灾一旦发生，蔓延很快，因此加强火灾监测、精细化的预测预警是灾前预防的有效策略，能够有效地减少灾害造成的损失。

（4）加强森林防火的科普宣传工作。我国的森林防火方针是"预防为主，积极消灭"，在此指导下，近10年来森林火灾有减少趋势，但发生的火灾中仍有90%以上的森林火灾是由人为引起的。因此，除了继续执行林中用火严控措施及强化森林可燃物的管理外，还要进一步加强防火的科普宣传工作，增强全民的森林防火安全意识，从而减少森林火灾的发生。

研 究 专 论

Special Research Reports

G.19
联合国气候行动峰会"基于自然的
解决方案"中国方案的研究及建议

祁 悦 柴麒敏*

摘 要： 受联合国秘书长邀请，中国与新西兰一同牵头 2019 年气候行
动峰会"基于自然的解决方案"领域工作。"基于自然的解
决方案"概念的提出是应对气候变化领域已有诸多工作的集
成和加强，强化对"基于自然的解决方案"的认识和实施，
能够为全球应对气候变化进程做出重要的贡献。牵头"基于
自然的解决方案"领域的相关工作，为中国推动全球生态文
明建设以及引领全球环境和气候治理提供了宝贵机遇，同时

---
* 祁悦，博士，国家应对气候变化战略研究和国际合作中心国际合作部副研究员，主要研究领
域为全球气候治理机制、国际气候合作战略等；柴麒敏，博士，国家应对气候变化战略研究
和国际合作中心国际合作部负责人、副研究员，关注政府绿色新政改革方向、能源市场和金
融创新、全球气候治理和可持续发展，倡导生态文明大众化进程。

也在维护国家利益、统筹国内相关力量以及外联和宣传等方面带来挑战。为此，建议中国在牵头"基于自然的解决方案"过程中，营造积极促进的氛围，强调"基于自然的解决方案"的整体性，加强与各利益相关方的联系及合作，聚焦认识和强化"基于自然的解决方案"的政治信号，制定中长期的工作方案，力争在峰会上呈现全面、平衡、有力的成果，宣传中国理念，彰显负责任的态度和领导力。

关键词： 气候行动峰会　基于自然的解决方案　力度和行动

2019 年 9 月 23 日，联合国秘书长主持在纽约举行的气候行动峰会，旨在推动各方提高行动力度，并且秘书长在峰会中着重突出了联合国政府间气候变化专门委员会（IPCC）最新发布的全球升温 1.5℃特别报告提出的目标，即：到 2030 年比 2010 年减排 45%，到 2050 年实现全球"净零"排放；在减缓、社会和政治因素、青年和公众动员、能源转型、工业转型、基础设施以及城市和地方行动、基于自然的解决方案（Nature-Based Solution, NBS）、气候韧性和适应、气候融资和碳定价等九个关键行动领域切实推动转型；进一步凝聚各方应对气候变化行动与合作的政治意愿。[①] 其中，秘书长邀请中国和新西兰共同牵头"基于自然的解决方案"领域工作，期待两国基于已有相关工作进一步发挥领导力。

不论是作为全球气候治理的重要贡献者，还是 2020 年《生物多样性公约》第 15 次缔约方大会的主席国，中国在"自然"领域提高力度、积极作为、主动引领都受到广泛期待。十八大以来，中国积极推进生态文明建设，以"绿水金山就是金山银山"理论为指引，探索并推动人与自然和谐共处的社会经济发展模式，这与"基于自然的解决方案"所倡导的理念高度契

---

① https：//www. un. org/en/climatechange/climate‐action‐areas. shtml.

合，牵头联合国气候行动峰会"基于自然的解决方案"领域工作，为中国参与和引领全球环境与气候治理以及推动中国理念和中国方案"走出去"提供了宝贵的机遇。

一 "基于自然的解决方案" 在应对气候变化中的作用

（一）"基于自然的解决方案"的内涵

2008 年，在世界银行《生物多样性、气候变化和适应性：世界银行投资中基于自然的解决方案》报告中，"基于自然的解决方案"一语首次被正式使用。这一概念提倡依靠自然力量，通过恢复和管理生态系统，解决工业社会发展带来的不良后果。世界自然保护联盟（IUCN）将"基于自然的解决方案"定义为：通过保护、可持续管理和修复自然或人工的生态系统，从而有效和适应性地应对社会挑战，并为人类福祉和生物多样性带来益处的行动。[1]

"基于自然的解决方案"包罗万象，服务于经济、生态和环境等多重目标，包括应对气候变化、应对灾害风险、确保食物安全、提升人类健康水平、保障水安全以及促进经济和社会发展等，是具有创新性和综合性的治理手段，可单独实施或与其他工程技术手段协同实施，要因地制宜，需以跨学科专业知识为支撑，可应用于多维空间尺度，与陆地和海洋景观有机融合，便于交流、复制和推广。[2]

（二）"基于自然的解决方案"应对气候变化的作用和潜力

"基于自然的解决方案"是一项能够兼顾减缓和适应的应对气候变化综合

---

[1] https：//www.iucn.org/commissions/commission – ecosystem – management/our – work/nature – based – solutions.

[2] 庄贵阳、薄凡：《从自然中来，到自然中去——生态文明建设与基于自然的解决方案》，《光明日报》2018 年 9 月 12 日，第 14 版。

手段，同时也能够支持生物多样性保护、人类健康、经济增长、粮食和饮水安全等可持续发展目标的实现。根据 2017 年的一份研究，在考虑粮食安全和生物多样性保护等目标的基础上，到 2030 年，基于自然的解决方案（包括 20 种土地部门相关的措施①）每年可以减排 238 亿吨二氧化碳当量，在碳价超过 100 美元/吨的情景下，其中 113 亿吨的减排量具有较好的成本效益（其中约 38 亿吨减排量的成本不高于 10 美元/吨），这相当于实现 2℃温控目标所需减排量的 37%。② 通过保护和恢复活动，生态系统也能够为人类提供更多有助于提高气候韧性和适应能力的服务支持。此外，2018 年由世界自然基金会（WWF）、大自然保护协会（TNC）、世界资源研究所（WRI）等组织发起的全球联盟还指出，利用"基于自然的解决方案"应对气候变化能够使 10 亿人摆脱贫困、创造 8000 万个就业机会并实现 2.3 万亿美元的经济增长。

"基于自然的解决方案"要求人们更为系统地理解"人与自然和谐共生"的关系，更好地认识人类赖以生存的地球家园的生态价值，帮助人们依靠自然的力量应对气候风险，构建温室气体低排放和气候韧性社会，打造可持续发展的"人类命运共同体"。实践中，在林业、农业、水资源、海洋和陆地生态系统保护等领域，全球各地长期以来进行了大量"基于自然的解决方案"应对气候变化行动，然而这些行动分散在各个部门，缺少系统性的规划和管理，巨大的潜力和协同效益没有得到充分的认识和利用。为此，加强利用"基于自然的解决方案"是提高全球气候行动力度的重要抓手，也是实现《巴黎协定》目标必不可少的措施。

---

① 林业相关措施包括再造林、避免森林转化为其他用地、自然林管理、加强种植、避免使用木质燃料、林火管理；农业和草地相关措施包括生物炭、农田种树、肥料管理、放牧－强化喂养、加强水稻管理、放牧－动物管理、放牧－优化密度、放牧－豆科植物和避免草地转化为其他用地；湿地相关的措施包括海岸带恢复、泥炭地恢复、避免泥炭影响和避免海岸带影响。

② Bronson W. Griscom, Justin Adams, et al., "Natural Climate Solutions," *PNAS*, Vol. 114, No. 44, pp: 11645 – 11650. 正文所述结论成立的情景假设包括：实现上述 20 种土地部门相关的基于自然的解决方案全部成本有效的减排潜力，在未来十年内实现化石能源排放零增长，且基于自然的解决方案的减缓贡献呈线性增长；实现 2℃温控目标所需的减排量为 Meinshausen（2009）提出的 66% 可能性实现 2℃温控目标的排放情景下的计算结果。

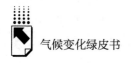

二 峰会"基于自然的解决方案"领域的相关安排及进展

（一）2019年气候行动峰会概况

关于 2019 年气候行动峰会，联合国秘书长强调提高雄心和力度，并表示"希望各国领导人带着行动方案而不是演讲稿出席峰会"。整个峰会在秘书长的领导下，由副秘书长阿米纳·穆罕默德和气候行动峰会特使阿尔巴具体负责，相关的支持机构和人员包括联合国系统下的气候核心小组以及气候行动特使布隆博格、海洋特使汤普森和气候变化特别顾问奥尔，还包括专门成立的气候峰会指导委员会、气候科学顾问组以及力度咨询小组。气候行动峰会进一步明确了九大行动领域，每个领域分别邀请 1 ~ 3 个缔约国牵头。在各领域下应提出一系列行动倡议，供联合国方面根据转型影响、可持续发展协同效益、可复制和可推广性、可测量和可实施以及创新和有显示度等五项指标进行筛选（见图 1）。在盘点各有关国家牵头的九大行动领域工作进展基础上，联合国方面进一步提出了五个协同领域，包括从煤炭向可再生能源转型，具有气候韧性且碳中和的岛屿，具有气候韧性、碳中和且健康的城市，可持续的农村生计，基础设施和零碳长途运输。

峰会邀请了国家首脑以及工商界、国际组织、青年、民间团体等代表。9 月 21 ~ 22 日举行峰会相关活动期间，各联盟全面地展示了各领域的行动和力度。9 月 23 日，在峰会上呈现了依据上述指标筛选出的行动倡议。会后发布了主席总结，并对跟踪峰会倡议的实施进展以及促进其实施做出了后续安排。

（二）"基于自然的解决方案"领域工作进展

"基于自然的解决方案"领域由中国和新西兰共同牵头，相关的技术支持工作由联合国秘书长办公室、联合国环境规划署（UNEP）、《生物多样性公约》秘书处和联合国秘书长高级顾问纳巴罗博士提供，目前 NBS 领域的

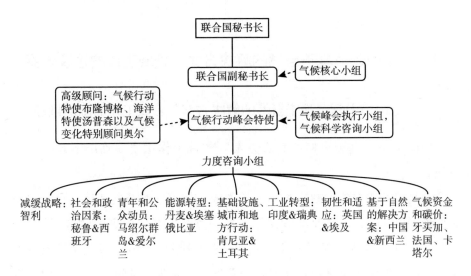

图 1 2019 年联合国气候行动峰会组织架构

成员国包括哥斯达黎加、斐济、挪威、葡萄牙和塔吉克斯坦等，该领域的牵头组织方也在与联合国基金、国际组织、多边开发银行、非政府组织、学术界、私营部门和慈善基金等接触及合作。

在 UNEP 和纳巴罗博士的协助下，"基于自然的解决方案"领域向全球征集倡议和行动，共收到了国家和地方政府、国际机构、非政府组织、企业和研究机构等提交的 140 余份提案，这些提案内容丰富，涵盖陆地生态系统、粮食系统、海洋、自然在发展中的系统性作用等领域，并且在气候问题与包括生物多样性和食品安全等其他重要可持续发展目标之间建立联系。基于这些提案和广泛的调研讨论，中国和新西兰与技术支撑机构一同提出了 NBS 领域的目标和工作计划，即提高各方对自然价值的认识，推动政府、金融机构、企业和所有其他利益相关方在应对气候变化的进程中考虑"基于自然的解决方案"，制定富有雄心的计划并采取切实行动。①

---

① https：//www. un. org/sustainabledevelopment/wp – content/uploads/2019/05/WP – Nature – Based – Solutions. pdf.

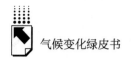
三　中国引领"基于自然的解决方案"领域工作的建议方案

（一）中国引领"基于自然的解决方案"领域工作面临的挑战

中国牵头"基于自然的解决方案"领域工作主要面临以下几方面的挑战。

一是"基于自然的解决方案"涉及农、林等气候谈判敏感领域，需妥善处理和引导。其中农业温室气体减排一直是发展中国家的"红线"，在《联合国气候变化框架公约》下与农业相关的谈判议题中，发展中国家更多强调适应气候变化和粮食安全问题，避免讨论农业减排问题，而从 NBS 行动倡议征集的情况来看，很多提案涉及水稻、畜牧业减排等方面的内容；在林业方面，世界自然基金会等提出加强供应链管理、实现供应链"零毁林"的行动倡议，[①] 这主要也是针对中国等木质产品、大豆、棕榈油等土地部门相关大宗商品主要进口国提出的。

二是"基于自然的解决方案"涉及领域多、范围广，目前仍缺少系统和专门的研究，需要加强部门间的协调以整合资源。应对气候变化"基于自然的解决方案"涵盖林业、农业、水资源、海洋、城市等多个领域，与生物多样性、人类健康、经济增长、粮食和饮水安全等可持续目标密切相关，从业务分工角度来看涉及多个部门，需要各部门通力协作，总结提炼已有的实践和成果，并为设计"基于自然的解决方案"相关的峰会成果提供专业的技术支持。

三是利益相关方联络、成果设计和宣传等引领多边进程关键环节的能力仍需加强，需完善相关机制机构和人才队伍为中国深度参与和积极引领全球气候与环境治理提供全面支撑。为在峰会呈现有力度、可实施、可复制、有显示度的行动倡议，彰显中国气候行动成效和领导力，与包括国家和地方政

---

① http：//forestsolutions. panda. org/solutions/deforestationfree – supply – chains.

府、工商界、国际组织、科研机构等各利益相关方交流合作必不可少，以演讲、视频、表演等多样化形式呈现工作成果也是近年国际进程中常用的宣传手段，为讲好中国故事、支撑中国在国际事务中发挥更大影响力，需加强外联、宣传等领域的机制建设和人才培养。

（二）中国引领"基于自然的解决方案"领域工作面临的机遇

牵头"基于自然的解决方案"领域工作也为中国带来诸多机遇。一方面，"基于自然的解决方案"与生态文明理念不谋而合，与建设美丽中国目标一致，牵头"基于自然的解决方案"领域工作是输出中国理念和中国方案、推动全球生态文明建设的重要抓手。另一方面，牵头 2019 年气候行动峰会"基于自然的解决方案"领域、主办 2020 年《生物多样性公约》第 15 次缔约方大会，为中国深度参与和影响全球治理格局提供了良好平台，有利于中国在议程设置、进程管控、成果展示、影响提升等方面积累经验。

（三）中国引领"基于自然的解决方案"领域工作的建议方案

在"引导应对气候变化国际合作，成为全球生态文明建设的重要参与者、贡献者、引领者"目标的指导下，基于上述相关考虑，结合联合国峰会组织进程，中国在推动"基于自然的解决方案"领域工作时，应营造积极促进的合作基调，以加强认识、提高行动和力度、动员资源和支持为核心目标，推动取得一个全面、平衡、有力的成果。

关于行动目标，应遵循《巴黎协定》的目标设置，对减缓、适应和资金流向均制定出定量或定性的有雄心的目标。减缓方面，已有国际非政府组织提出到 2030 年通过 NBS 实现 30% 减排量的"30×30"目标，[①] 在与各方沟通协调后可参考借鉴；关于适应和资金，目前的定量研究仍不充分，可采用定性目标以向国际社会释放积极明确的信号。

关于具体的行动倡议，应强调将"基于自然的解决方案"作为一个整

---

① 计算方法与本文第一部分所述相同。

体的概念，为提高全球气候行动力度和加强行动做贡献，避免过于聚焦具体领域的行动，特别是可能涉及相关敏感议题。具体来说，"基于自然的解决方案"倡议聚焦两个方面工作，一是在治理和经济规划中考虑"自然"的作用，包括将 NBS 纳入国家自主贡献、国家适应计划以及相关可持续发展战略规划，开发加强 NBS 的政策工具，加强对自然的系统性投资，加强聚焦 NBS 的能力建设和科技研究，鼓励各利益相关方广泛参与；二是加强 NBS 关键部门的行动和实施，如林业和其他陆地生态系统、海洋生态系统以及水资源、农业和粮食系统等，与倡议行动目标相呼应，各部门应平衡推进减缓、适应和资金流向方面的工作。

关于成果展示和后续实施，在峰会整体安排框架下，推动将 NBS 相关各领域工作整合成一项综合倡议展示，以提高 NBS 领域的显示度，体现各参与方的雄心；同时，在与各方合作交流的过程中，应将 NBS 相关理念与生态文明思想、两山理论、人类命运共同体等中国理念有机结合，促进国际社会对中国的理解和支持。峰会后，应结合相关的重要国际议程，包括智利圣地亚哥气候大会、海洋峰会和《生物多样性公约》昆明大会等，举行相关活动以保持和不断加强各方行动与合作的势头。同时，可考虑依托 UNEP 或其他国际机构建立支持 NBS 工作的专门机构，促进各项行动实施以及各方交流与合作。

关于利益相关方的参与，应欢迎和吸引各领域、各层面的利益相关方；在减缓和适应雄心方面，应发挥国家和地方政府的积极作用；在资金问题上，应调动金融机构、工商界和慈善机构的资源；在推动国际议程、营造政治氛围方面，可依托非政府组织的支持。

G.20
气候变化对人群健康的影响
及其应对策略

刘钊 蔡闻佳 官鹏*

摘　要： 随着全球变暖不断加剧，气候变化对人群健康的影响受到越来越广泛的关注。气候变化对健康最直接的影响是温度升高导致的死亡率上升和心脑血管疾病、呼吸系统疾病等慢性疾病的发病率升高。而气候变化导致的极端天气事件增加、空气污染水平加重等问题，也对人群健康产生了间接的影响。在综述上述研究发现的基础上，本文从减缓与适应两个方面讨论了全球层面应对气候变化的策略和措施可能带来的健康协同效应，并进一步对中国近年来在优化能源结构、促进交通业低碳转型、增加碳汇等方面取得的突出成果以及它们对人群健康所产生的积极影响做了总结。世界各国政府、组织及个人都应为改善人群健康而更加积极地开展应对气候变化的行动。

关键词： 气候变化　健康风险　协同效应　减缓与适应

---

* 刘钊，博士，清华大学地球系统科学系助理研究员，研究领域为气候变化与人群健康风险评估；蔡闻佳，博士，清华大学地球系统科学系副教授，研究领域为碳减排的经济、环境和社会影响评估，能源与气候政策；官鹏，博士，清华大学教授、理学院院长、地球系统科学系系主任，研究领域为全球陆表环境变化与公众健康。

一 引言

气候变化是 21 世纪全球最大的健康威胁。由于气候变化导致的高温热浪、极端降水、持续干旱、台风等极端天气事件发生的频率和强度增加，正在严重威胁人类的生命与健康。世界卫生组织（WHO）2014 年的报告指出，2030~2050 年全球每年由气候变化导致的超额死亡人数预计可达 25 万，届时气候变化对全球健康造成的直接经济损失预计为每年 20 亿~40 亿美元。① 但是 2019 年《新英格兰医学杂志》发表的文章指出，这一估计过于保守，没有考虑其他对气候变化敏感的相关健康影响因素所造成的死亡，也没有考虑医疗服务被迫中断的影响。② 到 2050 年，仅气候变化导致的粮食短缺问题就可能造成全球成年人死亡人数净增加约 53 万。气候变化将"阻止和扭转" 20 世纪全球在改善人群健康方面取得的成就。

对于中国而言，其特殊的地理条件和经济社会发展阶段决定了其将受到较大的气候变化和人群健康影响。1951~2017 年中国地面平均气温升高约为 0.24℃/年，超过了全球平均变暖的速度；2017 年中国的平均降水量为 641.3 毫米，比往年增多 1.8%。除温度升高、降水异常之外，气候变化还导致了中国北方和西南干旱加剧、登陆台风增强、南方寒潮雪灾增多以及空气污染增加等问题。随着人口和经济总量的增长，人口、基础设施、农作物、工厂等承灾体的暴露度不断增大。虽然中国经济发展迅速，但作为发展中国家，与发达国家相比，整个社会的防灾减灾意识和基础仍较为薄弱，再加上人口的快速老龄化、大量的流动人口以及高速的城镇化，气候变化对中国人群健康的影响更加显著，亟待制定科学系统的应对方案。

因此，本文旨在概述气候变化影响人群健康的已有发现，并从减缓与适

---

① WHO, "Quantitative Risk Assessment of the Effects of Climate Change on Selected Causes of Death, 2030s and 2050s," https：//apps. who. int/iris/handle/10665/134014.

② Haines, Andy, and Kristie Ebi, "The Imperative for Climate Action to Protect Health," *New England Journal of Medicine*, 380（3）, 2019, pp. 263 – 273.

应两个维度讨论全球和中国应对气候变化的策略和措施可能带来的健康协同效应，最终从改善人群健康的视角提出应对气候变化政策的推进建议。

二 气候变化对人群健康的影响

根据《柳叶刀》上发表的《健康与气候变化：保护公共健康的政策响应》报告，气候变化对人群健康的直接影响指的是气候变化直接通过风暴、干旱、洪水和热浪等灾害所造成的健康影响，间接影响则指气候变化通过影响水质、空气质量、土地利用、生态环境等因素间接造成的健康影响（如图1所示）。上述气候变化的表现形式都将通过人群不同的社会状况（如年龄、性别、健康状况等）对人群产生不同的健康影响，如心理疾病、营养不良、过敏、心血管疾病、传染病、伤病、呼吸系统疾病和中毒等。本节将从当前文献研究相对较多的四个方面，即气温升高对健康的影响、极端天气事件对健康的影响、气候变化通过影响空气质量进而对健康的影响以及气候变化对职业健康和劳动生产率的影响，概述气候变化对人群健康影响的已有发现。

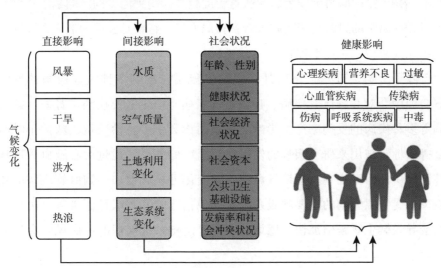

图1 气候变化对人群健康的影响链条

资料来源：N. Watts, W. N. Adger, and P. Agnolucci, "Health and Climate Change: Policy Responses to Protect Public Health," *The Lancet*, 386（10006），2015, pp. 1861 – 1914。

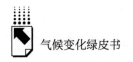
1. 气温升高对人群健康的影响

大量研究表明，过高或过低的气温都会增加人群的死亡风险。气温与死亡率之间的关系呈 U 形或者倒 J 形，即存在一个被称为最低死亡率温度（MMT）的阈值，超过和低于这一阈值之后，随着温度的升高或降低，死亡率都会逐渐升高。在全球几乎一半的地方，气温超过阈值后每升高1℃，死亡风险都将增加1% ~ 3%。[①] 最低死亡率温度百分位数从热带地区的大约第60分位数到温带地区的第80 ~ 90分位数不等，即最低死亡率温度与纬度成负相关关系，纬度越高，最低死亡率温度越低。虽然有研究表示低温对死亡率的影响大于高温的影响，但从长期来看，由于气候变暖导致的高温相关的死亡人数的增长将远超过低温相关的死亡减少。[②]

同时大量研究对不同人群对高温的脆弱性进行了分析，得出了年龄、性别、工作类型、受教育程度、收入水平、医疗获得性、是否独居、是否居住在顶楼等因素都会影响人群对高温的脆弱性的结论。比如，1 ~ 4 岁的婴幼儿以及65岁以上的老人受到高温的影响最大；室外体力劳动者受到高温的影响远高于室内脑力劳动者；受教育程度越高，受到温度的影响越小；低收入者在高温中的风险高于高收入者；独居人群，特别是独居的老人在高温天气中无人照料，死亡率较高。

除了影响人口死亡率以外，气候变暖还会影响多种慢性疾病的发病率。温度会对心脑血管疾病、呼吸系统疾病、消化系统疾病、肾病、糖尿病等多种疾病的发病率产生影响。医院门诊数量、急诊数量、救护车呼叫量等指标常被用来研究疾病的发病率与温度的关系。通过对心脑血管疾病住院病历的研究发现，短期气温的急剧变化可显著增加心脑血管疾病的住院率。受气温影响的主要呼吸系统疾病包括哮喘和呼吸道感染等。由于高温会导致微生物繁殖加快，感染性腹泻等消化系统疾病的患病风险会随温

① Hajat, Shakoor, and Tom Kosatky, "Heat-Related Mortality: A Review and Exploration of Heterogeneity," *Journal of Epidemiology and Community Health*, 64 (9), 2010, pp. 753 – 760.
② Gasparrini, Antonio et al. , "Projections of Temperature-Related Excess Mortality under Climate Change Scenarios," *Lancet Planetary Health*, 1 (9), 2017, pp. 360 – 367.

度的升高而增加。高温会导致汗液蒸发量增加，当水分摄入不足时则可能会导致肾病的发病率升高。

气温升高还会引起登革热、血吸虫病、霍乱、疟疾等传染病的增加。同时，一定范围内的升温会使得此类疾病的传染性增强。长期来看，气候变暖会导致此类传染性疾病的发病范围从低纬度地区向高纬度地区扩散。另外，相对湿度的变化以及洪水等灾害也会加剧此类传染性疾病的传播。

2. 气候变化导致的极端天气事件对人群健康的影响

高温热浪、低温寒潮、暴雨洪涝、干旱以及其他极端天气事件都会对人群健康产生影响。近年来世界各地极端高温热浪事件频繁发生，动辄数万人死于热浪灾害。比如 2003 年欧洲热浪造成超过 7 万人丧生;[①] 2010 年超过 55730 人死于俄罗斯的大规模热浪。[②] 这意味着中高纬度地区同样会受到高温热浪灾害的影响。极端高温天气对健康的直接影响是可能导致中暑、热痉挛、热晕厥甚至热射病。人体核心温度应维持在 37℃ 左右，在长时间暴露于极端高温之中、脱水导致无法进行体温调节后，核心温度超过 38℃ 则会造成热疲劳（heat exhaustion），超过 40.6℃ 则会导致中暑（heat stroke）。随着气候变化的不断增强，未来受到高温热浪灾害影响的人群数量将会大幅上升，据预测，在 RCP8.5 的条件下，到 2100 年，全球的总热浪暴露人数与过去 40 年相比可能会增长接近 30 倍。[③]

气候变化也带来了更加严重的极端低温事件，比如 2008 年的中国南方雪灾，因灾死亡 129 人，失踪 4 人，紧急转移安置 166 万人；2010 年、2011 年、2014 年、2016 年美国连续遭受雪灾袭击，共造成上百人死亡。虽然全

---

① Robine, Jean Marie et al., "Death Toll Exceeded 70000 in Europe during the Summer of 2003," *Comptes Rendus-Biologies*, 331（2），2008，pp. 171-178.

② Guha-sapir, Debarati, Philippe Hoyois, and Regina Below, "Annual Disaster Statistical Review 2010, The Numbers and Trends," *Centre for Research on the Epidemiology of Disasters*, 2011.

③ Liu., Anderson., Yan., et al., "Global And Regional Changes in Exposure to Extreme Heat And The Relative Contributions of Climate And Population Change," *Scientific Reports*, 7, 2017, pp. 1-9.

球气候整体在变暖，但是由于拉尼娜、北极涡流等大气以及海洋环流的异常现象，极端低温现象在未来一段时间里也会呈现增加的趋势。强风和寒冷的温度会加速身体热量的流失，导致冻伤或体温过低等健康问题，严重时甚至会导致死亡。低温同时会造成心脑血管、呼吸系统等慢性病的发病率和死亡率的上升。现阶段全球与低温相关的死亡人数占全部死亡人数的5%～10%，而与高温相关的死亡人数仅占不到2%。

气候变化带来的极端强降水以及洪水的增加，会威胁饮用水安全，增加儿童及成人的肠道疾病发生率。据估计，2070～2099年气候变化会导致热带和亚热带人群患腹泻的风险增加22%～29%。① 洪灾除了会污染饮用水，导致清洁水源和食物的短缺之外，同样会导致其他虫媒传染病、寄生虫传染病、病毒性疾病的暴发。洪水之后心血管等慢性疾病的发病率也有一定提高。洪水中还有大量的溺水、触电、一氧化碳中毒等意外死亡事件屡见报端。洪灾导致的粮食减产还可能引起大范围的营养不良。

干旱会造成农作物显著减产和质量下降、饮用水不足和水质下降，导致脆弱地区和人群的食物短缺、营养不良甚至饥荒，而且还会增加相关传染性疾病的发病率。气候变化导致区域性的气候类型改变，干旱增加，会严重影响该地区的经济发展；而在城市地区，长期缺雨会积累大量粉尘、花粉等过敏源以及各种污染物，增加呼吸系统疾病的发病率。极端的干旱和高温还可能造成森林火灾，直接造成人员伤亡，同时火灾产生的颗粒物污染会对人体的呼吸系统造成严重的损害。

除了上述的极端灾害事件以外，台风、沙尘暴、暴风雨等极端灾害事件，也会造成人群的意外伤亡。同时，它们还会通过污染水源、污染空气、影响心理健康等方式，在灾后持续对人群健康造成损害。

---

① Kolstad EW, Johansson KA, "Uncertainties Associated with Quantifying Climate Change Impacts on Human Health: A Case Study for Diarrhea," *Environmental Health Perspectives*, 119, 2011, pp. 299 - 305.

3. 气候变化通过影响空气质量对人群健康的影响

空气污染给全球带来了沉重的疾病负担，因此各国都在积极减少大气污染物的排放，但却较少关注气候变化对空气质量的影响。事实上，气候变化对空气质量发挥着多维度的影响。气候条件不仅可通过改变温度、湿度、风速和引发自然灾害（如森林火灾、火山爆发等）来影响污染物的浓度，还可与污染物发生交互作用，增强污染物对健康的影响。研究发现，在气候变化的影响下，大气静稳状态可能会增加和延长，导致大气中的污染物无法扩散而大量堆积，造成严重的空气污染。[1] 有学者对中国的研究预测，在RCP4.5 的条件下，假设中国未来污染物排放和人口保持不变，到 21 世纪中叶，气候变化将使中国人口加权的 PM2.5 和臭氧的浓度分别增加 3% 和4%，这两者的增加所导致的死亡人数则分别增加 12100 人和 8900 人，同时超过 85% 的中国人所生活环境的空气质量会受到气候变化的不利影响。[2]

4. 气候变化对职业安全与健康的影响

许多室内和室外工作的群体会更容易受到气候变化的影响，比如紧急救援人员、医护人员、消防员、农民、建筑业工人、制造业工人和运输工人等。气候变化对劳动人群的健康产生了一些直接的不利影响，如罹患中暑、横纹肌溶解症、紫外线晒伤等病症的风险增加，同时还有一些间接的影响，比如产生媒介传播疾病、心脏病和呼吸系统疾病等慢性疾病、营养不良、水和卫生问题、心理疾病等风险的增加。

高温还会大大降低工人的劳动生产率。2017 年共有 1530 亿小时的劳动时间损失，折合 34 亿周，比 2000 年的损失增加了 620 亿个小时。[3] 据预测，

---

① Horton DE, Skinner CB, Singh D, et al., "Occurrence And Persistence of Future Atmospheric Stagnation Events," *Nature Climate Change*, 4, 2014, pp. 698 – 703.

② Hong C, Zhang Q, Zhang Y, et al., "Impacts of Climate Change on Future Air Quality And Human Health in China," *Proceedings of the National Academy of Sciences*, 116, 2019, pp. 17193 – 17200.

③ Watts N, Amann M, Arnell N, et al., "The 2018 Report of The Lancet Countdown on Health And Climate Change: Shaping The Health of Nations for Centuries to Come," *The Lancet*, 392, 2018, pp. 2479 – 514.

在 21 世纪末升温 1.5℃的情景下，到 2030 年，高温会给全球带来 2.2% 的总工作时间损失，可折算成 8000 万个全职工作，导致 24000 亿美元的 GDP 损失。[①] 其中，农民和建筑工人受到的影响最大，分别损失 60% 和 19% 的工作时间。全球来看，南亚和西非受到的损失最严重，分别是 5.3% 和 4.8%。对中国来说，南方地区因高温而导致的劳动时间损失高于其他地区，最高的是澳门，到 2030 年预计的劳动时间损失为 1.13%。

三 应对气候变化的措施及其对人群健康的影响

1. 应对气候变化的措施对人群健康的影响概述

2015 年，《柳叶刀》健康与气候变化委员会为保护公共健康，提出了十条应对气候变化的政策建议，具体建议如下：

1）增加对于气候变化和公共卫生的研究；

2）扩大气候恢复的健康系统的投资；

3）为保护心血管和呼吸道的健康，确保从全球能源组合中尽快淘汰煤炭的消耗；

4）鼓励城市低碳转型，减少城市污染；

5）建立一个强大的可预测的国际碳定价机制框架；

6）迅速提高低收入和中等收入国家可再生能源的使用率，从这一转换中获得可观的经济收益；

7）精确计量由于减缓措施所避免的疾病负担、降低的医疗成本以及提高的经济生产力；

8）通过机制来促进卫生部门和其他政府部门之间的合作，增加卫生专业人员的话语权，确保将卫生和气候方面的考虑充分纳入整个政府的战略规划；

① Kjellstrom T, Maître N, Saget C, et al., "Working on A Warming Planet: The Impact of Heat Stress on Labour Productivity And Decent Work," *International Labour Organization*, 2019.

9）同意和实施支持国家在向低碳经济转变的国际协议；

10）开发一个新的、独立的 2030 年倒计时"全球健康和气候行动"，为减缓气候变化和促进公共健康政策的实施提供专业建议。

以上十条政策建议从减缓与适应两个方面，对公共健康层面的应对气候变化策略进行了细致精准的概括和总结。为落实此十条政策建议，截至 2018 年，世界各国已经做出了积极努力，并取得了一定的成果。比如第 4 条建议"鼓励城市低碳转型，减少城市污染"——2010~2017 年，全球共售出超过 200 万辆电动汽车，其中 100 万辆是 2016 年之后售出的；从 2013 年到 2015 年，道路交通的电能消耗增长了 13%，而其燃油消耗增长仅为 2%。第 6 条建议"提高低收入和中等收入国家可再生能源的使用率"——2017 年全球可再生能源装机量共有 157GW，是化石燃料能源装机量（70GW）的 2 倍还多。

1）减缓气候变化

减缓气候变化的措施主要包括减少温室气体排放和增加碳汇。图 2 详细描述了温室气体减排措施的具体方面以及对人群健康产生协同作用的几条路径。具体来说，主要的温室气体减排措施包括工业、建筑、交通等行业的节能，使用水能、风能、太阳能等低碳或可再生能源发电，采用天然气车、电动汽车、自行车和步行等低碳交通出行方式，推进居民生活低碳化，植树造林，控制秸秆焚烧、牲畜粪便等农业废弃物管理，增加森林、草地、耕地碳汇以及海洋的碳汇等。这些措施通过改善空气、水质、土质等方面的环境（链条①）直接影响人群健康，还可以通过影响能源消费结构、财政收支情况、收入水平、发病率和劳动生产力等经济社会与行为（链条②）间接地影响人群健康。第三个方面是通过减少极端天气事件、缓解气候变暖、稳定降水模式、减缓海平面升高等气候方面的影响（链条③）来减轻对人群健康的影响；同时，缓解气候变化影响也会通过作用于环境和经济社会与行为方面的影响（链条④、⑤）再次影响人群健康。链条⑥反映的是骑自行车或步行等低碳出行方式通过减少肥胖、糖尿病、冠心病等疾病的发生直接对健康产生正面的影响。

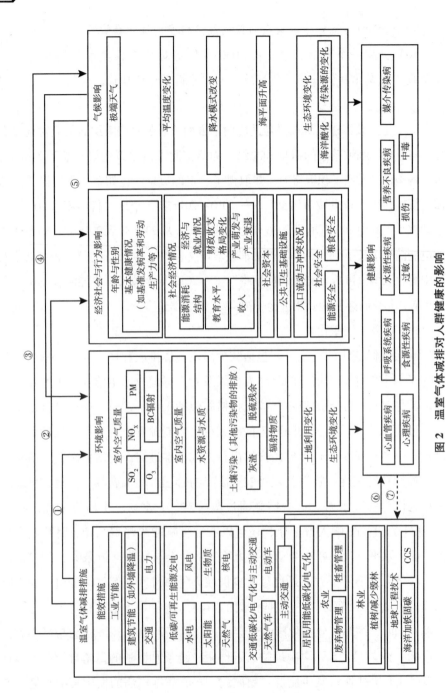

图 2 温室气体减排对人群健康的影响

绝大多数研究显示，温室气体的减排措施能够带来巨大的潜在健康收益。图3是2015年全球各地区按关键行业划分的由PM2.5导致的早死人数，图中加阴影的部分是使用煤炭所造成的死亡。可见，通过调整能源结构，减少电厂、工业、居民家庭的煤炭使用，可以大幅减少由PM2.5导致的过早死亡。据估计，在全球升温控制在2℃以内的目标下，到2050年，通过温室气体减排所协同减少的空气污染就能挽救超过100万人的生命。①除了改善空气质量之外，改变出行方式、增加碳汇等多种应对措施都已为人群健康带来了初步的改善。

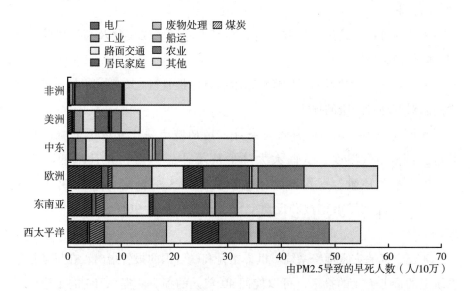

图3　2015年全球各地区按关键行业划分的由PM2.5导致的早死人数

2）适应气候变化

适应气候变化是对气候变化的回应，目的是减少社会和生态系统对气候变化的脆弱性，从而削弱气候变化的影响。尽管全球对于适应的资金投入和政策支持看似非常巨大，但是适应措施所能带来的健康收益远超投入的支出。比如，有学者建议在发达国家的全球天气和气候预报系统与欠发达国家

---

① WHO, "COP24 Special Report: Special Report Health and Climate," 2018, p. 74.

的研究、政府及非政府组织之间建立起联系网络。① 而这样一个网络每年只需花费 200 万 ~ 300 万美元，就能提前 10 ~ 15 天预报欠发达地区的水文气象灾害（包括季风性洪水、干旱和热带气旋），从而减少数十亿美元的损失并且挽救数千人的生命。

具体来看，适应气候变化的措施非常多种多样，大到国际政策，小到个人行为，很难穷尽列举。其中部分适应措施对健康有直接的积极影响，如完善基本公共卫生设施和服务，提高防灾、响应、恢复能力，减少贫困，加强监测和预警等。本文仅从健康的角度对人群适应气候变化提出如下具体可行的措施：

● 增强意识。通过推广和教育，提高人群对气候变化及高温风险的认识，降低健康风险。

● 针对室外劳动者的工作环境采取有针对性且行之有效的保护措施，减少高温对劳动者健康的损害。

● 提高城市绿化，改善景观设计。增加城市绿化可以缓解城市热岛效应，调节空气湿度，从而大大降低环境体感温度，并且降低噪声污染，改善空气质量。平均而言，城市公园白天的温度比非绿化地点低 1℃ 左右。② 增加城市植被和反照率可以降低 40% ~ 90% 的高温相关死亡率。③

● 建立气象灾害预警系统。世界银行和联合国的报告指出，在早期预警系统上的每 1 美元的投入，可以挽回 40 美元的损失。据 WHO 的报道，早期高温预警系统在 2019 年 6 月的欧洲热浪中起到了显著作用，成功减少了

① Webster P. J. , "Improve Weather Forecasts for The Developing World," *Nature*, 493, 2013, pp. 17 – 19.

② Bowler D. E. , Buyung-Ali L. , Knight T. M. , et al. , "Urban Greening to Cool Towns And Cities: A Systematic Review of The Empirical Evidence," *Landscape and Urban Planning*, 97 (3), 2010, pp. 147 – 55.

③ Stone B. , Vargo J. , Liu P. , et al. , "Avoided Heat-related Mortality Through Climate Adaptation Strategies in Three US Cities," *PLoS ONE*, 9 (6), 2018, e100852.

受热浪影响的死亡人数。[①] 美国开发的一个气候预测系统成功地提前十天预测了孟加拉国 2007 年和 2008 年的三次大洪水，使得当地政府能够提前告知农民收割庄稼、保护动物、储存干净的水和食物。[②]

- 利用气候和人口模式，在全球广泛开展国家和城市水平的气候变化与人群脆弱性评估和健康风险评估，更多地了解未来气候对水质、空气质量的影响，提高国家和个人层面对相关健康风险的认知。

- 增强政府部门之间的联动，如利用气象、水文等部门向健康部门提供气候服务支持。

- 增加与健康相关的政府预算支出，包括医疗、灾害预防、农业等方面，可以有效地降低与气候相关的死亡率。气候变化脆弱性较高的地区往往是经济欠发达的地区，受到气候变化的影响较大，需要通过政策倾斜、地区支援、技术支持、资金支持等措施进行援助。

2. 中国应对气候变化措施的成效及其健康效益

近年来，中国政府在应对气候变化方面采取的一系列措施取得了积极成效，[③] 为人群健康带来了显著的协同效应。自 2013 年以来，中国通过减少使用煤炭能源等优化能源结构的措施，在温室气体减排的同时减少了 PM2.5、PM10 和 SO_2 等有害物质的排放。2017 年和 2013 年相比，三种物质的浓度在全国范围下降了 20% ~ 40%。[④] 污染物浓度的降低带来了显著的健康效益，2017 年全国 74 个重点城市由空气污染导致的死亡人数比 2013 年减少了 4.7 万人，约占由空气污染导致的死亡人数总数的 5%。[⑤] 本部分主

---

① WHO, "European Heatwave Sets New Temperature Records," 2019, https：//public. wmo. int/en/media/news/european – heatwave – sets – new – temperature – records.

② Webster P. J., "Improve Weather Forecasts for The Developing World," *Nature*, 493, 2013, pp. 17 – 19.

③ 中华人民共和国生态环境部：《中国应对气候变化的政策与行动 2018 年度报告》，2018。

④ 《"大气十条"目标全面实现》，人民网，2018 年 2 月 1 日，http：//paper. people. com. cn/rmrb/html/2018 – 02/01/nw. D110000renmrb_ 20180201_ 1 – 06. htm，最后访问日期：2019 年 4 月 21 日。

⑤ Huang J., Pan X., Guo X., et al. "Health impact of China's Air Pollution Prevention and Control Action Plan：An Analysis of National Air Quality Monitoring and Mortality Data". *Lancet Planetary Health*, 2, 2018, e313 – 23.

要从中国调整优化能源结构、鼓励发展清洁能源交通和增加碳汇三个方面的措施及其健康效益进行介绍。

1）优化能源结构

2017年中国已提前完成2020年的碳强度下降目标。截至2017年底，中国可再生能源发电装机量占全部电力装机的36.6%，达到6.5亿千瓦。据估计，中国平均每年有20.4万例过早死亡事例与燃烧煤炭有关。自2013年以来，中国的煤炭用量已经开始逐步下降，相应的过早死亡数量也开始逐步下降。据估算，每减少1吨二氧化碳排放，可为中国带来70~840美元的货币化健康效益。到2030年电力行业减排政策实施的健康效益可抵消减排成本的18%~62%，到2050年该行业减排带来的健康效益则可达到减排成本的3~9倍。[1]

2）促进交通业低碳转型

中国大力推进绿色交通发展理念，推广清洁高效的交通运输方式，对新能源汽车的价格和购置税进行大额补贴，并且推广新能源公交车，取得了卓越成果。2017年中国电动汽车销售量占到了全球的40%；新能源公共汽车占公共汽车总量的40%，超过了25万辆。据估计，至2015年中国由于机动车政策而避免的因PM2.5和臭氧污染导致的过早死亡人数超过35.8万例。

3）增加碳汇

2019年NASA研究报告显示，中国和印度在2000~2017年绿化的增加面积占了全球增加总面积的1/3，中国绿化增长主要体现在森林和农业上，而印度主要是农业。虽然绿化面积增加很大程度上是由于中国早年间的植被破坏严重，起点较低，但同样也证明了中国政府以及各方在退耕还林还草以及集约农业发展方面取得的重大成果。2017年，中国森林面积增加超过1亿亩，是全球森林资源增长最多的国家；全国草原植被覆盖率达55.3%，治

---

① Cai W., Hui J., Wang C., Zheng Y., et al., "The Lancet Countdown on PM2.5 Pollution Related Health Impacts of China's Projected Carbon Dioxide Mitigation in the Electric Power Generation Sector under The Paris Agreement: A Modelling Study," *Lancet Planetary Health*, 2, 2018, pp. e151 – e161.

理沙漠化土地 3300 平方公里, 退耕还湿 30 万亩, 建成海洋牧场 233 个。大面积增加绿化可以调节气候、减少风沙和洪水灾害、改善环境, 而城市内部绿化空间则可以为人们的锻炼休闲提供场所, 在减少高温、减轻噪声、增加氧气、减少空气污染、净化水质的同时, 还可以缓解抑郁症、减轻心理压力。

四　总结与展望

近年来, 人群健康正在遭受来自气候变化诸多方面的影响。不断攀升的气温、更加严峻的极端天气灾害、严重的空气污染以及快速退化的土地, 不仅会增加罹患各种疾病和死亡的风险, 还会诱发精神疾病、导致粮食短缺和营养不良等问题。研究气候变化对人群健康的影响, 理解气候变化作用于健康的机制, 有助于制定有针对性的应对措施, 对提高和改善人群的健康福祉具有重要意义。

应对气候变化的许多措施都可以带来显著的人群健康协同效应。比如温室气体减排可以从环境、经济社会、行为和气候等多个方面缓解气候变化对人群健康的不良影响, 长远来看甚至可以改善目前的人群健康状况; 调整能源结构、整治城市交通等措施, 既可以减少温室气体排放, 又能够通过减少空气污染来降低对健康的危害; 增加森林、草地面积, 既可以改善居住环境, 也可以直接提高人群的健康水平。应对气候变化是一个系统性、综合性的任务目标, 需要大到国际组织、国家政府, 小到公私企业、社区个人的积极参与。政府层面需要将健康效益纳入气候政策决策中, 同时要增加应对气候变化与健康的相关预算, 为相关政策的实施提供经济保障; 增加部门间的联系与合作, 利用多部门的协作为健康部门提供支持; 增加与健康相关的基础设施的投入, 如医院、避难场所等; 完善健康和气候变化的监测系统, 做好对人群脆弱性以及未来风险的评估, 提前对高风险的地区和人群进行识别和诊断, 同时不断评价政策干预的效果, 及时对政策进行调整。此外, 还要鼓励科研人员关注气候变化对健康的影响, 增加对相关研究的支持力度, 鼓励把科研成果及时转化到应对气候变化、抵御极端灾害、提高健康福祉等方面。

G.21
2022年北京冬奥会低碳管理与进展研究

摘　要： 奥运会是全球最有影响力的大型综合性体育盛会，对体育之外的一些其他重要议题也发挥着越来越重要的宣传和示范效应。积极应对气候变化已成为奥林匹克运动的内在要求，历届奥运会都高度重视碳管理工作并实施了一系列目标明确的低碳措施。北京市和张家口市正积极谋求低碳转型，将兑现2022年北京冬奥会申办过程中提出的举办低碳奥运会的承诺同城市低碳管理相结合，有助于在更大范围内倡导实现低碳理念、展示碳减排工作成果。

关键词： 北京冬奥会　低碳管理　碳中和　碳减排　绿色奥运

气候变化是21世纪全球面临的重大挑战，积极应对气候变化和推动低碳发展已成为国际共识和大势所趋。2022年即将在北京和张家口举办的冬奥会和冬残奥会（以下简称2022年北京冬奥会）是我国重要历史节点的重大标志性活动，在申办阶段，我国政府即向国际奥委会做出庄严承诺，2022年北京冬奥会要"坚决支持中国关于2030年温室气体排放达到峰值的承诺，北京冬奥会为中国温室气体排放出现拐点发挥积极作用。在筹办、举办2022年北京冬奥会的过程中发挥温室气体减排的示范作用"。因此，2022年

---

* 张莹，中国社会科学院城市发展与环境研究所助理研究员，研究领域为能源经济学、环境经济学、数量经济分析。

北京冬奥会坚持把低碳管理工作作为落实绿色办奥理念的着力点、践行冬奥可持续工作的重点任务。

一 实现低碳冬奥的背景

奥运会是全球最有影响力的大型综合性体育盛会，因其参与人数多、社会影响范围广，而逐渐在社会发展中对体育之外的一些其他重要议题发挥着越来越重要的宣传和示范效应。奥林匹克运动的百年历史见证了奥运赛事以及其他体育活动同可持续发展的紧密联系。近年来，气候变化问题持续升温，已成为全球共同关注的焦点议题之一。联合国2015年通过的2030年可持续发展议程也明确将"采取紧急行动应对气候变化及其影响"纳入17个目标之中。[①] 因此，在2022年北京冬奥会筹办、举办过程中若能通过有效的碳管理，实现碳减排和碳中和，必将通过体育运动的影响去促进全社会积极应对气候变化并发挥积极的引领作用。

（一）积极应对气候变化是奥林匹克运动的内在要求

随着现代奥林匹克运动走过百年历程，开始针对发展过程中面临的各项问题，顺应时代的发展开启改革之门。2014年，国际奥委会通过并发布了《奥林匹克2020议程》，确定了奥林匹克运动未来发展的三大关键支柱为"可持续性"、"公信力"及"青年"。2015年联合国首脑峰会认可了体育在社会发展中的作用，强调体育是实现联合国可持续发展议程目标的"重要推动力"。联合国的这种认可也促使国际奥委会更多地将所开展的各项奥林匹克运动与可持续发展密切联系起来。2015年，《国际奥林匹克委员会可持续性战略》（以下简称IOC可持续性战略）被发布，[②] 这份战略为国际奥委会、奥运会以及奥林匹克运动的工作实践提供了明确的可持续性指导原则和行动目标。

---

① 联合国：《变革我们的世界：2030年可持续发展议程》。
② International Olympic Committee，*IOC Sustainability Strategy*，2015.

报告明确了国际奥委会推动可持续发展的五大重点领域，具体包括基础设施和自然遗址、采购与资源管理、交通与物流、① 工作人员以及气候。

国际奥委会指出，这五个重点可持续工作领域彼此密切相关，前四个领域都与体育界的活动直接相关，而气候问题是一个跨领域议题。2015 年 12 月，国际奥委会作为一个独立的国际组织参加了在巴黎举行的联合国气候峰会（COP21），国际奥委会主席巴赫在峰会中发表了讲话。他指出，奥林匹克之名及相关活动有能力去帮助各界重视一些对全球有着重要影响的关键议题；体育活动与赛事有潜力成为一个合适的平台，去向各界展示在能源和水资源管理、基础设施建筑、交通物流、粮食生产以及减缓与适应气候变化等方面能有效应对气候变化的各种长期挑战。

国际奥委会明确提出需要对奥林匹克运动造成的直接和间接温室气体排放进行管理，并根据活动实际情况去适应气候变化产生的影响，要求必须在其组织机构的日常运行和其他相关活动中切实实施有效的碳减排战略，具体行动应该有助于实现《巴黎协定》中确定的温控目标；在规划体育设施和活动时必须全面考虑气候变化所产生的后果。这也清楚地界定出与体育相关的针对气候变化领域的可持续工作范围和目标。奥运会作为奥林匹克运动中最引人注目的盛大活动，也责无旁贷地需要向外界展示国际奥委会、主办国家和城市对气候问题的重视以及取得的积极成效。

（二）历届奥运会低碳管理工作及成效

早至 20 世纪 70 年代开始，国际奥委会就开始对奥运会的举办提出环保要求，1994 年的利勒哈默尔冬奥会首先将环保和绿色理念融入赛事筹办、举办全过程，自此以后历届奥运赛事都将环保措施纳入筹办所规定的动作清单之中。但早期的赛事并未明确提出减碳与应对气候变化的举措与目标。进入 21 世纪，随着全球气温持续升高，在联合国气候变化框架公约

---

① 英文原文为移动性（mobility），但其要求均与交通和物流工作密切相关，因此这里译为交通与物流。

（UNFCCC）下，各缔约方签订了《京都议定书》，确定了全球应对气候变化的减排机制，减少二氧化碳排放也逐渐成为衡量可持续发展水平的重要标准之一。2006 年的都灵冬奥会首次提出了实施赛事举办碳补偿计划。随后的历届赛事都高度重视碳管理工作并实施了奥运碳中和方案，积极通过各种具体行动计划来降低奥运会举办过程中产生的温室气体排放，历届奥运会中与碳管理有关的举措如表 1 所示。

表 1　部分届次奥运会低碳管理工作

年份	奥运会	低碳举措和成效
2006	都灵冬奥会	启动都灵气候遗产计划（HECTOR），旨在提高人们对气候问题的重视；通过植树造林、提高能效和使用可再生能源等方式使冬奥会产生的碳排放总量中的大约 70% 得以抵消
2008	北京奥运会	通过"绿色奥运"行动和各种额外的政策措施，在很大程度上抵消了奥运会产生的碳排放
2010	温哥华冬奥会	在场馆建设中考虑"碳抵消"措施，包括投资于提高能效和使用可再生能源的绿色技术，预计将能抵消掉因冬奥会举办产生的 30 万吨碳排放
2012	伦敦奥运会	建立了一套系统的奥运会碳足迹计算方法
2014	索契冬奥会	同奥运会全球赞助商陶氏化学公司合作，开展"可持续性未来"计划，在俄罗斯全国应用低碳和能效提高技术，用实现的减排量来抵消冬奥会产生的碳排放
2016	里约奥运会	实施了一项全面的碳补偿计划，实现了超过 200 万吨的碳减排量
2018	平昌冬奥会	以举办"低碳、绿色奥运"为目标，通过低碳措施和资源再利用，开展"O₂ +"计划，实现温室气体减排 159 万吨
2020	东京奥运会	提出"迈向零碳"的应对气候变化目标，通过实施低碳运输、有效利用资源、使用可再生能源、推行东京 2020 奥运碳补偿计划

通过上述举措，伦敦奥运会、索契冬奥会等均宣称实现了 100% 的碳中和。国际奥委会还与 UNFCCC 合作，发起一项《体育应对气候变化行动框架》（*Sports for Climate Action Framework*）行动，广泛邀请体育组织和利益相关方参与其中，呼吁体育界行动起来应对气候变化，减少体育赛事中产生的温室气体排放，利用体育作为宣传工具号召全球体育爱好者重视气候问题。[①]

---

① UNFCCC, *Sports for Climate Action Framework*.

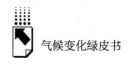

（三）北京市与张家口市低碳发展基本情况

北京市正致力于建设世界城市和宜居城市，地方政府非常重视应对气候变化工作，将温室气体排放控制与大气污染物协同作为推进首都生态文明建设、改善大气环境质量的重要抓手。2015 年，北京市在首届中美气候智慧型/低碳城市峰会上宣布将于 2020 年左右实现二氧化碳排放达峰，碳排放总量控制已作为约束性指标被列入《北京市国民经济和社会发展第十三个五年规划纲要》中。

张家口具有丰富的太阳能和风能利用基础。2015 年 12 月，《张家口市推进可再生能源示范区建设行动计划（2015～2017）》正式启动实施，积极在可再生能源转化以及在本地消纳和合理外送之间寻求平衡等方面开展探索。"十三五"期间，张家口市也制定了明确而积极的碳减排目标。

冬奥会的举办将给两地低碳转型带来新的机遇，北京市和张家口市将围绕"零排供能、绿色出行、5G 共享、智慧观赛"，推进低碳的竞赛基础设施和配套设施建设。为了达到举办冬奥会的环境要求，两地都将实施更加严格的重点区域、重点行业特别排放限值，提高生产能效，加快淘汰落后产能，倒逼传统企业转型；采用先进的低碳应用技术，降低与奥运会举办相关的碳排放水平。

二 2022年北京冬奥会低碳管理目标及措施

北京冬奥组委在申办过程中就提出了力争使冬奥会筹办、举办过程中所产生的碳排放全部实现中和，以及通过碳排放权交易等市场化的碳减排机制，建立 2022 年北京冬奥会碳排放评估和管理机制，从生产源头减少碳排放等具体内容。因此，开展低碳管理、举办低碳奥运是北京冬奥组委必须兑现的可持续性承诺。

（一）北京冬奥会低碳管理目标

针对 IOC 可持续性战略对每届奥运会（冬奥会）主办城市提出的应对

气候要求，北京冬奥组委也进行了全面的规划，志在为响应国际奥委会应对气候变化以及促进奥运赛事可持续发展做出示范和表率，并从低碳能源、低碳场馆、低碳交通和低碳四方面确定了管理目标，如表2所示。

表2　2022年北京冬奥会低碳管理目标

低碳领域	低碳目标
能源	建设低碳能源示范项目,建立适用于北京冬奥会的跨区域绿电交易机制,综合实现100%可再生能源满足场馆常规电力消费需求
场馆	建设总建筑面积不少于3000平方米的超低能耗等低碳示范工程,新建永久场馆全部满足绿色建筑等级要求
交通	北京冬奥会举办期间,赛区内交通服务基本实现清洁能源(不含专用车辆)保障
标准	推动林业固碳工程,建立北京冬奥会低碳管理核算标准,创造冬奥会遗产

（二）北京冬奥会低碳管理措施

在2022年北京冬奥会的筹办过程中，组委会将定期测量、管理和报告冬奥会产生的碳排放，通过碳减排和碳中和措施，向全球展示中国作为全球生态文明建设参与者、贡献者、引领者的重要作用。

1. 碳减排措施

（1）低碳能源技术示范

为了保障冬奥会举办能获得稳定可靠的清洁电力供应，将在张家口建设±500千伏四端环形结构的柔性直流电网示范工程，这是世界上首个柔性直流电网工程。该工程可满足6800~7590兆瓦可再生能源装机的外送和消纳需求，促进张家口地区的清洁能源外送消纳。此外，还将通过光伏、风电等可再生能源消纳和市场化交易，以及储能系统、电力电子设备多能互补等，保障场馆常规电力消费需求充分利用可再生能源，使冬奥场馆实现100%清洁能源供电。

在北京、延庆、张家口的三个赛区将因地制宜，充分利用光伏、光热系统、地热、余热等资源，鼓励竞赛场馆及其他非竞赛场馆以及奥运村优先采用可再生能源利用技术，以及高效外保温、高性能门窗及户式新风处理机组

等先进的超低能耗建筑技术，实施建筑面积各自不少于1000平方米的超低能耗低碳示范工程。

（2）低碳场馆建设

北京冬奥会要求所有竞赛场馆均需达到低碳、节能、节水的相关标准，新建室内场馆达到绿色建筑三星级标准，既有场馆节能改造，鼓励达到绿色建筑二星级标准。北京市和河北省还针对新建的雪上运动场馆专门制定了《绿色雪上运动场馆评价标准》，并要求所有新建雪上项目场馆满足该标准要求，最大限度降低赛事举办过程中产生的碳排放。北京、延庆、张家口三个赛区的新建场馆都建有可视化、智能化的能源管控中心可实时监测电、气、水、热力的消耗情况，对空调、采暖、电梯、照明等建筑耗能实施分项、分区计量监测控制。同时，鼓励有条件的既有场馆也设置能源管控中心，提高用能效率。

北京冬奥会的冰上场馆（速滑、花样滑冰、短道速滑以及冰球训练场地等）将在冬奥会历史上首次使用二氧化碳制冷系统，此举将显著减少冰上场馆因制冷需求而产生的碳排放；雪上场馆也将选用适宜的高效造雪设备，合理控制造雪规模。

此外，对于场馆建设和运营阶段的废弃物管理，北京冬奥组委也给出了明确的管理办法，通过实行垃圾分类管理，来提高废弃物的回收利用率，减少垃圾处理量及相应的用能需求。

（3）低碳交通体系

北京冬奥会举办期间，将针对三大赛区间的转运制定专门的跨赛区铁路使用政策，鼓励赛时观众优先选择高铁作为赛区转运交通工具。在赛区交通调度方面，将通过完善城市公共交通运行调度系统，加强冬奥交通与城市交通信息的互联互通，提高智能化管理水平。同时，通过在北京市及张家口市实施赛时城市交通综合管理措施，降低机动车使用强度。

北京冬奥会举办期间，用于赛事服务的客运车辆全部使用清洁能源，赛区间物流配送及城市配送保障车辆将采用新能源汽车或者符合国六b排放标准的汽车。各赛区内推广新能源汽车使用，推动符合相关车型目录的氢燃料车辆的示范应用。结合赛事需求，建设配套的充电桩、加氢站等，以满足赛区电动汽车、氢能源汽车的运行需要。

北京市和张家口市还将通过各种举措倡导"135"绿色低碳出行方式（1公里以内步行，3公里以内自行车，5公里左右乘坐公共交通工具），使北京市中心城区和延庆新城绿色出行比例达到75%以上，张家口城市交通绿色出行比例达到60%以上。

针对保障冬奥会赛事顺利进行的交通设施建设，如公路、高铁线路的基建，将全面采用符合环保要求的工程方法，减少施工阶段温室气体的排放和对资源的二次开采。

（4）北京冬奥组委的减碳行动

北京冬奥组委还计划通过各项积极举措削减日常办公、运行中产生的碳排放。为了体现节俭办奥的理念，北京冬奥组委选择首钢老工业园区作为办公区，通过综合利用，对废旧厂房进行改造后投入使用。在规划之初就充分考虑到节能减排的要求，采用绿色标准和技术来建设新的办公区，园区充分利用光热技术，使用太阳能热水系统替代原有的燃气热水系统，办公所使用和采购的电器产品均严格执行能效标识制度，能效水平均达到一级水平。

在日常办公中，冬奥组委各部门充分利用信息系统进行信息传递，推行节约用电、节约用水等具体举措。在赛事筹备和举办期间，倡导使用视频会议，减少差旅和交通出行产生的碳排放量。

北京冬奥组委还号召工作人员采用公共交通和共享出行模式，推行一周少开一天车活动。此外，冬奥组委还在积极探索和策划鼓励工作人员以及国际奥林匹克大家庭自愿购买国家核证自愿减排量的机制，让更多人通过各种灵活机制参与到减碳活动中来。

针对观众的参与方式，北京冬奥组委也通过宣传和考虑制定相关优惠政策去鼓励观众采取低碳出行、电子门票、民宿入住等多种自主低碳观赛行为。

2. 碳中和措施

（1）林业固碳

除了减少奥运赛事筹办、举办过程中产生的温室气体排放之外，北京冬

奥组委还计划通过植树造林来抵消部分碳排放。北京市将推动38万亩造林绿化和其他造林绿化项目增汇工程建设，并将2018~2021年该项目所产生的碳汇量捐赠给北京冬奥组委；张家口将推动50万亩京冀生态水源保护林建设，将2016~2021年该项目所产生的碳汇量捐赠给北京冬奥组委，用以中和北京冬奥会的温室气体排放量

（2）企业层面的自主行动

北京冬奥组委通过鼓励涉奥企业积极向北京冬奥组委捐赠全国及北京碳排放权交易市场排放配额、国家核证自愿减排量，来中和北京冬奥会部分温室气体的排放量；还将通过各种活动和方式鼓励奥运会赞助伙伴和其他企业层面的利益相关方建立自主低碳行动方案，采取低碳生产、低碳办公、低碳出行等低碳节能措施，来降低各个环节产生的碳排放。

（3）碳普惠制度探索

北京冬奥组委将以冬奥会举办为平台，积极探索碳普惠制度，计划在赛前搭建面向公众的自愿减排交易平台，鼓励企业、社会组织和个人的低碳环保行为，支持其捐赠国家、北京市及河北省等主管部门认定的碳减排量，积极参与到多元化的低碳冬奥会行动中来。

三 2022年北京冬奥会低碳管理工作进展

（一）城市低碳转型加速

冬奥会申办不仅要求场馆和基础设施建设以及运行过程中全方位应用低碳技术，还要求要有效促进两地的低碳转型。2018年，北京市累计退出一般制造业企业656家，退出企业主要集中在机械制造与加工、建材、金属制品、家具和木制品加工、包装印刷、化工等行业。与此同时，城市也积极打造绿色制造示范体系，共有26家企业获得了北京市"绿色工厂"称号，其中22家同时入选了国家绿色工厂名单，这些举措推动了北京市能源结构的持续优化。北京冬奥会的申办承诺提出要在2017年完成将燃煤量从2300万吨减少到 1000 万吨以下；到 2022 年，燃煤总量控制在 500 万吨以内，可再生能源比重力争超过 10%。目前 2017 年控煤目标已经提前超额完成。2017 年在北京市一次能源消费中，煤品占 5.7%，同比下降了 4.2 个百分点；油品占 35.9%，同比增长了 1.3 个百分点；天然气占 31.8%，同比上升了 0.1 个百分点；电力（一次电力和净调入）占 26.6%，同比上升了 2.8 个百分点。可再生能源的占比持续提高，2017 年新能源和可再生能源消费量占全市总能耗的 7.4%，同比增加了 0.5 个百分点；可再生能源电力消费量占全社会用电量的比例达到了 12.1%。

张家口也借力筹办 2022 年冬奥会作为城市产业转型升级的重要机遇，编制印发了《借力冬奥促进张家口产业转型升级规划》。2017 年完成了 12 处煤矿、283 万吨煤炭产能及宣钢 216 万吨钢铁产能的压减任务；2018 年完成了 18 处、860 万吨煤炭产能压减任务，优化了产业和能源结构。

（二）完善低碳交通体系

根据北京冬奥会交通规划、基础设施建设情况和客流需求预测分析，两地研究制定了综合交通运输保障方案。北京市计划到 2022 年，轨道交通运营里程超过 1000 公里，机动车保有量控制在 650 万辆左右，其中纯电力等新能源车超过 50 万辆，延庆地区公交体系将全部采用新能源汽车。2017 年中心城区绿色出行比例达到了 72%，到 2018 年底，北京市全市轨道交通运营总里程已达到 636.8 公里，各项目标都顺利完成。

张家口也计划更新增加清洁能源公交车 540 辆，优化公交线路 30 条，根据居民出行需求增开线路，提高公交覆盖率，发展公共交通和新能源车辆，优化城市交通管理系统。到 2017 年即已实现主城区 500 米站点覆盖率达到 100%。这些举措都将有助于降低交通领域的碳排放。

（三）林业固碳面积持续扩大

北京市为了促进碳中和任务的落实，确定了推进 38 万亩平原地区造林工程并开展碳汇计量监测，支撑冬奥会碳中和目标实现的工作路径。在此基

础上，还积极开展其他造林绿化行动，2017年北京市新增造林绿化面积17.8万亩，达到计划任务的110%，森林健康经营、林木抚育面积70万亩；张家口市2016~2017年完成造林绿化面积30.33万亩，2018年完成造林面积40.12万亩。

（四）积极探索绿电交易机制

为了保障2022年北京冬奥会实现100%可再生能源满足场馆常规电力消费需求，两地从申办成功之初就开始积极探索绿电交易机制。2018年初，北京电力交易中心会同国网华北分部和国网冀北电力，着手编制了中国首个绿电交易规则——《京津冀绿色电力市场化交易规则（试行）》。该文件为推进京津冀地区可再生能源市场化交易的有序开展，规范可再生能源市场化交易工作，促进京津冀可再生能源一体化消纳提供了政策支撑。

2019年1月30日，2022年北京冬奥会场馆绿电供应签约仪式在北京举行，标志着在奥运史上首次实现了全部场馆采用绿色电能供应。6月，2022年北京冬奥会绿电交易开始启动，当天完成的交易可满足2019年下半年冬奥场馆用电需求，预计可减少标准煤燃烧1.6万吨、减排二氧化碳4万吨。

四 2022年北京冬奥会低碳管理推进策略

习近平总书记提出的坚持"绿色办奥、共享办奥、开放办奥、廉洁办奥"的要求是新发展理念在2022年北京冬奥会筹办中的体现。其中，"绿色办奥"承袭了2008年北京奥运会三大理念中的"绿色奥运"，表明中国在赛事筹备、举办以及赛后全过程中，对可持续发展以及环保问题的重视从未改变。积极应对气候变化是绿色办奥的核心要义之一，要继续推进冬奥会低碳管理工作，实现冬奥会碳中和目标，需要坚持以下策略。

（一）明确工作重点和确保实现各项低碳目标

冬奥会低碳管理应既向世界展示中国应对气候变化、减少温室气体排放的决心，又能实质性推动北京和张家口实现既定的地方节能减排目标。因此在距离冬奥会召开不足千日之际，2022年北京冬奥会低碳管理工作应该动态地调整工作重点领域，有计划地实现针对冬奥会低碳管理而确定的各项工作目标。

（二）积极探索和创新管理方法和机制

2022年北京冬奥会低碳管理的各项相关任务已经被纳入北京市大气污染综合治理及应对气候变化工作小组和河北省应对气候变化领导小组的工作范畴，作为北京市、河北省应对气候变化的重点任务。但在各项工作的推进过程中，还应积极探索和创新管理方法和实施机制。目前北京冬奥组委对日常办公产生的碳排放进行了精细化管理，一些创新性的做法可应用于其他单位。北京冬奥组委还在研究"碳普惠"制的实施方案，相应的办法和机制也可以推广到其他大型活动的碳管理中。

（三）以示范带推广，以标准促应用

冬奥会属于体育类大型活动，从活动开展的具体形式、特点看，同其他领域的低碳管理，甚至是其他类型的大型活动都有明显的差异性。因此一些技术应用、实施标准和第三方认证也仍处于摸索状态中。根据体育赛事节能减排应对气候变化的实际情况，可以从场馆建设和其他相关活动的碳减排、整体赛事的碳中和等领域的实践中去遵循规范、摸索经验，在一些新兴领域尝试树立新的标准和典范。如以举办冬奥会为契机，目前已经推动京津冀三地编制并发布了全新的《绿色雪上运动场馆评价标准》，填补了国内外相关标准的空白。针对冬奥会筹办中的示范技术和相应的新标准，也应及时总结，并在适合的情况下，在更大范围内推广应用。

（四）加大宣传，提高各界认识

随着2022年北京冬奥会低碳管理工作的推进，即将涌现一批成效良好的低碳工作亮点，应充分利用冬奥会的平台，在国际奥林匹克日、全国低碳

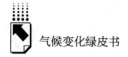
日、世界环境日等节点，对外宣传北京冬奥会低碳管理工作，并倡导公众积极参与并践行低碳生活方式，唤起公众对全球气候变化问题的重视，引导更多利益相关方以及团体、个人参与到应对气候变化的行动中来。通过多种渠道，对外宣传北京冬奥会低碳管理工作的亮点，扩大北京冬奥会的国际影响力。

IPCC 国家温室气体清单方法学
指南发展和影响评述

朱松丽　蔡博峰　方双喜　朱建华　高庆先*

摘　要： 《2006 IPCC 国家温室气体清单指南的 2019 精细化》的发布标志着 IPCC 国家清单指南方法学得到了进一步统一和细化。新产品在清单共性问题和能源活动、IPPU、AFOLU 和废弃物清单编制核算方法及缺省排放因子确定方面体现了 2006 年以来的科学进展，提高了清单编制的完整性和准确性，同时也为《巴黎协定》及其实施细则中透明度规则的"并轨"提供了基础。对我国而言，一方面我国面临着清单编制方法学的"转轨"的挑战；另一方面，清单编制完整性的提高对我国的温室气体排放总量也将产生明显的影响，以能源部门最为显著。同时，方法学的完善也有助于我国应对气候变化工作与其他工作的协同推进。建议我国在组织机构建设、国别数据库建设等方面加大工作力度。

关键词： IPCC　温室气体清单　方法学指南

---

* 朱松丽，国家发展和改革委员会能源研究所副研究员，研究领域为减缓气候变化政策分析；蔡博峰，中国环境规划研究院研究员，研究领域为环境政策分析；方双喜，中国气象局气象探测中心研究员，研究领域为温室气体及相关微量成分观测研究；朱建华，中国林业科学研究院森林生态环境与保护研究所副研究员，研究领域为土地利用和土地利用变化；高庆先，中国环境科学研究院研究员，研究领域为废弃物管理技术和政策分析。

引　言

经过两年紧锣密鼓的工作，2019 年 5 月召开的 IPCC 第 49 次全会（IPCC‐49）通过了《2006 IPCC 国家温室气体清单指南的 2019 精细化》①②（以下称《2019 清单指南精细化》），国家温室气体（GHG）清单编制指南得到了进一步统一和细化。虽然《2019 清单指南精细化》何时正式进入应用阶段还有待《联合国气候变化框架公约》（以下简称"公约"）决定，但是包括我国在内的公约缔约方都应及早动手，为新方法指南的启动做好准备。

一　《2019清单指南精细化》出版的背景

自从 IPCC1995 年出版第一份国家清单指南以来，方法论已几经更新，目前通用的版本是《IPCC 国家温室气体清单（1996 年修订版）》（以下简称《1996 清单指南》）和《IPCC2006 年国家温室气体清单指南》（以下简称《2006 清单指南》）。在公约语境下，基于各自能力，它们分别是非附件缔约方和附件缔约方的"法定"指南。编制《2019 清单指南精细化》的决定既基于2006 年以来的科学技术发展要求，也暗合了"两轨合一"的政治需求。③

IPCC 第 44 次全会正式开展了这项工作，④ 由 IPCC 清单特设工作组

---

① 英文为 "2019 Refinement to the 2006 Guidelines for National Greenhouse Gas Inventories"，中文译名或有多种形式。

② IPCC. Decision IPCC‐XLIX‐9：Adoption and Acceptance of the Methodology Report "2019 Refinement to the 2006 Guidelines for National Greenhouse Gas Inventories". 2019. https：//www.ipcc.ch/site/assets/uploads/2019/05/IPCC‐49_decisions_adopted.pdf［2019‐05‐29］.

③ 朱松丽、蔡博峰、朱建华等：《IPCC 国家温室气体清单指南精细化的主要内容和启示》，《气候变化研究进展》2018 年第 14 期。

④ IPCC. Decision IPCC/XLIV‐5：sixth assessment report（AR6）products, outline of the methodology report（s）to refine the 2006 guidelines for national greenhouse gas inventories［R/OL］.2016. https：//archive.ipcc.ch/meetings/session44/p44_decisions.pdf［2019‐06‐30］.

（TFI）负责组织。编写工作从 2017 年 6 月开始到 2019 年 4 月结束，但整个进程的酝酿时间可以回溯到 2012 年"德班平台"启动以来的一系列专家会议。其间，2015 年各国达成了《巴黎协定》（以下简称"协定"），2018 年通过了协定实施细则，特别是在透明度议题方面形成了给予发展中国家一定灵活度的"统一框架"，目前泾渭分明的公约透明度体系将在 2024 年完成形式上的统一。① 这更加彰显了《2019 清单指南精细化》的意义。

需要强调的是，由于前期评估认为不需要对《2006 清单指南》进行全面修订，所以此次工作的最终产品——《2019 清单指南精细化》——并不是一份独立的指南，更多是对现有指南的更新、补充或澄清，因此需要和《2006 清单指南》系列产品合并使用。

二 《2019清单指南精细化》主要内容分析

（一）主要进展

《2019 清单指南精细化》由五个部分组成，与《2006 清单指南》结构保持一致，分别为：总论、能源活动、工业过程和产品使用（IPPU）、农业/林业/土地利用（AFOLU）和废弃物。

1. 总论

总论针对的是国家清单方法学中的共性问题，例如排放因子和活动水平获取、清单质量控制和保证、清单组织机构建设等。与《2006 清单指南》相比，新产品在活动水平获取、不确定性分析等方面都做出了较大修订，同时特别新增了利用大气浓度反演温室气体排放量的方法。

在活动水平获取方面，强调了企业级数据对国家清单的重要作用。2006年以来主要国家烟气排放连续监测设备的普及和企业直报系统的建立为在国

---

① 朱松丽：《从巴黎到卡托维兹：全球气候治理中的统一和分裂》，《气候变化研究进展》2019 年第 15 期。

家清单中利用企业数据建立了基础。

首次完整提出基于大气浓度（遥感测量和地面基站测量）反演 GHG 排放量，进而验证传统自下而上清单结果的方法。传统 GHG 排放量核算主要通过排放因子和活动水平计算获得，由于统计资料和排放因子无法快速更新，因此排放数据存在一定的时间滞后性。自上而下基于大气浓度反演排放量的方法，是基于观测 GHG 浓度和气象场资料，再利用地面排放网格定标，结合反演模式"自上而下"核算区域源汇及变化状况的方法，不仅能够提供时效性较强的数据，更能成为校验国家 GHG 清单的重要手段。

此外，总论再次强调了 GHG 与大气污染物清单协同编制的可行性和存在的重要意义，对我国更具有现实指导性。

2. 能源活动

修订内容集中在逃逸排放（Fugitive Emission）环节，即能源开采、加工、运输和利用过程中的无组织排放。在新产品中，除了关注常规的煤炭和油气系统，还新增了对"燃料转换"过程的考虑。

第一，油气系统排放因子得到全面更新，新生产工艺和技术以及之前被忽略的环节得到了充分体现。《2006 清单指南》中对油气系统提供了分别适用于发达国家和发展中国家的两套排放因子，这两套体系中的很多数据本身是一样的，但不确定性范围是有区别，针对发展中国家的数据通常被规定了更高的不确定性上限。此次更新中，两张表合二为一，但为部分排放源提供了基于技术分类的不同缺省值。从科学角度看，基于技术的参数比基于"国别"的参数更有说服力。新增了非常规油气开采技术、近海油气开采和运输、液化天然气接收站、煤气输配等环节的逃逸排放核算方法和缺省因子，使系统完整性得到提升。

第二，煤炭生产逃逸排放源及排放因子得到补充，增补了煤炭井工开采和露天开采的二氧化碳（CO_2）逃逸排放核算方法和排放因子的内容，填补了《2006 清单指南》中的空白。

第三，燃料转换过程逃逸排放得到适当增补。新增木炭/生物炭生产过程、炼焦生产过程、煤制油以及天然气制油过程的 GHG 逃逸排放核算方法和排放因子，这也是全新的内容。

3. 工业过程和产品使用(IPPU)

新增制氢和稀土等行业的方法学指南。传统石化和化工行业的制氢过程一直存在，但大部分作为中间产品使用。《2019 清单指南精细化》将制氢作为一个独立行业，提供了 GHG 核算方法。同时，新产品提出了相对完整的稀土生产 GHG 清单方法学，并提供了缺省排放因子，弥补了前序指南中的又一个空白。

更新了铝生产行业的核算方法和排放因子。扩展了排放范围，新增"低压阳极效应（LVAE）"下的四氟化碳和六氟化二碳排放，提出基于阳极效应持续时间的测量和企业现场测量等更加完善的核算方法，并提供了缺省排放因子。

4. 农业/林业/土地利用(AFOLU)

AFOLU 通常是清单编制中方法最复杂、不确定性最大的部门。在新产品中也占据了最大的篇幅。

第一，细化矿质土壤碳储量变化的核算方法和因子，新增生物质炭（Biochar）添加到草地和农田有机碳储量年变化量的核算方法。针对现有的矿质土壤碳缺省值法，新开发了活动水平数据需求更少的专用模型方法 2（Tier 2）和以观测为基础的专用模型方法 3（Tier 3）。生物质炭是十几年来的一个研究热点，生物质炭添加到矿质土中引发有机碳储量变化的核算方法有了正式的指南。

第二，新增两种生物量碳储量变化的核算方法，包括"异速生长模型"法和"生物量密度图"法。这两种方法均作为 Tier 2 的推荐方法，同时也可以作为 Tier 3 的组成部分。

第三，提出区分人为和自然干扰影响的通用方法指南。《2019 清单指南精细化》强调了清单编制的年际变化，尽可能地将人为活动导致的温室气体排放/清除量与自然干扰的影响区分开来，并给出如何区分人为和自然干扰影响的通用方法指南。这也是各国争论较为激烈的一个内容。

第四，更新土壤氧化亚氮（N_2O）排放核算方法和排放因子，包括直接

排放的排放因子、农作物残留物中的氮归还土壤的核算公式、土壤 N_2O 间接排放缺省值及挥发和淋溶系数。

第五，更新畜牧业肠道发酵和粪便管理甲烷（CH_4）排放因子。针对动物生产力水平不同，提供了高、低生产力水平下的肠道 CH_4 排放因子；粪便管理部分提供了以粪便挥发性固体含量为基础的 CH_4 计算方法和排放因子；更新了沼气工程排放核算方法。

第六，新增"水淹地"GHG 排放与移除核算方法。新产品提供了包括水库和塘坝等在内的水淹地排放与移除核算方法学指南。

5. 废弃物

第一，更新固体废弃物产生量、成分和管理程度相关参数，增补了不同废弃物成分的可降解有机碳值，更新了可降解有机碳默认值的不确定性，并增加主动曝气半有氧管理的填埋场甲烷排放方法学。

第二，更新废弃物焚烧处理的氧化因子，增补了热解、气化和等离子体等焚烧新技术的 CH_4 和 N_2O 的排放因子。

第三，增加污泥碳和氮含量信息，并给出了可降解有机碳（DOC）区域默认值，各国必须核算从废水处理中产生的污泥量（质量）；更新计算污泥处理的 CH_4 和 N_2O 排放方法，增加了排放因子。

第四，新增工业废水处理 N_2O 排放计算方法，更新废水处理系统的相关排放因子。

6. 小结

《2019 清单指南精细化》充分反映了最近十几年有助于提高清单完整性和准确性方面的科技进展，对现有清单指南进行系统的拾遗补阙。但也可以看出，方法学提升是一项没有尽头的工作。在编写过程中，专家们注意到部分排放环节的存在，但囿于资料，无法形成成熟的核算方法或者无法提供缺省排放因子，这些内容都放置在报告附录（Appendix）当中，作为未来方法学开发的基础。例如，能源活动中的煤炭勘探、露天废弃煤矿、生物质燃料转换，IPPU 中的纺织、皮革和造纸行业含氟气体排放、对新 GHG 种类（全氟聚醚）的考虑等。

（二）争议焦点问题

与 IPCC 其他报告一样，在递交给 IPCC - 49 进行最后审议之前，《2019 清单指南精细化》历经两次专家和政府评审，写作组对所有意见都给予了正式答复。因此，IPCC - 49 之前形成的版本，在科学上能相对准确反映最新进展，在政治上也相对平衡。即使是这样，IPCC - 49 也是经历了激烈的争论才通过了这份方法学报告。

1. 发展中国家的能力建设和资金需求

大会一开始，沙特和印度就提出了发展中国家所要面临的能力建设和资金需求。他们认为，《2019 清单指南精细化》在清单完整性和准确性都提出了新的要求，在通过之前必须对发展中国家可能面临的能力建设和资金需求进行评估，有部分国家对此表示反对。TFI 对此的回应是，目前的工作范围仅是根据科学进展对指南方法学进行完善，属于单纯的技术性工作，能力建设评估超越了这个范围。在第一天会议中这个诉求反复出现，影响了大会进程。最终各方同意在最后的大会报告中增加两段话，指出对这个问题存在的不同意见。①② 但这段表述不会成为《2019 清单指南精细化》的组成部分。

2. AFOLU

在每次的清单指南修订中，AFOLU 都是最有争议的部分，这次也不例外。此次最大的争议出现在年际波动处理、土壤碳和"水淹地"管理三个环节。接触组讨论持续了三天，问题陆续得到了解决。解决方案包括对新的核算方法重新进行解释、移入附录、对排放范围进行重新界定（例如将部分可能的自然排放剔除）。

3. 能源卷：油气系统和煤炭系统的平衡表述

问题由沙特提出，并得到伊朗、伊拉克、叙利亚、埃及、阿尔及利亚的支持。问题主要针对的是煤炭勘探（Coal Exploration）和油气勘探（Oil and

---

① ENB. "Summary of the 49th Session of the Intergovernmental Panel on Climate Change（IPCC - 49）：8 - 12 May 2019". http：//enb. iisd. org/climate/ipcc49/ ［2019 - 05 - 15］.

② 在本文发布之时，IPCC - 49 的大会报告（session report）还没有正式对外公布。

Gas Exploration）的表述"位置"平衡在正文中还是附录中。在《2019 清单指南精细化》中，煤炭勘探为新增环节，之前没有任何工作基础。在专家和政府评审环节中有意见指出，煤炭勘探逃逸排放核算方法论不清晰，可能的活动水平数据统计渠道缺失，无科学文献支持排放因子，相关内容不应放置在正文中而应该放入附录中作为未来工作基础。最终专家组采纳了该意见。相比之下，油气勘探环节为重点更新环节，一是《2006 清单指南》出版以后，油气勘探的逃逸排放监测和报告数据越来越多，不仅时间序列完整、透明度高，而且数据质量也趋于稳定，为更新提供了基础；二是非常规油气勘探发展迅速，带来不同的排放特征，且有必要及时反映这一技术发展。因此，在最终文稿中，油气勘探环节方法明确，基于不同技术的排放因子数据齐全，不仅修正了常规油气生产的缺省排放因子，更增加了非常规油气生产在不同排放控制技术下的缺省因子。对于它在正文中的位置，多轮评审没有任何疑问。

在大会初期，沙特除了提出能力建设问题，并没有就技术问题进行质询。当会议进行到距结束仅一天半的时候，沙特在全会上突然提出新的问题：要求同等对待煤炭勘探和油气勘探，既然煤炭勘探在附录中，那么油气勘探也应该在附录中，维持章节平衡。无论专家组和 TFI 如何解释，也不论大多数缔约方如何支持目前的文本，沙特都充耳不闻，一再辩称《2019 清单指南精细化》写作过程是选择性的对待政府和专家意见（尽管沙特没提出一条意见），文稿对煤炭大国网开一面，造成严重不公平。会议最后一天，磋商继续进行，仍未能达成一致，最终大会决定采用 IPCC 工作原则中的 10（b）规则通过报告。①

通过的《2019 清单指南精细化》经过编辑处理之后已经问世。② 何时

---

①　IPCC. Principles governing IPCC work. 2018. https：//www. ipcc. ch/site/assets/uploads/2018/09/ipcc - principles. pdf［2019 - 06 - 30］.

②　IPCC TFI. 2019 Refinement to the 2006 IPCC Guidelines for National Greenhouse Gas Inventories. 2019. https：//www. ipcc - nggip. iges. or. jp/public/2019rf/index. html［2019 - 06 - 30］.

正式应用，将等待公约决定。考虑到有沙特等国明确记录在案的反对，公约通过《2019 清单指南精细化》可能再次遭遇挑战。但是，在此之前，《2019清单指南精细化》完全可以被学术界参考和引用。

（三）我国的深度参与

我国共有 11 位专家参与了《2019 清单指南精细化》方法学报告的研究撰写工作，在各个部分都提供了来自中国的科技文献，增加了方法和缺省排放因子。同时，我国专家积极参与专家评审，相关机构也组织了细致的政府评审工作，在文稿终稿形成之前充分表达了意见和提出了建议，在整个过程中是最具建设性的发展中国家。我国秉承科学报告以科学事实为基础的原则，对提高新产品的科学性和客观性做出了积极贡献。

三 《2019清单指南精细化》对我国的影响

从科学上看，此次清单方法学"精细化"工作致力于进一步提高清单编制的完整性和准确性，但我们不能忽视它可能带来的更深远的影响。协定实施细则已经明确从 2024 年起，所有缔约方的国家清单编制都应（shall[①]）采用《2006 年清单指南》及其修订增补内容，所有国家清单都应接受专家评审。《2019 清单指南精细化》将与《2006 清单指南》系列产品合并使用，形成"唯一法定"指南，其余指南都将成为历史。因此，这本新方法学报告给我国带来的影响要超越它自身所包含内容的影响。

（一）温室气体清单编制方法论"转轨"和"并轨"具有一定挑战性

目前我国国家清单编制仍沿用《1996 清单指南》及其后续产品，部分部门和环节参考《2006 年清单指南》的内容。《2006 年清单指南》以及

---

① 在公约文件中，"shall"所对应的要求为强约束性要求，"should"所对应的为鼓励性质的要求，在中文翻译分别对应为"应"和"应当"。

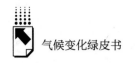
《2019 清单指南精细化》面临方法论、活动水平数据不完整、国别排放因子缺失、各领域清单协调不足的挑战，特别是正面临历年清单重新计算的挑战。另外，也需要在清单编制组织机构完善、关键排放源分析、质量保证质量控制、不确定性分析、数据系统建设等通用领域加强工作。例如在能源领域，新指南体系需要更清晰地划定与工业过程、农业清单的边界，特别需要在非能源利用环节做更多的工作。

（二）完整性和准确性进一步提升的影响

《2019 年清单指南精细化》在清单完整性方面有明显进步，观察新增排放源可以发现，完整性方面的进展对我国排放量的影响都会超过对其他任何国家的影响。我国作为最大的煤炭生产消费国、第二大石油消费国、煤化工大国，天然气生产/进口量/消费增长快速，能源生产加工输配等各个环节的温室气体逃逸排放量也不是个小数字。虽然这部分新增排放量在我国巨大的排放量面前算不上什么，但可能是一个中小国家的所有排放量。又如，我国拥有一大批大型水库与水电站，随着《2019 清单指南精细化》的发布，此类水淹地的温室气体排放量必将逐步纳入国家清单体系。

初步计算表明，排放量影响最大的部门是能源活动部门。针对我国能源活动逃逸排放清单中缺失的环节，按照《2019 清单指南精细化》提供的缺省排放因子，简单计算可以发现，此次增补对我国排放量的影响至少在千万吨以上，仅井工开采 CO_2 排放一项就将增加 4000 万吨排放量。其他部门的影响要小一些，例如新增的稀土生产过程排放对我国的影响不超过 10 万吨二氧化碳当量。

从另一个角度看，清单完整性的提高也有十分利于我国各行各业的精细化管理和高质量发展。

（三）有利于我国应对气候变化事业与其他工作的协同推进

在农林业方面的体现十分明显。例如，我国农业生产每年产生大量作物秸秆，但因利用不当，一大部分秸秆被焚烧，不仅造成环境污染、增加温室气体的排放，而且还造成土壤肥力下降。《2019 清单指南精细化》新增生物质炭添加到草地和农田有机碳储量年变化量的核算方法，有利于推动我国农田增产、温室气体控制和污染物减排的协同管理。又如，目前我国林业清单评估主要采用排放因子法，但未考虑人为活动（如采伐）和自然干扰（如火灾和病虫害）对生长和死亡的影响，也未考虑气候变化的影响。因此，现阶段难以在清单编制中区分和量化人为活动和自然干扰对温室气体排放/清除的影响。《2019 清单指南精细化》的发布，将推动我国区分并量化人类活动和自然干扰对温室气体排放/清除影响，增强森林保育和减碳增汇的协同作用。此外，在动物粪便管理方面，用不同废弃物管理下挥发性固体含量为基础计算 CH_4 排放因子替代动物头数为基础的排放因子，区别不同粪便管理方式的减排贡献，有利于推动低排放管理方式的推广应用。

（四）有利于提高我国温室气体排放空间化建设和定量反演能力

2016 年中国自主碳卫星（TanSat）在酒泉卫星发射基地成功发射升空并在轨运行，继日本 GOSAT 和美国 OCO – 2 后，成为国际上第 3 颗具有高精度温室气体探测能力的卫星。IPCC 将浓度观测作为源清单核算的重要验证手段纳入《2019 清单指南精细化》，有利于我国进一步认识该方法的重要性，提升空间化建设和定量反演能力的战略意义。

四 对策建议

（一）转轨有足够的时间，提前准备从容应对

全面转轨的时间节点是 2024 年。从指南本身看，即使是统一框架，相关规则和方法论也具有一定的灵活性，能够给予发展中国家能力建设的时间和机会；从能力上看，我国完全具备了紧随最新指南的能力；从目前的形势看，《1996 清单指南》系列已处于淘汰之列，相当一部分发展中国家已经开始使用《2006 清单指南》及其增补件。在我国系列国家清单中，各个部门

的清单编制虽然都遵《1996 清单指南》系列，但也都参考了《2006 清单指南》，因此将未来清单编制完全转向新指南的工作并不困难，甚至比一些应用旧指南已多年的发达国家更容易一些。建议在下一步国家清单编制过程中，尽可能全面使用《2006 清单指南》系列，为 2020 年后协定的实施奠定基础。

（二）完善工作机制，建立自有资金渠道

目前我国的国家清单依然处于"国际社会有支持就提交、支持不到位就不提交"的状态，影响到清单编制工作的常态化和清单队伍的稳定性建设。一是与国内低碳建设的形势不吻合，二是不利于建立稳定的数据渠道和部门合作机制，三是不利于对中国排放数据进行及时的排异矫正。在协定框架下，我国自主递交序列国家清单的压力越来越大，亟须提前部署，发展自有资金渠道，建立稳定的数据流通渠道，逐步改变目前的"一事一议"、拿调研函奔走各部委收集数据的状态。

（三）充分重视油气系统和燃料转换逃逸排放清单的编制

煤炭开采的温室气体排放一直是我国清单的关键排放源，也是目前工作的重点之一。与此相反，在不完全估算的情况下，油气系统逃逸排放不是我国清单的关键排放源，因此此项清单编制花费的人力物力并不多。但我国油气企业对相关测试和统计数据严格保密，很难收集到公开并且能够上升为国家参数的排放特征数据，因此更多地借鉴了发达国家的基础数据，核算方法层级不高，准确性方面欠缺。如果应用新产品，我国油气逃逸排放数据可能有较大增长，再考虑到未来油气消费的增长趋势，这个领域有可能一跃成为关键排放源。此外，这个领域的排放以 CH_4 为主，正是控制非 CO_2 温室气体排放的国际热点领域，也是我国协同减排的关键环节之一。因此有必要与"三桶油"建立稳定的合作机制，编制完整性和准确性都经得起推敲的清单。

我国有规模巨大的燃料转换行业，例如焦炭生产、煤制油、煤制气生

产，这些环节的逃逸排放将第一次纳入清单计算中，我国对其应给予充分重视，提前与大企业合作获得有价值的国别信息和数据。

（四）充分利用各种数据渠道充实并公开国别数据库

《2006 年清单指南》以及此次清单指南精细化特别强调，提供能够反映国情的国别排放因子的应用数据以及背后的科学文献支持。例如，最引人注目的煤炭热值和含碳量数据的本地化工作已经得到长足进展，但石油和天然气的工作依然不到位。另外还有个别参数对清单编制非常关键，更需要翔实资料和本地数据的支持。例如，煤炭的碳氧化率问题。考虑到技术水平参差不齐，我国多采用低于 100% 的氧化率数据，有些设备的氧化率数据甚至低于 90%。这些数据多来自内部测试资料，并无公开透明的文献支持。

覆盖面广、运行良好的碳交易市场能为编制各级清单提供最有力的支持。欧盟碳市场就起到了这样的作用。我国试点碳市场已经运行多年，全国碳市场建设也已经启动，但覆盖面窄，进展慢于预期。应继续大力推动碳市场建设和运行，不断扩大覆盖面，从企业碳核查的角度为国家数据库提供支撑。此外，我国省级、市级温室气体清单编制也积累了丰富的材料，十分有利于国家参数的丰富，建议能与国家清单建立更加全面稳固的互助关系。

G.23

IPCC《气候变化中的海洋和冰冻圈》
特别报告解读*

王朋岭　巢清尘　黄磊　袁佳双　陈超**

摘　要： 2019年10月，政府间气候变化专门委员会（IPCC）发布
《气候变化中的海洋和冰冻圈》特别报告。报告决策者摘要
主要包括"观测到的变化和影响""预估的未来变化与风险"
"应对海洋和冰冻圈变化措施选择"三大部分。该报告全面
评估了气候变化背景下海洋和冰冻圈相关的现有科学认知，
受到国际社会的广泛关注。本文重点介绍了IPCC《气候变化
中的海洋和冰冻圈》特别报告的编制背景、核心结论，并对
报告中涉及的有关问题进行了分析和评价，最后提出了相关
建议。

关键词： 气候变化　海洋　冰冻圈　影响　风险

作为评估气候变化相关科学的政府组织，政府间气候变化专门委员会

---

* 本文得到国家重点研发计划项目（2018YFC1509001）、中国清洁发展机制基金赠款项目
（2014097）和中国气象局气候变化专项（CCSF201905）资助。
** 王朋岭，博士，国家气候中心气候变化室高级工程师，研究领域为气候变化与区域环境演变；
巢清尘，国家气候中心副主任、研究员，研究领域为气候变化诊断分析及政策；黄磊，博士，
国家气候中心气候变化室副主任、副研究员，研究领域为气候变化研究；袁佳双，中国气象
局科技与气候变化司副司长，博士，研究领域为气候变化科技管理与政策研究；陈超，中国
气象局科技与气候变化司主任科员，研究领域为气候变化科技管理。

（IPCC）于 2016 年决定在其第六次评估周期内编写三份特别报告：《全球1.5℃增暖》（2018 年 10 月发布）、《气候变化与土地》（2019 年 8 月发布）和《气候变化中的海洋和冰冻圈》。2019 年 9 月 24 日，经过各国政府代表的激烈辩论，IPCC 第 51 次全会在延时 20 个小时后最终逐行审议通过了《气候变化中的海洋和冰冻圈》特别报告的决策者摘要（SPM），并接受了底报告全文。这是 IPCC 在过去一年中发布的第三份特别评估报告，报告全面评估了气候变化中的海洋和冰冻圈相关的现有科学认知，将为国际社会合作应对气候变化和全球生态文明建设提供关键的科学信息。

一 《气候变化中的海洋和冰冻圈》特别报告编制背景

2015 年政府间气候变化专门委员会（IPCC）进入第六次评估周期。2016 年 4 月，在肯尼亚内罗毕召开的 IPCC 第 43 次全会上决定，在第六次评估周期内编写一份关于气候变化、海洋和冰冻圈的特别报告，并计划于2019 年完成报告的编制工作。2016 年 12 月，IPCC 在摩纳哥组织了《气候变化中的海洋和冰冻圈》特别报告规划的会议，拟定了报告编写大纲草案，并于 2017 年 3 月在 IPCC 第 45 次全会上审议通过大纲。①《气候变化中的海洋和冰冻圈》特别报告主要由六章组成，包括：框架与背景，高山区，极区，海平面上升及对低洼岛屿、沿海地区和社区的影响，变化的海洋、海洋生态系统和相关社区，极端事件、突变和管理，此外还含有一个跨章节的综合文框：低海拔岛屿和海岸。

经过两年半的努力，《气候变化中的海洋和冰冻圈》特别报告在 IPCC第一工作组和第二工作组的联合领导下编写完成，并经过了两轮政府/专家评审，其间还得到第二工作组技术支持小组（TSU）的支持。

2019 年 9 月 20～24 日，在摩纳哥召开的 IPCC 第 51 次全会逐行审议通

---

① IPCC：Sixth Assessment Report（AR6）Products – Outline of the Special Report on Climate Change and Oceans and the Cryosphere，2017.

过了《气候变化中的海洋和冰冻圈》特别报告决策者摘要（SPM），[①]并接受了底报告全文。该报告承接 IPCC《全球 1.5℃ 增暖》和《气候变化与土地》报告及政府间科学政策平台《生物多样性和生态系统服务全球评估报告》，全面评估气候变化背景下海洋和冰冻圈物理变化及其造成的广泛影响与风险，为全球共同应对气候变化和实现高山区与极区、沿岸地区与海洋可持续发展提供科学依据。该份特别报告于 2019 年 9 月 25 日正式发布后引起了国际社会的广泛关注。

《气候变化中的海洋和冰冻圈》特别报告由来自 36 个国家的 104 位作者和编审编写完成，其中主要作者协调人 14 名，主要作者 74 名，评审编辑 16 名，中国共有 5 位专家入选作者团队。整个报告中参考引用了 6981 份文献，在评审过程中收到了来自欧盟和 80 个国家的 31176 条修改意见。

二 《气候变化中的海洋和冰冻圈》特别 报告的核心结论

《气候变化中的海洋和冰冻圈》特别报告决策者摘要分为引言和三部分正文，分别为"观测到的变化和影响""预估的未来变化与风险""应对海洋和冰冻圈变化的措施选择"。

（一）观测到的变化和影响

报告指出，过去几十年间，全球变暖已引发冰冻圈的普遍退缩：极地冰盖和山地冰川发生物质亏损；1967～2018 年，北极地区 6 月积雪面积平均每十年减少 13.4%±5.4%；多年冻土温度已上升至创纪录的水平；1978～2018 年，北极 9 月海冰范围平均每十年减少 12.8%±2.3%。冰冻圈及相关水文变化已影响到高山区和极地的陆地与淡水生物和生态系统，导致许多物种的季

[①] IPCC. Summary for Policymakers. In：IPCC Special Report on the Ocean and Cryosphere in a Changing Climate，2019.

节性活动发生改变,一些耐寒或依赖雪的物种数量减少、灭绝风险增加,部分苔原带和北方高纬森林生产力下降。20世纪中叶以来,北极和高山区冰冻圈退缩对食品安全、水资源、水质、生计、健康福祉、基础设施、运输、旅游娱乐、文化等的影响以消极影响为主,土著人口所受消极影响尤为显著。

20世纪70年代以来,全球海洋持续增暖。1982~2016年,海洋热浪频率倍增,强度更为强烈。同时,海洋酸化更为严重,上层海洋贫氧区扩大。20世纪50年代以来,海洋增暖、海冰消融和生物地球化学变化已导致海洋物种分布范围和季节活动变化,并对生态系统结构和功能产生影响,如海洋变暖导致最大捕捞潜力总体下降,加剧一些鱼类种群被过度捕捞的影响。气候变暖引起的鱼类和贝类种群分布和丰度变化对依赖渔业的土著人口和当地社区产生负面影响,有害藻华范围和频率增加已影响到粮食安全、旅游业发展、当地经济建设和人类健康。

全球平均海平面加速上升。2006~2015年,全球平均海平面每年上升3.6毫米,为1901~1990年上升速率的2.5倍;且冰盖和冰川已超过海水热膨胀成为海平面上升的首要贡献源。1985~2018年,南大西洋和北大西洋极端波高增加引发极端海平面、海岸侵蚀和洪水。

海平面上升、海洋变暖、海洋热浪加剧、海洋酸化、海洋贫氧、咸水入侵及人类活动影响沿海生态系统,生境收缩,相关物种出现地理迁移,生物多样性和生态系统功能丧失,20世纪70年代末以来低纬海草草甸和海藻林范围缩小;20世纪60年代以来大规模红树林死亡。1997年以来,越来越频繁的海洋热浪引发大规模的珊瑚白化事件,导致全球珊瑚礁发生退化。沿海社区面临热带气旋、极端海平面和洪水、海洋热浪、海冰消融和多年冻土融化等多种气候相关的灾害。

(二)预估的未来变化与风险

报告认为,预计21世纪近期(2031~2050年),全球冰川物质亏损、多年冻土融化、积雪面积和北极海冰范围减小仍将持续,并不可避免地影响河流径流,并带来许多局地灾害。预计在高排放情境下,大部分小冰川发育

地区到 2100 年将失去 80% 以上的冰量。预计，格陵兰冰盖和南极冰盖在整个 21 世纪及以后将加速消融。高排放情境下，冰冻圈变化的速率和幅度在 21 世纪后半叶将进一步增大，而未来几十年强力减排将减小 2050 年后冰冻圈的变化。

未来陆地冰冻圈变化将继续改变高山区和极区的陆地与淡水生态系统，高山物种特别是冰川或雪依赖物种的种群减少，预计北极陆地独特的生物多样性将减小。预计未来陆地冰冻圈变化将影响水资源及其利用，如高山区下游的水电和灌溉农业；洪水、雪崩、滑坡、多年冻土融陷等灾害的未来变化，预计高山区和北极地区基础设施、文化、旅游和娱乐资源面临的风险将增加。

预计整个 21 世纪，海洋将继续变暖，并转向前所未有的状态，海洋层化增强，海洋持续碳吸收加速海洋酸化，净初级生产力下降。预计海洋热浪的频率、持续时间和强度均进一步增加；预计相对于 1850～1900 年，在 RCP8.5 和 RCP2.6 情景下，2010～2081 年海洋热浪频率将分别增加 50 倍和 20 倍。预计极端厄尔尼诺和拉尼娜事件发生频率将增加，北大西洋经向翻转环流（AMOC）将减弱，但崩溃的可能性较小。在低排放情景下，上述海洋未来变化的速率和幅度将相对减小。

未来海洋变暖和净初级生产力变化将导致海洋动物群落的全球生物量、繁殖力和渔业捕捞潜力下降，群落结构发生变化。变暖和海冰变化预计将使北极和南极周围的海洋净初级生产力增加；海底和冷水珊瑚生态系统的底栖生物量预计将下降，南极磷虾的栖息地将向南收缩，海洋变暖、氧损耗、酸化等灾害预计会损害冷水珊瑚栖息地。未来鱼类分布及其丰度变化和捕捞潜力的下降将影响海洋资源依赖型社区的收入、生计和粮食安全。气候变化对海洋生态系统及其服务的影响主要危及生命和生计的文化层面，包括文化和地方土著知识可能面临迅速的和不可逆转的丧失。

预计海平面将继续加速上升：RCP2.6 情景下，2100 年全球平均海平面上升速率为每年 4 毫米；而在 RCP8.5 情景下，上升速率达到每年 15 毫米，并在 22 世纪超过每年几厘米的速度。相比 IPCC 第五次评估报告预估结果，

RCP8.5 情景下，由于预估的南极冰盖损失增加，2100 年全球平均海平面上升预估值高出 0.1 米。预计到 2050 年，在许多地区极端海平面事件将频繁发生，尤其是热带地区。高水位频率增加将会在许多地方产生严重影响。

预计到 2100 年，所有评估的沿海生态系统都将面临越来越高的风险水平，现有沿海湿地将损失 20%~90%。未来在海洋热浪加剧情况下，预计温带地区的海藻林将继续减少。即使全球温升限制在 1.5℃，几乎所有暖水珊瑚礁都将遭受面积上的重大损失和局地灭绝的危机，残存珊瑚礁群落的物种组成和多样性预计也将发生改变。平均和极端海平面上升、海洋变暖和酸化预计将会加剧低洼沿海社区的风险。在高排放情景下，预计 2100 年之前珊瑚礁环境、城市环礁岛和北极低洼地区的脆弱社区将面临海平面上升的高风险，一些小岛屿国家或地区因与气候相关的冰冻圈和海洋变化将变得不适宜居住。

（三）应对海洋和冰冻圈变化的措施选择

报告认为，当前应对海洋和冰冻圈影响的治理工作面临诸多挑战。海洋和冰冻圈变化及其社会影响的时间尺度比治理安排的时间跨度长，时间尺度上的差异挑战了社会准备和响应长期变化的能力。海洋和冰冻圈治理安排受到行政界的挑战，缺乏应对系统性影响所需的跨部门和跨责任的综合响应。生态系统适应气候变化的障碍和限制大量存在，包括各种由非气候驱动因素、气候变化导致的生态系统适应能力和恢复率下降，技术、知识和财政支持的可获得性限制。受海洋和冰冻圈变化危害影响最大和最脆弱的人群，往往适应能力是最低的，特别是在面临发展挑战的低洼岛屿、沿海地区、极地和高山区。

支持海洋和冰冻圈相关生态系统提供的服务和选择的应对措施包括：保护区有助于维持生态系统服务功能，并支持基于生态系统的适应选择；陆地和海洋生境修复和生态系统管理工具可以在局地尺度上有效加强基于生态系统的适应能力；加强渔业管理等领域的预防措施将有利于区域经济发展和生计维持；恢复植被覆盖沿海生态系统，具有协同效益；海洋可再生能源可有

效支持、减缓气候变化；综合水管理方法可有效地应对高山区冰冻圈变化产生的影响，并充分利用变化带来的机遇。

沿海社区综合应对海平面上升措施选择包括：海平面上升越高，海岸保护面临挑战越大，主要由于经济、财政、社会等限制；一些沿海调适措施，如预警系统和建筑物防洪措施，往往既是低成本投入又具高成本效益；通过决策分析土地利用规划、公众参与等适当组合方法来缓解应对海平面上升及相关风险给社会带来的深刻治理挑战；数十年乃至一个世纪时间范围内的沿海决策，需考虑利益攸关方的风险承受能力，并定期调整决策。

紧迫和富有雄心的减排，以及协调一致、持续、更富雄心的适应行动，是实现气候韧性和可持续发展的关键所在。有效应对海洋和冰冻圈变化的保障条件包括：加强不同规模、规划范围的管理部门间的协调与合作，提升教育和气候素养，加强监测和预报，充分使用可获得的知识源、数据、信息和知识共享、财政支持，应对社会脆弱性和公平、制度支持；保障能力建设、社会学习、具体适应参与度、权衡谈判、实现降低短期风险和长期韧性建设及可持续发展共赢的投资等。

三　《气候变化中的海洋和冰冻圈》特别报告的分析与评价

《气候变化中的海洋和冰冻圈》报告是 IPCC 第六次评估周期内最后发布的特别评估报告，首次将关注点投向极地、高山冰冻圈和海洋领域。总体而言，报告结论是客观、科学和平衡的。

（一）气候变化对海洋和冰冻圈的影响史无前例

报告显示，1993 年以来，海洋增暖速率翻了一倍，2006～2015 年全球平均海平面上升速度是 1901～1990 年上升速度的两倍多。自 1982 年以来，海洋热浪的发生频率增加了一倍，强度也在增加；预计未来海洋热浪发生频率、持续时间、范围和强度将进一步增加。海洋快速增暖、酸化、氧气损失和营养供应变化已经干扰了整个海洋食物网中的物种，影响沿海地区的人口，以及近海、远海和海底的海洋生物分布和丰度，鱼类种群分布的变化已减少了全球捕捞量。北极海冰的范围在一年中的每个月份均在下降，并且也在变薄。冰川、雪、海冰和多年冻土正在减少，并导致山体滑坡、雪崩、落石和洪水事件发生的频率增加。随着山地冰川的消融退缩，它们还将改变下游地区的可用水资源量和水质，并对农业和水电等许多部门产生影响。高山冰冻圈的退缩对旅游、娱乐活动和文化资产都产生了不利影响。翔实的数据警示人们，海洋和冰冻圈都遭受了气候变暖的明显影响，并且其影响和风险还将加剧。

（二）亟须提高适应能力

全球约 6.7 亿人群居住在高山地区，约 6.8 亿人群居住在低洼沿海地区，其中小岛屿发展中国家和地区约有 6500 万人，其中约有 400 万人口长期生活在北极地区。地球上所有的人，无论是否居住在这些地区，也都依赖海洋与冰冻圈提供的各种功能。目前的适应能力远远不足以响应快速增暖的海洋和冰冻圈变化，有必要制定管理气候变化风险和增强韧性的战略和措施，加强适应方面的投资，有效保护和恢复生态系统，合理管理和使用自然资源，增强海洋和冰冻圈服务功能。这些措施中既包括修建和加固基础设施（如堤坝），也包括提高灾害风险预警和综合水资源管理能力，以及相应的教育、意识提高等软措施。

（三）需要进一步加强全球经济社会的转型

海洋覆盖了超过 70% 的地球表面，是全球最大的碳汇，海洋还是全球气候系统的重要调节器。南、北极和高海拔山区是全球变暖速度最快的地区。即使温室气体排放骤减且将全球温升限制在远低于 2℃，2100 年全球平均海平面仍可能上升 30~60 厘米，若温室气体排放持续强劲增长，则可能达到 60~110 厘米。不论额外温升几摄氏度，至 21 世纪中叶，许多地区过去百年一遇的极端海平面事件都将每年发生一次，许多低洼沿海城市和小岛

屿面临的风险将加剧。北极和北半球高纬地区多年冻土保有大量有机碳，约为大气中碳量的两倍，如果它们融化，则有可能显著增加大气中温室气体的浓度，并加剧气候系统的增暖。这就需要所有国家进一步加强应对气候变化的行动，特别是发达国家要在 2020 年前带头致力于制订更具雄心的减排计划。

四　相关思考

（一）应高度重视报告所传递的信息，强化应对气候变化紧迫性认识

目前 IPCC 已完成了其第六次评估周期内三份特别报告和一份方法学报告的发布。已经发布的三份报告共汇聚了全球几十个国家中 300 多位专家的参与，各国对报告决策者摘要提出的评审意见就达 30000 余条。报告的核心结论都经过了全会逐行审议通过，代表着国际科学界的主流共识。社会各界应充分利用这一资源，并以之引导和推动我国科技界创新发展。同时借鉴 IPCC 系列评估成果，吸纳有益因素，使之服务于我国十九大提出的"分两步走，在 21 世纪中叶建成富强民主文明和谐美丽的社会主义现代化强国"和"引导应对气候变化国际合作，成为全球生态文明建设的重要参与者、贡献者、引领者"，全面促进我国社会经济高质量和可持续发展。

（二）我国冰冻圈发育区和沿海地区受气候变化明显，需要进一步加强适应能力建设

20 世纪 50 年代末以来，我国天山乌鲁木齐河源 1 号冰川消融速度加快，2018 年 1 号冰川处于物质高亏损状态；1994～2018 年，乌源 1 号冰川东、西支平均退缩速率分别为每年 4.7 米和每年 5.7 米。1981～2018 年，青藏公路沿线多年冻土退化明显，多年冻土区活动层厚度呈明显增加趋势；2018 年青藏公路沿线多年冻土区平均活动层厚度达 245 厘米，为 1981 年以来的最大值。冰川消融导致冰川灾害的风险加大，多地发生冰崩事件，形成

巨型堰塞湖。1980~2018年我国沿海海平面上升速率为每年3.3毫米，高于同期全球平均水平，风暴潮、强台风频发对沿海地区造成了极大危害。我国急需完善相应的监测预警和评估体系，强化气候变化风险管理体系，防范冰冻圈消融带来的自然灾害以及沿海海平面上升和台风、风暴潮复合灾害风险。

（三）瞄准国际气候变化科学前沿，全方位提升我国应对气候变化的科技支撑能力和国际话语权

近年来，我国科学界在气候变化自然科学领域中的研究取得了快速发展，获得了一大批高质量的科技研发成果，培养了一大批中青年科技骨干，得到了国际科学界的普遍认同。在《气候变化中的海洋和冰冻圈》特别报告撰写中，我国共有5位专家担任主要作者，占全体作者总人数的4.8%。中国文献的引用多涉及我国青藏高原冰冻圈主要要素变化、海洋变化诊断分析、海洋碳库等方面，在海洋和冰冻圈服务功能方面的文章相对较少。我国正在积极推动三极环境与气候变化国际大科学计划建设，筹建世界气象组织的第三极区域气候中心。为完成一系列建设，我国需要进一步加强相关的组织力度，推进工作进展，在科学领域获得更多高质量成果。

G.24
IPCC《气候变化与土地》特别报告解读*

王长科 黄磊 巢清尘**

摘　要： IPCC《气候变化与土地》就气候变化减缓与适应、荒漠化、
土地退化、土地利用和可持续土地管理、粮食安全及陆地生
态系统温室气体通量等内容进行了科学评估，基本反映了第
五次评估报告以来的最新进展。报告中争议较大的科学问题
有粮食系统温室气体排放、生物能源、陆地温室气体排放量
估算等。本文详细介绍了IPCC《气候变化与土地》特别评估
报告的编写背景、主要结论，并对报告涉及的相关问题进行
了分析和评价，提出了相关建议。

关键词： 气候变化　荒漠化　土地退化　粮食安全

　　2015年政府间气候变化专门委员会（IPCC）正式启动了第六次评估周
期，该次评估工作将于2022年全部完成。周期内计划编写《全球1.5摄氏
度增暖》、《气候变化中的海洋和冰冻圈》和《气候变化与土地》3个特别
报告。2019年8月2~6日，IPCC第50次全会在瑞士日内瓦世界气象组织
（WMO）总部召开的全会上逐行审议通过报告决策者摘要，并接受了底报告

---

　* 本文得到国家重点研发计划项目（2018YFC1509001）和中国清洁发展机制基金赠款项目
　　（2014097）的资助。
　** 王长科，博士，国家气候中心高工，研究领域为温室气体与气候变化；黄磊，博士，国家气
　　候中心气候变化室副主任、副研究员，研究领域为气候变化研究；巢清尘，国家气候中心副
　　主任、研究员，研究领域为气候变化诊断分析及政策。

全文。其中，《气候变化与土地》特别报告的结论具有较强的政策导向性，与执行《联合国气候变化框架公约》和落实《巴黎协定》的谈判进程密切相关，将对全球气候治理和各国应对气候变化行动产生重要影响。

一 《气候变化与土地》特别报告编写背景

2016 年 4 月，政府间气候变化专门委员会（IPCC）第 43 次全会决定 IPCC 在第六次评估周期编写一份关于气候变化、荒漠化、土地退化、可持续土地管理、粮食安全和陆地生态系统温室气体通量的特别评估报告（简称《气候变化与土地》特别报告）。2017 年 2 月，在爱尔兰都柏林举行了《气候变化与土地》特别报告的专家规划会议，拟定了报告编写大纲草案。2017 年 3 月 IPCC 第 45 次全会上审议通过了《气候变化与土地》特别报告的编写大纲。经过两年多的努力，在 IPCC 第一、第二、第三工作组和国家温室气体清单工作组的联合科学领导下，IPCC 组织完成了《气候变化与土地》特别报告的编写工作，并通过了两轮政府和专家评审。

《气候变化与土地》是自 2000 年 IPCC 发布《土地利用、土地利用变化和林业》特别报告之后第一个以土地为中心的特别评估报告，也是 IPCC 第六次评估周期的关键一环。《气候变化与土地》报告将探讨气候变化与土地之间的反馈问题，讨论各个领域之间的联系和相互作用，以综合的方式识别和评估与土地有关的挑战和应对方案，以使报告的所有章节都具有政策意义，为协同应对气候变化和可持续土地管理提供科学依据。

《气候变化与土地》由来自 52 个国家的 107 位专家编写，其中主要作者协调人 15 名，主要作者 71 名，评审编辑 21 名。[1] 另外还有贡献作者 96 名。报告共参考了 28275 条专家和政府的评审意见。

---

[1] IPCC. Climate Change and Land: An IPCC Special Report on Climate Change, Desertification, Land Degradation, Sustainable Land Management, Food Security, and Greenhouse Gas Fluxes in Terrestrial Ecosystems. 2019.

二 《气候变化与土地》特别报告的核心结论

（一）土地作为关键资源对气候系统起着重要的调节作用

报告认为，土地是人类维持生计和创造福祉的重要基础，人类活动直接影响了全球无冰覆盖土地面积的 70% 以上，其中大约 25% 的土地已经出现退化。

全球陆地表面气温的上升速度几乎是全球地表平均升温速度的两倍，2006～2015 年全球陆地表面气温相比工业化前已上升了 1.53℃。

土地既是大气温室气体的源，又是重要的汇。目前，农业、林业和其他土地利用（AFOLU）的温室气体排放分别占到全球人为二氧化碳排放的 13%、甲烷排放的 44%、氧化亚氮排放的 82%，AFOLU 的总排放占人为温室气体总排放的 23%。同时，自然土地过程吸收的二氧化碳则相当于化石燃料和工业二氧化碳排放的 1/3。

全球模型估算的全球土地碳排放量为 $5.2 \pm 2.6 GtCO_2 e\ yr^{-1}$，而国家温室气体清单方法估算的全球土地碳排放量为 $0.1 \pm 1 GtCO_2 e\ yr^{-1}$，存在几十倍的差异，并且都存在较大范围的不确定性。

（二）未来气候变化对土地的影响将不断增加，一些部门和区域将可能面临更高的或者之前未曾经历的风险

报告指出，如果全球升温 1.5℃，旱地缺水、野火事件、永冻土退化和粮食供应不稳定的风险都将处于高水平阶段；全球升温 2℃ 时，永冻土退化和粮食供应不稳定的风险会非常高；全球升温 3℃ 时，植被破坏、野火事件和旱地缺水的风险将非常高。当升温幅度从 1.5℃ 上升到 3℃ 时，干旱、热浪和栖息地退化的风险将同时升高。

报告强调，亚洲和非洲是未来沙漠化脆弱人口最多的地区，野火对非洲南部和中亚的影响可能会越来越大。热带和亚热带地区作物产量将最有可能

下降。由于海平面上升和更强台风的联合作用而导致的土地退化将危及易受台风影响地区人民的生活。

（三）全球粮食系统排放占人为温室气体总排放的1/3左右，未来粮食系统的减排潜力较大

报告认为，全球粮食系统排放占人为温室气体净排放的21%～37%，其中粮食生产环节的排放占16%～27%，来自运输、包装、加工以及损失和浪费的排放占5%～10%。报告指出，全球生产的粮食中有25%～30%被损失和浪费，有效减少粮食损失和浪费可以减少温室气体排放，保障粮食安全。

报告表明气候变化正在影响粮食安全四大支柱，即可用性（产量和生产）、粮食获取（包括粮食价格在内的获取粮食的能力）、粮食利用（营养质量和烹饪）以及稳定性（粮食生产和获取所受到的干扰）。未来气候变化将日益影响粮食安全，随着极端天气气候事件强度和频率的增加，未来粮食供应的稳定性将下降。在人口多、收入低和技术进步慢的社会经济发展情况下，全球升温1.3～1.7℃时粮食安全风险将从中等风险变为高风险；全球升温2.0～2.7℃时粮食安全将从高风险升到极高风险。

在整个粮食系统部署和实施应对气候变化方案将有助于适应和减缓。预计到2050年，农作物和牲畜业的技术减排潜力为2.3～9.6$GtCO_2e$ yr^{-1}，饮食结构改变的技术减排潜力为0.7～8$GtCO_2e$ yr^{-1}。

（四）应对气候变化需要尽早行动，多种应对措施的协调和整合至关重要

报告指出，加强土地管理、建立灾害早期预警系统、风险分担和转移措施等是适应气候变化的良好方式。近期采取的措施包括加强技术转让和资金支持，实施灾害早期预警系统进行风险管理等。

许多土地管理措施，例如改善农田和放牧地管理、实施可持续的森林管理、增加土壤有机碳含量等，不需要改变土地利用方式，也不会产生更多的土地转换需求。此外，诸如提高粮食生产力、改变饮食消费结构和减少粮食

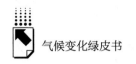
损失和浪费等也将减少对土地转换的需求，腾出更多土地为加强执行其他措施创造机会。

减少土地竞争的应对方案是可行的，而且适用于从农场到区域的不同规模。报告强调了通过应对气候变化的协调行动可以同时改善土地、粮食安全和营养问题，有助于消除贫困。减少不平等、提高收入和确保公平获取粮食的行动可以使一些土地无法提供足够的粮食的地区摆脱不利处境。

报告还提出加强泥炭地、湿地、红树林和森林等高碳生态系统的保护，支持可持续土地管理，确保为弱势群体提供粮食，将碳固定在地下的同时减少温室气体排放的政策也非常重要。

报告强调，从长期来看，通过可持续的土地利用、森林管理，减少过度消费和食物浪费，减少毁林的做法既可以有效降低温室气体排放，也有助于解决与土地相关的气候变化问题。还需要尽早采取行动，否则在进一步强化温控目标下，如大规模开发生物能源将占用更多的土地，对粮食安全、水资源和陆地生态系统都将产生不利影响。

三　《气候变化与土地》特别报告的分析与评价

《气候变化与土地》报告是国际上首份涵盖了联合国气候变化公约、生物多样性公约和防治荒漠化公约任务的报告，是首份由 IPCC 三个工作组和清单工作组共同合作完成的报告，还是首份系统聚焦粮食系统的报告。参加报告编写的发展中国家作者人数也首次超过了发达国家作者人数，报告内容覆盖多个学科，提供了上至全球下至农户的信息，也为未来多个国际机构和国际组织的进一步合作奠定了基础。

（一）报告全面阐述了土地在气候系统中的重要作用

总体而言，《气候变化与土地》报告比较全面客观地评估了气候变化对土地的影响以及土地利用变化对气候系统的反馈作用。报告强调了土地作为关键资源在气候系统中发挥的重要调节作用，预估了土地和粮食系统面临的未来风险，指出可持续的土地管理有助于应对气候变化，减少土地和粮食系统的脆弱性，增强对影响粮食系统的极端事件的抵御能力，建立更有恢复力的粮食系统。

报告指出，土地退化加剧气候变化，土地领域肩负着适应和减缓气候变化的双重重担，土地退化将影响气候系统的变化，而气候变化反过来又会以各种方式加剧土地退化和荒漠化，气候变化造成的极端灾害发生频率越来越高，给土地退化和粮食安全带来诸多挑战。未来人口增长、经济发展、消费升级将对土地形成更大需求，引发一系列的气候风险。

报告还深入分析了农业、林业和其他土地利用造成的温室气体排放，以及土地自然过程吸收二氧化碳所带来的抵消作用。

（二）报告传递出可持续的土地管理对落实《巴黎协定》的重要性，其中一些措施既有协同作用，也存在取舍

报告指出，可持续土地管理有助于应对气候变化。可持续土地管理措施包括森林和其他生态系统保护、有机农业、精准农业、放牧地管理、病虫害综合治理、雨水收集等，这些措施在气候变化适应和减缓上都可以发挥重要作用，将对今年陆续召开的联合国防治荒漠化公约大会、气候变化首脑峰会以及联合国气候变化框架公约大会的谈判提供重要科学依据。因此，基于不同国情和自然环境条件，科学合理地采用相应的措施是非常必要的。

报告还指出，如果将全球温升控制在安全水平，虽然生物能源可为减缓气候变化做出重要贡献，但在全球数百万平方公里范围内大规模使用土地，也会增加荒漠化、土地退化，给粮食安全和可持续发展带来风险。如果要实现将全球升温控制在远低于2℃（力争1.5℃）的目标，关键要减少所有行业的温室气体排放。除降低能源、交通、工业等部门的温室气体排放外，还需转变土地利用方式，从而有效降低温室气体排放，避免未来生物能源占用更多的土地。关于生物能源利用问题在大会审议中经历了长时间的讨论，认为这一措施有着利弊共存性。尽管生物能源可以减少温室气体排放，但需大规模部署，即使利用残留物和有机废物作为生物能源的原料可以减轻与生物能源利用有关的土地利用变化的压力，但消除残留在土壤上的残留物的过程

也可能导致土壤退化。因此，基于不同国情、环境条件科学合理采取相应措施是非常必要的。

（三）提出了土地领域尚存的研究差距，要进一步加强科学研究

报告中的一些结论也提出需要进一步加强科学研究的挑战。国家温室气体清单方法和全球模型方法两种方法估算的全球土地碳排放量存在近百倍的差异，并且各自估算方法也存在不小的不确定性范围。这反映了两种方法在对管理的森林估计所界定的范围存在不同，全球模型将需要收割的土地视为管理的森林，而国家温室气体清单方法对管理的森林定义更为宽泛。同时清单方法认为土地对人类引起环境变化的自然响应属于人为排放，而全球模型方法则将这种响应归为非人为的一部分，也反映出土地排放估算本身也存在不确定性。

报告在对粮食系统全生命周期过程中温室气体排放上，考虑了粮食生产过程以及生产前和生产后所带来的排放。其中粮食生产的排放占人为排放的16%～27%，而来自运输、包装、加工以及浪费的排放占了人为排放的5%～10%，上述占比的不确定性来源粮食系统不同品种的多样化以及区域差异性，后者还包括不同国家在技术、能力的欠缺。

另外，基于遥感测量和地面基站测量的大气浓度反演温室气体排放量对验证传统自下而上清单结果的方法越来越重要。但在卫星和地面观测相互配合监测和估算温室气体排放这个亟待解决的科学问题上也存在研究差距。

（四）报告对一些科学上争议比较大的问题的论述不够全面和具体

美国、澳大利亚、芬兰、德国等国家建议明确农业、林业和其他土地利用（AFOLU）排放的概念和分类，以及每种类型排放的准确数值及不确定性范围等。认为目前报告对 AFOLU 排放的表述较为混乱，对 AFOLU 排放的概念和类型描述不清晰，建议厘清是净排放还是总排放、是分类型排放（农业、林业排放等）还是分种类排放（二氧化碳、甲烷、氧化亚氮排放等）、每种类型排放的准确数值是多少、不确定性范围是多大等。

关于生物能源等方面内容的评估，美国认为缺少有关澄清导致各国将生物能源排放量视为零的计算问题。认为在不进行生命周期评估分析的前提下，在计算生物能源排放时，将一个特定国家生物能源排放量视为零是不合理的。同时，可用于生物能源的土地面积是十分重要的数字，科学界对此有激烈的争论。荷兰认为，生物能源和生物能源与碳捕获和储存（BECCS）二者分别存在对粮食安全和生物多样性不造成风险的不可能性。同时，该报告低估了生物能源作物和森林空间与肉类密集型和浪费型消费之间的权衡，说明性情景使这种情况变得非常清楚。

德国认为生物碳虽然具有很多优点和减缓潜力，但它也有局限性。局限性主要体现在生物量的可获得性和粮食安全带来的潜在风险性，尤其是在扩大规模时更明显；对其长期稳定性的了解仍然有限；适当生产和应用对管理的要求，等等。Woolf 等曾指出通过利用可用的生物量和土地资源，可以在不影响粮食安全和自然系统的情况下，通过生物炭完成重大的减缓行动。[①]

四　相关思考与建议

（一）借鉴先进理念强化可持续土地管理

报告夯实了联合国正在推广的"基于自然的气候变化解决方案"的基础。就我国和广大发展中国家而言，加强土地领域的适应措施更为重要。基于生态系统的适应可以促进自然保护，同时减轻贫困，甚至通过去除温室气体和保护生计（如加强红树林保护）等措施产生共同利益。另外，目前我国在土地领域化肥使用量较大，它们会增加氮氧化物的排放，同时，随着未来消费的升级，粮食系统的温室气体排放会进一步增加。因此，加强可持续土地管理，提高相应技术措施和能力建设，将会积极地促进我国可

---

① Woolf, D., J. E. Amonette, F. A. Street-Perrott, J. Lehmann, & S. Joseph, 2010: Sustainable Biochar to Mitigate Global Climate Change. *Nat. Commun.*, 1, 56.

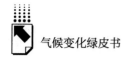

持续发展目标的实现。这份报告可以为在2019年9月的联合国气候变化首脑峰会，由中国和新西兰共同牵头的"基于自然的解决方案"领域工作讨论提供重要科学支撑。

（二）充分发挥土地的生态服务价值

生态系统服务是指人类从生态系统中获得的效益,[①] 包括供给服务（如供给粮食和水等）、调节服务（如调节洪涝、干旱、土地退化和疾病等）、支持服务（如土壤形成和养分循环等）和文化服务（如娱乐上、精神上、宗教上以及其他非物质方面的效益等）。报告提出全球生态系统服务的年经济价值相当于全球年国内生产总值。有效发挥生态系统的功能和价值，包括衍生的人文和景观价值，与我国提出的生态文明建设理念一脉相承。我国应该组织相关机构，了解学习国际上在生态服务功能方面的良好做法，充分应用在我国绿色GDP核算中，丰富我国提出的生态文明理念的内涵、体系、方法和实践，为引导全球生态文明建设贡献中国智慧。

（三）加强土地相关的关键科学问题研究

我国共有4位专家入选该报告的主要作者，占全球的3.7%，也有一定的中国文献被引用，体现了我国在该领域的科学进步。但也应该清醒认识到，我国对一些新概念、新热点领域的研究成果还不多，特别是在粮食系统全生命周期温室气体排放、卫星遥感数据在生态系统评估中的应用、生态系统功能与服务、生物地球化学循环机制等方面。我国应以国际气候变化科学评估为契机，瞄准国际前沿和关系国家利益的气候变化关键科学问题，集中力量进行攻关，进一步提高我国在国际气候变化科学界的话语权和影响力。

---

① Robert Costanza, et al., Changes in the Global Value of Ecosystem Services. *Global Environmental Change* 26 （2014） 152 - 158.

G.25

提升城市韧性的案例与经验：以北京
气象部门应对暴雨灾害为例

宋巧云　段欲晓　林陈贞*

摘　要：　城市韧性是衡量城市可持续发展能力的主要指标。气候变化
加大了极端天气气候事件的发生频率，城市气象部门在提升
极端灾害的预防预警、加强部门应急协调和联动能力、提升
公众科普宣传力度等方面都发挥着积极的作用。暴雨是中国
发生频率最高、灾害损失最大的常见极端天气，近年来中国
许多特大城市频繁遭受暴雨灾害的影响。本文以北京 2012 年
"7·21"暴雨、2016 年"7·20"暴雨为例，进行典型案例
分析，以气象部门为例，分析了城市应对暴雨灾害所采取的
主要措施及其效果。气象部门的主要举措包括：（1）提升气
象灾害预警准确率和提前量；（2）加强部门联动会商机制，
提升极端天气精细化应急能力；（3）提升气象信息服务能
力。北京作为特大城市之一，气象部门提升暴雨韧性的案例
对其他城市具有典型和借鉴意义。

关键词：　暴雨　城市韧性　气象预警　气候变化　极端事件

---

* 宋巧云，北京市气象局观测与预报处处长，研究领域为气象业务管理；段欲晓，北京市气象
局应急与减灾处处长，研究领域为气象业务管理；林陈贞，中国社会科学院大学研究生院，
2017 级硕士研究生，研究领域为韧性城市与适应气候变化。

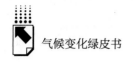

一　引言

北京市"十二五"规划指出"作为特大型城市，北京城市运行管理面临着越来越多的挑战"。《北京城市总体规划（2016～2035年)》明确提出要"坚持精细管理，更加重视消防、防洪、防涝、防震，增强城市韧性，让人民群众生活更安全、更放心"。快速增长的人口和物质财富，密集规划的建筑和交通，使得北京在极端气候灾害的侵袭下日益暴露出脆弱的一面。2012年北京市遭受7·21特大暴雨之后，城市管理者和社会公众从灾害应急管理到城市规划，从基础设施的历史欠账到城市居民的防灾意识，加强了多方面的反思，加强了政策规划和防灾减灾投资。近年来，北京市应对暴雨的能力取得了显著的成果。本文对比了2012年与2016年两次强度和雨量比较接近的强降雨过程，分析了北京市气象部门应对暴雨能力的变化并总结经验，为其他城市提供借鉴。

二　气候变化背景下的北京暴雨灾害风险

（一）北京市的暴雨风险评估

北京地区暴雨主要集中在每年7月～8月，暴雨过程更多地呈现局地性特征。在气候变化背景下，夏季降水结构发生变化，短持续性降水的降水总量逐步增多，暴雨极端天气显示出较明显的阵雨性。[①] 北京地区降水受多种天气系统、地形和城市热岛效应等因素的综合影响，呈现时空分布不均匀的特点。[②] 研究表明，强降水是北京市气候变化的主要风险因子，对于社会经

---

① 余运河、舒颖、刘家俊：《关于北京极端天气预报思路的探讨》2015年第32届中国气象学会年会，中国天津。

② 赵琳娜、王彬雁、白雪梅、李依瞳、杨瑞雯和李潇濛：《北京城市暴雨分型及短历时降雨重现期研究》2016年第33届中国气象学会年会，中国陕西西安。

济各部门会造成多种不利影响。[①] 例如，强降水事件发生频率增加，容易导致城市内涝和积水，引发泥石流、断电漏电等灾害事故，尤其是会给城市电力、交通、通信、供排水等城市生命线基础设施的正常运行带来潜在风险和压力。例如市政排水压力严重时会导致城区雨水排水系统瘫痪，对城市基础设施、居民生活生产造成严重的破坏和影响。

本文针对2012年、2016年雨量和强度非常接近的两次降雨过程进行了对比分析。

（二）2012年的7·21暴雨事件

2012年7月21～22日，北京市各个城区均遭受大暴雨到特大暴雨的袭击，持续的特大暴雨导致北京城区内涝，引发房山等区县的山洪，多处城区和郊区受灾严重，造成重大人员伤亡和财产损失，对城市正常运行和人民生命财产安全造成严重威胁。根据北京市气象局的分析，7·21暴雨降雨量分布与灾情分布基本一致，与历史气象灾害的分布也基本一致。根据北京市防汛抗旱指挥部办公室的统计，全市受灾人口160.2万人，紧急转移9.7万人；房山区80万人受灾，损失61亿元，转移人口6.5万人。因洪涝灾害造成的直接经济损失118.35亿元。

表1　2012年7·21暴雨灾害影响

	灾害影响
农林牧渔业	农作物受灾面积5.7万公顷，绝收面积0.48万公顷，直接经济损失26.1亿元。
工业交通业	直接经济损失20.98亿元，水利工程水毁直接经济损失30.75亿元。停产企业940家。降雨造成京原等铁路线路临时停运8条；5条运行地铁线路的12个站口因漏雨或进水临时封闭，机场线东直门至T3航站楼段停运；首都机场取消了545架的航班，延误一小时以上的航班达到28架，8万多名旅客滞留机场。
基础设施损失	全市倒塌房屋近万间，房屋进水10万间，房屋漏雨6万间；公路中断39945条次，供电中断16809条次，通信中断23102条次；1条110千伏站水淹停运，25条10千伏架空线路发生永久性故障。

---

① ZHENG, Y., XIE, X., LIN, C., WANG, M. & HE, X., Development as adaptation: Framing and measuring urban resilience in Beijing, *Advances in Climate Change Research*, 2018 Vol. 9 No. 4, pp. 234 – 242.

	灾害影响
供排水系统	全市共形成积水点 426 处,中心城区道路积水点 63 处。堤防损坏 1688 处 361 千米,损坏护岸 1089 处、水库 2 座、水闸 259 座、水井 891 眼、泵站 117 座、灌溉设施 44 处、水文设施 40 个。
人员伤亡	死亡人数 79 人。其中事故地点主要分布在房山等暴雨强度大、泥石流高发地区,中心城区也有伤亡;按死亡原因分类,溺亡人数为 50 人,占死亡人数的 73%,其余是因暴雨造成触电身亡、房屋倒塌、创伤性休克、因公救援等导致的间接性死亡。

从死亡人数和主要经济损失来看(见表1),如上文人员伤亡情况所示房山地区及南部山区郊县受灾最严重。表现为经济损失与伤亡人数基本上与暴雨强度和雨量的分布比较相关。[1] 依据北京市 1951~2011 年不同暴雨等级的重现期分析,2012 年 7 月 21 日和 22 日总降雨量属于百年一遇的水平。[2] 除自然因素外,工程性措施的滞后,城区管网排水能力偏低、城市河道水系蓄水能力低、避难场所不足,气候预测预警机制、应急联动机制、法制、管理责任等非工程性措施的重视程度不够等都是造成城市在极端灾害下脆弱性突出、损失巨大的主要原因。[3] 例如,7·21 暴雨中积水问题比较突出的是位于 3 环~6 环之间城市功能拓展区,该区域交通干道密布,下洼式立交桥和高速公路较多,这些是城市交通网络的关键节点,由于对暴雨内涝设计防护标准考虑不足,成为极端灾害下的高风险区域。

(三)2016年的7·20暴雨事件

2016 年 7·20 暴雨,其降雨中心主要分布在北京西部沿山一带,雨量均超过 500 毫米,最大降雨出现在房山区,大兴、房山、门头沟西部以及延

---

① 王红星、季山:《北京"7·21"暴雨洪水后的防灾减灾分析》,《黑龙江大学工程学报》2013 年第 2 期,第 23~26 页。
② 顾孝天、李宁、周扬、吴吉东:《北京 7·21 暴雨引发的城市内涝灾害防御思考》,《自然灾害学报》2013 年第 2 期,第 1~6 页。
③ 姜付仁、姜斌:《北京 7·21 特大暴雨影响及其对策分析》,《中国水利》2012 年第 15 期,第 19~22 页。

庆西部等地降雨量比常年同期偏多五成以上。各区都出现小时雨强超过30毫米的短时强降雨。7·20特大暴雨降雨过程弱但极端性明显，降雨总量超过2012年7·21特大暴雨的降雨总量，且降雨总量占汛期总雨量的49%，9个监测站日降雨量突破建站以来日降雨量极值，表现出降雨总量的极端性。

（四）两次暴雨事件的对比分析

大量文献从水文情况、天气系统和灾害成因角度对两次暴雨进行了对比分析。首先，两次暴雨均为近百年一遇的降雨强度，都具有降雨持续时间长、强降雨范围广、降雨总量大的特点（见表2）。其次，两次暴雨的致灾结果不同。一个酿成巨灾，一个促成了雨洪资源的利用。与7·21暴雨相比，7·20暴雨雨势稳定，累积雨量大，全市主要水库上游河道均出现洪峰，十三陵水库等多个水库实施生态调度，[①] 为水库、河道补水，地下水位持续回升，有效利用了雨水资源。[②]

表2　2012年与2016年两次暴雨事件的对比

对比项目	"2012 – 7 – 21"暴雨	"2016 – 7 – 20"暴雨
整体暴雨特点	总历时短，但强降雨持续时间长，强度大，最大1小时雨量超过70毫米的监测站达19个。	历时长，强度小，最大1小时雨量56.8毫米，最大24小时雨量超过历时极值的达17个站。
全市最大场次点雨量	房山区河北镇541毫米	房山区南窖乡422毫米
降雨历时	降雨过程历时19小时	降雨过程历时55小时
场次平均雨量	170毫米	203毫米
城区平均雨量	215毫米	291毫米
最大区场次平均雨量	301.0毫米（房山区）	301.3毫米（房山区）
暴雨中心移动路径	西南至东北	西南至东北

资料来源：赵小伟等，2017。

---

① 水库生态调度指的是在满足人们基本需水要求的前提下，要最大限度地保证生态系统的需水要求。

② 赵小伟、王亚娟、赵洪岩、安绍财：《北京市"2016 – 7 – 20"暴雨与"2012 – 7 – 21"暴雨对比分析》，《北京水务》2017年第4期，第33~37页。

三 城市气象部门提升暴雨韧性的有效举措

城市韧性（Urban Resilience）是指城市不同主体在面对自然灾害、经济危机、社会和政治动荡等不确定性风险冲击之下的应对、承受及恢复能力。①"城市气候韧性"是指通过提升气候适应能力增强城市应对各种气候灾害的应变力、恢复力、利用潜在机会及可持续发展的能力。②

7·21暴雨之后，北京市各区政府加大投入，进行了一系列的工程型和非工程型的应对暴雨能力建设。一是工程措施，主要是通过修建基础设施来提高城市应对暴雨能力以及成灾隐患的解除。例如，北京政府对阻挡行洪的建筑以及一些危房进行了拆除，以及在城市规划中加强统一规划和建设；气象部门不断提高超短时预报的准确率，为顺利应对2016年特大暴雨提供了技术支持。二是非工程措施，包括法律、行政、经济手段等。例如，7·21暴雨之后，北京市政府紧急出台了《北京市河湖保护管理条例》；在社区层面，加强社区宣传和防灾减灾演练，提高居民的风险意识和灾害逃生能力。

工程技术措施、城市韧性的政策机制设计以及提升城市居民的风险认知和防范意识是城市提升韧性的三个主要措施。③城市气象部门在这三个领域中都能够发挥积极的作用，例如气象预报预警技术和气象监测基础设施、应急管理机制、城市气象灾害及社区科普宣传等。北京市气象部门提升暴雨韧性的主要工作和经验包括以下内容。

（1）提升气象灾害预警准确率和提前量

通过重点解决首都气象0~12小时短时临近预报预警准确率问题，研发了睿图快速更新循环数值预报系统（RMAPS），尽可能有效地改进模式降水

① ARUP, City Resilience Index, www.cityresilienceindex.org.
② 谢欣露、郑艳：《气候适应型城市评价指标研究——以北京市为例》，《城市与环境研究》2016年第4期，第50~66页。
③ 郑艳、林陈贞：《韧性城市研究的理论基础与评价方法》，《城市》2017年第6期。

预报性能，并实时生成京津冀区域 3 小时循环 3 公里分辨率逐时精细化预报产品，为 0～12 小时预报提供最新的产品支持。RMAPS 系统模式体系的构建为精、准、快的首都短时临近天气预报业务提供了核心科技支撑。

7·20 特大暴雨过程中暴雨蓝色、黄色、橙色、红色预警提前量比 2012 年 7·21 分别提前了 571 分钟、176 分钟、37 分钟、59 分钟（见表 3）；区级预警比市级预警在提前量上还具有明显优越性，针对房山地区的区级暴雨黄色、橙色预警比市级相应预警分别提前了 71 分钟、50 分钟。经受了 7·20 特大暴雨过程考验的分区预警机制，再次被证明是行之有效的，能够直通式高效对接各级政府应急防御体系。

表 3　2016 年 "7·20" 与 2012 年 "7·21" 特大暴雨预警提前量对比

单位：分钟

	蓝色预警	黄色预警	橙色预警	红色预警
2016.7.20（A）	906	296	37	59
2012.7.21（B）	335	120	0（滞后）	漏
A－B	571	176	37	59

（2）加强部门联动会商机制，提升极端天气精细化应急能力

针对高影响天气，迫切需要基于影响的预报，需要基于风险预警的专业气象服务，对此建立了京津冀及相关部门的气象专家联合会商机制，共同研判天气特点，共同为天气把脉会商。在 2016 年汛期时曾与中央气象台加密会商 31 次，收到其他部门预报意见约 200 份。"外脑"加入共同把握北京高影响天气，为准确预报提供了智力支持。此外，通过精细分区预报预警流程的实施，能够有效对接政府应急响应工作，最大限度地提高分区域精细化防御和治理应对能力。

针对性保障城市运行重点部门需强化建立面向电力、交通、排水、旅游等城市安全运行重点单位的专业化气象服务机制，建立 "7×24 小时" 信息通报制，并注重会商内容的针对性。提高信息化服务能力，与市交通委交通管理指挥中心（TOCC）、市公安交通管理局、中国铁路集团北京分公司等

部门实现信息平台、手机 App 对接，实时提供交通路网、交通枢纽、国道、铁路沿线等交通气象指数、风险预警、出行交通预报等针对性信息，预报精细度达到逐小时，并重点加强市区早晚高峰、高影响天气交通调度服务。与市排水集团对接加强下凹式立交桥区内涝风险预警服务，精度达到 10 米量级，并发展立交桥车流量、流速、积水深度等方面的参量预报。

（3）面向社会公众和市场需求，提升气象信息服务能力

随着极端天气发生频率的增加，社会公众对气象服务的需求越来越多，要求也变得越高。一方面由于防灾减灾的需求，需要灾害性天气预警及时发布，第一时间到达社会公众；另一方面人民群众对美好生活的不断追求，需要个性化的贴心的气象信息服务，例如社会公众旅游、体育活动和大型活动举办等。以此需求搭建能够满足个性化需求的气象信息服务平台、提升气象预报预警能力、拓展发送预警信息渠道等措施，提前发布预报预警信息和组织躲避（两种公众常用防灾方式），鼓励居民采取备灾措施，包括购买保险、购买逃生锤等，加强社区组织、帮助居民及时避险减灾意识。①②

首先，北京市、各区两级突发事件预警信息发布中心不断规范预警信息发布机制，在政府、媒体、公众间搭建起了权威的、有效的信息传播桥梁。市预警信息发布中心全面承担全市 10 家单位 14 类预警信息发布任务，具备北京电台、电视台，歌华有线，公交、地铁、城市电视和中广传播、户外显示屏、手机短信、互联网应用等 10 种 22 类预警信息发布渠道，且相关单位和媒体可在 10 分钟内向社会播发橙色、红色预警、15 分钟内播发蓝色、黄色预警。各区基本实现当地街、乡镇、村和社区及学校、工地、景区等各应急责任人、网格员在 5 分钟内收到气象预警信息，其中怀柔区、平谷区实现高级别预警移动、联通区域全网发布，朝阳区实现预警信息"智慧社区""出行看看"手机 App 推送，海淀区实现违章拍显示屏、500 个应急广播等

① 赵凡、赵常军、苏筠：《北京"7·21"暴雨灾害前后公众的风险认知变化》，《自然灾害学报》2014 年第 4 期，第 38~45 页。
② 于佳、秦庆昌、马晓青：《"7·20"北京特大暴雨过程决策气象服务现状与对策》，《安徽农业科学》2017 年第 2 期，第 193~195 页。

辖区手段的快速发布。例如，2016年汛期，市预警信息发布中心通过各手段发布气象、地质灾害气象风险、洪水预警及防汛提示信息78条、约4.3亿人次，其中5次启动手机短信全网发布和歌华有线全频道不间断字幕播报。各区预警分中心累计发布短信461.94万人次。

其次，城市居民和企业对于高影响天气信息的获取更便利。北京气象部门通过"气象北京"官方微博、微信、"北京服务您"出行预警等新媒体服务，积极提高公众对气象服务信息的可获取性。重要提示和温馨提示信息作为预警信息的重要补充，更易被公众接受并响应。2016年，市预警信息发布中心充分利用短信全网发布、歌华在线滚动播报等渠道发布"市防汛办重要提示和温馨提示信息"13次，提示公众在强降雨期间错峰出行、防范山洪和地质灾害等；在7·20特大暴雨过程中还向公众发布了"取消足球比赛提示信息"，有效引导公众主动避灾。创新科普形式主动应对舆情，利用新闻媒体强化舆论引导。与中国气象局办公室、市委宣传部、市防汛办加强联系沟通，在7·20特大暴雨之后，于同年8月2日至5日经历持续闷热天气以及短时雷阵雨天气时，共计8次向驻京新闻媒体提供新闻通稿，向社会主动发声，开展气象科普宣传，引导社会公众关注气象灾害、提升防范能力。

五　小结

2012年7·21暴雨事件的影响促使北京进一步提升应对暴雨的防范能力，其中气象预警能力提升尤为明显。多种措施的实施取得了显著的成效，以2016年7·20强降雨为例，尽管降雨时长和总降雨量都超过了2012年7·21暴雨，但无一人伤亡，这表明北京的暴雨韧性能力有了显著提升。北京作为国家特大城市之一，其提升暴雨韧性的案例具有典型性和分享价值。未来应将工程性与非工程性举措并重，以气象部门为例，可以加强与企业、科研机构的合作，研发更多个性化公众气象服务产品，依托北京"智慧城市"建设、网络平台合作等，推进气象信息的"互联网＋"应用。

附　　录
Appendix

G.26
世界各国与中国社会经济、能源及碳排放数据

朱守先[*]

表1　世界主要国家和地区人类发展指数（2010～2017年）

2018年位次	国家/地区	2010年	2011年	2012年	2013年	2014年	2015年	2016年	2017年
1	挪威	0.942	0.943	0.942	0.946	0.946	0.948	0.951	0.953
2	瑞士	0.932	0.932	0.935	0.938	0.939	0.942	0.943	0.944
3	澳大利亚	0.923	0.925	0.929	0.931	0.933	0.936	0.938	0.939
4	爱尔兰	0.909	0.895	0.902	0.911	0.921	0.929	0.934	0.938
5	德国	0.921	0.926	0.928	0.928	0.93	0.933	0.934	0.936
6	冰岛	0.891	0.901	0.909	0.92	0.925	0.927	0.933	0.935

* 朱守先，博士，中国社会科学院城市发展与环境研究所副研究员，研究领域为资源环境与区域发展。

续表

2018 年位次	国家/地区	2010 年	2011 年	2012 年	2013 年	2014 年	2015 年	2016 年	2017 年
7	中国香港	0.901	0.904	0.911	0.915	0.923	0.927	0.93	0.933
7	瑞典	0.905	0.906	0.908	0.912	0.92	0.929	0.932	0.933
9	新加坡	0.909	0.914	0.92	0.923	0.928	0.929	0.93	0.932
10	荷兰	0.91	0.921	0.921	0.923	0.924	0.926	0.928	0.931
11	丹麦	0.91	0.922	0.924	0.931	0.928	0.926	0.928	0.929
12	加拿大	0.902	0.905	0.908	0.911	0.918	0.92	0.922	0.926
13	美国	0.914	0.917	0.918	0.916	0.918	0.92	0.922	0.924
14	英国	0.905	0.899	0.898	0.915	0.919	0.918	0.92	0.922
15	芬兰	0.903	0.907	0.908	0.912	0.914	0.915	0.918	0.92
16	新西兰	0.899	0.902	0.905	0.907	0.91	0.914	0.915	0.917
17	比利时	0.903	0.904	0.905	0.908	0.909	0.913	0.915	0.916
17	列支敦士登	0.904	0.909	0.913	0.912	0.911	0.912	0.915	0.916
19	日本	0.885	0.89	0.895	0.899	0.903	0.905	0.907	0.909
20	奥地利	0.895	0.897	0.899	0.897	0.901	0.903	0.906	0.908
21	卢森堡	0.889	0.892	0.892	0.892	0.895	0.899	0.904	0.904
22	以色列	0.887	0.892	0.893	0.895	0.899	0.901	0.902	0.903
22	韩国	0.884	0.888	0.89	0.893	0.896	0.898	0.9	0.903
24	法国	0.882	0.884	0.886	0.889	0.894	0.898	0.899	0.901
25	斯洛文尼亚	0.882	0.884	0.877	0.885	0.887	0.889	0.894	0.896
26	西班牙	0.865	0.87	0.873	0.875	0.88	0.885	0.889	0.891
27	捷克	0.862	0.865	0.865	0.874	0.879	0.882	0.885	0.888
28	意大利	0.87	0.875	0.874	0.876	0.874	0.876	0.878	0.88
29	马耳他	0.843	0.843	0.849	0.856	0.862	0.871	0.875	0.878
30	爱沙尼亚	0.845	0.853	0.859	0.862	0.864	0.866	0.868	0.871
31	希腊	0.856	0.852	0.854	0.856	0.864	0.866	0.868	0.87
32	塞浦路斯	0.85	0.853	0.852	0.853	0.856	0.86	0.867	0.869
33	波兰	0.835	0.839	0.836	0.85	0.842	0.855	0.86	0.865
34	阿拉伯联合酋长国	0.836	0.841	0.846	0.851	0.855	0.86	0.862	0.863
35	安道尔	0.828	0.827	0.849	0.85	0.853	0.854	0.856	0.858
35	立陶宛	0.824	0.828	0.831	0.836	0.851	0.852	0.855	0.858
37	卡塔尔	0.825	0.836	0.844	0.854	0.853	0.854	0.855	0.856
38	斯洛伐克	0.829	0.837	0.842	0.844	0.845	0.851	0.853	0.855
39	文莱	0.842	0.846	0.852	0.853	0.853	0.852	0.852	0.853

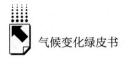
续表

2018年位次	国家/地区	2010年	2011年	2012年	2013年	2014年	2015年	2016年	2017年
39	沙特阿拉伯	0.808	0.823	0.835	0.844	0.852	0.854	0.854	0.853
41	拉脱维亚	0.816	0.821	0.824	0.833	0.838	0.841	0.844	0.847
41	葡萄牙	0.822	0.826	0.829	0.837	0.839	0.842	0.845	0.847
43	巴林	0.796	0.798	0.8	0.807	0.81	0.832	0.846	0.846
44	智利	0.808	0.814	0.819	0.828	0.833	0.84	0.842	0.843
45	匈牙利	0.823	0.827	0.83	0.835	0.833	0.834	0.835	0.838
46	克罗地亚	0.808	0.815	0.816	0.821	0.824	0.827	0.828	0.831
47	阿根廷	0.813	0.819	0.818	0.82	0.82	0.822	0.822	0.825
48	阿曼	0.793	0.795	0.804	0.812	0.815	0.822	0.822	0.821
49	俄罗斯联邦	0.78	0.789	0.798	0.804	0.807	0.813	0.815	0.816
50	黑山	0.793	0.798	0.8	0.803	0.805	0.809	0.81	0.814
51	保加利亚	0.779	0.782	0.786	0.792	0.797	0.807	0.81	0.813
52	罗马尼亚	0.797	0.798	0.795	0.8	0.802	0.805	0.807	0.811
53	白俄罗斯	0.792	0.798	0.803	0.804	0.807	0.805	0.805	0.808
54	巴哈马	0.789	0.793	0.807	0.807	0.807	0.807	0.806	0.807
55	乌拉圭	0.773	0.782	0.79	0.797	0.801	0.8	0.802	0.804
56	科威特	0.792	0.794	0.796	0.795	0.799	0.802	0.804	0.803
57	马来西亚	0.772	0.778	0.781	0.785	0.79	0.795	0.799	0.802
58	巴巴多斯	0.782	0.787	0.795	0.796	0.796	0.797	0.799	0.8
58	哈萨克斯坦	0.765	0.772	0.781	0.788	0.793	0.797	0.797	0.8
60	伊朗	0.755	0.766	0.781	0.784	0.788	0.789	0.796	0.798
60	帕劳	0.769	0.775	0.778	0.78	0.786	0.793	0.798	0.798
62	塞舌尔	0.747	0.741	0.77	0.779	0.786	0.791	0.793	0.797
63	哥斯达黎加	0.754	0.76	0.772	0.776	0.78	0.788	0.791	0.794
64	土耳其	0.734	0.753	0.76	0.771	0.778	0.783	0.787	0.791
65	毛里求斯	0.749	0.758	0.767	0.772	0.782	0.782	0.788	0.79
66	巴拿马	0.758	0.764	0.771	0.776	0.781	0.781	0.785	0.789
67	塞尔维亚	0.759	0.769	0.768	0.771	0.775	0.78	0.785	0.787
68	阿尔巴尼亚	0.741	0.752	0.767	0.771	0.773	0.776	0.782	0.785
69	特立尼达和多巴哥	0.775	0.773	0.774	0.779	0.779	0.783	0.785	0.784
70	安提瓜和巴布达	0.766	0.762	0.765	0.768	0.77	0.775	0.778	0.78
70	格鲁吉亚	0.735	0.741	0.75	0.757	0.765	0.771	0.776	0.78

续表

2018 年位次	国家/地区	2010 年	2011 年	2012 年	2013 年	2014 年	2015 年	2016 年	2017 年
72	圣基茨和尼维斯	0.745	0.751	0.756	0.763	0.77	0.773	0.774	0.778
73	古巴	0.779	0.778	0.767	0.765	0.768	0.772	0.774	0.777
74	墨西哥	0.743	0.751	0.757	0.756	0.761	0.767	0.772	0.774
75	格林纳达	0.743	0.747	0.749	0.754	0.761	0.767	0.77	0.772
76	斯里兰卡	0.745	0.751	0.757	0.759	0.763	0.766	0.768	0.77
77	波斯尼亚和黑塞哥维那	0.713	0.721	0.739	0.747	0.754	0.755	0.766	0.768
78	委内瑞拉	0.759	0.771	0.774	0.776	0.778	0.775	0.766	0.761
79	巴西	0.727	0.731	0.736	0.748	0.752	0.757	0.758	0.759
80	阿塞拜疆	0.74	0.741	0.745	0.752	0.758	0.758	0.757	0.757
80	黎巴嫩	0.758	0.76	0.751	0.751	0.751	0.752	0.753	0.757
80	北马其顿	0.735	0.738	0.74	0.743	0.747	0.754	0.756	0.757
83	亚美尼亚	0.728	0.731	0.737	0.742	0.745	0.748	0.749	0.755
83	泰国	0.724	0.727	0.731	0.728	0.735	0.741	0.748	0.755
85	阿尔及利亚	0.729	0.736	0.74	0.745	0.747	0.749	0.753	0.754
86	中国	0.706	0.714	0.722	0.729	0.738	0.743	0.748	0.752
86	厄瓜多尔	0.715	0.721	0.726	0.734	0.742	0.743	0.749	0.752
88	乌克兰	0.733	0.738	0.743	0.745	0.748	0.743	0.746	0.751
89	秘鲁	0.717	0.729	0.729	0.736	0.746	0.745	0.748	0.75
90	哥伦比亚	0.719	0.725	0.725	0.735	0.738	0.742	0.747	0.747
90	圣卢西亚	0.731	0.734	0.73	0.733	0.737	0.744	0.745	0.747
92	斐济	0.711	0.717	0.719	0.727	0.73	0.738	0.738	0.741
92	蒙古	0.697	0.711	0.72	0.729	0.734	0.737	0.743	0.741
94	多米尼加	0.703	0.706	0.71	0.713	0.718	0.729	0.733	0.736
95	约旦	0.728	0.726	0.726	0.727	0.73	0.733	0.735	0.735
95	突尼斯	0.716	0.718	0.719	0.723	0.725	0.728	0.732	0.735
97	牙买加	0.712	0.715	0.721	0.726	0.728	0.73	0.732	0.732
98	汤加	0.712	0.716	0.717	0.716	0.717	0.721	0.724	0.726
99	圣文森特和格林纳丁斯	0.715	0.717	0.718	0.721	0.72	0.72	0.721	0.723
100	苏里南	0.703	0.706	0.711	0.715	0.718	0.722	0.719	0.72
101	博茨瓦纳	0.66	0.673	0.683	0.693	0.701	0.706	0.712	0.717
101	马尔代夫	0.671	0.682	0.688	0.696	0.705	0.71	0.712	0.717

续表

2018 年位次	国家/地区	2010 年	2011 年	2012 年	2013 年	2014 年	2015 年	2016 年	2017 年
103	多米尼克	0.722	0.722	0.721	0.721	0.724	0.721	0.718	0.715
104	萨摩亚	0.693	0.697	0.697	0.7	0.703	0.706	0.711	0.713
105	乌兹别克斯坦	0.666	0.674	0.683	0.69	0.695	0.698	0.703	0.71
106	伯利兹	0.699	0.702	0.706	0.705	0.706	0.709	0.709	0.708
106	马绍尔群岛							0.708	
108	利比亚	0.755	0.707	0.741	0.707	0.695	0.694	0.693	0.706
108	土库曼斯坦	0.673	0.68	0.686	0.692	0.697	0.701	0.705	0.706
110	加蓬	0.665	0.67	0.678	0.687	0.693	0.694	0.698	0.702
110	巴拉圭	0.675	0.68	0.68	0.695	0.698	0.702	0.702	0.702
112	摩尔多瓦	0.67	0.677	0.684	0.693	0.696	0.693	0.697	0.7
113	菲律宾	0.665	0.67	0.677	0.685	0.689	0.693	0.696	0.699
113	南非	0.649	0.657	0.664	0.675	0.685	0.692	0.696	0.699
115	埃及	0.665	0.668	0.675	0.68	0.683	0.691	0.694	0.696
116	印度尼西亚	0.661	0.669	0.675	0.681	0.683	0.686	0.691	0.694
116	越南	0.654	0.664	0.67	0.675	0.678	0.684	0.689	0.694
118	玻利维亚	0.649	0.655	0.662	0.668	0.675	0.681	0.689	0.693
119	巴勒斯坦	0.672	0.677	0.687	0.679	0.679	0.687	0.689	0.686
120	伊拉克	0.649	0.656	0.659	0.666	0.666	0.668	0.672	0.685
121	萨尔瓦多	0.671	0.666	0.67	0.671	0.67	0.674	0.679	0.674
122	吉尔吉斯斯坦	0.636	0.639	0.649	0.658	0.663	0.666	0.669	0.672
123	摩洛哥	0.616	0.626	0.635	0.645	0.65	0.655	0.662	0.667
124	尼加拉瓜	0.621	0.627	0.633	0.639	0.649	0.652	0.657	0.658
125	佛得角	0.629	0.635	0.636	0.642	0.644	0.647	0.652	0.654
125	圭亚那	0.63	0.639	0.642	0.645	0.648	0.651	0.652	0.654
127	危地马拉	0.611	0.619	0.613	0.616	0.643	0.645	0.649	0.65
127	塔吉克斯坦	0.634	0.637	0.642	0.646	0.645	0.645	0.647	0.65
129	纳米比亚	0.594	0.607	0.617	0.628	0.636	0.642	0.645	0.647
130	印度	0.581	0.591	0.6	0.607	0.618	0.627	0.636	0.64
131	密克罗尼西亚	0.608	0.613	0.616	0.619	0.618	0.627	0.627	0.627
132	东帝汶	0.619	0.624	0.599	0.614	0.61	0.63	0.631	0.625
133	洪都拉斯	0.596	0.598	0.597	0.6	0.603	0.609	0.614	0.617
134	不丹	0.566	0.575	0.585	0.589	0.599	0.603	0.609	0.612
134	基里巴斯	0.59	0.59	0.598	0.609	0.616	0.621	0.61	0.612
136	孟加拉国	0.545	0.557	0.567	0.575	0.583	0.592	0.597	0.608

续表

2018 年位次	国家/地区	2010 年	2011 年	2012 年	2013 年	2014 年	2015 年	2016 年	2017 年
137	刚果(布)	0.557	0.56	0.573	0.582	0.595	0.613	0.612	0.606
138	瓦努阿图	0.591	0.592	0.592	0.597	0.598	0.599	0.6	0.603
139	老挝	0.546	0.558	0.569	0.579	0.586	0.593	0.598	0.601
140	加纳	0.554	0.563	0.57	0.577	0.576	0.585	0.588	0.592
141	赤道几内亚	0.581	0.584	0.589	0.59	0.59	0.593	0.593	0.591
142	肯尼亚	0.543	0.552	0.559	0.566	0.572	0.578	0.585	0.59
143	圣多美和普林西比	0.542	0.548	0.551	0.56	0.567	0.58	0.584	0.589
144	斯威士兰	0.538	0.55	0.561	0.572	0.58	0.584	0.586	0.588
144	赞比亚	0.544	0.556	0.569	0.574	0.58	0.583	0.586	0.588
146	柬埔寨	0.537	0.546	0.553	0.56	0.566	0.571	0.576	0.582
147	安哥拉	0.52	0.535	0.543	0.554	0.564	0.572	0.577	0.581
148	缅甸	0.53	0.54	0.549	0.558	0.564	0.569	0.574	0.578
149	尼泊尔	0.529	0.535	0.548	0.554	0.56	0.566	0.569	0.574
150	巴基斯坦	0.526	0.53	0.535	0.538	0.548	0.551	0.56	0.562
151	喀麦隆	0.506	0.515	0.526	0.535	0.543	0.548	0.553	0.556
152	所罗门群岛	0.507	0.514	0.529	0.539	0.539	0.546	0.543	0.546
153	巴布亚新几内亚	0.52	0.529	0.53	0.534	0.536	0.542	0.543	0.544
154	坦桑尼亚	0.493	0.499	0.506	0.507	0.515	0.528	0.533	0.538
155	叙利亚	0.644	0.642	0.631	0.572	0.55	0.538	0.536	0.536
156	津巴布韦	0.467	0.478	0.505	0.516	0.525	0.529	0.532	0.535
157	尼日利亚	0.484	0.494	0.512	0.519	0.524	0.527	0.53	0.532
158	卢旺达	0.485	0.493	0.5	0.503	0.509	0.51	0.52	0.524
159	莱索托	0.493	0.498	0.505	0.505	0.509	0.511	0.516	0.52
159	毛里塔尼亚	0.487	0.49	0.499	0.508	0.514	0.514	0.516	0.52
161	马达加斯加	0.504	0.504	0.507	0.509	0.512	0.514	0.517	0.519
162	乌干达	0.486	0.49	0.492	0.496	0.5	0.505	0.508	0.516
163	贝宁	0.473	0.479	0.489	0.5	0.505	0.508	0.512	0.515
164	塞内加尔	0.456	0.467	0.476	0.481	0.486	0.492	0.499	0.505
165	科摩罗	0.482	0.487	0.493	0.499	0.501	0.502	0.502	0.503
165	多哥	0.456	0.463	0.466	0.472	0.481	0.495	0.5	0.503
167	苏丹	0.47	0.474	0.485	0.475	0.492	0.497	0.499	0.502
168	阿富汗	0.463	0.471	0.482	0.487	0.491	0.493	0.494	0.498

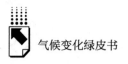
续表

2018年位次	国家/地区	2010年	2011年	2012年	2013年	2014年	2015年	2016年	2017年
168	海地	0.47	0.477	0.481	0.486	0.49	0.493	0.496	0.498
170	科特迪瓦	0.442	0.445	0.454	0.462	0.465	0.478	0.486	0.492
171	马拉维	0.441	0.45	0.455	0.461	0.468	0.47	0.474	0.477
172	吉布提	0.449	0.454	0.459	0.463	0.467	0.47	0.474	0.476
173	埃塞俄比亚	0.412	0.423	0.43	0.438	0.445	0.451	0.457	0.463
174	冈比亚	0.441	0.44	0.445	0.453	0.454	0.457	0.457	0.46
175	几内亚	0.404	0.418	0.428	0.435	0.44	0.443	0.449	0.459
176	刚果(金)	0.407	0.415	0.42	0.426	0.436	0.444	0.452	0.457
177	几内亚比绍	0.426	0.435	0.437	0.44	0.445	0.449	0.453	0.455
178	也门	0.498	0.499	0.505	0.507	0.505	0.483	0.462	0.452
179	厄立特里亚	0.416	0.417	0.422	0.425	0.428	0.433	0.436	0.44
180	莫桑比克	0.403	0.407	0.412	0.423	0.427	0.432	0.435	0.437
181	利比里亚	0.407	0.417	0.42	0.429	0.431	0.432	0.432	0.435
182	马里	0.403	0.408	0.408	0.408	0.414	0.418	0.421	0.427
183	布基纳法索	0.375	0.385	0.394	0.401	0.405	0.412	0.42	0.423
184	塞拉利昂	0.385	0.392	0.407	0.419	0.423	0.413	0.413	0.419
185	布隆迪	0.395	0.403	0.408	0.414	0.421	0.418	0.418	0.417
186	乍得	0.371	0.382	0.391	0.397	0.403	0.407	0.405	0.404
187	南苏丹	0.413	0.416	0.388	0.392	0.397	0.399	0.394	0.388
188	中非	0.351	0.358	0.365	0.344	0.349	0.357	0.362	0.367
189	尼日尔	0.318	0.325	0.336	0.34	0.345	0.347	0.351	0.354

资料来源：Human Development Data（1990－2018）/Human Development Reports，http：//hdr. undp. org/en/data。

表2　世界各国及地区生产总值（GDP）数据（2018年）

位次	国家/地区	GDP（百万美元）	位次	国家/地区	GDP（百万美元，PPP）
1	美国	20494100	1	中国	25361744
2	中国	13608152	2	美国	20494100
3	日本	4970916	3	印度	10498468
4	德国	3996759	4	日本	5484951
5	英国	2825208	5	德国	4505236
6	法国	2777535	6	俄罗斯联邦	3986064

位次	国家/地区	GDP （百万美元）	位次	国家/地区	GDP （百万美元，PPP）
7	印度	2726323	7	印度尼西亚	3494762
8	意大利	2073902	8	巴西	3365757
9	巴西	1868626	9	英国	3074432
10	加拿大	1709327	10	法国	3073179
11	俄罗斯联邦	1657554(1)	11	意大利	2542974
12	韩国	1619424	12	墨西哥	2519962
13	澳大利亚	1432195	13	土耳其	2372087
14	西班牙	1426189	14	韩国	2090161
15	墨西哥	1223809	15	西班牙	1908879
16	印度尼西亚	1042173	16	沙特阿拉伯	1857538
17	荷兰	912872	17	加拿大	1774034
18	沙特阿拉伯	782483	18	伊朗	*1695064*
19	土耳其	766509	19	泰国	1320373
20	瑞士	705501	20	澳大利亚	1288228
21	波兰	585783	21	波兰	1228854
22	瑞典	551032	22	埃及	1219510
23	比利时	531767	23	巴基斯坦	1176498
24	阿根廷	518475(2)	24	尼日利亚	1171387
25	泰国	504993	25	马来西亚	999405
26	奥地利	455737	26	荷兰	978240
27	伊朗	*454013*	27	菲律宾	952967
28	挪威	434751	28	阿根廷	915132(8)
29	阿拉伯联合酋长国	414179	29	南非	789349
30	尼日利亚	397270	30	哥伦比亚	744703
31	爱尔兰	375903	31	阿拉伯联合酋长国	721770
32	以色列	369690	32	越南	710312
33	南非	366298	33	孟加拉国	704165
34	新加坡	364157	34	伊拉克	672979
35	中国香港	362993	35	阿尔及利亚	659687
36	马来西亚	354348	36	瑞士	587159
37	丹麦	351300	37	比利时	579954
38	菲律宾	330910	38	新加坡	571494
39	哥伦比亚	330228	39	瑞典	540927
40	巴基斯坦	312570	40	罗马尼亚	*520938*

续表

位次	国家/地区	GDP （百万美元）	位次	国家/地区	GDP （百万美元，PPP）
41	智利	298231	41	哈萨克斯坦	508646
42	芬兰	275683	42	奥地利	497673
43	孟加拉国	274025	43	中国香港	480497
44	埃及	250895	44	智利	473547
45	越南	244948	45	秘鲁	460436
46	捷克	244105	46	捷克	425011
47	罗马尼亚	239553	47	爱尔兰	408032
48	葡萄牙	237979	48	乌克兰	390283
49	伊拉克	225914	49	以色列	362337
50	秘鲁	222238	50	缅甸	357819
51	希腊	218032	51	卡塔尔	352154
52	新西兰	205025	52	葡萄牙	350250
53	卡塔尔	192009	53	挪威	338823
54	阿尔及利亚	180689	54	丹麦	325353
55	哈萨克斯坦	170539	55	希腊	320474
56	匈牙利	155703	56	摩洛哥	314241[3]
57	科威特	141678	57	科威特	304939
58	乌克兰	130832[1]	58	匈牙利	302626
59	摩洛哥	118495[3]	59	斯里兰卡	291459
60	厄瓜多尔	108398	60	芬兰	268375
61	斯洛伐克	106472	61	乌兹别克斯坦	231358[8]
62	安哥拉	105751	62	埃塞俄比亚	220478
63	波多黎各	101131	63	新西兰	203738
64	古巴	*96851*	64	厄瓜多尔	200121
65	斯里兰卡	88901	65	阿曼	200108
66	肯尼亚	87908	66	苏丹	198945
67	埃塞俄比亚	84355	67	安哥拉	198445
68	多米尼加	81299	68	白俄罗斯	189324
69	阿曼	79295	69	多米尼加	189151
70	危地马拉	78460	70	斯洛伐克	186992
71	缅甸	71215	71	阿塞拜疆	179084
72	卢森堡	69488	72	肯尼亚	177894
73	加纳	65556	73	坦桑尼亚	176412[4]
74	保加利亚	65133	74	保加利亚	*148228*

续表

位次	国家/地区	GDP（百万美元）	位次	国家/地区	GDP（百万美元，PPP）
75	巴拿马	65055	75	危地马拉	145700
76	克罗地亚	60806	76	突尼斯	144374
77	哥斯达黎加	60126	77	加纳	141046
78	白俄罗斯	59662	78	利比亚	138287
79	乌拉圭	59597	79	波多黎各	126115
80	坦桑尼亚	57437[4]	80	塞尔维亚	*115376*
81	黎巴嫩	56639	81	土库曼斯坦	112747[8]
82	中国澳门	54545	82	克罗地亚	*108457*
83	斯洛文尼亚	54235	83	巴拿马	106546
84	立陶宛	53251	84	科特迪瓦	105282
85	塞尔维亚	50508	85	喀麦隆	95092
86	乌兹别克斯坦	50500	86	巴拉圭	94400
87	利比亚	48320	87	立陶宛	*94052*
88	刚果（金）	47228	88	约旦	93068
89	阿塞拜疆	46940	89	黎巴嫩	89434[8]
90	科特迪瓦	43007	90	玻利维亚	89228
91	约旦	42291	91	哥斯达黎加	88216
92	苏丹	40852	92	乌干达	86868
93	巴拉圭	40842	93	尼泊尔	86074
94	土库曼斯坦	40761	94	乌拉圭	81164
95	玻利维亚	40288	95	斯洛文尼亚	79954
96	突尼斯	39861	96	刚果（金）	78228
97	喀麦隆	38502	97	中国澳门	77334
98	巴林	37746	98	巴林	74109
99	拉脱维亚	34849	99	也门	73258
100	津巴布韦	31001	100	赞比亚	73163
101	爱沙尼亚	30285	101	阿富汗	72544[8]
102	尼泊尔	28812	102	柬埔寨	70753
103	乌干达	27477	103	卢森堡	68010
104	也门	26914	104	塞内加尔	59864
105	赞比亚	26720	105	拉脱维亚	*55086*
106	萨尔瓦多	26057	106	萨尔瓦多	53401
107	冰岛	25878	107	老挝	52547
108	柬埔寨	24572	108	洪都拉斯	49181

续表

位次	国家/地区	GDP（百万美元）	位次	国家/地区	GDP（百万美元,PPP）
109	塞浦路斯	24470(5)	109	爱沙尼亚	47218
110	塞内加尔	24130	110	波斯尼亚和黑塞哥维那	*46033*
111	洪都拉斯	23803	111	特立尼达和多巴哥	44792
112	巴布亚新几内亚	23432	112	马里	44118
113	特立尼达和多巴哥	23410	113	津巴布韦	43670
114	波斯尼亚和黑塞哥维那	19782	114	蒙古国	43544
115	阿富汗	19363	115	马达加斯加	42917
116	博茨瓦纳	18616	116	格鲁吉亚	42610(6)
117	老挝	18131	117	博茨瓦纳	41888
118	马里	17197	118	莫桑比克	39168
119	加蓬	17017	119	布基纳法索	39010
120	格鲁吉亚	16210(6)	120	加蓬	37961
121	牙买加	15718	121	阿尔巴尼亚	*37154*
122	阿尔巴尼亚	15059	122	巴布亚新几内亚	36996(8)
123	约旦河西岸和加沙	14616	123	尼加拉瓜	35714
124	马耳他	14542	124	文莱	34650
125	纳米比亚	14522	125	几内亚	32652
126	莫桑比克	14458	126	北马其顿	*31852*
127	布基纳法索	14442	127	塔吉克斯坦	31341
128	毛里求斯	14220	128	塞浦路斯	*31076*(5)
129	文莱	13567	129	赤道几内亚	30725
130	赤道几内亚	13317	130	亚美尼亚	30477
131	尼加拉瓜	13118	131	乍得	30410
132	蒙古国	13010	132	毛里求斯	29999
133	北马其顿	12672	133	刚果（布）	29642
134	亚美尼亚	12433	134	贝宁	27799
135	巴哈马	*12162*	135	卢旺达	27723
136	马达加斯加	12100	136	牙买加	27291
137	摩尔多瓦	11309(7)	137	纳米比亚	27261
138	乍得	11303	138	摩尔多瓦	25888(7)
139	刚果（布）	11264	139	吉尔吉斯斯坦	24492
140	几内亚	10990	140	马拉维	23744
141	贝宁	10359	141	尼日尔	23531
142	海地	9658	142	约旦河西岸和加沙	23524

续表

位次	国家/地区	GDP（百万美元）	位次	国家/地区	GDP（百万美元，PPP）
143	卢旺达	9509	143	科索沃	20977[8]
144	尼日尔	9240	144	海地	20726
145	吉尔吉斯斯坦	8093	145	冰岛	20365
146	科索沃	7900	146	南苏丹	19625[8]
147	塔吉克斯坦	7523	147	马耳他	19445
148	索马里	7484	148	多哥	13894
149	马拉维	7065	149	塞拉利昂	12267
150	马恩岛	6593	150	斯威士兰	12182
151	摩纳哥	6401	151	巴哈马	12056
152	列支敦士登	6215	152	黑山	12046
153	关岛	5859	153	斐济	9722
154	斐济	5480	154	东帝汶	9694[8]
155	黑山	5452	155	苏里南	8927
156	毛里塔尼亚	5366	156	布隆迪	8301
157	多哥	5300	157	不丹	7933
158	马尔代夫	5272	158	马尔代夫	7897
159	斯威士兰	4704	159	莱索托	6795
160	巴巴多斯	4674	160	圭亚那	6675[8]
161	塞拉利昂	4000	161	利比里亚	6295
162	美属维尔京群岛	3855	162	巴巴多斯	5303
163	圭亚那	3610	163	开曼群岛	4602
164	开曼群岛	3571	164	库拉索	4425
165	苏里南	3427	165	阿鲁巴	4157
166	利比里亚	3249	166	佛得角	4075
167	安道尔	3237	167	中非	4067
168	库拉索	3117	168	冈比亚	3890
169	布隆迪	3078	169	几内亚比绍	3366
170	南苏丹	3071	170	伯利兹	3366
171	莱索托	2792	171	塞舌尔	2952
172	格陵兰	2714	172	安提瓜和巴布达	2575
173	阿鲁巴	2701	173	圣卢西亚	2526
174	法罗群岛	2689	174	科摩罗	2354
175	东帝汶	2581	175	圣马力诺	2123
176	不丹	2535	176	毛里塔尼亚	1845

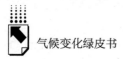

续表

位次	国家/地区	GDP（百万美元）	位次	国家/地区	GDP（百万美元，PPP）
177	中非	2380	177	格林纳达	1752
178	佛得角	1987	178	圣基茨和尼维斯	1669
179	吉布提	1966	179	所罗门群岛	1573(8)
180	伯利兹	1925	180	荷属圣马丁	*1382*
181	圣卢西亚	1876	181	圣文森特和格林纳丁斯	1356
182	圣马力诺	*1633*	182	萨摩亚	1344(8)
183	冈比亚	1624	183	特克斯和凯科斯群岛	954
184	安提瓜和巴布达	1624	184	瓦努阿图	937(8)
185	北马里亚纳群岛	*1593*	185	多米尼克	763
186	塞舌尔	1590	186	圣多美和普林西比	720
187	几内亚比绍	1458	187	汤加	661(8)
188	所罗门群岛	1412	188	密克罗尼西亚	405(8)
189	格林纳达	1207	189	帕劳	347(8)
190	科摩罗	1203	190	基里巴斯	265(8)
191	圣基茨和尼维斯	1040	191	马绍尔群岛	236
192	特克斯和凯科斯群岛	1022	192	瑙鲁	191
193	瓦努阿图	888	193	图瓦卢	47
194	萨摩亚	861			
195	圣文森特和格林纳丁斯	813			
196	美属萨摩亚	*634*			
197	多米尼克	504			
198	汤加	450			
199	圣多美和普林西比	422			
200	密克罗尼西亚	345			
201	帕劳	310			
202	马绍尔群岛	212			
203	基里巴斯	188			
204	瑙鲁	115			
205	图瓦卢	43			
	世界	85790821		世界	136460526
	东亚与太平洋地区	25918289		东亚与太平洋地区	45005969
	欧洲和中亚	23033946		欧洲和中亚	32110941
	拉丁美洲和加勒比海	5787293		拉丁美洲和加勒比海	10647790
	中东和北非	3616869		中东和北非	9301343

续表

位次	国家/地区	GDP （百万美元）	位次	国家/地区	GDP （百万美元,PPP）
	北美	22210071		北美	22272282
	南亚	3457801		南亚	12845039
	撒哈拉以南非洲	1697193		撒哈拉以南非洲	4262826
	低收入	572219		低收入	1591997
	中低收入	6707524		中低收入	23047119
	中上收入	24433054		中上收入	50511356
	高收入	54108061		高收入	61565054

注：排名仅包括已确认 GDP 和 GDP（PPP）估值的经济体，斜体数字为 2017 年或 2016 年数据。
（1）根据乌克兰和俄罗斯联邦官方统计数据；（2）根据阿根廷国家统计和普查研究所正式报告数据；（3）包括西撒哈拉地区；（4）仅涵盖坦桑尼亚大陆；（5）数据适用于塞浦路斯政府控制地区；（6）不包括阿布哈兹和南奥塞梯；（7）不包括德涅斯特河沿岸地区；（8）基于回归计算。
资料来源：GDP 数据来源：http：//data. worldbank. org/data – catalog/world – development – indicators；GDP 预测：http：//data. worldbank. org/data – catalog/global – economic – prospects。

表3 世界各国及地区人均收入（GNI）数据（2018 年）

位次	国家/地区	人均收入 （Atlas,美元）	位次	国家/地区	人均收入 （PPP,国际元）
1	瑞士	83580	1	卡塔尔	124130
2	挪威	80790	2	中国澳门	112480
3	马恩岛	*80340*	3	新加坡	94500
4	中国澳门	78320	4	文莱	85790
5	卢森堡	77820	5	科威特	83390
6	美国	62850	6	卢森堡	80640
7	卡塔尔	61190	7	阿拉伯联合酋长国	75300
8	冰岛	*60740*	8	瑞士	69220
9	丹麦	60140	9	中国香港	67700
10	爱尔兰	59360	10	爱尔兰	66810
11	新加坡	58770	11	挪威	66390
12	瑞典	55070	12	美国	63390
13	澳大利亚	53190	13	丹麦	57470
14	荷兰	51280	14	荷兰	57380
15	中国香港	50310	15	奥地利	55960
16	奥地利	49250	16	德国	55800
17	芬兰	47820	17	沙特阿拉伯	55650

续表

位次	国家/地区	人均收入 （Atlas，美元）	位次	国家/地区	人均收入 （PPP，国际元）
18	德国	47450	18	冰岛	*54140*
19	比利时	45430	19	瑞典	53990
20	加拿大	44860	20	比利时	51470
21	日本	41340	21	开曼群岛	*50510*
22	英国	41330	22	澳大利亚	49930
23	法国	41070	23	芬兰	48490
24	阿拉伯联合酋长国	41010	24	加拿大	47280
25	以色列	40850	25	法国	46900
26	新西兰	40820	26	英国	45660
27	科威特	33690	27	日本	45000
28	意大利	33560	28	巴林	44620
29	文莱	31020	29	意大利	42490
30	韩国	30600	30	阿曼	41230
31	巴哈马	*30210*	31	西班牙	40840
32	西班牙	29450	32	以色列	40800
33	特克斯和凯科斯群岛	26740	33	韩国	40450
34	塞浦路斯	26300[1]	34	新西兰	40250
35	马耳他	26220	35	斯洛文尼亚	38050
36	斯洛文尼亚	24670	36	捷克	37870
37	阿鲁巴	*23630*	37	马耳他	*37700*
38	巴林	21890	38	阿鲁巴	*36960*
39	葡萄牙	21680	39	塞浦路斯	*35170*[1]
40	沙特阿拉伯	21540	40	爱沙尼亚	35050
41	波多黎各	21100	41	斯洛伐克	33600
42	爱沙尼亚	20990	42	荷属圣马丁	*33320*
43	捷克	20250	43	葡萄牙	33200
44	希腊	19540	44	特立尼达和多巴哥	32060
45	库拉索	*19070*	45	立陶宛	*31920*
46	圣基茨和尼维斯	18640	46	波兰	31110
47	斯洛伐克	18330	47	巴哈马	*30920*
48	立陶宛	17360	48	马来西亚	30600
49	帕劳	16910	49	圣基茨和尼维斯	30120
50	拉脱维亚	16880	50	匈牙利	29790
51	特立尼达和多巴哥	16240	51	希腊	29600

续表

位次	国家/地区	人均收入 （Atlas，美元）	位次	国家/地区	人均收入 （PPP，国际元）
52	安提瓜和巴布达	15810	52	塞舌尔	29070
53	乌拉圭	15650	53	土耳其	28380
54	塞舌尔	15600	54	拉脱维亚	*28170*
55	巴巴多斯	*15240*	55	库拉索	*27820*
56	阿曼	15110	56	波多黎各	26560
57	智利	14670	57	俄罗斯联邦	26470
58	匈牙利	14590	58	毛里求斯	26030
59	巴拿马	14370	59	罗马尼亚	*25940*
60	波兰	14150	60	克罗地亚	*25830*
61	克罗地亚	13830	61	安提瓜和巴布达	25160
62	阿根廷	12370[3]	62	特克斯和凯科斯群岛	24540
63	毛里求斯	12050	63	智利	24250
64	哥斯达黎加	11510	64	哈萨克斯坦	24230
65	罗马尼亚	11290	65	巴拿马	23510
66	瑙鲁	11240	66	乌拉圭	21900
67	马来西亚	10460	67	保加利亚	*21220*
68	土耳其	10380	68	伊朗	*21050*
69	俄罗斯联邦	10230[4]	69	利比亚	20990
70	格林纳达	9780	70	阿根廷	19820[2]
71	中国	9470	71	黑山	*19750*
72	圣卢西亚	9460	72	瑙鲁	19480
73	马尔代夫	9310	73	墨西哥	19440
74	墨西哥	9180	74	白俄罗斯	19200
75	巴西	9140	75	帕劳	18820[2]
76	保加利亚	8860	76	土库曼斯坦	18460[2]
77	黑山	8400	77	赤道几内亚	18170
78	圣文森特和格林纳丁斯	7940	78	泰国	18160
79	哈萨克斯坦	7830	79	中国	18140
80	博茨瓦纳	7750	80	博茨瓦纳	17970
81	黎巴嫩	7690	81	巴巴多斯	*17640*
82	多米尼加	7370	82	伊拉克	17290
83	多米尼克	7210	83	阿塞拜疆	17070
84	赤道几内亚	7050	84	多米尼加	16960
85	加蓬	6800	85	哥斯达黎加	16670

续表

位次	国家/地区	人均收入 （Atlas，美元）	位次	国家/地区	人均收入 （PPP，国际元）
86	土库曼斯坦	6740	86	加蓬	16580
87	泰国	6610	87	巴西	15820
88	秘鲁	6530	88	塞尔维亚	*15360*
89	塞尔维亚	6390	89	阿尔及利亚	15350
90	利比亚	6330	90	北马其顿	*14690*
91	哥伦比亚	6190	91	哥伦比亚	14490
92	厄瓜多尔	6120	92	格林纳达	14270
93	斐济	5860	93	马尔代夫	14120
94	南非	5720	94	秘鲁	13810
95	波斯尼亚和黑塞哥维那	5690	95	波斯尼亚和黑塞哥维那	*13670*
96	巴拉圭	5680	96	苏里南	13420
97	白俄罗斯	5670	97	南非	13230
98	伊朗	*5470*	98	圣文森特和格林纳丁斯	13210
99	北马其顿	5450	99	巴拉圭	13180
100	图瓦卢	5430	100	斯里兰卡	13090
101	纳米比亚	5250	101	圣卢西亚	12970
102	伊拉克	5030	102	阿尔巴尼亚	*12960*
103	牙买加	4990	103	印度尼西亚	12650
104	苏里南	4990	104	黎巴嫩	12610[2]
105	阿尔巴尼亚	*4860*	105	蒙古国	12220
106	圭亚那	4760	106	埃及	12080
107	马绍尔群岛	4740	107	突尼斯	12060
108	伯利兹	4720	108	科索沃	11580[2]
109	危地马拉	4410	109	厄瓜多尔	11410
110	汤加	4300	110	纳米比亚	10920
111	亚美尼亚	4230	111	格鲁吉亚	10900[5]
112	科索沃	4230	112	菲律宾	10720
113	约旦	4210	113	多米尼克	10680
114	萨摩亚	4190	114	斯威士兰	10680
115	格鲁吉亚	4130[5]	115	亚美尼亚	10460
116	阿尔及利亚	4060	116	斐济	10250
117	斯里兰卡	4060	117	不丹	9680
118	阿塞拜疆	4050	118	约旦	9300
119	斯威士兰	3850	119	乌克兰	9020

续表

位次	国家/地区	人均收入 （Atlas，美元）	位次	国家/地区	人均收入 （PPP，国际元）
120	印度尼西亚	3840	120	牙买加	8930
121	菲律宾	3830	121	圭亚那	8570[2]
122	萨尔瓦多	3820	122	摩洛哥	8410[6]
123	约旦河西岸和加沙	3710	123	危地马拉	8310
124	密克罗尼西亚	3580	124	伯利兹	8200
125	蒙古国	3580	125	萨尔瓦多	7850
126	突尼斯	3500	126	印度	7680
127	佛得角	3450	127	摩尔多瓦	7680[7]
128	安哥拉	3370	128	玻利维亚	7670
129	玻利维亚	3370	129	佛得角	7330
130	基里巴斯	3140	130	乌兹别克斯坦	7230[2]
131	摩洛哥	3090[6]	131	老挝	7090
132	不丹	3080	132	越南	7030
133	摩尔多瓦	2990[7]	133	东帝汶	6990[2]
134	瓦努阿图	2970	134	萨摩亚	6620[2]
135	埃及	2800	135	汤加	6510[2]
136	乌克兰	2660[4]	136	缅甸	6480[2]
137	巴布亚新几内亚	2530	137	安哥拉	6150
138	老挝	2460	138	图瓦卢	6090[2]
139	越南	2400	139	约旦河西岸和加沙	5990
140	洪都拉斯	2330	140	巴基斯坦	5840
141	吉布提	2180	141	尼日利亚	5700
142	加纳	2130	142	尼加拉瓜	5390
143	尼加拉瓜	2030	143	马绍尔群岛	5290
144	印度	2020	144	刚果（布）	5050
145	乌兹别克斯坦	2020	145	洪都拉斯	4780
146	所罗门群岛	2000	146	加纳	4650
147	尼日利亚	1960	147	孟加拉国	4560
148	圣多美和普林西比	1890	148	苏丹	4420
149	东帝汶	1820	149	基里巴斯	4410[2]
150	津巴布韦	1790	150	密克罗尼西亚	4160[2]
151	孟加拉国	1750	151	巴布亚新几内亚	4150[2]
152	刚果（布）	1640	152	赞比亚	4100
153	肯尼亚	1620	153	柬埔寨	4060

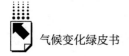
续表

位次	国家/地区	人均收入 （Atlas，美元）	位次	国家/地区	人均收入 （PPP，国际元）
154	科特迪瓦	1610	154	塔吉克斯坦	4040
155	巴基斯坦	1580	155	科特迪瓦	4030
156	苏丹	1560	156	吉尔吉斯斯坦	3780
157	喀麦隆	1440	157	喀麦隆	3700
158	赞比亚	1430	158	塞内加尔	3670
159	塞内加尔	1410	159	莱索托	3610
160	柬埔寨	1380	160	肯尼亚	3430
161	莱索托	1380	161	圣多美和普林西比	3430
162	科摩罗	1320	162	坦桑尼亚	3160[8]
163	缅甸	1310	163	瓦努阿图	3160[2]
164	吉尔吉斯斯坦	1220	164	尼泊尔	3090
165	毛里塔尼亚	1190	165	津巴布韦	3010
166	坦桑尼亚	1020[8]	166	科摩罗	2730
167	塔吉克斯坦	1010	167	也门	2570
168	尼泊尔	960	168	几内亚	2480
169	也门	960	169	贝宁	2400
170	贝宁	870	170	所罗门群岛	2280
171	几内亚	830	171	马里	2230
172	马里	830	172	卢旺达	2210
173	海地	800	173	埃塞俄比亚	2010
174	埃塞俄比亚	790	174	乌干达	1970
175	卢旺达	780	175	阿富汗	1960
176	几内亚比绍	750	176	布基纳法索	1920
177	冈比亚	700	177	乍得	1920
178	乍得	670	178	海地	1870
179	布基纳法索	660	179	几内亚比绍	1790
180	多哥	650	180	多哥	1760
181	乌干达	620	181	冈比亚	1680
182	利比里亚	600	182	马达加斯加	1580
183	阿富汗	550	183	南苏丹	*1550*
184	塞拉利昂	500	184	塞拉利昂	1520
185	刚果（金）	490	185	马拉维	1310
186	中非	480	186	莫桑比克	1300
187	南苏丹	*460*	187	利比里亚	1130

续表

位次	国家/地区	人均收入 （Atlas，美元）	位次	国家/地区	人均收入 （PPP，国际元）
188	马达加斯加	440	188	尼日尔	1030
189	莫桑比克	440	189	刚果（金）	900
190	尼日尔	380	190	中非	870
191	马拉维	360	191	布隆迪	740
192	布隆迪	280	192	毛里塔尼亚	420
	世界	11101		世界	17902
	东亚与太平洋地区	10977		东亚与太平洋地区	19328
	欧洲和中亚	24276		欧洲和中亚	34705
	拉丁美洲和加勒比海	8700		拉丁美洲和加勒比海	16111
	中东和北非	7652		中东和北非	20680
	北美	61031		北美	61753
	南亚	1925		南亚	7068
	撒哈拉以南非洲	1507		撒哈拉以南非洲	3812
	低收入	790		低收入	2225
	中低收入	2245		中低收入	7580
	中上收入	8859		中上收入	18745
	高收入	44166		高收入	51175

注：斜体数字为 2017 年或 2016 年数据。

（1）数据适用于塞浦路斯政府控制地区；（2）基于回归计算；（3）根据阿根廷国家统计和普查研究所正式报告数据；（4）根据乌克兰和俄罗斯联邦官方统计数据；（5）不包括阿布哈兹和南奥塞梯；（6）包括西撒哈拉地区；（7）不包括德涅斯特河沿岸；（8）仅涵盖坦桑尼亚大陆。

资料来源：http：//data. worldbank. org/data - catalog/world - development - indicators。

表4 世界各国及地区人口数据（2018 年）

单位：千人

位次	国家/地区	总人口	位次	国家/地区	总人口
1	中国	1392730	9	俄罗斯联邦	144478
2	印度	1352617	10	日本	126529
3	美国	327167	11	墨西哥	126191
4	印度尼西亚	267663	12	埃塞俄比亚	109225
5	巴基斯坦	212215	13	菲律宾	106652
6	巴西	209469	14	埃及	98424
7	尼日利亚	195875	15	越南	95540
8	孟加拉国	161356	16	刚果（金）	84068

续表

位次	国家/地区	总人口	位次	国家/地区	总人口
17	德国	82928	53	喀麦隆	25216
18	土耳其	82320	54	科特迪瓦	25069
19	伊朗	81800	55	澳大利亚	24992
20	泰国	69429	56	尼日尔	22443
21	法国	66987	57	斯里兰卡	21670
22	英国	66489	58	布基纳法索	19752
23	意大利	60431	59	罗马尼亚	19474
24	南非	57780	60	马里	19078
25	坦桑尼亚	56318	61	智利	18729
26	缅甸	53708	62	哈萨克斯坦	18276
27	韩国	51635	63	马拉维	18143
28	肯尼亚	51393	64	赞比亚	17352
29	哥伦比亚	49649	65	危地马拉	17248
30	西班牙	46724	66	荷兰	17231
31	乌克兰	44623	67	厄瓜多尔	17084
32	阿根廷	44495	68	叙利亚	16906
33	乌干达	42723	69	柬埔寨	16250
34	阿尔及利亚	42228	70	塞内加尔	15854
35	苏丹	41802	71	乍得	15478
36	伊拉克	38434	72	索马里	15008
37	波兰	37979	73	津巴布韦	14439
38	阿富汗	37172	74	几内亚	12414
39	加拿大	37059	75	卢旺达	12302
40	摩洛哥	36029	76	突尼斯	11565
41	沙特阿拉伯	33700	77	贝宁	11485
42	乌兹别克斯坦	32955	78	比利时	11422
43	秘鲁	31989	79	玻利维亚	11353
44	马来西亚	31529	80	古巴	11338
45	安哥拉	30810	81	布隆迪	11175
46	加纳	29767	82	海地	11123
47	莫桑比克	29496	83	南苏丹	10976
48	委内瑞拉	28870	84	希腊	10728
49	也门	28499	85	多米尼加	10627
50	尼泊尔	28088	86	捷克	10626
51	马达加斯加	26262	87	葡萄牙	10282
52	朝鲜	25550	88	瑞典	10183

续表

位次	国家/地区	总人口	位次	国家/地区	总人口
89	约旦	9956	125	约旦河西岸和加沙	4569
90	阿塞拜疆	9942	126	毛里塔尼亚	4403
91	匈牙利	9769	127	巴拿马	4177
92	阿拉伯联合酋长国	9631	128	科威特	4137
93	洪都拉斯	9588	129	克罗地亚	4089
94	白俄罗斯	9485	130	格鲁吉亚	3731[1]
95	塔吉克斯坦	9101	131	摩尔多瓦	3546[2]
96	以色列	8884	132	乌拉圭	3449
97	奥地利	8847	133	波斯尼亚和黑塞哥维那	3324
98	巴布亚新几内亚	8606	134	波多黎各	3195
99	瑞士	8517	135	蒙古国	3170
100	多哥	7889	136	亚美尼亚	2952
101	塞拉利昂	7650	137	牙买加	2935
102	中国香港	7451	138	阿尔巴尼亚	2866
103	老挝	7062	139	立陶宛	2790
104	保加利亚	7024	140	卡塔尔	2782
105	塞尔维亚	6982	141	纳米比亚	2448
106	巴拉圭	6956	142	冈比亚	2280
107	黎巴嫩	6849	143	博茨瓦纳	2254
108	利比亚	6679	144	加蓬	2119
109	尼加拉瓜	6466	145	莱索托	2108
110	萨尔瓦多	6421	146	北马其顿	2083
111	吉尔吉斯斯坦	6316	147	斯洛文尼亚	2067
112	土库曼斯坦	5851	148	拉脱维亚	1927
113	丹麦	5797	149	几内亚比绍	1874
114	新加坡	5639	150	科索沃	1845
115	芬兰	5518	151	巴林	1569
116	斯洛伐克	5447	152	特立尼达和多巴哥	1390
117	挪威	5314	153	爱沙尼亚	1321
118	刚果	5244	154	赤道几内亚	1309
119	哥斯达黎加	4999	155	东帝汶	1268
120	新西兰	4886	156	毛里求斯	1265
121	爱尔兰	4854	157	塞浦路斯	1189
122	阿曼	4829	158	斯威士兰	1136
123	利比里亚	4819	159	吉布提	959
124	中非	4666	160	斐济	883

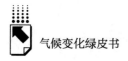

续表

位次	国家/地区	总人口	位次	国家/地区	总人口
161	科摩罗	832	195	马恩岛	84
162	圭亚那	779	196	安道尔	77
163	不丹	754	197	多米尼克	72
164	所罗门群岛	653	198	开曼群岛	64
165	中国澳门	632	199	百慕大群岛	64
166	黑山	622	200	马绍尔群岛	58
167	卢森堡	608	201	北马里亚纳群岛	57
168	苏里南	576	202	格陵兰	56
169	佛得角	544	203	美属萨摩亚	55
170	马尔代夫	516	204	圣基茨和尼维斯	52
171	马耳他	484	205	法罗群岛	48
172	文莱	429	206	荷属圣马丁	41
173	巴哈马	386	207	摩纳哥	39
174	伯利兹	383	208	列支敦士登	38
175	冰岛	354	209	特克斯和凯科斯群岛	38
176	瓦努阿图	293	210	法属圣马丁	37
177	巴巴多斯	287	211	圣马力诺	34
178	新喀里多尼亚	284	212	直布罗陀	34
179	法属波利尼西亚	278	213	英属维尔京群岛	30
180	圣多美和普林西比	211	214	帕劳	18
181	萨摩亚	196	215	瑙鲁	13
182	圣卢西亚	182	216	图瓦卢	12
183	海峡群岛	170		世界	7594270
184	关岛	166		东亚与太平洋地区	2328221
185	库拉索	160		欧洲和中亚	918794
186	基里巴斯	116		拉丁美洲和加勒比海	641358
187	密克罗尼西亚	113		中东和北非	448913
188	格林纳达	111		北美	364290
189	圣文森特和格林纳丁斯	110		南亚	1814389
190	美属维尔京群岛	107		撒哈拉以南非洲	1078307
191	阿鲁巴	106		低收入	705417
192	汤加	103		中低收入	3022905
193	塞舌尔	97		中上收入	2655636
194	安提瓜和巴布达	96		高收入	1210312

注：（1）不包括阿布哈兹和南奥塞梯；（2）不包括德涅斯特河沿岸。

资料来源：http://data.worldbank.org/data-catalog/world-development-indicators。

表5 世界各国及地区城市化率（2018 年）

单位：%

位次	国家/地区	城市化率	位次	国家/地区	城市化率
1	百慕大群岛	100	35	智利	87.56
1	开曼群岛	100	36	瑞典	87.43
1	直布罗陀	100	37	美属萨摩亚	87.15
1	中国香港	100	38	格陵兰	86.82
1	科威特	100	39	巴西	86.57
1	中国澳门	100	40	新西兰	86.54
1	摩纳哥	100	41	阿拉伯联合酋长国	86.52
1	瑙鲁	100	42	澳大利亚	86.01
1	新加坡	100	43	芬兰	85.38
1	荷属圣马丁	100	44	阿曼	84.54
11	卡塔尔	99.14	45	沙特阿拉伯	83.84
12	比利时	98.00	46	英国	83.40
13	圣马力诺	97.23	47	巴哈马	83.03
14	美属维尔京群岛	95.72	48	美国	82.26
15	乌拉圭	95.33	49	挪威	82.25
16	关岛	94.78	50	韩国	81.46
17	马耳他	94.61	51	加拿大	81.41
18	冰岛	93.81	52	多米尼加	81.07
19	波多黎各	93.58	53	哥伦比亚	80.78
20	特克斯和凯科斯群岛	93.10	54	法国	80.44
21	以色列	92.42	55	西班牙	80.32
22	阿根廷	91.87	56	墨西哥	80.16
23	北马里亚纳群岛	91.62	57	利比亚	80.10
24	日本	91.62	58	帕劳	79.93
25	荷兰	91.49	59	哥斯达黎加	79.34
26	卢森堡	90.98	60	希腊	79.06
27	约旦	90.98	61	白俄罗斯	78.60
28	加蓬	89.37	62	秘鲁	77.91
29	巴林	89.29	63	吉布提	77.78
30	库拉索	89.15	64	文莱	77.63
31	黎巴嫩	88.59	65	德国	77.31
32	委内瑞拉	88.21	66	古巴	77.04
33	安道尔	88.06	67	马绍尔群岛	77.03
34	丹麦	87.87	68	马来西亚	76.04

续表

位次	国家/地区	城市化率	位次	国家/地区	城市化率
69	土耳其	75.14	104	亚美尼亚	63.15
70	保加利亚	75.01	105	摩洛哥	62.45
71	伊朗	74.90	106	图瓦卢	62.39
72	俄罗斯联邦	74.43	107	朝鲜	61.90
73	瑞士	73.80	108	法属波利尼西亚	61.83
74	捷克	73.79	109	巴拉圭	61.59
75	圣多美和普林西比	72.80	110	冈比亚	61.27
76	阿尔及利亚	72.63	111	克罗地亚	59.61
77	赤道几内亚	72.14	111	阿尔巴尼亚	60.32
78	萨尔瓦多	72.02	112	波兰	60.06
79	匈牙利	71.35	113	中国	59.15
80	新喀里多尼亚	70.68	114	格鲁吉亚	58.63
81	多米尼克	70.48	115	尼加拉瓜	58.52
82	伊拉克	70.47	116	奥地利	58.30
83	意大利	70.44	117	北马其顿	57.96
84	博茨瓦纳	69.45	118	哈萨克斯坦	57.43
85	玻利维亚	69.43	119	洪都拉斯	57.10
86	乌克兰	69.36	120	克罗地亚	56.95
87	突尼斯	68.95	121	塞舌尔	56.69
88	爱沙尼亚	68.88	122	喀麦隆	56.37
89	蒙古国	68.45	123	斐济	56.25
90	拉脱维亚	68.14	124	塞尔维亚	56.09
91	巴拿马	67.71	125	加纳	56.06
92	立陶宛	67.68	126	阿塞拜疆	55.68
93	刚果（布）	66.92	127	牙买加	55.67
94	黑山	66.81	128	印度尼西亚	55.33
95	塞浦路斯	66.81	129	海地	55.28
96	南非	66.36	130	斯洛文尼亚	54.54
97	苏里南	66.06	131	叙利亚	54.16
98	佛得角	65.73	132	基里巴斯	54.06
99	安哥拉	65.51	133	罗马尼亚	54.00
100	中东和北非	65.37	134	斯洛伐克	53.73
101	葡萄牙	65.21	135	毛里塔尼亚	53.67
102	厄瓜多尔	63.82	136	特立尼达和多巴哥	53.18
103	爱尔兰	63.17	137	马恩岛	52.59

续表

位次	国家/地区	城市化率	位次	国家/地区	城市化率
138	圣文森特和格林纳丁斯	52.20	174	几内亚	36.14
139	土库曼斯坦	51.59	175	莫桑比克	35.99
140	利比里亚	51.15	176	越南	35.92
141	危地马拉	51.05	177	老挝	35.00
142	科特迪瓦	50.78	178	苏丹	34.64
143	乌兹别克斯坦	50.48	179	印度	34.03
144	尼日利亚	50.34	180	津巴布韦	32.21
145	纳米比亚	50.03	181	巴巴多斯	31.15
146	泰国	49.95	182	海峡群岛	30.91
147	波斯尼亚和黑塞哥维那	48.25	183	圣基茨和尼维斯	30.78
148	英属维尔京群岛	47.72	184	缅甸	30.58
149	贝宁	47.31	185	东帝汶	30.58
150	塞内加尔	47.19	186	布基纳法索	29.36
151	菲律宾	46.91	187	科摩罗	28.97
152	伯利兹	45.72	188	莱索托	28.15
153	索马里	44.97	189	塔吉克斯坦	27.13
154	刚果(金)	44.46	190	肯尼亚	27.03
155	赞比亚	43.52	191	圭亚那	26.61
156	阿鲁巴	43.41	192	阿富汗	25.50
157	几内亚比绍	43.36	193	瓦努阿图	25.27
158	埃及	42.70	194	安提瓜和巴布达	24.60
159	摩尔多瓦	42.63	195	斯威士兰	23.80
160	马里	42.36	196	乌干达	23.77
161	法罗群岛	42.06	197	所罗门群岛	23.75
162	塞拉利昂	42.06	198	柬埔寨	23.39
163	多哥	41.70	199	汤加	23.13
164	中非	41.36	200	乍得	23.06
165	不丹	40.90	201	密克罗尼西亚	22.70
166	毛里求斯	40.79	202	埃塞俄比亚	20.76
167	马尔代夫	39.81	203	尼泊尔	19.74
168	马达加斯加	37.19	204	南苏丹	19.62
169	巴基斯坦	36.67	205	圣卢西亚	18.68
170	也门	36.64	206	斯里兰卡	18.48
171	孟加拉国	36.63	207	萨摩亚	18.24
172	吉尔吉斯斯坦	36.35	208	卢旺达	17.21
173	格林纳达	36.27	209	马拉维	16.94

续表

位次	国家/地区	城市化率	位次	国家/地区	城市化率
210	尼日尔	16.43		中上收入	66.23
211	列支敦士登	14.34		中等收入	52.53
212	巴布亚新几内亚	13.17		低和中等收入	50.33
213	布隆迪	13.03		中低收入	40.51
	世界	55.27		低收入	32.57
	高收入	81.33		低收入	32.39

资料来源: http://databank.worldbank.org/data/reports.aspx? source = 2&series = SP.URB.TOTL.IN.ZS。

表6 世界各国及地区能源和碳排放数据 (2018 年)

国家/地区	二氧化碳排放（百万吨CO_2）	一次能源消费总量（百万吨标准油）	一次能源消费结构(%)					
			石油	天然气	煤炭	核能	水电	其他可再生能源
加拿大	550.3	344.4	31.93	28.89	4.19	6.57	25.44	2.98
墨西哥	462.5	186.9	44.31	41.17	6.37	1.65	3.92	2.58
美国	5145.2	2300.6	39.98	30.54	13.78	8.36	2.84	4.51
北美洲总计	6157.9	2832.0	39.28	31.04	12.12	7.70	5.66	4.20
阿根廷	180.3	85.1	35.41	49.24	1.43	1.83	11.08	1.02
巴西	441.8	297.6	45.67	10.37	5.35	1.19	29.48	7.95
智利	95.8	40.1	45.25	13.75	19.16	0.00	13.06	8.77
哥伦比亚	98.1	46.9	35.29	23.86	12.51	0.00	27.30	1.03
厄瓜多尔	37.1	17.6	69.28	3.45	0.00	0.00	26.57	0.70
秘鲁	52.3	27.0	45.88	22.42	3.48	0.00	25.78	2.44
特立尼达和多巴哥	20.7	15.3	13.77	86.22	0.00	0.00	0.00	0.01
委内瑞拉	123.7	64.6	30.17	44.44	0.16	0.00	25.23	0.00
拉丁美洲其他地区	236.8	107.8	63.38	6.28	4.00	0.00	20.70	5.63
拉丁美洲总计	1286.5	702.0	44.91	20.62	5.13	0.73	23.57	5.04
奥地利	61.2	35.0	38.31	21.34	8.16	0.00	24.26	7.92
比利时	129.6	62.2	54.80	23.33	5.27	10.36	0.10	6.14
捷克	103.2	42.1	25.24	16.30	37.39	16.07	0.87	4.12
芬兰	46.6	29.3	36.72	6.00	14.59	17.81	10.27	14.60

续表

国家/地区	二氧化碳排放(百万吨CO$_2$)	一次能源消费总量(百万吨标准油)	一次能源消费结构(%)					
			石油	天然气	煤炭	核能	水电	其他可再生能源
法国	311.8	242.6	32.51	15.14	3.46	38.54	5.99	4.37
德国	725.7	323.9	34.95	23.44	20.50	5.32	1.18	14.61
希腊	76.2	28.3	56.31	14.37	16.45	0.00	4.57	8.30
匈牙利	47.7	23.7	37.31	34.84	9.23	15.01	0.21	3.40
意大利	336.3	154.5	39.34	38.52	5.75	0.00	6.72	9.67
荷兰	202.7	84.8	48.23	36.20	9.65	0.93	0.02	4.97
挪威	35.5	47.4	21.97	8.14	1.78	0.00	66.14	1.97
波兰	322.5	105.2	31.21	16.14	48.03	0.00	0.42	4.19
葡萄牙	54.5	26.0	44.46	19.38	10.49	0.00	10.76	14.91
罗马尼亚	72.0	33.4	30.65	27.99	15.90	7.71	11.90	5.85
西班牙	295.2	141.4	47.13	19.14	7.87	8.91	5.63	11.32
瑞典	44.8	53.6	27.67	1.30	3.67	28.96	26.14	12.26
瑞士	36.6	27.8	37.83	9.25	0.40	20.91	28.31	3.31
土耳其	389.9	153.5	31.63	26.49	27.56	0.00	8.77	5.56
乌克兰	186.5	84.0	11.40	31.29	31.20	22.73	2.67	0.71
英国	394.1	192.3	40.06	35.28	3.93	7.66	0.64	12.43
其他欧洲地区	119.4	44.7	39.05	16.21	21.03	5.21	11.21	7.31
欧洲总计	4248.4	2050.7	36.18	23.02	14.98	10.34	7.08	8.40
阿塞拜疆	31.8	14.4	32.30	64.60	0.01	0.00	2.78	0.32
白俄罗斯	56.6	24.6	27.70	67.65	3.90	0.00	0.42	0.33
哈萨克斯坦	248.1	76.4	21.45	21.88	53.42	0.00	3.06	0.20
俄罗斯联邦	1550.8	720.7	21.13	54.22	12.21	6.42	5.97	0.04
土库曼斯坦	78.5	31.5	22.50	77.49	0.00	0.00	0.00	0.00
乌兹别克斯坦	104.3	43.9	6.02	83.41	7.03	0.00	3.54	0.00
其他独联体国家	30.3	19.0	19.25	25.83	10.55	2.47	41.85	0.05
独联体总计	2100.4	930.5	20.80	53.67	14.50	5.02	5.95	0.06
伊朗	656.4	285.7	30.16	67.88	0.52	0.55	0.85	0.03
伊拉克	151.4	53.7	71.39	27.27	0.00	0.00	1.31	0.02

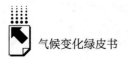

续表

国家/地区	二氧化碳排放（百万吨 CO_2）	一次能源消费总量（百万吨标准油）	一次能源消费结构（%）					
			石油	天然气	煤炭	核能	水电	其他可再生能源
以色列	69.6	25.6	44.68	35.29	18.24	0.00	0.02	1.78
科威特	98.2	39.0	51.46	48.07	0.40	0.00	0.00	0.06
阿曼	71.4	30.7	29.99	69.75	0.25	0.00	0.00	0.01
卡塔尔	101.2	48.3	25.30	74.65	0.00	0.00	0.00	0.06
沙特阿拉伯	571.0	259.2	62.75	37.20	0.04	0.00	0.00	0.01
阿拉伯联合酋长国	277.0	112.2	40.20	58.67	0.94	0.00	0.00	0.19
其他中东地区	122.7	47.9	56.06	40.80	0.82	0.00	0.61	1.70
中东地区总计	2118.8	902.3	45.67	52.71	0.88	0.18	0.38	0.19
阿尔及利亚	135.5	56.7	34.60	64.79	0.32	0.00	0.05	0.24
埃及	224.2	94.5	38.84	54.16	2.94	0.00	3.23	0.83
摩洛哥	62.8	21.0	62.84	4.22	25.96	0.00	1.82	5.16
南非	421.1	121.5	21.64	3.07	70.76	2.07	0.17	2.30
其他非洲地区	391.0	167.8	56.93	21.70	4.20	0.00	15.73	1.43
非洲总计	1234.6	461.5	41.46	27.94	21.98	0.54	6.51	1.56
澳大利亚	416.6	144.3	36.95	24.66	30.68	0.00	2.71	5.00
孟加拉国	90.4	35.8	25.15	68.14	5.96	0.00	0.56	0.20
中国	9428.7	3273.5	19.59	7.43	58.25	2.03	8.31	4.38
中国香港	99.5	31.1	71.39	8.35	20.19	0.00	0.00	0.07
印度	2479.1	809.2	29.54	6.17	55.89	1.09	3.91	3.40
印度尼西亚	543.0	185.5	44.96	18.06	33.18	0.00	2.00	1.80
日本	1148.4	454.1	40.16	21.91	25.87	2.45	4.04	5.59
马来西亚	250.3	99.3	37.15	35.74	21.27	0.00	5.51	0.33
新西兰	35.9	21.7	38.69	17.20	5.82	0.00	27.40	10.89
巴基斯坦	195.7	85.0	28.62	44.07	13.64	2.63	9.58	1.47
菲律宾	133.7	47.0	46.69	7.48	34.61	0.00	4.51	6.71
新加坡	230.0	87.6	86.59	12.06	1.04	0.00	0.00	0.31
韩国	697.6	301.0	42.81	15.98	29.30	10.04	0.22	1.65
斯里兰卡	20.6	8.1	65.91	0.00	14.57	0.00	17.78	1.74
中国台湾	286.0	118.4	42.26	17.18	33.19	5.29	0.85	1.23
泰国	302.4	133.0	49.47	32.29	13.91	0.00	1.29	3.03
越南	224.5	85.8	28.97	9.66	39.96	0.00	21.29	0.12
其他亚太地区	161.7	65.4	34.40	15.80	27.59	0.00	21.77	0.43

续表

国家/地区	二氧化碳排放(百万吨CO$_2$)	一次能源消费总量(百万吨标准油)	一次能源消费结构(%)					
			石油	天然气	煤炭	核能	水电	其他可再生能源
亚太地区总计	16744.1	5985.8	28.32	11.86	47.47	2.09	6.50	3.76
世界	33890.8	13864.9	33.62	23.87	27.21	4.41	6.84	4.05
其中:经合组织	12405.0	5669.0	38.89	26.55	15.19	7.87	5.67	5.83
非经合组织国家	21485.8	8195.9	29.98	22.01	35.52	2.02	7.66	2.82
欧洲联盟	3479.3	1688.2	38.31	23.35	13.17	11.09	4.62	9.46

资料来源：https：//www. bp. com/en/global/corporate/energy – economics/statistical – review – of – world – energy/downloads. html。

表7　2018 年中国各省（区、市）万元地区生产总值能耗变化率、

能源消费总量增速和万元地区生产总值电耗变化率（不含港澳台）

单位：%

地　区	万元地区生产总值能耗上升或下降	能源消费总量增速	万元地区生产总值电耗上升或下降
北　京	− 3.82	2.6	0.42
天　津	− 1.54	2.0	3.18
河　北	− 5.89	0.3	− 0.08
山　西	− 3.23	3.2	1.73
内蒙古	10.86	16.7	9.72
辽　宁	− 1.15	4.5	2.01
吉　林	− 2.56	1.8	2.22
黑龙江	− 2.76	1.8	0.21
上　海	− 5.56	0.6	− 3.71
江　苏	− 6.18	0.1	− 1.08
浙　江	− 3.72	3.1	0.99
安　徽	− 5.45	2.1	2.87
福　建	− 3.41	4.6	1.14
江　西	− 4.76	3.5	1.61
山　东	− 4.87	1.2	2.43
河　南	− 5.01	2.2	0.29
湖　北	− 4.32	3.1	2.84
湖　南	− 5.12	2.3	2.38

地　区	万元地区生产总值 能耗上升或下降	能源消费总量 增速	万元地区生产总值 电耗上升或下降
广　东	− 3.38	3.2	− 0.64
广　西	− 3.05	3.5	10.38
海　南	− 1.32	4.4	1.36
重　庆	− 2.52	3.4	5.45
四　川	− 4.06	3.6	3.32
贵　州	− 6.54	1.9	− 1.88
云　南	− 4.80	3.8	0.10
西　藏	—	—	—
陕　西	− 4.88	3.0	− 1.49
甘　肃	− 1.97	4.3	4.15
青　海	− 2.88	4.1	0.28
宁　夏	2.85	10.1	1.74
新　疆	− 4.04	1.8	2.65

注：地区生产总值按照 2015 年价格计算。

资料来源：《2018 年分省（区、市）万元地区生产总值能耗降低率等指标公报》，国家统计局官网，http：//www.stats.gov.cn/tjsj/zxfb/201909/t20190917_ 1697942.html。2019 年 9 月 17 日。

全球及"一带一路"区域气候
灾害历史统计

翟建青 谈 科[*]

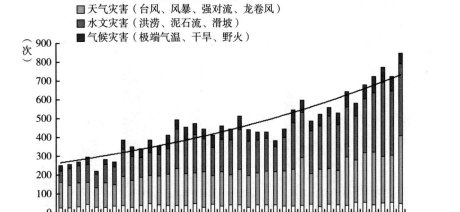

图1 1980～2018年全球重大自然灾害事件发生次数

注：自然灾害事件入选本项统计的标志为至少造成1人死亡或至少造成10万美元（低收入经济体）、30万美元（下中等收入经济体）、100万美元（上中等收入经济体）或300万美元（高收入经济体）的损失；经济体划分参考世界银行相关标准。图2至图4同。

资料来源：慕尼黑再保险公司和国家气候中心。

---

[*] 翟建青，国家气候中心副研究员，南京信息工程大学气象灾害预报预警与评估协同创新中心骨干专家，研究领域为气候变化影响评估与气象灾害风险管理。谈科，南京信息工程大学硕士研究生，研究领域为灾害风险管理。

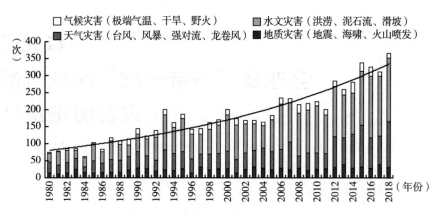

图2 1980～2018年亚洲重大自然灾害事件发生次数

资料来源：慕尼黑再保险公司和国家气候中心。

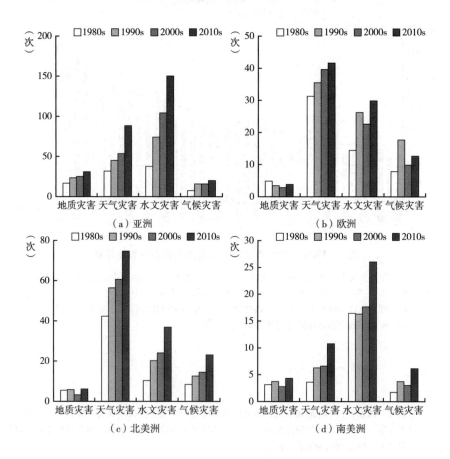

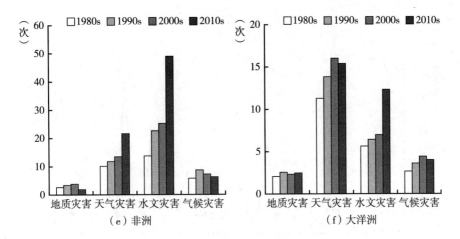

图3　各大洲分年代重大自然灾害事件发生次数

资料来源：慕尼黑再保险公司和国家气候中心。

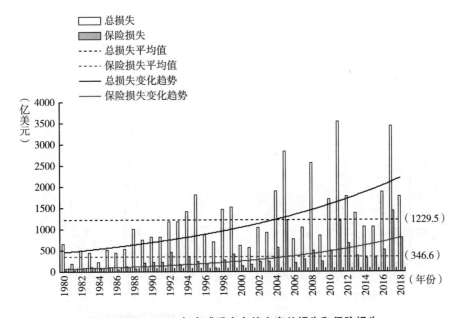

图4　1980~2018年全球重大自然灾害总损失和保险损失

注：损失值为2018年计算值，已根据各国CPI指数扣除物价上涨因素并考虑了本币与美元汇率的波动。图5至图10同。

资料来源：慕尼黑再保险公司和国家气候中心。

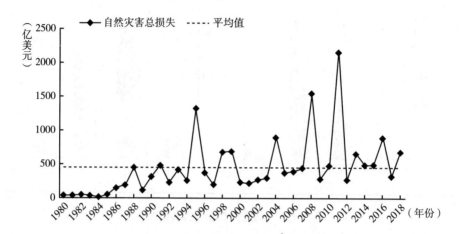

图5　1980～2017年亚洲重大自然灾害总损失

资料来源：慕尼黑再保险公司和国家气候中心。

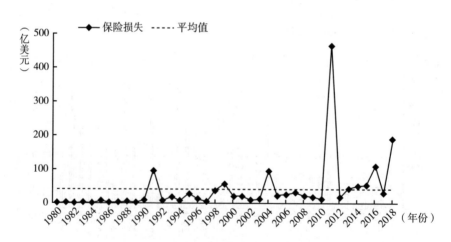

图6　1980～2018年亚洲重大自然灾害保险损失

资料来源：慕尼黑再保险公司和国家气候中心。

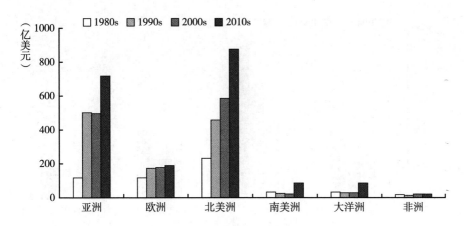

图7　各大洲分年代重大自然灾害总损失

资料来源：慕尼黑再保险公司和国家气候中心。

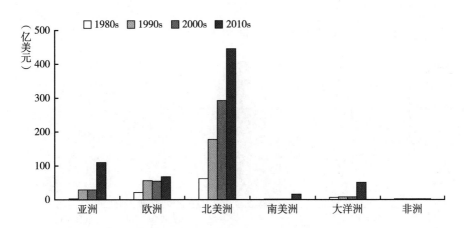

图8　各大洲分年代重大自然灾害保险损失

资料来源：慕尼黑再保险公司和国家气候中心。

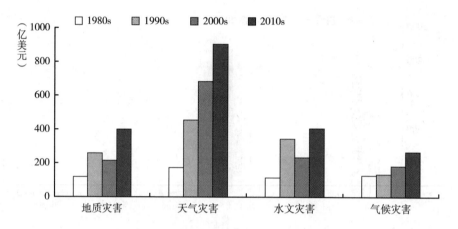

图9 各类重大自然灾害分年代总损失

资料来源：慕尼黑再保险公司和国家气候中心。

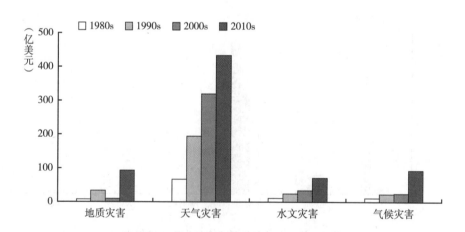

图10 各类重大自然灾害分年代保险损失

资料来源：慕尼黑再保险公司和国家气候中心。

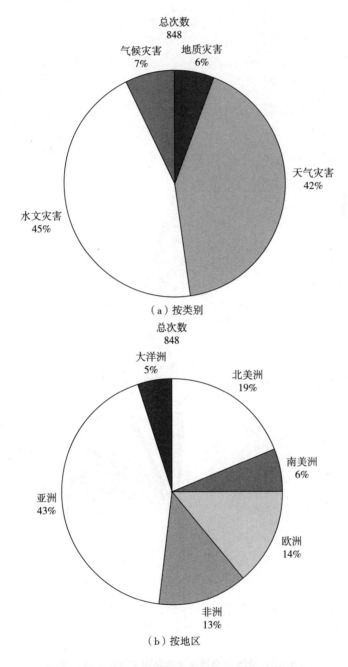

图 11 2018 年全球各类重大自然灾害发生次数分布

资料来源：慕尼黑再保险公司和国家气候中心。

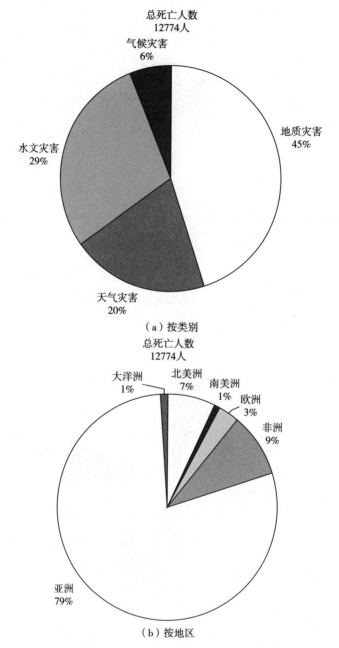

总死亡人数
12774人

气候灾害
6%

地质灾害
45%

水文灾害
29%

天气灾害
20%

（a）按类别

总死亡人数
12774人

大洋洲
1%

北美洲
7%

南美洲
1%

欧洲
3%

非洲
9%

亚洲
79%

（b）按地区

图 12　2018 年全球重大自然灾害死亡人数分布

资料来源：慕尼黑再保险公司和国家气候中心。

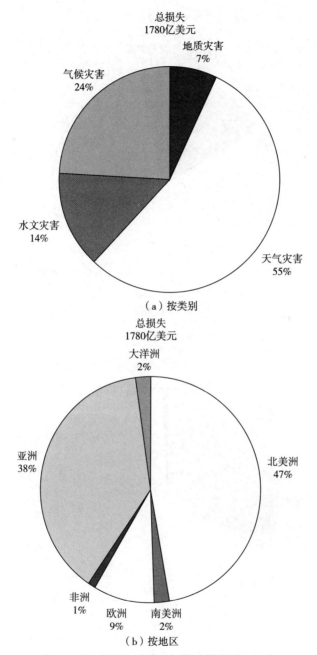

（a）按类别

（b）按地区

图13　2018年全球重大自然灾害总损失分布

资料来源：慕尼黑再保险公司和国家气候中心。

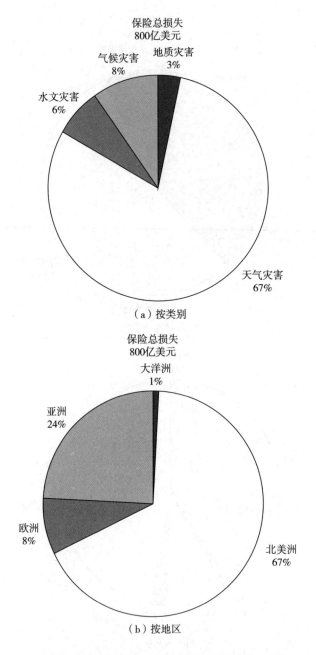

图 14　2018 年全球重大自然灾害保险损失分布

资料来源：慕尼黑再保险公司和国家气候中心。

表1　1980年以来美国重大气象灾害（直接经济损失≥10亿美元）损失统计

灾害类型	次数 （次）	次数比例 （%）	损失 （10亿美元）	损失比例 （%）	平均损失 （10亿美元）	死亡人数 （人）
干旱	26	10.7	247	14.6	9.5	2993
洪水	29	11.9	124.7	7.4	4.3	543
低温冰冻	9	3.7	30.2	1.8	3.4	162
强风暴	105	43.0	231.4	13.7	2.2	1628
台风/飓风	42	17.2	927.5	54.9	22.1	6487
火灾	16	6.6	79.5	4.7	5.0	344
暴风雪	17	7.0	48.9	2.9	2.9	1048
总计	244	100.0	1689.2	100.0	6.9	13205

资料来源：https：//www.ncdc.noaa.gov/billions/summary - stats；灾害损失值已采用CPI指数进行调整。

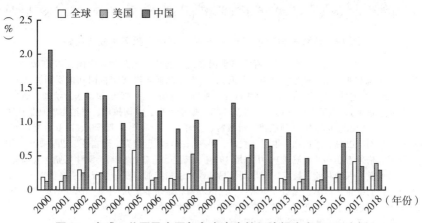

图15　全球、美国及中国气象灾害直接经济损失占GDP比例

资料来源：慕尼黑再保险公司、世界银行和国家气候中心。

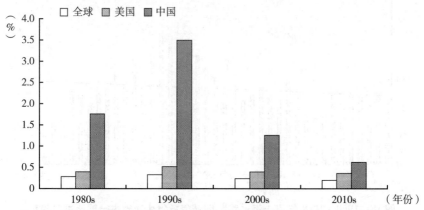

图16　全球、美国及中国气象灾害直接经济损失占GDP比重的年代际变化

资料来源：慕尼黑再保险公司、世界银行和国家气候中心。

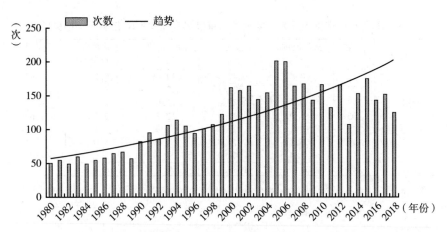

图17　1980～2018年"一带一路"区域气象灾害发生次数

注："一带一路"区域指"六廊六路多国多港"合作框架覆盖含中国在内的65个国家（其中叙利亚、巴基斯坦和黑山无数据），其中东北亚2国（蒙古国和俄罗斯），东南亚11国（新加坡、印度尼西亚、马来西亚、泰国、越南、菲律宾、柬埔寨、缅甸、老挝、文莱和东帝汶），南亚7国（印度、巴基斯坦、斯里兰卡、孟加拉国、尼泊尔、马尔代夫和不丹），西亚北非20国（阿联酋、科威特、土耳其、叙利亚、卡塔尔、阿曼、黎巴嫩、沙特阿拉伯、巴林、以色列、也门、埃及、伊朗、约旦、伊拉克、阿富汗、巴勒斯坦、阿塞拜疆、格鲁吉亚和亚美尼亚），中东欧19国（波兰、阿尔巴尼亚、爱沙尼亚、立陶宛、斯洛文尼亚、保加利亚、捷克、匈牙利、马其顿、塞尔维亚、罗马尼亚、斯洛伐克、克罗地亚、拉脱维亚、波黑、黑山、乌克兰、白俄罗斯和摩尔多瓦），中亚5国（哈萨克斯坦、吉尔吉斯斯坦、土库曼斯坦、塔吉克斯坦和乌兹别克斯坦）。图18至图20同。

资料来源：慕尼黑再保险公司和国家气候中心。

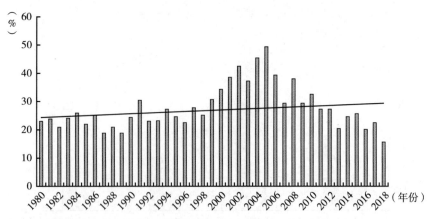

图18　1980～2018年"一带一路"区域气象发生次数占全球比重及趋势

资料来源：慕尼黑再保险公司和国家气候中心。

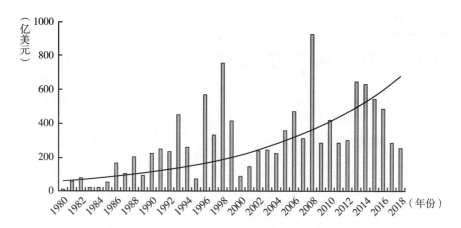

图19　1980～2018年"一带一路"区域气象灾害直接经济损失

资料来源：慕尼黑再保险公司和国家气候中心。

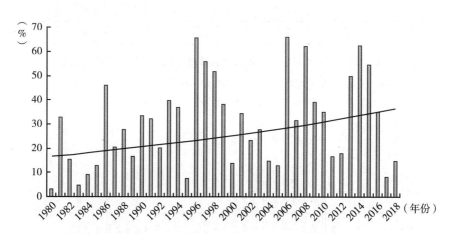

图20　1980～2018年"一带一路"区域气象灾害直接经济损失占全球比重

资料来源：慕尼黑再保险公司和国家气候中心。

G.28

中国气象灾害历史统计

翟建青　谈　科*

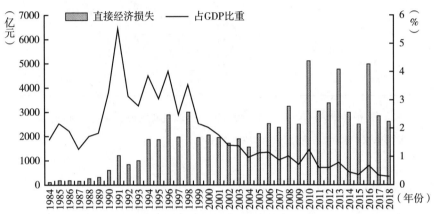

图1　1984～2018年中国气象灾害直接经济损失及其占GDP比重

资料来源：《中国气象灾害年鉴》和《中国气候公报》。

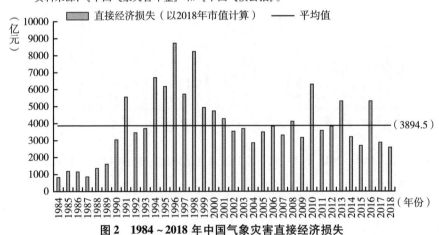

图2　1984～2018年中国气象灾害直接经济损失

资料来源：《中国气象灾害年鉴》和《中国气候公报》。

---

* 翟建青，国家气候中心副研究员，南京信息工程大学气象灾害预报预警与评估协同创新中心骨干专家，研究领域为气候变化影响评估与气象灾害风险管理。谈科，南京信息工程大学硕士研究生，研究领域为灾害风险管理。

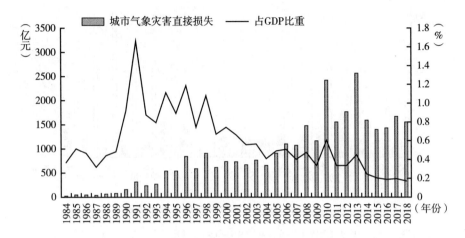

图3　1984～2018年中国城市气象灾害直接经济损失及其与GDP比较

资料来源：《中国气象灾害年鉴》、《中国气候公报》和国家统计局。

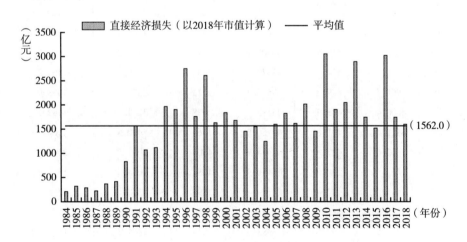

图4　1984～2018年中国城市气象灾害直接经济损失

资料来源：《中国气象灾害年鉴》、《中国气候公报》和国家统计局。

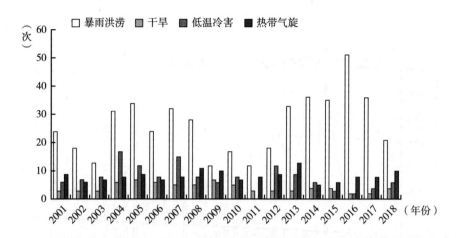

图5　2001～2018年中国气象灾害发生次数

资料来源:《中国气象灾害年鉴》和《中国气候公报》。

表1　中国气象灾害灾情统计

年份	农作物灾情(万公顷)		人口灾情		直接经济损失(亿元)	城市气象灾害直接经济损失(亿元)
	受灾面积	绝收面积	受灾人口(万人)	死亡人口(人)		
2004	3765	433.3	34049.2	2457	1565.9	653.9
2005	3875.5	418.8	39503.2	2710	2101.3	903.3
2006	4111	494.2	43332.3	3485	2516.9	1104.9
2007	4961.4	579.8	39656.3	2713	2378.5	1068.9
2008	4000.4	403.3	43189	2018	3244.5	1482.1
2009	4721.4	491.8	47760.8	1367	2490.5	1160.3
2010	3742.6	487	42494.2	4005	5097.5	2421.3
2011	3252.5	290.7	43150.9	1087	3034.6	1555.8
2012	2496	182.6	27389.4	1390	3358	1766.3
2013	3123.4	383.8	38288	1925	4766	2560.8
2014	1980.5	292.6	23983	849	2964.7	1592.9
2015	2176.9	223.3	18521.5	1217	2502.9	1404.2
2016	2622.1	290.2	18860.8	1396	4961.4	2845.4
2017	1847.81	182.67	14448	881	2850.4	1668.1
2018	2081.43	258.5	13517.8	566	2615.6	1558.4

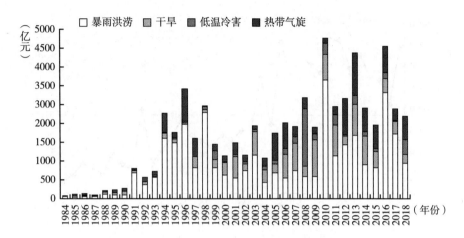

图6　1984～2018年各类气象灾害直接经济损失

资料来源:《中国气象灾害年鉴》、《中国气候公报》和民政部。

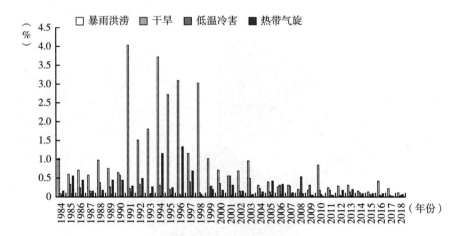

图7　1984～2018年各类灾害直接经济损失相当于GDP比重

资料来源:《中国气象灾害年鉴》、《中国气候公报》和民政部。

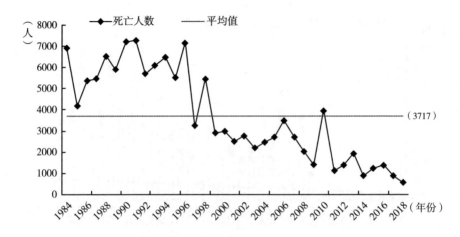

图8 1984～2018年中国气象灾害造成的死亡人数变化

资料来源：《中国气象灾害年鉴》、《中国气候公报》和民政部。

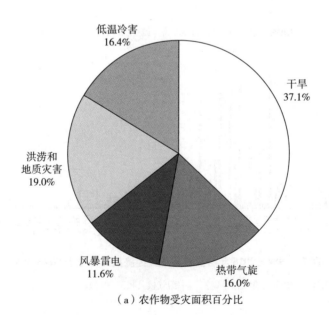

（a）农作物受灾面积百分比

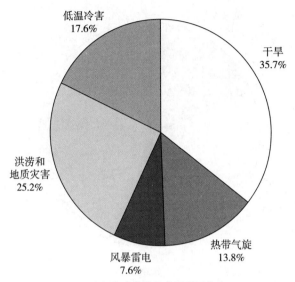

（b）农作物绝收面积百分比

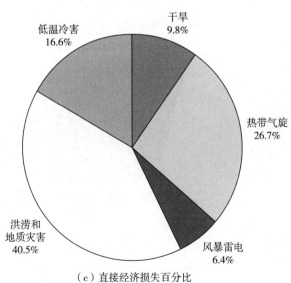

（c）直接经济损失百分比

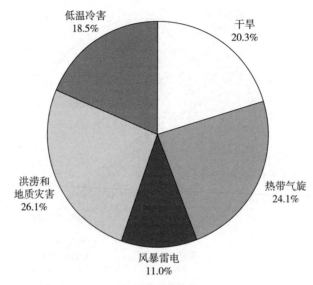

（d）受灾人口百分比

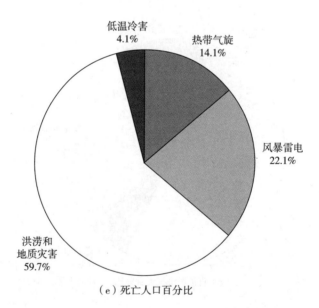

（e）死亡人口百分比

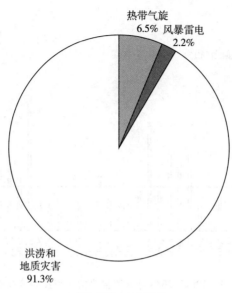

（f）失踪人口百分比

图9　2018年各类气象灾害因灾损失及伤亡人口占比

资料来源：《中国气象灾害年鉴》、《中国气候公报》和民政部。

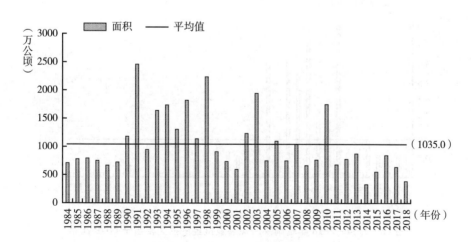

图10　1984～2018年暴雨洪涝灾害农作物受灾面积

资料来源：《中国气象灾害年鉴》、《中国气候公报》和民政部。

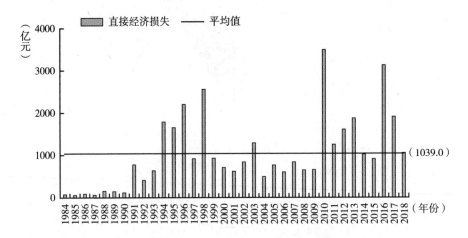

图11 1984~2018年暴雨洪涝灾害直接经济损失

资料来源:《中国气象灾害年鉴》、《中国气候公报》和民政部。

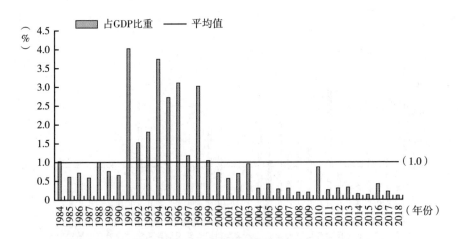

图12 1984~2018年暴雨洪涝灾害直接经济损失相当于GDP比重

资料来源:《中国气象灾害年鉴》、《中国气候公报》和民政部。

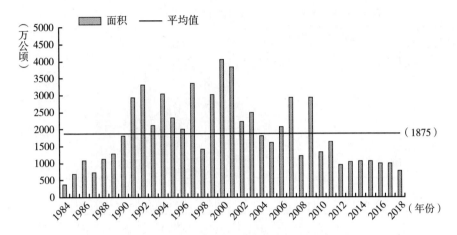

图13　1984～2018年干旱受灾面积历年变化

资料来源：《中国气象灾害年鉴》、《中国气候公报》和民政部。

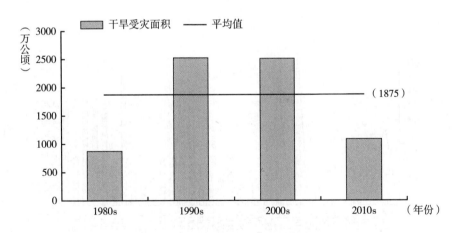

图14　中国干旱受灾面积年代际变化

资料来源：《中国气象灾害年鉴》、《中国气候公报》和民政部。

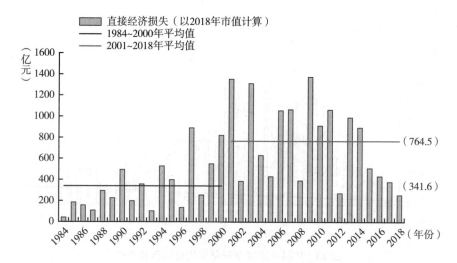

图15　1984～2018年干旱灾害直接经济损失历年变化

资料来源:《中国气象灾害年鉴》、《中国气候公报》和民政部。

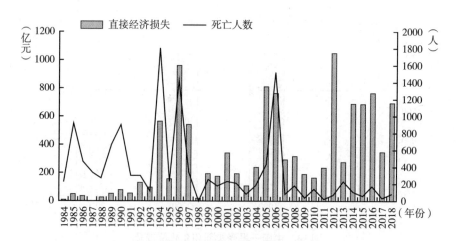

图16　1984～2018年台风灾害直接经济损失和死亡人数变化

资料来源:《中国气象灾害年鉴》、《中国气候公报》和民政部。

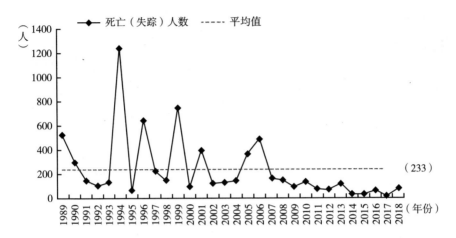

图 17　1989~2018 年中国海洋灾害造成死亡（失踪）人数

注：海洋灾害包括风暴潮、海浪、海冰、海啸、赤潮、绿潮、海平面变化、海岸侵蚀、海水入侵与土壤盐渍化以及咸潮入侵灾害。

资料来源：《中国海洋灾害公报》和中华人民共和国自然资源部。

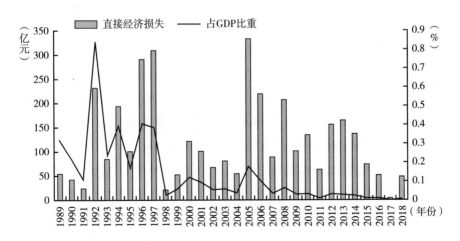

图 18　1989~2018 年中国海洋灾害造成直接经济损失及其与 GDP 比较

资料来源：《中国海洋灾害公报》和中华人民共和国自然资源部。

G.29
缩略词

胡国权　张兴*

AFOLU—Agriculture, Forestry and Other Land Use, 农业、林业和其他土地利用

AOSIS—Alliance of Small Island States, 小岛屿国家联盟

AWG-DP—Ad Hoc Working Group on the Durban Platform for Enhanced Action, 德班加强行动平台问题特设工作组

BASIC—Brazil, South Africa, India and China, 巴西、南非、印度和中国

BAU—Business As Usual, 基准排放情景

BUR—Biennial Update Report, 两年期更新报告

CAP—Common Agricultural Policy, 共同农业政策

CCER—Chinese Certified Emissions Reductions, 中国核证自愿减排量

CCS—Carbon Capture and Storage, 碳捕捉与封存

CDM—Clean Development Mechanism, 清洁发展机制

CER—Certified Emission Reductions, 核证减排量

CF—Cohesion Fund, 凝聚基金

CFP—Common Fishery Policy, 共同渔业政策

CH_4— Methane, 甲烷

CMA—Conference of the Parties serving as the meeting of the Parties to the

---

* 胡国权，中国气象局国家气候中心副研究员，研究领域为气候变化数值模拟、气候变化应对战略。张兴，中国社会科学院城市发展与环境研究所学术助理。

Paris Agreement，《巴黎协定》缔约方大会

CO_2—Carbon Dioxide，二氧化碳

CO—Carbon Monoxide，一氧化碳

COP—Conference of Parties，《联合国气候变化框架公约》缔约方会议

CORSIA—Carbon Offsetting and Reduction Scheme for International Aviation，国际航空碳抵消及减排机制

CRI—Global Climate Risk Index，全球气候风险指数

DEHSt—German Emissions Trading Authority，德国排放贸易管理局

DOC—Degradable Organic Carbon，可降解有机碳

EAFRD—European Agricultural Fund for Rural Development，欧洲农业发展基金

EBRD—European Bank for Reconstruction and Development，欧洲复兴开发银行

EEA—European Environment Agency，欧洲环境署

EIB—European Investment Bank，欧洲投资银行

EMFF—European Maritime and Fisheries Fund，欧洲海洋与渔业基金

ERDF—European Regional Development Fund，欧洲区域发展基金

ESF—European Social Fund，欧洲社会基金

ESIF—European Structural and Investment Fund，欧洲结构和投资基金

ETS—Emissions Trading System，排放交易系统

EU—European Union，欧盟

EV—Electric Vehicle，电动汽车

G20—Group 20，二十国集团

GDP—Gross Domestic Product，国内生产总值

GEF—Global Environment Facility，全球环境基金

GHG/GHGs—Greenhouse Gas/Gases，温室气体

GWP—Global Warming Potential，全球暖化潜势

ICA—International Consultations and Analysis，国际磋商和分析

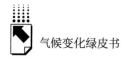

ICAO—International Civil Aviation Organization，国际民航组织

IEA—International Energy Agency，国际能源署

IMO—International Maritime Organization，国际海事组织

INC—Intergovernmental Negotiating Committee，政府间谈判委员会

IOC— International Olympic Committee，国际奥林匹克委员会

IPCC—Intergovernmental Panel on Climate Change，联合国政府间气候变化专家委员会

IPPU—Industrial Processes and Product Use，工业过程和产品使用

IRENA—The International Renewable Energy Agency，国际可再生能源署

ITMOs—Internationally Transferred Mitigation Outcomes，国际转让的减排成果

IUCN—International Union for Conservation of Nature，世界自然保护联盟

LULUCF—Land Use，Land-use Change and Forestry，土地利用，土地利用变化和林业

MMR—Monitoring Mechanism Regulations，监测机制法规

MMT— Minimum Mortality Temperature，最低死亡率温度

MPGs—Modalities，Procedures and Guidelines，模式、程序和指南

MRV—Measurement，Reporting and Verification，测量、报告和核查

N_2O— Nitrous Oxide，氧化亚氮

NAMAs—Nationally Appropriate Mitigation Actions，国家适当减缓行动

NAP—National Adaptation Plan，国家适应计划

NASA— National Aeronautics and Space Administration，美国国家航空航天局

NBS—Nature-Based Solution，基于自然的解决方案

NDC/NDCs—Nationally Determined Contribution/ Contributions，国家自主贡献

NEP—Net Ecosystem Productivity，净生态系统生产力

NGO—Non-Governmental Organization，非政府组织

NPP— Net Primary Productivity，净初级生产力

PHCER—PuHui certified emission reductions，碳普惠核证自愿减排量

PM2.5—Particulate Matter with a diameter of less than 2.5 micro-metres，（空气中）直径小于2.5微米的颗粒物

RCPs—Representative Concentration Pathways，典型浓度路径情景

REDD—Reduced Emissions from Deforestation and Forest Degradation，减少森林砍伐和退化造成的温室气体排放

RVA—Climate Risk and Vulnerability Assessment，气候风险和脆弱性评估

SBI—Subsidiary Body for Implementation，附属执行机构

SBSTA—Subsidiary Body for Scientific and Technological Advice，附属科技咨询机构

SECAP—Sustainable Energy and Climate Action Plan，可持续能源与气候行动计划

SIRENE—Supplementary Information Request at the National Entries，国家排放登记系统

TACCC—Transparency, Accuracy, Consistency, Completeness, and Comparability，透明度，准确性，一致性，完整性和可比性

tCO_2eq/tCO_2e—tonnes of Carbon Dioxide-equivalent，吨二氧化碳当量

TFI—The Task Force on National Greenhouse Gas Inventories，清单特设工作组

TNC— The Nature Conservancy，大自然保护协会

ToR—Terms of Reference，职责范围

UAST—Urban Adaptation Support Tool，城市适应支持工具

UNEP—United Nations Environment Programme，联合国环境规划署

UNFCCC—United Nations Framework Convention on Climate Change，联合国气候变化框架公约

UN—United Nations，联合国

V2B—Vehicles to Buildings，电动汽车与建筑的部门耦合

V2G—Vehicles to Grid，电动汽车与电网的部门耦合

WHO—World Health Organization，世界卫生组织

WIM—the Warsaw International Mechanism for Loss and Damage，气候变化影响相关损失和损害华沙国际机制（华沙国际机制）

WMO—World Meteorological Organization，世界气象组织

WRI— The World Resources Institute，世界资源研究所

WWF—World Wide Fund For Nature，世界自然基金会

Abstract

Global climate change is a common crisis and challenge for every country. The risks associated with climate change are increasing with global warming. From UN General Assembly's launch of negotiations on intergovernmental climate change in 1990 to the 25th Conference of the Parties to the UNFCCC in 2019, the international process of addressing climate change has gone a course with twists and turns for nearly 30 years. *Annual Report on Actions to Address Climate Change* (2019): *Forestall climate risks* compiles the latest scientific advances, policies, and applied practices for addressing climate change at home and abroad, and offered to readers.

The book is divided into six parts. The first part is the general report. It reviews the latest facts of global climate system changes, and explains the conceptual cognition, mechanism and scope of impacts of global climate risks. On basis of that, it focuses on the possible risks of domestic climate change and how China manages climate change risks and addresses climate risks in the future.

The second part is the quantitative indicator analysis. Based on the China Green Low Carbon City Construction Evaluation System constructed by the Institute for Urban and Environmental Studies of Chinese Academy of Social Sciences, a multi-dimensional assessment of China's 169 cities in prefecture level or above in 2017 is conducted from a third-party perspective. It aims at achieving the goals of Nationally Determined Contributions under the Paris Agreement at the urban level and urban low carbon and high quality development.

The third part focuses on international responses to climate change with nine articles. This part analyzes the development and impact of international climate governance from different perspectives. For example, global climate governance has turned into a period of full implementation of the legal system, and it is particularly important to conduct an in-depth analysis on the main elements of the

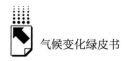
Paris Agreement. As another example, in order to achieve emission reduction targets, it is necessary to improve emission reduction efforts. The construction and implementation of the international carbon market mechanism faces enormous risks and challenges, and it is necessary to improve the top-level design. In order to submit China's long-term greenhouse gas low-emission development strategy by 2020, China can learn from other major countries which have developed the long-term low-emissions strategy. Others including the development dynamics of climate disaster risk and climate security issues, South-South cooperation, EU and Brazil's participation in international climate governance are also worthy of our attention and consideration.

The fourth part focuses on domestic actions on climate change with 5 articles reflecting policies and actions to address climate change in China from different aspects. There are an endless number of challenges in the construction of the carbon market system. Replacing traditional fuel vehicles with electric vehicles can effectively promote energy conservation and emission reduction, control air pollution and increase energy security. Qinghai Province, Guangdong-Hong Kong-Macao region, and coastal cities take active actions to explore how to address climate change and avoid climate risks. These experience is worthy of learning and promoting. In addition, climate insurance as an innovative means of managing climate disaster risks is also covered in this section.

The fifth partselects 5 research reports with broad contents and various topics. For example, it contains Chinese contribution in the field of "natural-based solutions" which was led by China and New Zealand in the 2019 United Nations Climate Summit. This section also includes three articles that are interpreted for the special report and methodological guide issued by the IPCC this year. Climate change has increased the frequency of extreme weather and climate events. As one of the international megacities, Beijing's experience in adapting to climate change and enhancing urban resilience is worth learning. How to carry out low-carbon management in the 2022 Beijing Winter Olympics requires us to look ahead and ready to handle it. In addition, this section also includes a discussion of the impact of climate change on human health.

The appendix of this bookcollects data of social, economic, energy and carbon emission selected countries and regions, as well as data of global and Chinese meteorological disasters in 2018. The "One Belt, One Road" regional climate disaster data has been added this year, which will provide reference for the readers.

Keywords: international climate governance; climate risk; sustainable development

Contents

I   General Report

Abstract: The paper describes the latest facts of global climate system change, then introduces the regional characteristics of global risk, the impacts of climate change on major fields/trades, regions, and the risks of global climate change. This paper analyses the characteristics of climate change in China, the impacts of climate change on key fields and regions in China, and the possible risks of climate change in China. On the basis of further elaboration of climate change risk management, it puts forward some strategies and suggestions for strengthening climate risk management in China. Firstly, it attaches importance to and improves China's adaptation to climate change, especially to cope with extreme weather and climate events. The second is to strengthen basic research on climate change and natural disasters. The third is to carry out demonstration and technology popularization of disaster prevention and mitigation in disaster-prone areas, poverty-stricken areas and major national strategic areas. The fourth is to focus on the construction of climate change risk management system and guarantee measures.

Keywords: Global; China; Climate Risk; Risk Management

II Thematic Evaluation Report

G. 2 Evaluation of Green and Low-Carbon Development for Chinese Cities

China Urban Green and Low-Carbon Evaluation Research Project Team / 020

Abstract: This paper evaluates 169 cities in China in 2017 by using the green and low-carbon city evaluation index developed by the Institute for Urban and Environmental Studies Chinese Academy of Social Sciences. The study shows that most cities have improved green low-carbon levels, and 7 cities have reached 90 points or more. After years of low-carbon pilot work, the low-carbon comprehensive scores of pilot cities are higher than non-pilot cities, and the top four cities are basically low-carbon pilot cities; low-carbon development within industrial cities is quite different; low-carbon advantages in eastern cities are higher than those in western cities and central cities. The paper puts forward some suggestions, such as deepening the pilot reform, strengthening the guidance of classification, giving full play to the advantages of combining evaluation with construction, promoting the coordination of low-carbon and high-quality development, establishing and improving the statistical accounting system of urban energy and carbon emissions.

Keywords: Green Low-Carbon; Effectiveness Evaluation; City Develop

III International Process to Address Climate Change

G. 3 Evolution and Challenges of Global Climate Governance Institutions
Li Huiming / 040

Abstract: In 2018, the Katowice Climate Conference basically completed the negotiations on the rulebook of the Paris Agreement, and finally adopted the

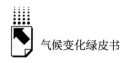

decision entitled "Katowice Climate Package". This marks the completion of the legal and institutional construction of global climate governance, thus turning global climate governance into a period of action for the full implementation of the legal system. Based on the analysis of the historical evolution of legalization of global climate governance, this paper focuses on the main contents of the rulebook of the Paris Agreement and summarizes the following main feature: the differences between developed and developing countries have been further weakened, legally binding on parties has been strengthened, and the top-down "hard law" has a strong regression. The rulebook is expected to make the relevant policies and measures of the Paris Agreement come true, but there exists a huge emission gap in the post-Paris era, and the global climate governance institutions still faces severe challenges to achieve the goal of the Paris Agreement. In the face of new situation and challenges, China should continue to push forward the implementation of rulebook of the Paris Agreement and take the lead in implementing them, step up domestic efforts to build an ecological civilization, and lead the global trend of low-carbon transformation. Meanwhile, China should strengthen climate governance cooperation with developed countries, especially the European Union and its member states, enhance south-south cooperation in the climate field, and work together to build a global ecological civilization.

Keywords: Global Climate Governance; Katowice Climate Conference; Rulebook of Paris Agreement; Post-Paris Era

G. 4   Key Information of the Long-term Low Carbon Emissions Strategy and the Implication

Liu Zhe, Yang Yaru / 056

Abstract: Paris Agreement and the decisions of Paris climate conference require parties to communicate their long-term low emission development strategy. This paper analyses the long-term strategies of 12 countries in terms of legal effectiveness, target strength, and emission reduction pathways of greenhouse gas emission sectors. Generally speaking, the European countries have better legislative basis, stronger legal forces and relatively guaranteed enforcement. Legislation at the national level in the United States and Canada is relatively lagging behind, but policies and actions at the sub-national level are relatively positive. The high-profile participation of small island countries in global climate governance has sent a signal of increased action to the international community. From the point of view of emission reduction, developed countries generally put forward the quantitative emission reduction target as high as 80% by 2050, with detailed sector decomposition. Long term strategies of developing countries is weaker in terms of mitigation action in accord with their national circumstances. The conclusion is that the long-term strategy should be well integrated with the national conditions, capabilities and development priorities of each country, Early submission can set out a positive role and show the international community its positive attitude in combating climate change. On the basis of adhering to the position of developing countries, China should display the image of a responsible big country and strive to submit a long-term low-emission development strategy of greenhouse gases by 2020.

Keywords: Low Emission Development Strategy; Long-term GHGs Low Emissions Development Strategy; Long-term Emission Reduction Targets; Mitigation and Adaptation

G. 5　Global Climate Disaster Risk Management in Negotiations and China's Strategies　　　　　　　　*Liu Shuo* / 068

Abstract: Climate change causes frequent disasters and has a profound impact on human social and economic activities. In order to reduce the adverse effects and damage caused by climate change, the international community has actively adopted adaptation measures and risk management methods to improve capacity and effectiveness for addressing climate change. Adaptation, loss and damage is an

important issue of the United Nations Framework Convention on Climate Change related to climate risk management. After 2018, governments from different countries, have focused on how to enhance the level of climate disaster risk management through scientific methods, especially to help developing countries improve their monitoring and assessment levels, and on the basis of close cooperation with the scientific community. On the other hand, we should seek a new model of risk management. Under the circumstances of arduous task of environmental protection and enormous pressure of social development, China still needs to take into account climate risk management, and faces many challenges in the future. This paper suggested that we should consider strengthening the formulation of technical standards and norms for climate risk management in China, improving the efficiency of cross-regional and cross-sectorial collaboration, improving the construction of monitoring and evaluation indicator system, so as to strengthen scientific and technological services.

Keywords: Climate Risk Management; Adaptation; Loss and Damage; International Climate Negotiations

G. 6 Provisions of Nationally Determined Contributions in Katowice Climate Package and Its Impact on China

Fan Xing, Chai Qimin / 082

Abstract: In December 2018, the Conference of the Parties of United Nations Framework Convention on Climate Change and the Conference of the Parties to the Paris Agreement were held in Katowice, Poland. The Conference achieved a package of outcome for the detailed rules on Paris Agreement implementation, including the Feature, information and accounting guidance on nationally determined contributions (NDCs). The guidance reflects the bottom-up arrangements and the principles of common but differentiated responsibilities. It also includes the elements other than mitigation and provide adequate time for the

Parties on the preparation for implementation. The new requirements of the in the guidance will bring crucial influences on China's further domestic implementation and international negotiations. This paper uses the method of comparative analysis to evaluate the difference between China current submitted NDC and the requirements of the guidance. It is suggested that in the second and subsequent rounds of NDCs communication, China needs to provide more comprehensive and detailed information on seven aspects, including quantifiable information on reference level, time frame, scope, planning process, assumptions and methodology, etc. At the same time, China should also consider the domestic and foreign situations as the context such as the call for "improving the intensity of climate action goals" in 2019 UN climate action Summit and make strategic response.

Keywords: Paris Agreement; Katowice Climate Package; Nationally Determined Contribution

G. 7 The Contribution of Improving Transparency to Reduce the Risk of Climate Change Decision-making

Wang Tian, Gao Xiang / 094

Abstract: Transparency arrangements plays an extremely important role in global environmental governance, especially climate governance. This paper reviews the concept of transparency and its relevance and evolution in global climate governance, as well as current practices and practices at the global and national levels. At the end of 2018, the "modalities, procedures and guidelines" adopted in Katowice established the arrangements for the enhanced transparency framework for post − 2020 era. Countries have also established domestic transparency arrangements. China has also initially established basic statistics and accounting work system for greenhouse gas emissions at national, local, and enterprise level. After identify the risks of climate change decision-making, this paper proposes the

contribution of improving transparency for effective decision-making, which includes enhancing global governance mutual trust, determining action goals and assessing progress, identifying action priorities, and learning good practices.

Keywords: Transparency; Climate Change; Decision – Making; Risk Control

G. 8   Construction, Implementation and Relevant Risks of Carbon Market Mechanisms under the Paris Agreement

Duan Maosheng, Tao Yujie and Li Mengyu / 112

Abstract: In order to assist Parties in achieving their mitigation targets under nationally determined contribution (NDC) and incentivize them to increase mitigation ambitions, Article 6 of the Paris Agreement establishes two market-based mechanisms, i. e. cooperative approaches and sustainable development mechanism. Influenced by the diversity of NDC mitigation targets and the uncertainty of future mitigation efforts, global carbon market mechanisms are facing enormous risks and challenges in their design and implementation. In this paper, key elements that may lead to great risks in the design of market mechanism are identified and analyzed. Then the sources and potential impact of risks are deeply analyzed from the perspectives of ensuring robust accounting, improving additionality assessment of emission reduction activities and promoting Parties' mitigation action. To reduce the negative impact of these risks on global climate action, the paper proposes several suggestions, including establishing a robust accounting system, taking appropriate consideration of NDC commitment in additional assessment, as well as ensuring the promoting role of market mechanism in increasing Parties' mitigation ambition by different ways, such as establishing participation requirements, etc.

Keywords: Paris Agreement; Carbon Market Mechanism; Cooperative Approaches; Sustainable Development Mechanism; Risks

Contents ⌐⟩

Abstract: After the end of the Cold War, New changes have taken place in the international security situation, the threat of military threats to international security has been further reduced, and the threat of non-traditional security issues such as climate change has increased significantly. The IPCC's previous assessment reports confirm the trend of global warming. Climate disasters and the resulting regional conflicts have a devastating impact on human social development and pose a major threat to international peace and security. The United Nations has actively promoted the governance of non-traditional security issues such as climate change. Since 2007, the Security Council has held four debates on climate security issues to promote the formation of international consensus. This has injected new impetus into the international response to the climate change process. As a permanent member of the Security Council and the largest emitter of greenhouse gases, China may also face greater pressures on emission reduction and funding donation. In order to show the image of my responsible big country and lead the global response to climate change, first, must actively participate in, promote and guide climate security issues; second, actively carry out international cooperation and response to climate risks; third, accelerate the development of domestic green and low carbon The fourth is to accelerate the construction of a climate-adapted society.

Keywords: UN Security Council; Climate Security; Potential Risks

Abstract: This chapter explores the approach taken by the EU and European Member States in adapting to the actual and expected impacts of climate change. It then summarizes the tools and funding mechanisms for implementing adaptation

measures at the transnational, national, regional and local levels of government administration. Finally, policy recommendations are provided based on the EU experience.

Keywords: Climate Change Adaptation Policy of EU; Measures for Resilient Cities; Policy Recommendation

G. 11 The Influences of Climate Change Policies and Actions
     in Brazil to Global Climate Governance

Wang Hailin, Liu Bin / 155

Abstract: Brazil is the largest economy in South America, and it has the world's richest forest carbon sink. As one of the BASIC countries, Brazil has also actively participated in the building of the global climate governance and played an important role in promoting the implementation of the Paris Agreement. The new government of Brazil has shown a negative attitude in dealing with global climate change, which will seriously hinder the deployment and promotion of global climate governance, seriously restrict its international competitiveness and hinder its exploration of a win-win path of development and carbon reduction.

Keywords: Climate Policies; Climate Actions; Global Climate Governance

Ⅳ Domestic Actions on Climte Change

G. 12 Progress in China's Carbon Market

Zhang Xin / 170

Abstract: The recent progress of carbon market in China, including pilot carbon market, greenhouse gas voluntary emission reduction market and national carbon market was reviewed. In addition, the main risks faced in the construction of the national carbon market were analyzes, that is, how to deal with the risk of the relationship between the market role and the government's role, how to deal with the risk of the relationship between the pilot carbon market and the national carbon market, how to deal with the risk of policy coordination and system cooperation, and how to deal with the risk of regional differences and industry differences. Aiming to managing these key risk, the possible policy recommendations were proposed and discussed.

Keywords: Pilot Carbon Market; Greenhouse Gas Voluntary Emission Reduction Market; National Carbon Market; Institution Building; Market Performance

G. 13 The Development and Impact of Stimulating Policies on Electric Vehicles in China   *Feng Jinlei* / 184

Abstract: Electric vehicle (EV) is one of the key solutions for global energy transition. In the background of the rising renewables penetration globally, replacing conventional combustion vehicles by EVs could effectively help on tackling climate change, addressing air pollution and improving energy security. The development of global EV market happens in the last ten years, during when China has become the biggest market and promoter. In the three main development phases of China's EV market, stimulating policies have significant roles. Stimulating policies include direct and indirect policies in which the development of subsidy on EV procurement has impacts on global EV market development. While the subsidy-free EV procurement is approaching, more policies innovation is needed especially the indirect policies on charging infrastructures. Looking forward, China needs more policies innovation including bi-scoring and sectoral coupling policies.

Keywords: Electric Vehicles; Stimulating Policies; Procurement Subsidy

G. 14　Exploration on Typhoon Disaster Response in Coastal Cities

　　—*Taking the Typhoon Prevention Practice of Zhuhai City*

Lan Xiaomei / 198

Abstract: In 2017, typhoons Tianpigeon, Paka and Mawa attacked Zhuhai one after another, causing serious damage to urban landscaping, road traffic, municipal facilities and buildings. It is urgent to do a good job of reconstruction after typhoon disaster through refinement and quality improvement of urban landscape environment. At the same time, it responds to the Central Urban Work Conference's proposal that "efforts should be made to solve outstanding problems such as urban diseases, and constantly improve the quality of urban environment and people's lives." Requirements, with more sophisticated urban management, more beautiful urban environment, do a good job in post-typhoon reconstruction work, enhance the competitiveness and attractiveness of Zhuhai City, so that the citizens have a sense of gain.

Keywords: Typhoon; Disaster; Disaster Prevention and Mitigation; Landscape Upgrade

G. 15　Practice and Suggestions on Climate Insurance in China

Rao Shuling, Li Xinhang / 214

Abstract: In the context of intensifying global climate change, the infrequency and intensity of climate disasters is increasing, and threatens human survival. Climate insurance plays a special role in dispersing climate risks and reducing losses. It is regarded as an innovative means to manage climate disaster risks. Firstly, this paper systematically combs the development of climate insurance in China since the founding of the country; Secondly, based on summarizing the status quo of agricultural weather insurance and catastrophe insurance, indicates the problems and difficulties in the development process of climate insurance, such as imperfect policies, few types of insurance, imperfect infrastructure and insufficient awareness. Lastly, it's suggested that China needs to establish a climate risk sharing mechanism and a multi-level climate risk management system which should be adaptable to China conditions, strengthening the infrastructure construction of climate insurance and technological innovation, steading promoting the construction of market-oriented supporting system of climate insurance, paying attention to the reinsurance financing channels, so as to effectively control risk and to facilitate the healthy development of climate insurance in China.

Keywords: Climate Damage; Agricultural Climate Insurance Catastrophe Insurance

G. 16　Climate Change and Its Risk Management in Qinghai Province

Yan Yuping, Hu Guoquan and Liu Caihong / 227

Abstract: Qinghai province located in the northeastern Qinghai-Tibet Plateau, with a total area of 722300 square kilometers and an average altitude of over 3000 meters, is the birthplace of the Yangtze, Yellow and Lantsang rivers, and reputed as the "China Water Tower". The climate generally characterized with alpine-cold and arid, is featured as: low annual mean temperature, considerable diurnal temperature range, less but concentrated rainfall, large geographical differences, long sunshine duration and strong solar radiation among others. Due to frequent meteorological disasters, Qinghai is a region with vulnerable ecological environment and slow social and economic development in northwestern China, and also a "sensitive area" and a "vulnerable zone" to the changing climate and environment in China and even in East Asia. Its ecosystem, which is an important component of China's "ecological source" and an important carbon sink, plays an important role in maintaining national ecological security. In the coming future, Qinghai will be faced with non-negligible climate risks due to the increasing air temperature and extreme climate events, such as heat wave and heavy precipitation. Therefore, we have to work harder to protect ecological environment.

Keywords: Climate Change; Climate Risk; Ecological Security; Risk Management

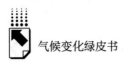

G. 17　Climate Change and Risk Management in the Great Bay District

Zhou Bing, Zeng Hongling, Zhao Lin and Han Zhenyu / 239

Abstract: Building a first-class bay district and a star city group is a very important strategic goal for the development in Guangdong, Hong Kong and Macao. Based on the 100 -year meteorological observations and simulation results of regional climate models in the Great Bay District, this work systematically analyzes the characteristics of climate and ecological environment, the facts of climate change and extreme events, meteorological disasters and climate risks, climate trends in the next 30 years, challenges to the climate environment and climate change adaptation. Results show that the Great Bay District is warm and rainy, with various climate types, frequent meteorological disasters and good vegetation conditions. However, it is located in a vulnerable region with low latitude climate system, and its unique advantages coexist with climate risks. In the past 60 years, the climate in the Great Bay District has been warm and humid; the short-term precipitation intensity is strong, the landing typhoon intensity is strong, the sea level rises rapidly, the meteorological disaster is serious, the climate risk is high, the disaster and risk will continue in the next 30 years. Facing the needs of disaster prevention and mitigation, and climate change adaptation, we must take active actions to rationally use climate resources, improve the risk management capabilities of meteorological disasters, and strengthen climate change adaption urban construction.

Keywords: the Great Bay District; Climate Change; Extreme Event; Climate Risk

G. 18　The Impact of Climate Change on Forest Fire

Ai Wanxiu, Wu Ying, Wang Changke and Liang Li / 259

Abstract: In recent years, with the rising of global temperature, extreme weather events occur frequently, especial more and strong hot and dry weather, which leading forest fire occurs frequently. According to the research and analysis, under the influence of climate warming, the accumulation of combustible substances in forest increases, the length of fire weather season tends to lengthen, and the frequency of lightning and wildfire increases. The main forest areas in China have shown an obvious trend of warming and drying. And the potential of forest fire risk has increased significantly in recent years, but the number of fires and the total burned area in the past 10 years have all shown a decreasing trend, which is closely related to the management of forest fire prevention in China and the implementation of the concept of forest protection and ecological development. The model predicts that the Global warming trend will continue. The frequency of dry thunderstorms will increase, including the warning days of forest fires and the fire risk. The forest fire prevention will be more severe. We must strengthen the research on the impact of climate change on forest fires, strengthen the monitoring, prediction and early warning of forest fires, and strengthen the popularization of forest fire prevention.

Keywords: Climate Change; Forest Fires; Fire Situation

V   Special Research Reports

G. 19   China's Proposal on Promoting Nature-Based Solution
for the UN Climate Action Summit

Qi Yue, Chai Qimin / 274

Abstract: China, together with New Zealand, was invited by the UN Secretary General to co-lead the action area of Nature-based solution under the 2019 Climate Action Summit. Nature-based solution is an integration and enhancement of various climate actions. Recognizing the value of NBS and enhancing the implementation of NBS could significantly contribute to global climate action and ambition. As the co-lead of NBS track, China has been provided precious opportunity to promote global eco-civilization and to show the

leadership in global environment and climate governance, but meanwhile China also faces with challenges of defending state interests, coordinating domestic institutions, as well as networking and publicity. Thus, it is important for China to create a positive and facilitating momentum under the NBS agenda and to keep NBS as an organic whole. It is also needed to engage various stakeholders, and to ensure a focus on the political signal of recognizing and enhancing NBS with follow-up mid-and long-term implementation plans, so that to deliver a comprehensive, balanced, and ambitious outcome, which brings out together China's concepts and demonstrates China's willingness of taking due responsibilities and leadership.

Keywords: Climate Action Summit; Nature-based Solution; Ambition and Action

G. 20　Impacts of Climate Change on Human Health and the Response Strategies　*Liu Zhao, Cai Wenjia and Gong Peng* / 283

Abstract: With the increasing globalwarming, the impact of climate change on people's health has gotten more and more attention. The most direct impact of climate change on health is the mortality rate rising as well as the morbidity rising of cardiovascular diseases, respiratory diseases and so on, along with the rise of temperature. Extreme weather events and air pollution problems caused by climate change also have significant impacts on human health. On this basis, this paper discusses the global strategies and measures to cope with climate change from the perspective of mitigation and adaptation, and discusses the possible co-benefit on health. Further, this paper summarized the outstanding achievements of China in optimizing energy structure, improving urban traffic and increasing carbon sink, and the positive effects on people's health. Governments, organizations and individuals all over the world should be more active in tackling climate change to improve people's health.

Keywords: Climate Change; Health Risk; Co-benefit; Mitigation and Adaptation

G. 21 Low Carbon Management of Olympic and Paralympic

Winter Games Beijing 2022 and Its Progress   *Zhang Ying* / 298

Abstract: The Olympic Gamesare the most influential comprehensive sports events in the world, and it plays an increasingly important publicity and demonstration role on some important issues other than sports. Actively addressing climate change has become an inherent requirement of the Olympic Movement. All previous Olympic Games have attached great importance to carbon management and implemented a series of targeted low-carbon measures. Beijing and Zhangjiakou City are actively pursuing low-carbon transformation. The combination of the low-carbon Olympic commitments proposed in the bidding process of the 2022 Beijing Winter Olympics and the low-carbon management of the city will help promote low-carbon in a wider range.

Keywords: Winter Olympic Games; Low Carbon Management; Carbon Neutral

G. 22 The Development and Impact of IPCC National

GHG Inventory Guidance

Zhu Songli, Cai Bofeng, Fang Shuangxi,

Zhu Jianhua and Gao Qingxian / 311

Abstract: The publishing of 2019 Refinement to the 2006 Guidelines for National Greenhouse Gas Inventories shows the progress on exiting guidance since 2006 in general guidance and reporting, energy, IPPU, AFOLU and waste, by updating of existing methods and default emission factors, providing new methods and factors for new categories. By this regard, the completeness and accuracy of the national inventory would be significantly improved. Meanwhile, the new product could help the uniformity of the transparency rules under Paris Agreement and its implementation framework. China will have to shift to the new

methodology, which may challenge the existing system. At the same time, the improvement on completeness will have noticeable impact on the volume of the total GHG emissions from China. Energy would be sector that witness the big change in emission number. Simultaneously, the improved guidance is helpful to push the coordination between climate change process and other works.

Keywords: IPCC; National GHG Inventory; Guidance

G. 23　IPCC Special Report on the Ocean and Cryosphere in a Changing Climate

Wang Pengling, Chao Qingchen, Huang Lei,

Yuan Jiashuang and Chen Chao / 324

Abstract: In October 2019, the Intergovernmental Panel on Climate Change (IPCC) issued the Special Report on the Ocean and Cryosphere in a Changing Climate, which was adopted at the 51st Plenary Session. The report's Summary for Policymakers (SPM) mainly consists of three sections: "Observed Changes and Impacts", "Future Changes and Risk", and "Implementing Responses to Ocean and Cryosphere Changes". The Special Report comprehensively assessed the existing scientific understanding of the ocean and cryosphere in the context of climate change and has received extensive attention from the international community. This paper focuses on the background and key findings of the IPCC Special Report on the Ocean and Cryosphere in a Changing Climate, and analyzes and evaluates the relevant issues involved in the Special Report, ending with relevant suggestions.

Keywords: Climate Change; Ocean; Cryosphere; Impact; Risk

Contents ↖

Abstract: The IPCC Special Report on *Climate Change and Land* (SRCCL) scientifically assessed climate change mitigation and adaptation, desertification, land degradation, land use and sustainable land management, food security and greenhouse gas fluxes in terrestrial ecosystems, reflecting the latest progress since the Fifth IPCC Assessment Report. Greenhouse gas emissions from the food system, bio-energy, and the estimate of carbon dioxide emissions and removals for the land sector are the most controversial scientific issues in the report. This paper introduces in detail the background and main conclusions of the SRCCL, analyses and evaluates the issues involved, and finally puts forward some suggestions.

Keywords: Climate Change; Desertification; Land Degradation; Food Security

Abstract: Urban resilience is the main index to measure urban sustainable development ability. Climate change has increased the frequency of extreme weather and climate events. Urban meteorological departments have played an active role in improving the prevention and early warning of extreme disasters, strengthening the emergency coordination and linkage capacity of departments, and promoting public science publicity. Rainstorm is a common extreme weather with the highest frequency and the greatest disaster losses in China. In recent

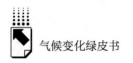
years, many mega-cities in China have been frequently affected by rainstorm disasters. Taking the July 21, 2012 and July 20, 2016 rainstorms in Beijing as examples, this paper makes typical case analysis, and takes meteorological departments as examples to analyze the main measures and effects of urban upgrading rainstorm disasters. The main measures taken by the meteorological department include: (1) improving the accuracy and advance of meteorological disaster warning; (2) strengthening the mechanism of inter-agency consultation to enhance the meticulous emergency response capability of extreme weather; (3) improving the capability of meteorological information service. As one of the mega-cities in Beijing, the case of meteorological departments to enhance the resilience of rainstorms is typical and useful for other cities.

Keywords: Rainstorm; Resilience; Advance of Meteorological Disaster Warning; Extreme Events

Ⅵ　Appendix

权威报告·一手数据·特色资源

皮书数据库
ANNUAL REPORT(YEARBOOK)
DATABASE

当代中国经济与社会发展高端智库平台

所获荣誉

● 2016年，入选"'十三五'国家重点电子出版物出版规划骨干工程"

● 2015年，荣获"搜索中国正能量 点赞2015""创新中国科技创新奖"

● 2013年，荣获"中国出版政府奖·网络出版物奖"提名奖

● 连续多年荣获中国数字出版博览会"数字出版·优秀品牌"奖

成为会员

通过网址www.pishu.com.cn访问皮书数据库网站或下载皮书数据库APP，进行手机号码验证或邮箱验证即可成为皮书数据库会员。

会员福利

● 已注册用户购书后可免费获赠100元皮书数据库充值卡。刮开充值卡涂层获取充值密码，登录并进入"会员中心"—"在线充值"—"充值卡充值"，充值成功即可购买和查看数据库内容。

● 会员福利最终解释权归社会科学文献出版社所有。

数据库服务热线：400-008-6695
数据库服务QQ：2475522410
数据库服务邮箱：database@ssap.cn
图书销售热线：010-59367070/7028
图书服务QQ：1265056568
图书服务邮箱：duzhe@ssap.cn

社会科学文献出版社 皮书系列
SOCIAL SCIENCES ACADEMIC PRESS (CHINA)

卡号：**719132631654**

密码：

S 基本子库
UB DATABASE

中国社会发展数据库（下设 12 个子库）

全面整合国内外中国社会发展研究成果，汇聚独家统计数据、深度分析报告，涉及社会、人口、政治、教育、法律等 12 个领域，为了解中国社会发展动态、跟踪社会核心热点、分析社会发展趋势提供一站式资源搜索和数据分析与挖掘服务。

中国经济发展数据库（下设 12 个子库）

基于"皮书系列"中涉及中国经济发展的研究资料构建，内容涵盖宏观经济、农业经济、工业经济、产业经济等 12 个重点经济领域，为实时掌控经济运行态势、把握经济发展规律、洞察经济形势、进行经济决策提供参考和依据。

中国行业发展数据库（下设 17 个子库）

以中国国民经济行业分类为依据，覆盖金融业、旅游、医疗卫生、交通运输、能源矿产等 100 多个行业，跟踪分析国民经济相关行业市场运行状况和政策导向，汇集行业发展前沿资讯，为投资、从业及各种经济决策提供理论基础和实践指导。

中国区域发展数据库（下设 6 个子库）

对中国特定区域内的经济、社会、文化等领域现状与发展情况进行深度分析和预测，研究层级至县及县以下行政区，涉及地区、区域经济体、城市、农村等不同维度。为地方经济社会宏观态势研究、发展经验研究、案例分析提供数据服务。

中国文化传媒数据库（下设 18 个子库）

汇聚文化传媒领域专家观点、热点资讯，梳理国内外中国文化发展相关学术研究成果、一手统计数据，涵盖文化产业、新闻传播、电影娱乐、文学艺术、群众文化等 18 个重点研究领域。为文化传媒研究提供相关数据、研究报告和综合分析服务。

世界经济与国际关系数据库（下设 6 个子库）

立足"皮书系列"世界经济、国际关系相关学术资源，整合世界经济、国际政治、世界文化与科技、全球性问题、国际组织与国际法、区域研究 6 大领域研究成果，为世界经济与国际关系研究提供全方位数据分析，为决策和形势研判提供参考。

法律声明